L'apiculteur Pratique

L'apiculture Naturellement Les tomes I, II et III

Par Michael Bush

L'apiculteur Pratique
L'apiculture Naturellement

Les tomes I, II et III

www.alexanderwild.com

ISBN: 978-161476-096-2

X-Star Publishing Company
Nehawka, Nebraska, USA

657 pages
196 illustrations
Police de caractères 11 pt

Dédicaces

Je dédie ce manuel à Ed et Dee Lusby qui ont été de véritables pionniers dans le domaine des méthodes modernes d'apiculture naturelle pour la gestion des acariens varroa et autres nouveaux problèmes. Merci de les avoir partagées avec nous.

A propos du livre

Cet ouvrage traite de la manière d'élever des abeilles dans un système pratique et naturel ne nécessitant que de minimes interventions et où les abeilles n'ont nul besoin de traitements contre les parasites et les maladies. Il traite aussi de l'apiculture pratique simple et de la réduction de la charge de travail de l'apiculteur. Il ne s'agit pas d'un ouvrage classique d'apiculture. La plupart des concepts sont contraires à l'apiculture « conventionnelle ». Les techniques présentées ici, ont été perfectionnées pendant des dizaines d'années d'expérimentation, d'ajustement et de simplification. Le contenu a été rédigé et amélioré à partir de réponses à des questions posées sur des forums d'apiculture au fil des ans, de manière à être adapté aux questions que se posent les apiculteurs, qu'ils soient débutants ou expérimentés.

Au lieu d'un index, il y a une table des matières très détaillée.

Le présent manuel est divisé en trois volumes et cette édition contient ces trois volumes : débutant, intermédiaire et avancé.

Remerciements

Je suis sûr que j'omettrai de citer beaucoup de personnes qui m'ont apporté leur aide tout au long de la rédaction de ce livre. Bon nombre de ces personnes ne sont connues que sous les pseudonymes qu'elles ont utilisés sur les forums d'apiculture où elles ont partagé leurs expériences. Mais parmi celles qui continuent d'aider, Dee bien sûr, Dean et Ramona, et toutes ces merveilleuses personnes du groupe Yahoo d'apiculture organique : *Organic BeeKeeping*. Sam, vous avez été une source d'inspiration. Toni, Christie, merci pour vos encouragements. Tous ceux d'entre vous qui, sur les forums ont posé les mêmes questions encore et encore, parce que vous m'avez montré ce qu'il fallait écrire dans ce livre et vous m'avez motivé à vous répondre. Et bien sûr, tous ceux d'entre vous qui ont insisté pour que je mette ces réponses sous la forme d'un livre.

Avant-propos

Je me sens comme G.M. Doolittle quand il a dit qu'il avait déjà gratuitement offert tout ce qu'il avait à dire dans les journaux d'apiculture, mais que les gens continuaient à réclamer un livre. Les informations présentes ici existent pratiquement toutes sur mon site internet et je les ai presque toutes postées plusieurs fois sur des forums d'apiculture, mais plusieurs personnes ont réclamé un livre. Il y a peu de nouveautés ici, et la plupart de ces informations sont en consultation libre sur mon site internet www.bushfarms.com/bees.htm. Mais nous sommes nombreux à comprendre la nature éphémère du moyen qu'est le web et à vouloir un livre solide à poser sur une étagère. Je ressens la même chose. Alors, voici le livre que vous pourriez déjà avoir lu gratuitement, mais que vous pouvez maintenant tenir entre vos mains, poser sur votre étagère et savoir que vous le possédez.

J'ai fait de nombreuses présentations dont quelques-unes ont été postées sur le web. Si cela vous intéresse d'en écouter certaines, vous pouvez les retrouver en faisant une recherche internet avec les mots-clés « Michael Bush beekeeping » ou sur des sujets comme « l'élevage de reines (queen rearing) ».

Le matériel de ce livre ainsi que des présentations PowerPoint de mes allocutions sont aussi disponibles sur mon site internet www.bushfarms.com/bees.htm.

Table des matières

Tome I : Débutant

Commençons par conclure

Apprenez des abeilles

> ***« Laissez les abeilles vous enseigner » — Frère Adam***

Je vais vous indiquer dès maintenant le raccourci qui en apiculture, mène au succès. Non que le reste de la lecture ne soit pas digne d'intérêt, mais il s'agit surtout de mises au point et de détails. En présentant mes excuses à C.S. Lewis (qui a dit dans *Un cheval et son écuyer: « On ne saurait trouver mieux qu'un cheval pour vous enseigner l'équitation* »), je pense que vous devez prendre conscience qu' ***« on ne saurait trouver mieux qu'une abeille pour vous enseigner l'apiculture. »*** Ecoutez-les, elles vous enseigneront.

Faites confiance aux abeilles

> ***« Il y a quelques règles de base qui sont des indicateurs utiles. Une de ces règles est que lorsque vous êtes confronté à un quelconque problème dans une ruche et que vous ne savez que faire, alors ne faites rien. Les situations deviennent rarement pires lorsque vous ne faites rien, et souvent s'aggravent à cause d'une intervention inepte. » — The How-To-Do-It book of Beekeeping, Richard Taylor***

Si la question qui vous vient à l'esprit commence par « comment puis-je pousser les abeilles à faire... ? » Alors vous réfléchissez déjà de la mauvaise manière. Si votre question est « comment puis-je les aider dans ce qu'elles sont en train de faire... ? » Alors vous êtes sur la bonne voie pour devenir un apiculteur.

Ressources

Voici la réponse courte à chaque problème apicole : ***Fournissez aux abeilles les ressources nécessaires à la résolution du problème et laissez-les le régler. Si vous vous trouvez dans l'impossibilité de leur fournir ces ressources, alors limitez-en le besoin.***

Par exemple, si elles se font piller, ce dont elles ont besoin, c'est de plus d'abeilles pour défendre la ruche. Mais si vous ne pouvez pas leur fournir ce supplément, alors réduisez la taille de l'entrée de la ruche pour ne permettre le passage que d'une seule abeille à la fois. Ainsi, vous créerez un « passage des Thermopyles où le nombre ne représente rien ». Si elles ont des problèmes de fausses teignes dans la ruche, ce dont elles ont besoin, c'est de plus d'abeilles pour veiller sur les rayons. Si vous ne pouvez pas fournir à la ruche plus d'abeilles, alors réduisez l'espace qu'elles doivent surveiller en supprimant les rayons et les espaces vides.

En d'autres termes, fournissez-leur les ressources dont elles ont besoin ou réduisez le besoin en ressources dont elles ne disposent pas.

Panacée

La plupart des problèmes rapportent aux problèmes de reines.

Il existe peu de solutions aussi universelles dans leur application et leur succès que l'ajout d'un cadre de couvain ouvert provenant d'une autre ruche chaque semaine pendant trois semaines. C'est une panacée virtuelle pour n'importe quel problème en rapport avec la reine. Cela fournit aux abeilles les phéromones nécessaires à la suppression des ouvrières pondeuses ainsi que davantage de futures ouvrières durant une période où il n'y a pas de reine pondeuse dans la ruche. Cela n'interfère pas s'il y a une reine vierge. Cela fournit aux abeilles les ressources nécessaires à l'élevage d'une reine. Il s'agit d'une solution pratiquement infaillible, ne nécessitant pas la recherche d'une reine ou l'observation des œufs ou encore le diagnostic précis du problème. Si vous avez un problème quelconque relatif à la

présence de la reine ou une absence de couvain, si vous êtes inquiet qu'il n'y ait pas de reine, c'est une solution toute simple qui n'engendre aucune inquiétude, aucune attente, aucune espérance et aucune supposition. Vous leur procurez simplement ce dont elles ont besoin pour résoudre leur problème. Si vous avez quelques doutes concernant la présence de la reine dans une ruche, fournissez aux abeilles du couvain ouvert et partez tranquille. Répétez le processus une fois par semaine pendant deux semaines de plus si vous n'êtes pas rassuré. D'ici là, les choses commenceront à s'arranger d'elles-mêmes.

Si vous craignez de transférer par erreur une reine d'une ruche vers une autre, parce que vous n'êtes pas habile au repérage des reines, alors secouez et brossez toutes les abeilles d'un couvain avant de le transférer.

Si vous avez quelques scrupules à prendre des œufs issus d'un nouveau paquet ou d'une petite colonie, gardez à l'esprit que les abeilles ne s'investissent que peu pour les œufs et qu'une reine peut pondre plus d'œufs qu'une petite colonie ne peut en chauffer, nourrir et élever. Prendre un cadre de couvain dans une petite ruche en difficulté et l'échanger avec un rayon vide ou un rayon quelconque prélevé dans une autre ruche, n'aura aucun impact sur la colonie donneuse et peut sauver la colonie receveuse si les abeilles y sont en fait déjà sans reine. Si la colonie receveuse n'a pas besoin d'une reine, cela servira à combler le vide laissé par la reine en train de s'accoupler et n'aura aucune incidence sur les choses en place.

Cette manière de procéder vous dispense de beaucoup de tracas et de choix à faire. Procurez aux abeilles les ressources dont elles ont besoin et observez. Ce qu'elles feront vous fournira une très bonne indication sur le réel problème. Si les abeilles n'élèvent pas de reine, il y a probablement une reine vierge quelque part dans la ruche. Et si elles élèvent une reine, c'est qu'il n'y en avait manifestement pas ou alors celle existante n'était pas satisfaisante.

Pourquoi ce livre ?

A moins d'avoir vécu au fin fond d'une grotte dernièrement, vous devez sûrement savoir que les abeilles mellifères et les apiculteurs sont confrontés à de nombreuses difficultés. Ce sont des problèmes considérables, complexes et pour la plupart inédits. Il y a bel et bien une menace qui pèse sur la survie de l'industrie apicole, et plus encore sur la survie de nombreuses plantes qui nous sont nécessaires, que nous consommons et beaucoup d'autres plantes constituant une part essentielle de l'environnement.

« Les personnes qui affirment qu'une chose ne peut pas être faite, ne devraient pas interrompre celles qui la font. » — George Bernard Shaw

Il semble y avoir une certaine polémique sur la possibilité de prendre soin des abeilles sans traitement. Cependant, nous sommes nombreux à le faire et avec succès.

Alors que la plupart des apiculteurs déploient des efforts considérables pour combattre les acariens varroa, je suis heureux de dire que maintenant, mes plus grandes préoccupations sont : essayer de faire passer l'hiver à mes ruchettes de fécondation dans ma région, le Sud-Est du Nebraska ; essayer de trouver des ruches qui n'abîmeront pas mon dos au moment de les soulever ou encore rechercher les moyens les plus simples pour nourrir les abeilles.

Mon but est donc d'expliquer d'abord comment gérer les problèmes apicoles actuels, puis la manière de travailler moins pour accomplir cependant plus.

Passons brièvement en revue les problèmes rencontrés par les apiculteurs et leurs solutions. Les détails sont dans les chapitres et volumes subséquents.

Apiculture non durable

Les ravageurs

Pourquoi donc avons-nous des problèmes ? Il y a un grand nombre de maladies et de parasites qui ont sévi en Amérique du Nord (et dans plusieurs autres régions du monde) ces trente dernières années (Voir le chapitre *Les ennemis des abeilles*). Comme quelqu'un l'a une fois dit, « vous ne pouvez point entretenir les abeilles comme grand-papa avait coutume de le faire car les abeilles de grand-papa sont mortes ». Nombreux sont les apiculteurs qui ont perdu beaucoup de leurs abeilles à un moment ou à un autre au cours des dernières décennies et le problème semble s'empirer. Les ravageurs sont donc un des problèmes des apiculteurs, mais il y en a bien d'autres.

Patrimoine génétique appauvri

En Amérique du Nord, pour commencer, nous avons un patrimoine génétique restreint. Et, entre les pesticides, les parasites et les programmes beaucoup trop zélés destinés à contrôler les abeilles africanisées, nombreuses sont les colonies d'abeilles sauvages qui ont été détruites, ne laissant en vie que les reines qui sont ensuite vendues. Lorsqu'on prend en considération le fait qu'il n'existe qu'une poignée d'éleveurs fournissant 99% des reines, il s'agit là d'un bien petit patrimoine génétique. Cette déficience est d'ordinaire compensée par les abeilles sauvages et les apiculteurs qui élèvent eux-mêmes leurs reines, en dépit de la tendance actuelle qui est d'encourager tous les apiculteurs à acheter les reines plutôt qu'à en élever ; en particulier dans les zones africanisées.

Contamination

Un autre aspect du problème que sont les ravageurs, est la réponse standard donnée par les experts, à savoir l'utilisation de pesticides dans les ruches pour éliminer les acariens et autres parasites. Mais ces produits s'accumulent dans la cire et causent la stérilité chez les faux-bourdons, ce qui par ricochet engendre des reines défaillantes. Une estimation que j'ai entendue d'un expert sur le sujet, place le taux moyen de supercédure à trois fois par an. Ce qui signifie que les reines faiblissent et sont remplacées trois fois dans une année. Cette estimation m'étonne étant donné que la plupart de mes reines sont âgées de trois ans.

Mauvais patrimoine génétique

Le revers des traitements aux pesticides et aux antibiotiques est la propagation continuelle d'abeilles qui ne peuvent pas survivre. Ce qui est l'exact opposé de ce dont nous avons besoin. Nous, apiculteurs, devons élever des abeilles qui *peuvent* survivre. Nous continuons aussi de propager des parasites qui sont assez résistants pour survivre à nos traitements. Pour résumer, nous continuons d'élever des abeilles faibles et des super-parasites. Pendant des années, nous avons élevé des abeilles pour les empêcher d'élever des faux-bourdons, pour qu'elles soient plus grandes et pour qu'elles utilisent moins de propolis. Certains de ces procédés rendent les abeilles contestables du point de vue de la reproduction (moins de faux bourdons et plus de grandes abeilles d'où plus de faux-bourdons de plus grande taille et plus lents) et d'autres procédés les rendent moins aptes à gérer les virus (moins de propolis).

Ecologie perturbée

Une colonie d'abeilles est en elle-même un système entier de champignons bénéfiques et sans danger, de bactéries, de levures, d'acariens, d'insectes et autres flore et faune qui dépendent des abeilles pour ce qui est de leur subsistance et dont les abeilles dépendent pour la fermentation du pollen et l'élimination des agents pathogènes. Toutes les désinsectisations tendent à tuer les acariens et les insectes. Tous les antibiotiques utilisés par les apiculteurs tendent à tuer aussi bien les bactéries (la terramycine, la tylosine, les huiles essentielles, les acides organiques et le thymol) que les champignons et les levures (le fumidil, les huiles essentielles, les acides organiques et le thymol). L'équilibre entier de ce système précaire a été perturbé par tous les traitements utilisés dans la ruche. Récemment les apiculteurs sont passés à un nouvel antibiotique, la tylosine, qui reste plus longtemps dans la ruche et contre laquelle les bactéries bénéfiques n'ont eu aucune chance de pouvoir développer une résistance. Ils sont aussi passés à l'acide formique, en guise de traitement, qui décale radicalement le pH de la ruche à l'acide et élimine de nombreux micro-organismes présents dans la ruche.

Château de cartes

Donc, les apiculteurs sur les conseils et avec l'assistance du Département de l'Agriculture des États-Unis (USDA, United States Department of Agriculture), et des universités, ont construit ce système précaire d'apiculture qui s'appuie sur des produits chimiques, des antibiotiques et des pesticides pour continuer à exister. Les apiculteurs continuent d'élever des parasites résistants qui peuvent survivre aux traitements, de contaminer la provision entière de cire avec des poisons (et nous fabriquons notre cire gaufrée à partir de cette cire contaminée, c'est donc un système fermé) et d'élever des reines qui ne peuvent survivre sans tous ces traitement.

Objectif apiculture durable

Cesser les traitements

La seule manière de parvenir à un système apicole durable est d'arrêter de traiter. Les traitements sont une spirale de la mort qui maintenant s'effondre. Toutefois, pour relever cette situation, vous devez absolument élever vos propres reines à partir d'abeilles locales survivantes. Alors seulement, vous pourrez obtenir des abeilles qui génétiquement peuvent survivre et des parasites qui peuvent vivre harmonieusement avec leur hôte et l'environnement local. Aussi longtemps que nous traiterons, nous obtiendrons des abeilles de plus en plus faibles qui ne pourront survivre que si nous continuons de traiter, et des parasites plus forts qui ne pourront survivre que si nous les élevons assez vite pour résister à nos traitements. Aucune relation stable ne peut être développée tant que nous n'arrêtons pas de traiter.

Un autre problème est que si maintenant, nous mettons simplement fin au système apicole que nous avons, les abeilles génétiquement et environnementalement affaiblies d'une manière générale mourront. Même si elles sont génétiquement capables de survivre dans un environnement sain (sans contamination), nous devons en arriver à un environnement où elles pourront survivre ou alors elles continueront de mourir. Quel est donc cet environnement ?

De la cire saine

Nous devons nettoyer la cire. En utilisant de la cire gaufrée faite à partir de cire recyclée et contaminée, nous ne pouvons pas obtenir de la cire propre. La provision mondiale de cire est maintenant contaminée par les acaricides. Seuls des rayons naturels pourront nous fournir de la cire propre.

Des cellules de taille naturelle

Nous, apiculteurs, devons lutter contre les ravageurs de manière naturelle. Nous développerons plus cette partie au fur et à mesure que nous avancerons dans ce livre, mais Dee et Ed Lusby sont arrivés à la conclusion que la solution à cette situation est de revenir à des cellules de taille naturelle. La cire gaufrée (une source de contamination issue de l'accumulation des pesticides dans la provision mondiale de cire) est conçue pour pousser les abeilles à construire des cellules de la taille que nous leur imposons. Étant donné que les ouvrières et les faux-bourdons ne sont pas de la même taille, et puisque les apiculteurs pendant plus d'un siècle ont vu les faux-bourdons comme des ennemis de la production, ils utilisent la cire gaufrée pour contrôler la taille des cellules que les abeilles bâtissent. Au début, cela était basé sur les tailles naturelles des cellules. Les cellules d'une feuille de cire gaufrée mesuraient entre 4,4 et 5,05 mm environ. Mais ensuite, quelqu'un (François Huber a été le premier) a observé que les abeilles construisent des cellules de tailles variées et que les grandes abeilles émergent de grandes cellules tandis que les petites abeilles émergent de petites cellules. Baudoux décida alors que si les cellules étaient plus grandes, nous pourrions obtenir des abeilles plus grandes. L'hypothèse était que les abeilles plus grandes pouvaient transporter plus de nectar et étaient donc plus productives. De nos jours, nous avons donc une taille standard de cellule de cire gaufrée qui est 5,4 mm. Quand on considère que pour des cellules de 4,9 mm de taille, le rayon est épais d'environ 20 mm et que pour des cellules de 5,4 mm, le rayon est épais de 23 mm, cela fait une différence au niveau du volume. Selon Baudoux, le volume d'une cellule de 5,555 mm est de 301 mm^3. Le volume d'une cellule de 4,7 mm est de 192 mm^3. La taille naturelle des cellules varie d'environ 4,4 à 5,1 mm avec 4,9 mm ou moins, comme taille commune dans le noyau du nid à couvain.

Alors, ce que nous avons, ce sont des cellules anormalement grandes, engendrant des abeilles anormalement grandes. Nous aborderons plus le pourquoi et le comment dans le chapitre *La taille naturelle des cellules* du volume II de ce livre. La version courte est qu'avec la taille naturelle des cellules, nous prenons le contrôle de la population des varroas et nous pouvons finalement garder nos abeilles en vie sans tous les traitements.

Une alimentation naturelle

Le miel et le vrai pollen sont les aliments adéquats pour les abeilles. Le sirop de sucre a un pH plus élevé (6,0) que le miel (de 3,2 à 4,5) (le sucre est plus alcalin). En affirmant la même chose dans l'autre sens, le miel possède un pH moins élevé que le sirop de sucre (le miel est plus acide). Cela affecte la capacité reproductive de pratiquement chaque maladie du couvain chez les abeilles en plus de la Nosema. Les maladies du couvain se reproduisent toutes plus au pH du sucre (6,0) qu'à celui du miel (~4,5). Sans compter que le miel et le vrai pollen sont plus nutritifs que le succédané de pollen et le sirop de sucre. Le pollen artificiel écourte la durée de vie des abeilles et les rend maladives.

Apprentissage

Les débutants, peu importe le domaine dans lequel ils évoluent, semblent toujours se sentir un peu submergés. Alors avant d'aller plus loin, parlons d'apprentissage.

La chose la plus importante que vous devez apprendre dans la vie est comment apprendre. Je donne souvent des cours d'informatique et j'ai toujours été un apprenant moi-même. J'aime apprendre. J'ai découvert cependant, que la plupart des gens ne savent pas comment apprendre. Voici ci-dessous quelques règles sur l'apprentissage que beaucoup de personnes ne connaissent certainement pas.

Règle 1: Si vous ne faites pas d'erreurs, vous n'apprenez rien.

J'avais un patron dans la construction qui aimait dire « si vous ne faites pas d'erreurs, vous ne faites rien ». Cela peut être vrai, mais parfois lorsque vous faites des choses de façon répétitive, vous pouvez arriver à un point où vous ne faites plus d'erreurs. Mais si vous êtes en train d'apprendre, vous ferez des erreurs! C'est un fait. Faire des erreurs et apprendre sont deux choses indissociables. Si vous ne faites pas d'erreurs, vous ne repoussez pas les limites de ce que vous connaissez, et si vous ne repoussez pas ces limites, vous n'apprenez pas.

Les étudiants de mes classes d'informatique font souvent des commentaires sur la manière dont leurs enfants apprennent très rapidement et très facilement à utiliser un ordinateur et souhaitent que leur apprentissage soit tout aussi aisé. Je leur explique pourquoi cela semble si facile pour les enfants. Les enfants n'ont pas peur de faire des erreurs. Les enfants sont habitués à faire des erreurs tandis que les adultes ne le sont pas. Apprenez donc des enfants.

J'ai un jour, entendu l'histoire d'un jeune homme qui s'apprêtait à diriger une banque. La personne qui occupait la place avant lui, l'avait occupée pendant quarante années et avait fait gagner à la banque beaucoup d'argent. Le jeune homme lui demanda donc conseil avant son départ. Le vieil homme lui apprit ceci : pour faire fructifier l'argent de la banque, il faut prendre les bonnes décisions. Le jeune homme lui demanda « comment ferai-je pour prendre les bonnes décisions ? » Le vieil homme lui répondit « vous prendrez de mauvaises décisions et vous apprendrez de vos erreurs ». Finalement, il s'agit de la *seule* vraie manière d'apprendre. Faites des erreurs et apprenez de ces erreurs. Je ne suis pas en train de vous dire que vous ne pouvez pas apprendre à partir des erreurs des autres ou encore à partir de livres, mais en fin de compte, vous devez faire vos propres erreurs.

Règle 2: si vous n'êtes pas confus, vous n'apprenez rien.

Si vous souhaitez apprendre, vous devez vous habituer à être confus. La confusion est ce sentiment que vous ressentez lorsque vous essayez de comprendre quelque chose. Les adultes trouvent cela déconcertant, mais il n'existe pas d'autre manière d'apprendre. Si vous repensez au dernier jeu de cartes que vous avez appris à jouer, on vous a énoncé des règles que vous n'avez pas retenu, mais vous avez tout de même commencé à jouer. Les premières tentatives n'ont pas été faciles, mais ensuite, vous avez commencé à comprendre les règles. Ce n'était toutefois qu'un début. Ensuite, vous avez joué encore et encore jusqu'au moment où vous avez commencé à comprendre comment jouer stratégiquement. Mais jusqu'au moment où vous êtes devenu bon à ce jeu, vous étiez confus. Puis, le tableau global des règles, des stratégies et de la manière dont elles s'agencent ont commencé à se former dans votre esprit et tout a pris du sens. Cependant, la seule manière d'arriver jusque-là est cette période de confusion.

Le problème avec l'apprentissage et la vision de notre monde est que nous pensons que les choses peuvent être disposées de manière linéaire. Vous apprenez une chose, à laquelle vous ajoutez une autre, puis encore une autre. Pour finir, vous connaissez tous les faits. Mais la réalité n'est pas un jeu de faits linéaires, c'est un ensemble de relations. Ce sont ces relations et de principes dont est fait l'apprentissage. Il faut beaucoup de confusion pour finalement démêler toutes ces relations. Il n'y a ni début, ni fin, parce qu'il ne s'agit pas d'une ligne, mais de cercles dans des cercles. Alors vous commencez quelque part et vous continuez jusqu'à assimiler les relations de base.

Règle 3: le réel apprentissage n'est pas constitué de faits, il est fait de relations.

Il s'agit une sorte de puzzle. Vous commencez quelque part, même si cela ne ressemble à rien au début. Vous triez les pièces par couleur et par motif, ensuite vous commencez à les assembler. Tout ce que vous apprenez peu importe le sujet, constitue une partie du puzzle entier et est lié à un autre tout, d'une manière ou d'une autre.

Les faits sont simplement des pièces du puzzle. Vous en avez besoin pour illustrer les relations. Cependant les pièces séparément n'ont aucun sens jusqu'au moment où vous les assemblez. La connectivité de toutes choses est une des premières leçons que vous devez apprendre afin d'être capable d'apprendre.

Un journaliste pensant être malin demanda un jour à Albert Einstein le nombre de mètres qu'il y a dans un kilomètre. Question à laquelle Einstein répondit qu'il n'en savait rien. Le journaliste le réprimanda alors car il ne connaissait pas la réponse à cette simple question. Einstein lui répondit que des livres étaient prévus pour fournir ce genre d'informations et qu'il n'avait par conséquent pas à s'encombrer l'esprit de faits

Il importe plus de connaître peu de faits et d'avoir une grande compréhension des relations, que de connaître quantité de faits et de ne comprendre aucune relation. Une petite partie assemblée d'un puzzle vaut mieux que toutes les pièces désassemblées. La connaissance et la compréhension ne sont pas du tout liées. Ne poursuivez pas la connaissance, recherchez la compréhension et la connaissance viendra d'elle-même.

Règle 4: L'important n'est pas de mémoriser les réponses, mais d'être en mesure de les trouver soi-même.

Tom Brown Jr. a écrit un manuel de survie. J'ai lu plusieurs manuels de survie, mais ils m'ont toujours laissé sur ma faim parce qu'ils donnaient des recettes. Prenez ci et ça, faites en cela, et vous obtiendrez un abri. Le problème est que dans la vraie vie, vous n'avez jamais à votre disposition un seul des ingrédients cités. Tom Brown, lui, dans son chapitre sur l'abri, expliquait comment il *a appris* la manière de construire un abri. Vous dire *comment* construire un abri et vous enseigner comment *apprendre* à construire un abri, sont deux choses aussi différentes que le jour et la nuit. Les réponses ne sont pas ce que vous souhaitez apprendre dans la vie, mais ce que vous désirez, c'est de savoir comment découvrir ces réponses. Si vous savez comment faire pour y parvenir, alors vous pouvez adapter le matériel à votre disposition à la situation donnée.

La méthode usuelle consiste à être attentif et à observer. Tom Brown a appris à construire un abri en observant les écureuils, mais il pouvait tout aussi bien observer n'importe quel autre animal qui avait besoin d'un abri à ce moment donné et apprendre de cet animal-là. Observer comment les autres gens et les animaux résolvent leurs problèmes et adapter les solutions à votre situation est une manière d'apprendre.

Notions de base

Pour devenir apiculteur, vous devez avoir une compréhension de base du cycle de vie des abeilles et du cycle annuel de la colonie. Il existe deux niveaux d'organismes—l'abeille individuelle (qui ne peut exister très longtemps en tant qu'organisme) et la colonie qui représente le superorganisme.

Le cycle de vie d'une abeille

Une colonie d'abeilles est composée de trois castes principales : reine, ouvrière et faux-bourdon. La reine est l'abeille qui assure la fonction de reproduction, même si elle ne peut rien accomplir par elle-même. Elle est cette abeille qui durant une certaine période de sa vie, sort de la ruche, va s'accoupler pendant quelques jours, et pond ensuite des œufs durant tout le reste de sa vie. Les ouvrières, en fonction de leur âge, nourrissent le couvain, bâtissent les rayons, mettent le miel en réserve, nettoient la ruche, en surveillent l'entrée, récoltent le pollen, l'eau ou la propolis. Les faux-bourdons quant à eux, pendant toute la durée de leur vie, s'envolent vers les lieux de rassemblement de mâles en début d'après-midi et regagnent la ruche juste avant la tombée de la nuit. Toute leur vie, ils attendent de s'accoupler avec une reine. Nous allons donc suivre les étapes de la vie de chaque caste, de l'œuf à la mort.

La Reine

Nous commencerons avec la reine puisqu'elle est l'abeille la plus importante. Il n'y en a généralement qu'une dans une ruche. Les raisons pour laquelle les abeilles élèvent une reine sont : l'absence de reine (urgence), une reine défaillante (supercédure), et un essaimage (reproduction de la colonie).

Ruche orpheline

Les cellules prévues pour chaque situation diffèrent légèrement les unes des autres, ou du moins elles sont construites dans diverses conditions. Dans une ruche orpheline, il n'y a pas de reine, peu de couvain ouvert et aucun œuf non éclos. Les cellules royales ressemblent à une cacahuète suspendue sur le côté ou le bas d'un rayon. Si la reine venait à mourir, les abeilles prendront de jeunes larves, les nourriront avec une quantité considérable de gelée royale et bâtiront une grande cellule suspendue pour ces larves.

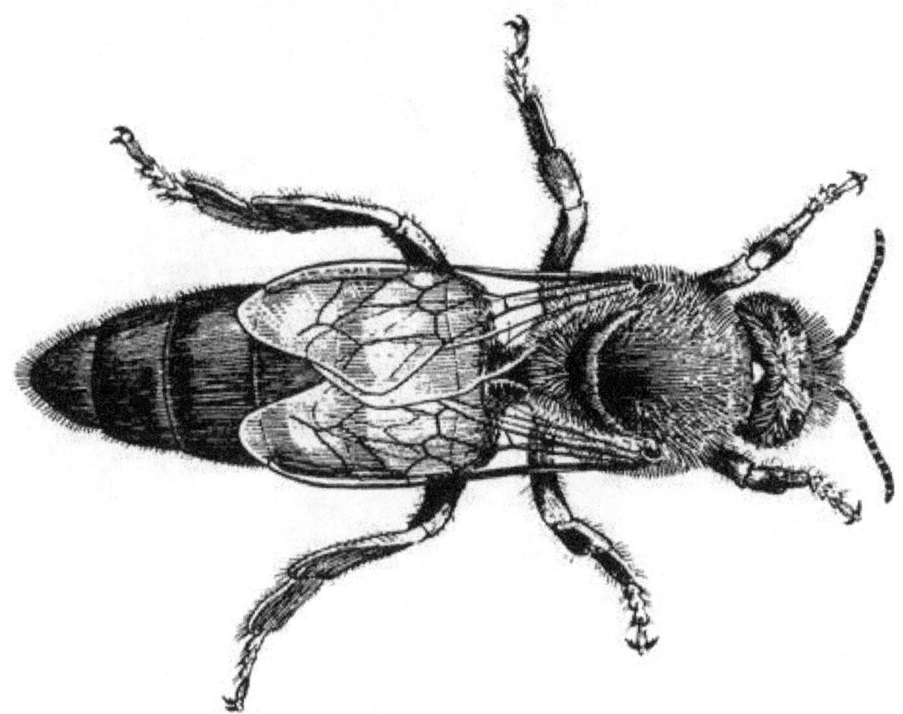

La reine des abeilles

Supercédure

Lors de la supercédure, les abeilles essaient de remplacer une reine qu'elles perçoivent comme défaillante. Elle est probablement âgée de 2 à 4 ans, ne pond plus beaucoup d'œufs fécondés et ne produit plus beaucoup de phéromone mandibulaire royale (PMR). Ces cellules sont ordinairement situées sur la face du rayon, à environ $^2/_3$ de la partie supérieure. Il y a bien sûr des exceptions. Jay Smith avait une reine qu'il avait nommé Alice et qui continuait à bien pondre à l'âge de 7 ans, mais trois années semblent être la norme lorsque les abeilles remplacent leur reine.

Cercle d'abeilles autour de la reine

Essaimage

Les cellules d'essaimage sont construites pour faciliter la reproduction du superorganisme. Il s'agit là de la manière dont la colonie commence de nouvelles colonies. Les cellules d'essaimage sont habituellement situées au bas des cadres constituant le nid à couvain. Elles sont généralement faciles à retrouver, en inclinant le corps de ruche et en examinant le bas des cadres.

Les larves qui deviennent de bonnes reines sont les œufs d'ouvrières fraîchement éclos, ce qui se produit au troisième jour et demi à compter du jour où l'œuf a été pondu. Au huitième jour (pour une grande cellule) ou au septième jour (pour les cellules de taille naturelle), la cellule sera operculée. Au seizième jour (pour une grande cellule) ou au quinzième jour (pour les cellules de taille naturelle), la reine émergera. Au vingt-deuxième jour, si le climat le permet, elle s'envolera. Au vingt-cinquième jour et au cours des jours suivants, si le climat le permet toujours, elle s'accouplera. Le vingt-huitième jour, il sera déjà possible de voir des œufs pondus par la nouvelle reine fécondée. De temps en temps, elle pondra des œufs (si le climat et l'entreposage le permettent) jusqu'à ce qu'elle faille ou essaime vers un nouvel emplacement et commence à y pondre des œufs. La reine peut vivre deux ou trois ans en liberté dans la nature, mais commence presque toujours à faillir au cours de la troisième année. Elle est alors remplacée. Lors de l'essaimage, la vieille reine quitte la ruche avec le premier essaim (essaim primaire). Ensuite les reines vierges quittent la ruche avec les essaims subséquents qui sont aussi appelés essaims secondaires.

L'ouvrière

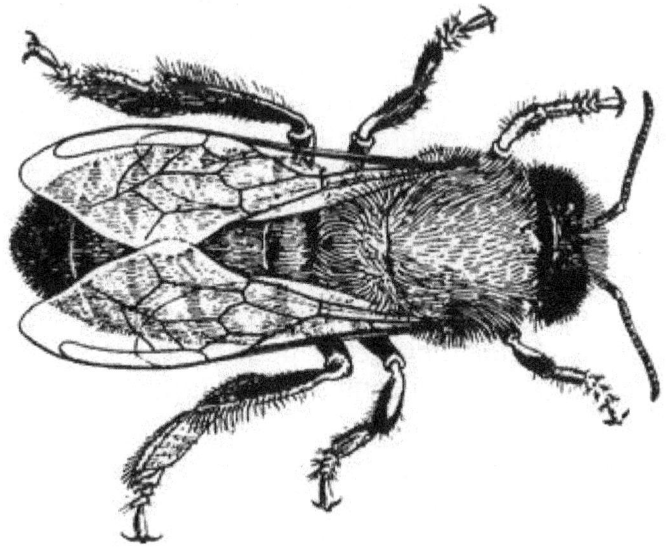

L'ouvrière

Un œuf d'ouvrière a les mêmes débuts qu'un œuf de reine. Il s'agit d'un œuf fécondé. Les deux sont au début nourris avec de la gelée royale, mais l'ouvrière en consomme de moins en moins au fur et à mesure de sa maturité. Les deux œufs éclosent au troisième jour et demi, mais l'ouvrière se développe plus lentement. A partir du jour d'éclosion jusqu'à l'operculation, les œufs et larves d'ouvrières sont appelés « couvain ouvert ». La cellule de l'ouvrière n'est pas operculé jusqu'au neuvième jour (pour les grandes cellules) ou le huitième jour (pour les cellules de taille naturelle). A partir du jour de l'operculation jusqu'à ce qu'au jour où l'abeille émerge, on parle de « couvain operculé ». L'abeille émerge au vingt-et-unième jour (pour les grandes cellules) ou au dix-huitième ou dix-neuvième jour (pour les cellules de taille naturelle). A partir du moment où les jeunes abeilles commencent à mâcher les opercules jusqu'au moment où elles émergent, on parle de « couvain naissant ». Après la naissance, une ouvrière commence sa vie en tant que nourrice, elle nourrit les jeunes larves (couvain ouvert). Pour ceux qui disent qu'une ouvrière n'est qu'une femelle incomplète tandis qu'une reine est une femelle à part entière, notez bien que seule une ouvrière peut produire le « lait » servant à nourrir les jeunes larves, seule une ouvrière peut nourrir et prendre soin des jeunes larves. La reine ne possède ni les bonnes glandes pour produire la nourriture pour les jeunes larves, ni les compétences nécessaires pour en prendre soin. Ni la reine, ni l'ouvrière ne sont une « mère complète », il faut les deux pour élever les jeunes larves. Les ouvrières et les reines sont anatomiquement différentes de plusieurs façons. Seule une ouvrière possède la glande nourricière pour nourrir les jeunes larves, seule une ouvrière possède les corbeilles (corbicula) servant à transporter le pollen et la propolis. Seule une reine peut pondre des œufs fécondés. Seule une reine peut produire suffisamment de phéromone pour maintenir le bon fonctionnement de la ruche.

Pendant les deux premiers jours de sa vie, l'ouvrière nouvellement émergée nettoiera les cellules et produira de la chaleur pour le nid à couvain. Pendant les trois à cinq jours suivants, elle nourrira les larves plus âgées. Pendant les six à dix jours qui vont suivre, elle nourrira les jeunes larves et les reines (s'il y en a). Durant cette période allant de un à dix jours, l'ouvrière est une nourrice. Du onzième au dix-huitième jour, l'ouvrière fabriquera le miel, elle ne récoltera pas mais fera mûrir le nectar récolté et rapporté par les butineuses et elle bâtira des rayons. Du dix-neuvième au vingt-unième jour, les ouvrières sont des ventileuses, des gardiennes et des nettoyeuses qui nettoient la ruche et sortent les déchets. Du onzième au vingt-unième jour, les jeunes abeilles sont occupées aux travaux intérieurs de la ruche. Du vingt-deuxième jour à la fin de leur vie, elles sont des butineuses. Excepté pendant l'hiver, les ouvrières ont généralement une durée de vie d'environ six semaines sinon moins. Durant toute leur vie, elles travaillent sans relâche jusqu'à ce que leurs ailes soient trop déchiquetées pour leur permettre de voler. Si la reine faillit, une ouvrière peut développer des ovaires et commencer à pondre. Habituellement ce sont des œufs de faux-bourdons, il y en a plusieurs dans une cellule et ils sont entreposés dans des cellules d'ouvrières.

Le faux-bourdon

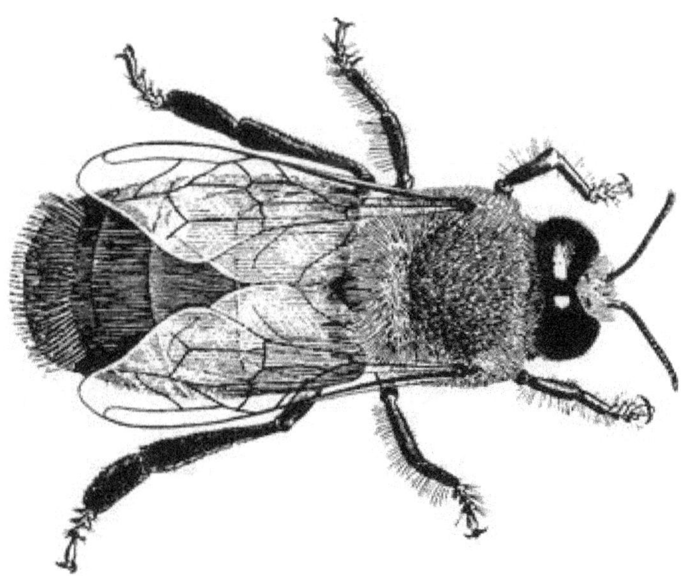

Le mâle

Les faux-bourdons sont issus d'œufs non fécondés. Les personnes ayant des connaissances en génétique diront qu'ils sont haploïdes, autrement dit, leurs chromosomes ne sont pas appariés ; tandis que la reine et l'ouvrière sont diploïdes, leurs chromosomes sont par paires (deux fois plus nombreux que chez les faux-bourdons).

Les faux-bourdons sont plus grands que les ouvrières mais proportionnellement plus larges ; ils sont plus courts qu'une reine et leur abdomen est plus arrondi ; ils ont de très gros yeux et ne possèdent pas de dard.

L'œuf de faux-bourdon éclot lui aussi au troisième jour et demi. La cellule est operculée le dixième jour (pour les grandes cellules) ou dès le neuvième jour (pour les cellules de taille naturelle) et émerge le vingt-quatrième jour (pour les grandes cellules) ou entre le vingt-unième et le vingt-quatrième jour (pour les cellules de taille naturelle). La colonie élèvera des faux-bourdons à chaque fois que les ressources seront abondantes, ainsi il y aura toujours des faux-bourdons pour s'accoupler avec une reine vierge si le besoin se présente. Les autres rôles éventuels des faux bourdons sont encore mal connus, mais étant donné qu'une ruche peut en élever environ 10000 voire plus au cours d'une année, et que seuls quelques-uns réussissent à s'accoupler, alors ils doivent bien servir d'autres desseins que celui de l'accouplement. S'il survient une pénurie de ressources, les faux-bourdons sont conduits à l'extérieur de la ruche où ils meurent de froid ou d'inanition.

Durant les premiers jours de leurs vies, ils mendient de la nourriture auprès des nourricières. Les jours qui suivent, ils puisent directement leur nourriture dans les cellules ouvertes du nid à couvain (autour duquel ils errent généralement). Après une semaine environ, ils commencent à voler et à retrouver leur chemin. Après deux semaines à peu près, ils se rendent régulièrement aux lieux de rassemblement de mâles en début d'après-midi et y restent jusqu'au soir. Ce sont des endroits où les faux-bourdons se rassemblent et où les reines viennent s'accoupler. Lorsqu'un un faux-bourdon assez « chanceux » parvient à s'accoupler avec une reine, en guise de récompense, il se fait arracher les organes génitaux par celle-ci. Elle se cramponne fermement à l'appareil génital du faux-bourdon, tire dessus et l'arrache. Il mourra suite à cela. La reine quant à elle, va stocker le sperme dans un réceptacle spécial (la spermathèque) et elle le distribuera au fur et à mesure qu'elle pondra des œufs. Lorsque le sperme stocké vient à s'épuiser, la reine ne s'accouple plus de nouveau, elle faut et est remplacée.

Je pense que les faux-bourdons ont une réputation d'inutilité imméritée. En fait, ils sont essentiels. Non seulement ils sont réputés pour être inutiles, mais aussi pour être paresseux. Ils ne sont pas paresseux. Ils volent jusqu'à épuisement chaque jour si le climat le permet, pour essayer d'assurer la continuité de l'espèce.

Le cycle annuel de la colonie

Puisqu'il s'agit d'un cycle, commençons par le début effectif de l'année, en hiver. Je parlerai de ce qui se passe dans le Nebraska. Pour vos régions respectives, veuillez-vous rapprocher des apiculteurs locaux.

Hiver

La colonie essaie d'hiverner avec des réserves suffisantes non seulement pour survivre, mais aussi pour bâtir assez en vue de permettre à la colonie de se reproduire au printemps. Cela nécessite une bonne réserve de miel et de pollen. Tout l'hiver, la colonie semble dormante. En général, les abeilles ne prennent pas leur envol jusqu'au moment où la température atteint les 10°C (50°F) environ. Mais en réalité, les abeilles maintiennent la chaleur dans la grappe tout au long de l'hiver. Et, durant toute cette saison, la colonie va élever de petits lots de couvain pour ravitailler la provision de jeunes abeilles. Ces lots demandent beaucoup d'énergie et la grappe doit rester très chaude pendant l'élevage. La colonie prend du repos entre chaque lot. Aussitôt qu'il y a une provision de pollen frais qui rentre dans la ruche, la colonie commence véritablement à bâtir. Généralement, le pollen précoce provient des érables et des saules discolores. Dans ma région, cette floraison précoce se produit vers la fin du mois de février ou au début du mois de mars. Bien sûr si le climat n'est pas assez chaud pour leur permettre de voler, les abeilles n'auront aucun moyen de faire une récolte. Les apiculteurs mettent souvent des galettes de pollen dans la ruche à cette période de l'année afin que la météo ne soit pas un facteur déterminant au moment du bâtissage.

Printemps

A l'arrivée du printemps, la colonie bâtit maintenant à un bon rythme. Les abeilles doivent déjà avoir élevé au moins un stock de couvain. La production décollera réellement avec la première floraison constituée généralement de pissenlits ou des premiers arbres fruitiers. Ici dans le Nebraska, ce sont des prunes sauvages et des cerisiers à grappes qui fleurissent vers la mi-avril. Entre ce moment et la mi-mai, la colonie mettra en route les préparatifs à l'essaimage. Les abeilles essaieront de terminer le bâtissage et commenceront à remplir le nid à couvain de nectar pour empêcher la reine d'y pondre. Cela déclenchera une réaction en chaîne qui conduira à l'essaimage. Etant donné qu'elle n'aura plus la possibilité de pondre, la reine perdra du poids et deviendra assez légère pour voler. Moins il y aura de couvain à entretenir, plus il y aura de nourrices inactives (celles qui essaimeront). Une fois que la masse critique de nourrices inactives sera atteinte, les abeilles bâtiront des cellules d'essaimage dans lesquelles la reine pondra. La colonie essaimera juste avant l'operculation de ces cellules. Tout ce processus se déroulera, à condition bien sûr qu'il y ait d'abondantes ressources et que l'apiculteur n'intervienne pas. Si les abeilles décident de ne pas essaimer, elles se lancent à plein régime dans la récolte de nectar. Dans le cas contraire, les vieilles reines quittent la ruche avec un grand nombre de jeunes abeilles et essaient de commencer une nouvelle ruche ailleurs. Entre-temps, la nouvelle reine émerge. Elle va commencer à pondre quelques semaines après son émergence. Les butineuses n'ayant pas essaimé à ce moment feront rentrer la récolte pour bâtir en prévision du prochain hiver.

Été

Notre miellée dans le Nebraska se produit surtout en été. Elle est habituellement suivie d'une accalmie estivale. Elle semble être déclenchée, dans ma région en tout cas, par une baisse des précipitations. Quelquefois, lorsque les précipitations arrivent au moment opportun, il n'y a pas d'accalmie du tout, mais généralement il y en a une. Notre miellée commence vers la mi-juin et se termine lorsque le temps s'assèche. Parfois, il y a une période de pénurie durant laquelle il n'y a pas de nectar du tout et pendant laquelle la reine cesse de pondre. Je dirais que la plus grande partie de mon nectar est faite de soja, de luzerne, de trèfle et de mauvaises herbes tout simplement. Cela varie considérablement en fonction du climat.

Automne

Nous avons généralement dans le Nebraska une miellée d'automne. Il s'agit principalement de renouée, de verge d'or, d'aster et de chicorée sauvage avec du tournesol, du chamaecrista fasciculata et autres mauvaises herbes. Certaines années, il y a suffisamment de miel pour une récolte. D'autres années il n'y en a pas assez pour permettre aux abeilles de passer l'hiver et je dois alors les nourrir. Vers la mi-octobre généralement, les reines cessent de pondre et les abeilles commencent à s'organiser pour l'hiver

Les produits de la ruche

Les produits d'une ruche sont variés et pour la plupart récoltés par l'apiculteur.

Les abeilles

De nombreux producteurs élèvent les abeilles et les vendent. Les paquets d'abeilles provenant du sud des Etats-Unis sont généralement disponibles en avril.

Les larves

Nombreuses sont les personnes à travers le monde qui consomment les larves d'abeilles. Cette pratique n'est pas populaire aux Etats-Unis. Pour élever les larves (ce que la colonie doit faire pour obtenir de nouvelles abeilles), il faut du nectar et du pollen. Le nourrissement au sirop ou au miel et au pollen ou au succédané de pollen est une manière d'encourager les abeilles à élever plus de couvain donc plus d'abeilles au printemps.

La propolis

Elle est fabriquée à partir de sève d'arbre transformée par des enzymes sécrétées par les abeilles et mélangées ensuite à la sève et quelquefois mélangées à de la cire. La sève la plus souvent récoltée provient de bourgeons d'arbres de la famille des salicacées tels que le peuplier, le tremble, le peuplier faux-tremble, le peuplier de Virginie, le tulipier de Virginie et bien d'autres. Dans la ruche, la propolis est utilisée pour tout recouvrir. C'est une substance antimicrobienne utilisée à la fois pour stériliser et en guise d'aide structurelle de la ruche. Tous les éléments de la ruche sont collés ensemble avec cette substance. Les ouvertures que les abeilles jugent trop grandes sont fermées avec. Les humains utilisent la propolis comme complément alimentaire et comme antimicrobien topique pour les coupures, les boutons de fièvre etc. Elle élimine aussi bien les bactéries que les virus.

Des instruments pour récolter la propolis existent. Un moyen des plus simples est de placer une grille au-dessus de la ruche. Une fois la grille recouverte de propolis, enroulez-la et placer-la au congélateur. Lorsqu'elle est congelée, il suffit de la dérouler pour casser et recueillir la propolis.

Abeille récoltant de la propolis sur un vieil instrument

La cire

Chaque fois qu'une ouvrière a l'estomac rempli de miel et nulle part où le stocker, elle commencera à sécréter de la cire. La plus grande partie de cette cire est utilisée pour le bâtissage des rayons. Une partie tombe sur le sol de la ruche et est perdue. Pour les humains, la cire d'abeille est comestible, même si elle n'a aucune valeur nutritive. Elle est utilisée pour la fabrication de cire gaufrée, de bougies, de cire pour meubles et de produits cosmétiques. Les abeilles ont en besoin pour stocker leur miel et élever leur couvain. Pour recueillir la cire d'abeille, il faut soit broyer les rayons et égoutter le miel, soit utiliser les opercules provenant d'une extraction, les faire fondre et les filtrer.

Le pollen

Le pollen a une grande valeur nutritive. Il est riche en protéines et en acides aminés. En tant que complément alimentaire, il est très prisé et a la réputation d'être efficace pour ce qui est de soigner des allergies, en particulier lorsqu'il s'agit de pollen local. Les abeilles en ont besoin pour nourrir les jeunes larves.

Des trappes à pollen sont disponibles dans le commerce. Vous pouvez également trouver des plans pour en construire vous-même. Le principe de la trappe à pollen consiste à obliger les abeilles à passer à travers un petit trou (de la même dimension qu'une maille 5 x 5 mm d'un grillage). Ce faisant, elles perdent le pollen qu'elles transportent, qui passe à travers une grille aux mailles juste assez grandes pour permettre le passage du pollen mais trop petites pour permettre le passage des abeilles (grille à mailles 3,6 x 3,6 mm) et tombe dans un récipient. Quelquefois, l'utilisation des trappes à pollen est à éviter pour que la ruche ne perde son couvain à cause d'un manque de pollen pour le nourrir. Une semaine sur deux semble être une bonne formule. Un autre problème avec les trappes à pollen est que les faux-bourdons ne peuvent ni entrer, ni sortir de la ruche. Si une nouvelle reine est élevée, elle a des difficultés pour sortir et ne peut pas revenir dans la ruche.

Si vous êtes sujet à des allergies que vous essayez de traiter avec du pollen, prenez-en par très petites doses jusqu'à développer une résistance ou jusqu'à ce que vous ayez une réaction indésirable. Si vous réagissez mal, consommez moins de pollen ou alors plus du tout en fonction de la sévérité de la réaction.

(Photo © Theresa Cassiday)

La pollinisation

Un autre « produit » de l'élevage d'abeilles est la pollinisation des fleurs. La pollinisation est souvent un service vendu. Il faut compter généralement entre 50$ et 150$ pour une boîte profonde et demi. Les frais de pollinisation sont généralement calculés en fonction du fait de devoir déplacer les ruches selon un calendrier spécifique afin que le pollen puisse être répandu sur les arbres (ou sur d'autres plantes) etc. Il est moins probable qu'il y ait des charges à payer pour la pollinisation si les abeilles peuvent être laissées dans un même endroit toute l'année et si des pesticides ne sont pas utilisés. Dans ce cas de figure, il s'agit généralement d'une situation bénéficiant autant à l'apiculteur qu'au fermier et il n'y a généralement alors aucune charge ou aucun loyer à payer de toute manière. Il est courant cependant que l'apiculteur donne au fermier quelques litres de miel de temps en temps.

Le miel

Habituellement considéré comme le produit final de la ruche, le miel peu importe la forme qu'il prend, est le principal produit de la ruche. Les abeilles le stockent en réserve alimentaire pour l'hiver et les apiculteurs le prélèvent à titre de « loyer » sur la ruche. Il est fait de nectar qui est essentiellement composé d'eau et de saccharose, transformé en fructose grâce à des enzymes sécrétées par les abeilles et déshydraté pour donner la texture épaisse.

Le miel est généralement vendu sous forme liquide dans un pot ou un bocal, sous forme d'un gros morceau de rayon dans un pot rempli de miel liquide, ou encore sous forme de rayons (miel non extrait). On retrouve le miel en rayon sous forme d'anneaux (Ross Rounds), de boîtes à section, de cassettes (Hogg Halfcombs), de miel liquide contenant des morceaux de rayons de miel et plus récemment, de barquettes (Bee-O-Pac). Le miel est aussi vendu sous forme crémeuse (miel finement cristallisé).

Puisque le sujet est régulièrement abordé, toutes les sortes de miel (excepté peut-être le miel de Tupelo) peuvent cristalliser. Certains miels cristallisent plus vite que d'autres. Certains cristalliseront en un mois, tandis que d'autres cristalliseront en une année voire plus. Sous forme cristallisée, le miel est toujours comestible. On peut le broyer pour faire du miel crémeux ou l'utiliser pour le nourrissement des abeilles en hiver. Le miel cristallise rapidement et par conséquent plus facilement à 14°C (57°F). Plus la température de stockage avoisine cette température, plus vite le miel cristallise.

La gelée royale

Cet aliment nécessaire au développement des larves de reine, est souvent récolté dans des pays où la main d'œuvre est bon marché et vendu comme complément alimentaire.

Quatre étapes simples pour avoir des abeilles en bonne santé

J'ai brièvement abordé ce sujet dans le chapitre *Pourquoi ce livre*, mais ici, nous le développerons plus en profondeur.

Pour le moment, parlons des quatre sujets suivants: le rayon, la génétique, l'alimentation naturelle et l'absence de traitements. Passons outre les arguments et focalisons-nous sur ce que nous savons être des faits et sur ce que nous pouvons en faire.

Le rayon

Je trouve tous ces débats concernant la taille des cellules et le fait de se demander si cela aide ou non à résoudre vos problèmes de varroa et tout le reste, un peu lassant. Le varroa n'est plus un problème dans mes ruchers. Et encore, je trouve que l'obsession dans chaque réunion d'apiculteurs à laquelle je participe, semble être le varroa. Environ la moitié de ce dont je finis par parler est le varroa.

Je suis revenu à la cellule naturelle et à la petite cellule à un moment où personne ne croyait qu'il était possible de garder des abeilles en vie sans traitement. Après plusieurs résultats désastreux répétitifs, j'en étais arrivé à la même conclusion. Mais une fois revenu à la petite cellule et à la cellule de taille naturelle, j'étais ravi de consacrer mon temps à prendre soin de mes abeilles plutôt que de le passer à gérer des acariens. Cette évidence anecdotique n'est pas une raison assez suffisante pour certains, de même que cette même évidence venant des autres ne me suffisait pas jusqu'au moment où j'ai moi-même essayé. Cependant, contrairement à moi, les autres ne semblent pas vouloir essayer. Mais essayons plutôt de voir les différentes options qui s'offrent à vous:

Vous pouvez supposer que la taille des cellules est sans rapport avec tout le reste si tel est votre désir. Mais cette hypothèse semble douteuse, quand on sait pertinemment que la taille des cellules est liée à la taille des abeilles. Si, augmenter la taille du corps entier d'une abeille de 150% de ce qu'elle est au naturel n'est pas un changement significatif, alors je ne sais pas ce que vous considérez comme significatif. Nous avions connaissance de cela comme un fait avéré depuis les observations d'Huber, sans parler de la multitude de recherches menées par Baudoux, Pinchot, Gontarski et bien d'autres, ainsi que des recherches récentes par McMullan et Brown : l'influence des rayons à couvain à petites cellules sur la morphométrie des abeilles domestiques (The influence of small-cell brood combs on the morphometry of honeybees (Apis mellifera) — John B. McMullan ; Mark J.F. Brown).

Options

La taille naturelle des cellules

Vous pouvez émettre autant d'hypothèses que vous le souhaitez sur la réelle taille naturelle, mais en fin de compte, la seule manière d'obtenir des cellules de taille naturelle et de laisser les abeilles clore le débat, est de cesser de leur imposer la cire gaufrée et de les laisser bâtir selon leur volonté. Puisque c'est ce qu'elles font naturellement, puisque cela représente en fait moins de travail et moins de dépenses pour vous que l'utilisation de la cire gaufrée, et puisqu'il s'agit là de la seule manière pour obtenir des rayons non contaminés (faites une recherche internet pour trouver la vidéo de Maryann Frasier sur la contamination de la nouvelle cire gaufrée par les acaricides), cela me semble être du gagnant-gagnant sur tous les plans. Même en acceptant cette supposition selon laquelle la taille des cellules est sans importance, personne n'est en train de dire que la taille naturelle des cellules est mauvaise pour les abeilles, et personne que je connaisse ne pense que la cire saine soit mauvaise pour les abeilles. Au contraire, la plupart de mes connaissances sont totalement convaincues que la cire saine est essentielle pour avoir des abeilles réellement en bonne santé.

Pourquoi ne pas laisser les abeilles bâtir à leur manière ?

Pourquoi ne pas laisser les abeilles bâtir selon leur volonté ? Il semble qu'il existe cette grande crainte de voir les abeilles n'élever que des faux-bourdons. J'ai souvent entendu des apiculteurs en parler. Evidemment, cette affirmation n'est pas crédible. Si elle l'était, alors les abeilles sauvages n'auraient jamais existé. Si vous désirez connaître le nombre de rayons de mâles que vos abeilles vont bâtir, le nombre de faux-bourdons qu'elles vont élever et l'influence que vous pourriez avoir sur la production, je vous invite à consulter les recherches de Clarence Collison : « Levin, C.G. et C.H. Collison. 1991. Production et répartition de rayons de males et de couvain dans les colonies des abeilles mellifères (Apis mellifera L.) affectées par la liberté dans le bâtissage des rayons. BeeScience 1: 203-211 (The production and distribution of drone comb and brood in honey bee (Apis mellifera L.) colonies as affected by freedom in comb construction. Beescience 1: 203-211). L'essentiel est qu'au final, la quantité de faux-bourdons soit contrôlée par les abeilles. Leur laisser les commandes va grandement vous simplifier la vie, de même que cela simplifiera grandement le travail des abeilles. La chose à faire lorsque les abeilles bâtissent un plein rayon de mâles au milieu du nid à couvain, est d'ôter le cadre portant le rayon, de le placer sur le bord extérieur de la ruche et de le remplacer par un cadre sans cire. Autrement, si vous vous contentez de retirer le cadre plein, les besoin en rayons de mâles et en faux-bourdons n'étant pas satisfaits, les abeilles bâtiront un autre rayon de faux-bourdons au milieu du nid à couvain et confirmeront le mythe selon lequel si vous leur en laisser la liberté, vos abeilles ne bâtiront que des rayons de faux-bourdons.

Les abeilles bâtiront-elles leurs rayons dans des cadres ?

Une autre crainte semble être celle-là : que les abeilles ne bâtissent pas de rayons dans les cadres. Elles endommageront un système sans cire gaufrée à peu près de la même façon qu'elles endommageront n'importe quel autre système avec de la cire gaufrée. Elles gâcheront la cire gaufrée en plastique beaucoup qu'elles ne gâcheront un système de cadres sans cire gaufrée. Mais si cela arrive, détachez simplement le rayon et fixez-le à l'intérieur d'un cadre si c'est du couvain, ou si c'est du miel, récoltez-le.

Les abeilles bâtiront-elles leurs rayons si nous n'utilisons pas de cire gaufrée ?

J'ai même entendu des apiculteurs confirmés dire à des apiculteurs débutants que sans cire gaufrée, les abeilles ne bâtissent pas de rayon du tout. Cela est tellement absurde que je préfère ne pas m'étendre sur ce sujet.

Filer ou ne pas filer ?

La dernière crainte semble être ce mythe selon lequel le fil métallique est indispensable pour l'extraction. Le fil métallique a été ajouté aux cadres pour empêcher les feuilles de cire gaufrée de s'affaisser avant qu'elles ne soient étirées (vous pouvez vérifier dans n'importe quel ancien guide pratique d'apiculture). Il n'a pas été ajouté pour permettre l'extraction. De nombreuses personnes dont moi, font l'extraction sur des cadres sans cire gaufrée et non filés. Mais si vous utilisez le fil métallique en guise de support, filez vos cadres, nivelez votre ruche et dormez tranquille. Moi, je préfère simplement utiliser des cadres de taille moyenne pour être capable de soulever mes boîtes et je n'ai nul besoin de fil métallique.

Cire gaufrée : comment s'en passer ?

En utilisant des cadres à jambage : clouez le jambage en diagonale dans le cadre.

Avec des barrettes supérieures avec rainure : comblez la rainure avec des bâtonnets de glace en bois ou un morceau de bois de charpente scié.

Avec de la cire étirée, découpez le centre du rayon en prenant soin de laisser une rangée de cellules sur les bords.

Avec un vieux cadre sans cire gaufrée, placez-le simplement entre deux rayons de couvain étirés.

Avec de la cire gaufrée/un cadre en plastique, découpez le centre de la cire gaufrée en laissant une rangée de cellules sur les bords.

Lorsque vous les fabriquez vous-mêmes, rabotez les bords de vos barrettes supérieures en biseau afin qu'elles soient inclinées. Vous pouvez aussi fabriquer des barrettes supérieures de 32 mm de large.

Moins de travail

Parlons maintenant de la charge de travail lorsque vous n'utilisez pas de cire gaufrée. Je vous ai expliqué *la manière de procéder*, mais quel volume de travail cela représente-t-il ? Lorsque vous retirez le jambage d'un cadre à jambage, vous obtenez un cadre sans cire. C'est assez simple. Les autres méthodes citées ci-dessus demandent moins de travail que le filage des cadres de cire gaufrée. La seule manipulation légèrement complexe survient avec l'utilisation de cadres en plastique garnis de cire gaufrée. Dans ce cas, vous devez découper le centre de la cire gaufrée. Cela peut être fait avec un certain nombre d'outils, mais je pense qu'un couteau très chaud fait tout aussi bien l'affaire et permet un découpage assez facile et rapide. Une scie sauteuse et une fraiseuse pourraient probablement tout aussi bien faire l'affaire et il serait beaucoup plus simple de laisser des angles et des bords pour la robustesse et en guise d'amorce. Comment donc comparer cela avec le filage de la cire gaufrée, le sertissage, l'enchâssement etc. ? Ou encore l'utilisation du plastique ? Vous économisez environ 1$ par feuille de cire gaufrée si vous optez pour des petites cellules, ou une somme proche si vous optez pour du plastique.

Des inconvénients ?

Alors pour moins de travail et moins de dépenses, vous pouvez obtenir de la cire saine, des cellules de taille naturelle, un nid à couvain naturel et dans la mesure du possible, une répartition des tailles des cellules et des faux-bourdons. Avec tous ces avantages, vous vous demandez sûrement quels sont les inconvénients ? Si vous ne filez pas vos cadres profonds, vous pouvez vous retrouver avec un grand nombre de rayons affaissés après une opération de transhumance, en raison de routes cahoteuses auxquelles s'ajoutent la chaleur et la profondeur de vos cadres. Cependant, si vous avez la possibilité de les filer, alors cela ne sera plus tellement un problème. Vous devez aussi veiller à ce que vos boîtes soient stables, ce qui n'est pas difficile lors d'une opération fixe; il vous suffit simplement de stabiliser les supports, ce que vous aurez fait de toute façon. Mais lors d'une transhumance, il faut bien plus de travail que simplement poser des palettes pour maintenir la stabilité de vos ruches.

Calendrier

La pire planification est de réorganiser au rythme de votre choix, ce que vous auriez fait d'une autre manière. Achetez-vous de la cire gaufrée que vous ajoutez en permanence à vos ruches ? Certains apiculteurs alternent leurs rayons tous les cinq ans ou moins. D'autres ne remplacent leurs rayons que lorsqu'ils ont besoin de rayons neufs, mais dans un cas comme dans l'autre, si vous cessez d'utiliser la cire gaufrée à grandes cellules et si vous cessez de traiter, vous obtiendrez finalement des rayons naturels sains par la seule méthode possible pour en obtenir, à moins que quelqu'un ne trouve une source de cire propre et en fasse sa propre cire gaufrée.

Si après avoir changé de méthode, vous vous retrouvez avec une grande quantité non-utilisée de cire gaufrée à grandes cellules, vous pouvez les vendre à des apiculteurs de votre région qui de toute manière en feront acquisition au prix catalogue. Vous leur permettrez ainsi d'économiser les frais de livraison. Ou alors, si vous êtes impatient de vous en débarrasser et si vous êtes prêts à accepter une petite perte pour des abeilles plus saines, bradez-les. Vous pouvez choisir de faire la différence en n'utilisant plus tous ces objets qui ne fonctionnaient pas de toute manière et que vous n'aurez plus à acheter désormais.

Dans le pire des cas

Examinons maintenant le pire cas de figure. Partons de l'hypothèse que la taille des cellules d'une manière ou d'une autre, n'est pas un problème. Il est déraisonnable de supposer que les abeilles seront en moins bonne santé sur un rayon de taille naturelle, alors qu'au pire, elles ne seront guère en meilleure santé sur un rayon d'une autre taille. Au pire, le coût est moins élevé que celui d'un changement de rayons contaminés par de la cire gaufrée contaminée. On peut difficilement parler d'inconvénient, le *travail* est moins éprouvant que celui du filage de la cire gaufrée. Le *coût* est inférieur à celui du filage de la cire gaufrée. La cire ne sera pas contaminée (du moins, jusqu'à ce que ou à moins que *vous* ne la contaminiez vous-même) et nous *savons* que la contamination de la cire contribue au manque de longévité et de fertilité chez les reines et les faux-bourdons. Nous savons donc que les abeilles seront en meilleure santé et que les reines se porteront mieux.

Dans le meilleur des cas

De toutes les spéculations sur le rayon naturel et la taille des cellules, cela est le pire cas de figure. Le meilleur scenario est que les cellules de taille naturelle résoudront vos problèmes de varroa.

Aucun traitement

J'ignore ce que vous autres avez expérimenté, mais sans traitements (sur des cellules de grande taille), j'ai perdu toutes mes abeilles alors même que je n'avais pas traité pendant plusieurs années. Mais au final, même après un traitement à l'Apistan, je les ai perdues. Il est évident que les acariens avaient développé une résistance. J'ai entendu parler de grandes exploitations qui ont perdu leur production entière alors même qu'elles traitaient leurs abeilles à l'Apistan ou au Checkmite. Nous avons donc atteint le point où peu importe que nous traitons ou non nos abeilles, elles finissent par mourir assez souvent. Je pense que le problème ici découle du fait que nous ne voulons pas « rien faire ». Nous voulons nous attaquer au problème, alors nous faisons tout ce que les experts nous disent car nous sommes désespérés. Mais ce qu'ils nous demandent de faire, échoue en fin de compte. Une fois j'ai perdu toutes mes abeilles après les avoir traitées, je ne vois donc plus aucune raison de continuer à le faire. Traiter ne fait que pérenniser le problème. Cela bouleverse tout l'équilibre de la ruche, contamine les rayons et accroît le nombre d'abeilles qui ne peuvent survivre à ce pour quoi vous les traitez.

Ecologie de la ruche

Il n'y a aucun moyen de préserver l'écologie complexe qu'est une ruche naturelle lorsqu'y sont déversés des poisons et des antibiotiques. La ruche est une toile de micro et macroorganismes à l'intérieur de laquelle coexistent plus de 30 espèces d'acariens inoffensifs ou bénéfiques, et tout autant ou même plus d'espèces d'insectes ; plus de 8000 micro-organismes inoffensifs et bénéfiques y ont été identifiés à ce jour ; nous savons de certains qu'ils sont indispensables aux abeilles et nous présumons que d'autres préservent l'équilibre entre divers autres agents pathogènes. Chaque traitement que nous déversons dans la ruche, que ce soit des huiles essentielles (qui tuent les micro-organismes bénéfiques et autres, et interfèrent avec l'odorat des abeilles, qui est le mode de communication dans l'obscurité de la ruche); des acides organiques (qui tuent aussi bien les micro-organismes que de nombreux insectes et acariens inoffensifs) ; ou des acaricides (qui ne sont avant tout que des produits chimiques, qui tuent les arthropodes, notamment les insectes et les acariens, avec les acariens qui sont éliminés à un taux légèrement plus élevé), ou encore des antibiotiques (qui tuent la microflore dont une grande partie est bénéfique ou sans danger, mais nécessaire cependant au maintien de l'équilibre dans la ruche et à l'éviction des agents pathogènes) ; ou même le sirop de sucre (dont le pH nuit à de nombreux organismes bénéfiques et profite à de nombreux agents pathogènes : abeilles mellifères européennes (AME), couvain calcifié, Nosema etc. contrairement au pH du miel, qui est moins élevé, inhospitalier pour les agents pathogènes et accueillant pour de nombreux organismes bénéfiques). Je pense que nous avons atteint un point où il est inintelligent d'agir comme si nous faisons tout bien alors que les abeilles sont en train de dépérir malgré, sinon à cause de tout cela.

Ne pas traiter : inconvénients

Ne pas traiter : quels en sont donc les inconvénients ? La mort de vos abeilles est le pire des cas. Il semble qu'elles meurent déjà assez régulièrement n'est-ce pas ? Je ne me vois pas contribuer à cela lorsque je donne aux abeilles la chance de rétablir un système naturellement durable. Je ne suis pas simplement en train de détruire ce système arbitrairement, sans égard pour son équilibre. De toutes les personnes que je connais, et qui ne traitent pas, même sur de grandes cellules, leurs pertes sont *inférieures* à celles des personnes qui traitent. Sur des petites cellules ou des cellules de taille naturelle, les pertes sont encore bien moins importantes. Mais même si vous n'adhérez pas à ce débat sur la taille des cellules, ne pas traiter fonctionne aussi bien que de traiter. Je suis allé à des rassemblements d'apiculteurs à travers tout le pays et j'ai entendu des gens qui comme moi, ont perdu leurs abeilles alors qu'ils les traitaient religieusement et qui ont ensuite décidé tout simplement d'arrêter de traiter. Leurs nouvelles abeilles se portent maintenant bien mieux qu'auparavant lorsqu'elles étaient traitées. Je me sens mal lorsque je vois une ruche morte, mais je dis aussi « bon débarras » à cette génétique qui n'a pas pu tenir le coup.

Si vous pensez avoir subi beaucoup trop de pertes (Je présume que vous en avez *déjà* beaucoup trop subi) et que vous n'en pouvez plus, alors que faudrait-il pour faire des divisions de vos ruches et faire hiverner assez de ruchettes de fécondation pour compenser vos pertes chaque printemps avec votre propre stock adapté à votre région ? Une série de divisions faites au milieu du mois de juillet, après la récolte de la miellée principale, en général, pourra permettre à vos abeilles d'hiverner, et n'affectera pas votre récolte de miel. Puisqu'elles ne se portent pas bien de toutes les manières, vous pouvez aussi diviser un peu plus tôt les ruches faibles et remplacer la reine avec des cellules issues de votre meilleur stock sans vraiment affecter votre récolte de miel. Vous pouvez aussi diviser juste avant la miellée principale vos ruches fortes et obtenir de bonnes divisions, des reines bien nourries, plus de miel et plus de ruches.

Ne pas traiter : avantages

Ne pas traiter vos abeilles : quels en sont les avantages ? Vous n'avez pas à *acheter* de traitements. Vous n'avez pas à vous rendre à votre rucher pour les poser et à ensuite y retourner pour les retirer. Vous ne bouleversez pas l'équilibre naturel de vos ruches en tuant des micro et macroorganismes que vous ne cibliez pas, mais qui sont quand même éliminés par les traitements. Cela peut déjà sembler suffisant comme avantages, mais il faut ajouter que vous fournissez à l'écosystème de vos ruches l'opportunité de retrouver un certain équilibre naturel.

Cependant, l'avantage le plus évident est le suivant : dès le moment où vous abandonnerez les traitements, vous pourrez élever des abeilles capables de survivre peu importe les problèmes auxquels elles seront confrontées. Tant que vous traitez, vous entretenez une génétique défaillante, sans compter que vous ne pouvez pas dire exactement quelles sont les faiblesses chez vos abeilles. Tant que vous traitez, vous continuez d'élever des abeilles faibles et de « super acariens ». Plus vite vous cessez de traiter, plus vite vous commencez à élever des acariens adaptés à leur hôte et des abeilles qui peuvent survivre avec eux

Elever des reines adaptées à votre région

Elever des reines localement adaptées à partir de vos meilleures abeilles survivantes est une autre chose à laquelle je ne vois aucun inconvénient. Si vous élevez des reines à partir de survivantes non-traitées, vous obtenez des abeilles qui survivent et font face aux problèmes de leur environnement. Elles vont s'accoupler avec des abeilles sauvages locales qui ont également survécu. La propagande selon laquelle vous ne pouvez pas élever de reines aussi bonnes ou meilleures que les reines disponibles dans le commerce n'est que ce qu'elle est, de la propagande. Il en va de même de la nécessité de remplacer les reines au début du printemps. Les premières reines souvent ne sont pas bien inséminées et mal nourries. Si on suppose que vous ne traitez pas, que vous ne remplacez pas régulièrement les reines et que vous utilisez vos meilleurs survivants, vos reines seront vraisemblablement meilleures pour les raisons suivantes :

Elles sont adaptées à votre région.

Elles sont élevées à partir de survivants

Vous pouvez optimiser le temps d'élevage pour plus de nutrition et avoir plus de faux-bourdons.

Elles n'ont probablement jamais été encagées et passent de la ponte dans la ruchette de fécondation à la ruche où elles sont placées sans interruption. Cela permet un meilleur développement des ovarioles et la production de meilleures phéromones. En résumé, vos abeilles vivent plus longtemps, pondent de meilleurs échantillons, essaiment moins et sont mieux acceptées.

Vous réduisez votre charge de travail. Si vous gardez les reines plus longtemps et qu'au moment opportun, vous faites accoupler celles qui ont le mieux réussi la supercédure, vous obtenez des abeilles pouvant remplacer elles-mêmes leurs reines. Cela vous permet d'économiser le temps que vous passez à chercher, à trouver et à introduire des reines étant donné que ce sont vos abeilles qui s'en chargent.

Même dans les ruches où vous remplacez la reine, vous pouvez réduire le temps de travail et ne plus vous embêter à chercher l'ancienne reine, en procédant à une supercédure avec des cellules. La nouvelle reine va généralement être acceptée et vous n'avez plus à passer toute une journée à rechercher l'ancienne.

Vous économisez beaucoup d'argent. le prix de reines fécondées issues d'un élevage va de 15$ à 40$ et les reines éleveuses coûtent plus cher.

Vous pouvez aisément garder en réserve des reines dans des ruchettes pour en avoir à disposition à chaque fois que vous en avez besoin.

Que dire des abeilles africanisées ?

Elles sont une préoccupation pour les apiculteurs des zones africanisées. Ma zone n'est pas africanisée. Cependant, l'ascendance ne m'intéresse pas, le tempérament m'intéresse, tout comme la productivité et la survie. Si vous ne gardez que les abeilles les plus douces et que vous remplacez la reine chez les plus agressives, je pense que cela peut bien fonctionner. Les apiculteurs de ma connaissance, travaillant dans des zones africanisées et qui procèdent de cette manière, sont arrivés à cette même conclusion. Une autre chose à prendre en considération est que les abeilles hybrides F1 sont souvent agressives. Si vous continuez à fournir à leurs ruches des stocks venant de l'extérieur, vous contribuez peut-être encore plus à les énerver. Vous feriez peut-être mieux donc d'opter pour la douceur et de remplacer les reines dans toutes les ruches où les abeilles sont agressives avec un stock d'abeilles locales douces.

Nourrissement naturel

Il est tout simplement moins laborieux de nourrir les abeilles de manière naturelle. Si je n'opte pas pour un nourrissement au succédané de pollen au printemps, alors je n'ai pas à faire des galettes de pollen etc. Si je ne nourris pas les abeilles au sirop, alors je ne suis pas obligé d'acheter du sucre, de préparer du sirop, de me déplacer jusqu'au rucher afin de nourrir les abeilles. Si je leur laisse du miel pour l'hiver, je me retrouve avec moins de miel à récolter, à transporter jusqu'à la maison, à extraire, moins de cadres vides à nettoyer et à retirer pour stocker. Je n'ai pas à préparer du sirop, à me rendre jusqu'au rucher pour nourrir les abeilles etc. Avec le nourrissement naturel, la charge de travail est réduite, et cela même si vous ne croyez pas que le miel est plus nourrissant pour les abeilles (quoique, je dois vous demander pourquoi vous voulez produire du miel si vous pensez qu'il n'y a pas de différence entre le miel et le sucre). Cela représente définitivement moins de travail de laisser une provision de miel aux abeilles. Même si vous pensez que la différence de pH n'est pas pertinente (ce dont je doute sérieusement), le nourrissement naturel représente toujours moins de travail que la fabrication et le nourrissement au sirop de sucre. Si ce sont les différences de prix qui vous obsèdent (0,40$ le demi-kilogramme de sucre contre des prix allant, disons de 0,90$ à 2$ le demi-kilogramme pour le miel), pensez-vous réellement que vous faites des économies lorsqu'on songe au temps que vous passez à extraire le miel, à acheter du sucre, à préparer du sirop, à transporter ce sirop jusqu'au rucher, à nourrir les abeilles, sans compter que vous devez repartir au rucher pour retirer les nourrisseurs etc. ? Cela va bien au-delà de la simple différence de 0,60$ sur le prix d'un demi-kilogramme quand vous faites la somme de tout l'effort à fournir, à moins que votre labeur ne soit sans valeur. Supposons donc que la différence entre un nourrissement au miel et un nourrissement au sucre ne soit que secondaire pour ce qui est des effets sur la santé des abeilles et ignorons que la Nosema, de même que le couvain calcifié, la loque européenne et la loque américaine se développent mieux au pH du sucre qu'à celui du miel, ignorons tout cela et disons simplement que la différence est secondaire. S'il y a une QUELCONQUE différence, cela pourrait faire pencher la balance en faveur d'une colonie survivante plutôt qu'en faveur d'une colonie moribonde, et les paquets sont livrés ici à environ 80$.

Intéressons-nous davantage au pH

Le sirop de sucre possède un pH plus élevé (6,0) que le miel (3,2 à 4,5) (Le sucre est plus alcalin). Réciproquement, le miel possède un pH plus bas que celui du sirop de sucre (le miel est plus acide). Cela affecte la capacité de reproduction de pratiquement chaque maladie du couvain chez les abeilles en plus de la Nosema. Ces maladies se reproduisent mieux à un pH de 6,0 qu'à un pH de 4,5.

Le couvain plâtré par exemple

> ***« Les valeurs les plus basses de pH (équivalentes à celles du miel, du pollen et de la bouillie larvaire) ont drastiquement réduit le développement et la production de tubes germinatifs. L'Ascosphaera apis semble être un agent pathogène parasitant particulièrement les larves d'abeilles domestiques. » — Apicultural Abstracts from IBRA: 4101024. Aut. Département des sciences biologiques, Université de Plymouth. Drake Circus, Plymouth PL4 8AA, Devon, Royaume-Uni. Code bibliothèque: Bb. Langue: Anglais.***

Des informations semblables concernant d'autres maladies apicoles sont disponibles. Essayez de faire une recherche internet avec les mots-clés : pH, loque américaine (AFB), loque européenne (EFB) ou Nosema, et vous trouverez des résultats similaires sur la capacité reproductive des maladies des abeilles liée au pH.

Les différences de pH affectent d'autres organismes bénéfiques et sans danger dans la ruche. Plus de 8000 microorganismes dans la ruche sont affectés par les changements de pH. L'utilisation de sirop de sucre perturbe également l'équilibre écologique de la ruche, en perturbant le pH de la nourriture dans la ruche et dans le tube digestif des abeilles.

Le pollen

Si vous n'utilisez pas de succédané de pollen, vous pouvez toujours laisser du pollen dans les ruches et si vous le souhaitez vraiment, vous pouvez prévoir une ou deux ruches, ou plus (en fonction de la taille de votre exploitation) et piéger une certaine quantité de pollen que vous mettrez dans un nourrisseur ouvert au printemps. Congelez simplement le pollen entre-temps. Moi, je place un plateau grillagé par-dessus un plateau solide avec au-dessus, une boîte vide pourvue d'un couvercle. Le grillage garde le fond sec et la ruche empêche qu'il ne pleuve sur le dispositif.

Piéger le pollen

Le coût de l'opération consistant à piéger le pollen tourne principalement autour du prix de la trappe à pollen. Si vous procédez à cette opération chez vous ou aux alentours de votre maison, il est assez facile de vider les trappes chaque soir. A partir de là, vous n'avez plus à acheter de galettes de pollen et vous obtenez une nutrition supérieure pour vos abeilles.

Si vous avez des doutes sur la différence que cela peut faire, faites donc des recherches sur la nutrition au succédané de pollen par rapport à la nutrition au vrai pollen. Les abeilles nourries au succédané de pollen sont faibles et ne vivent pas longtemps.

Synopsis

Alors, qu'avez-vous à perdre ? Vous pouvez obtenir une meilleure génétique en élevant vos abeilles vous-même, des rayons plus propres en n'utilisant pas de cire gaufrée et en ne traitant pas, des abeilles qui vivent plus longtemps grâce à la cire propre et le nourrissement au vrai pollen, et vous réduisez votre charge de travail en laissant aux abeilles du miel que vous n'aurez pas à récolter, pour revenir les nourrir ensuite avec du sirop de sucre. Dans le pire des cas, vous obtenez tout ceci en travaillant moins ; dans le meilleur des cas, cela aura un effet nettement positif sur la santé de vos abeilles. Dans le pire des cas, si vous appliquez une méthode à la fois, vous perdez quelques abeilles, ce qui vous est certainement déjà arrivé. Dans le meilleur des cas, vous en perdez moins.

Formule de profit différente

Essayons une formule différente de profit. Combien de temps, de carburant, de travail et d'argent investissez-vous sur le sirop de sucre, le nourrissement des abeilles, la distribution des galettes, la distribution des traitements, le retrait des traitements, la récolte de la dernière petite quantité de miel pour ensuite préparer du sirop de sucre pour le nourrissement des abeilles , la pose de la cire gaufrée etc. ? Combien d'argent et de temps allez-vous économiser si vous arrêtez de faire tout cela ? De combien de ruches en plus allez-vous pouvoir vous occuper et quelle quantité de miel pourrait être produite par ces ruches ?

Des choix à faire

Trop de choix?

Je réalise qu'un bon nombre de personnes souhaitent simplement que quelqu'un leur dise de faire « a » « b » et « c » et cela leur conviendra bien. Je réalise aussi que c'est peut-être un moyen d'indiquer les meilleurs choix aux débutants. Cependant, je n'ai jamais apprécié ce genre de conseils « fourre-tout », j'ai toujours préféré connaître les diverses options s'offrant à moi. Peut-être que je submerge les nouveaux venus de trop de choix possibles, mais d'un autre côté, je ne me sens pas de leur dire qu'il existe une seule et unique réponse quand en réalité il y en a plusieurs. Peut-être devrais-je écarter les choses que j'ai laissées derrière moi, mais j'ai un assortiment d'autres choses que j'utilise toujours et il est difficile de dire que l'une est meilleure ou pire que l'autre quand toutes présentent des aspects engageants.

Philosophie apicole

Certaines de ces options sont liées à votre philosophie et à votre énergie. Dans ces exemples, je vais supposer que votre souhait est d'obtenir des cellules de taille naturelle ou des cellules de petite taille et de ne pas utiliser de traitements. Alors, par exemple, si vous ne supportez tout simplement pas l'idée du plastique, il n'est donc d'aucun intérêt pour vous de considérer comme options valables, les instruments en plastique Honey Super Cell, Mann Lake PF120 ou PF100, PermaComb ou PermaPlus. Vous pouvez tout aussi bien vous limiter à la cire gaufrée de 4,9 mm ou à l'utilisation de cadres sans cire gaufrée. Mais si le plastique ne va pas à l'encontre de votre vision de la vie, les PF120 vous épargneront beaucoup de travail contrairement aux cadres sans cire gaufrée, et vous coûteront moins cher que les cadres Honey Super Cell. Savoir que vous disposez de diverses options peut vous être utile au moment de faire votre choix.

Temps et énergie

Si vous en avez le temps et l'énergie, moi j'aime réduire la profondeur de mes cadres standards de 35 mm à 32 mm, mais cela demande du temps, de l'énergie et des outils. J'ai donc beaucoup de cadres Mann Lake PF120 de largeur standard dont je n'aurais probablement jamais le temps de réduire la taille.

Nourrir les abeilles

Cette partie porte aussi sur les nourrisseurs et d'autres objets. Par exemple, avoir des nourrisseurs couvre-cadres pouvant contenir jusqu'à 19 litres, est pratique pour le nourrissement dans un rucher éloigné au début de l'automne, mais c'est aussi coûteux. Nourrir des ruches dans mon arrière-cour peut bien fonctionner avec des plateaux nourrisseurs (qui ne me coûtent rien) à part plusieurs fréquents voyages. Avoir ces options ne signifie pas que l'une est meilleure que l'autre, mais une option peut mieux correspondre à votre situation qu'une autre. Acheter des nourrisseurs pour deux cents ruches n'est pas pratique pour moi alors je ne nourris mes ruchers éloignés que quand cela est nécessaire, avec du sucre sec dans des boîtes vides. Les abeilles ont tendance à le consommer mais ne le gardent pas en stock. Cela m'évite d'avoir à acheter des nourrisseurs et à préparer du sirop de sucre. Cela évite à mes abeilles d'avoir leurs rayons remplis de sirop de sucre et cela m'évite d'avoir à assurer un suivi pour ne pas récolter du sirop de sucre par la suite. Est-ce la meilleure solution ? Cela semble bien fonctionner pour moi, mais peut ou peut ne pas fonctionner correctement pour vous.

Prenez votre temps

De mon point de vue, ces options sont bonnes, mais elles submergent l'apiculteur débutant n'ayant pas de cadre de référence, d'un grand nombre de décisions à prendre. Une bonne méthode est de laisser évoluer progressivement votre apiculture et de ne pas investir trop massivement dans tout ce qui est équipement spécial jusqu'à ce que vous n'ayez le temps de parfaitement les tester. Nombreux sont les apiculteurs qui ont dépensé beaucoup d'argent en matériel qu'ils n'ont même pas utilisé. Bien sûr, une partie de cela peut servir à connaître le résultat que vous pourrez obtenir sans utiliser ces outils, au lieu d'essayer tout ce qu'il y a de disponible sur le marché. Par exemple, nourrir avec une boîte vide et du sucre revient moins cher et représente moins d'investissement que l'achat de nourrisseurs couvre-cadres pour la ruche.

Décisions importantes

Une des plus importantes choses à faire est de distinguer les décisions difficiles à changer des décisions moins importantes et aisément modifiables.

Si vous prêtez bien attention en lisant ce qui suit, vous verrez que presque rien de ce que je *pourrais* acheter ne se trouve dans le kit de démarrage type de l'apiculteur débutant.

Il y a un grand nombre de choses en apiculture que vous pouvez changer aisément au fur et à mesure que vous évoluez. Il n'y a pas de point à souligner en ce qui les concerne. Il y a d'autres choses en apiculture qui représentent un investissement et qui sont difficiles à remplacer plus tard.

Ces choses simples à remplacer en apiculture

Vous pouvez toujours opter pour une entrée supérieure. Vous devez simplement bloquer l'entrée inférieure (avec un réducteur d'entrée de 19 x 19 x 375 mm sur le plateau d'une ruche standard de dix cadres) et renforcer l'entrée supérieure. Ce n'est pas comme si tout ce que vous aviez auparavant devient obsolète lorsque vous faites le choix d'avoir une entrée supérieure.

Vous pouvez toujours choisir de placer ou de retirer une grille à reine. Il est fort probable que tôt ou tard, vous en ayez besoin d'une. Elles sont pratiques pour le fond d'un bac à désoperculer ou pour confiner une reine dans une partie de la ruche lors de l'enruchement d'un essaim etc. Cela ne représente pas un gros investissement d'en avoir une ou deux (ou pas du tout), ni un grand problème d'en acheter une ultérieurement si vous n'en avez pas.

Vous pouvez changer de race d'abeilles *très* facilement. Vous ne remplacerez probablement les reines qu'une fois de temps en temps même si vous *n'êtes pas* en train d'essayer de changer les races, et tout ce que vous avez à faire est d'acheter une reine de n'importe quelle race de votre choix et de procéder au remplacement. Le choix de la race n'est donc pas critique. Je doute fort que vous puissiez être déçu avec une Italienne, une Carniolienne ou encore une Caucasienne. Et si vous décidez que vous voulez une autre race, il n'est pas difficile d'en changer.

Les choses difficiles à remplacer en apiculture:

Les plus grands problèmes en apiculture sont les choses représentant un investissement et avec lesquelles vous devez passer toute votre vie ou que vous aurez beaucoup de difficultés à modifier ou à défaire.

Si vous pensez que ce que vous voulez, ce sont des petites cellules (ou des cellules de taille naturelle), vous pouvez commencer à les utiliser dès le départ. Autrement vous allez devoir graduellement éliminer tous vos rayons à grandes cellules ou faire un tri et supprimer le tout en une seule fois. Si vous avez investi de l'argent dans de la cire gaufrée en plastique, c'est contrariant (Je possède une centaine de feuilles de cire gaufrée à grandes cellules que je n'utilise jamais dans mon sous-sol). Mais au moins, vous n'aurez pas à réduire tout votre équipement.

Si vous achetez un kit type de démarrage, vous aurez dix cadres à couvain profonds et quelques cadres de hausse pour le miel. Les dix cadres profonds remplis de miel pèsent environ 41 kg. Certains soutiendront que lorsqu'ils sont remplis de couvain, ces cadres pèsent moins que lorsqu'ils sont remplis de miel. Cela est vrai. Mais tôt ou tard, vous finirez par avoir des cadres remplis de miel que vous pourriez ne pas être capable de soulever. Si vous n'utilisez que des cadres moyens, vous devrez être en mesure de soulever des hausses remplies de miel de 27 kg. Si vous optez pour des ruches à huit cadres de profondeur moyenne, vous n'aurez à soulever que des boîtes de 22 kg. J'ai débuté avec des combinaisons cadres profonds/hausses et j'ai dû réduire la taille de chaque boîte et de chaque cadre pour obtenir une profondeur moyenne. Ensuite j'ai réduit la taille de toutes mes boîtes de dix cadres à huit cadres. Cela aurait sûrement été plus facile de simplement acheter des boîtes à huit cadres de profondeur moyenne dès le départ. L'interchangeabilité est aussi une chose merveilleuse.

Il est aussi plus simple d'acheter des plateaux grillagés neufs que d'en transformer des anciens.

Si vous achetez beaucoup de *tout*, vous pouvez décider plus tard que vous détestez tout. Dans ce cas, procédez aux changements progressivement. Testez les choses avant d'investir beaucoup dans leurs achats. Simplement parce qu'une personne aime travailler avec un certain genre de matériel, ne signifie pas que vous aimerez ces mêmes outils.

Les choix que je recommande.

Alors, si vous souhaitez réduire les choix qui s'offrent à vous et maximiser vos succès, je vais distiller des choses que je recommanderais avec seulement quelques options :

Profondeur des cadres

Je vais vous recommander d'utiliser les mêmes tailles de cadres pour tout, et puisque les cadres moyens semblent être le meilleur compromis, je vais vous en recommander l'utilisation pour tout, principalement à cause des boîtes plus légères. Cela inclut les rayons à miel, le miel extrait, le couvain etc. Ici aux Etats-Unis, elles sont parfois appelées « Illinois supers » ou encore « $^3/_4$ supers ». Elles ont une profondeur de 168 mm avec des cadres d'une profondeur de 159 mm.

Les raisons d'utiliser des cadres de même taille : vous pouvez garnir les hausses de cadres de couvain ou encore d'autres cadres provenant du corps de ruche. Vous pouvez récolter du miel des hausses pour démarrer des ruchettes de fécondation. Vous pouvez exploiter un nid à couvain illimité et si la reine pond dans les hausses, il vous suffit de retirer les cadres de couvain pour les échanger avec un peu de miel provenant du corps de ruche. Une différence de tailles a vraiment un effet de dissuasion lors de la gestion de la ruche.

Les raisons d'utiliser des boîtes moyennes au lieu de boîtes profondes : une ruche dix cadres profonde remplie de miel peut peser jusqu'à 41 kg. Une ruche de profondeur moyenne remplie de miel peut peser jusqu'à 27 kg. J'en ai assez dit.

Diverses tailles de cadres : du cadre pour haussette au cadre profond pour hausse Dadant

Diverses profondeurs de boîtes : de la boîte profonde à la haussette

Nombre de cadres

Maintenant que vous avez choisi la taille des cadres, vous devez choisir la taille de la ruche. La norme est de dix cadres. Il y a de nombreux arguments en faveur de la taille standard. Tout comme, il y a aussi de nombreux arguments en faveur de ruches plus légères (22 kg vs 27 kg). L'équipement à huit cadres de chez Brushy Mt., Miller bee Supply, Walter T. Kelley ou autres, est très pratique pour avoir moins de travail. Vous devez décider si vous souhaitez avoir des boîtes légères ou des boîtes de taille standard. Je me suis converti au matériel à huit cadres. Un avantage des boîtes à huit cadres est leur taille polyvalente, le volume étant le même que celui d'une ruchette de fécondation à cinq cadres, elles peuvent en remplir la fonction. Munies d'une partition cadre, elles peuvent même être utilisées comme ruchettes de fécondation à deux cadres qui peuvent au besoin être agrandies en ruche à huit cadres de nouveau.

Diverses largeurs de boîtes : de la boîte à deux cadres à la boîte à dix cadres

Style de cadres et taille des cellules de cire gaufrée

Les cadres, la cire gaufrée, la taille des cellules etc. Vous devez décider si vous optez pour de la cire gaufrée en plastique, des cadres en plastiques, des rayons entièrement étirés en plastique, etc. Vous devez aussi décider de la taille de cire gaufrée qui vous conviendrait. Je vous recommanderais de simplement acheter de la cire gaufrée à petites cellules, des rayons en plastique entièrement étirés PermaComb ou Honey Super cell. Si vous souhaitez utiliser de la cire, achetez de la cire à petites cellules de chez Dadant ou d'un autre fournisseur. Les rayons en plastique à petites cellules Dadant ne sont plus disponibles sur le marché, mais les cadres en plastique Mann Lake PF120 ont des cellules de 4,95 mm de taille et sont composés d'un cadre et d'une cire gaufrée monoblocs. Si vous souhaitez ne pas avoir de cadres bâtis, ne pas avoir à attendre que les abeilles étirent la cire gaufrée et ne pas avoir à vous inquiéter de la fausse teigne ou des petits coléoptères des ruches alors achetez des PermaComb ou des Honey Super

Cell. Pour ma part, je chauffe les PermaComb à environ 93°C (200°F), puis je les trempe dans de la cire d'abeille chauffée à 100°C (212°F) et je secoue tout l'excès de cire. J'obtiens des cellules de 4,9 mm et cela semble régler tous mes problèmes d'acariens. Pour le moment, ne vous souciez pas de régression ou de procédés complexes, tenez-vous en simplement à la cire gaufrée à cellules de taille naturelle ou à petites cellules (alias 4,9 mm). Ou alors utilisez des cadres sans cire gaufrée (Pour plus d'informations, voir le chapitre sur le sujet).

Boîtes à huit cadres de profondeur moyenne

De gauche à droite : huit cadres, dix cadres, huit cadres

Pour vous simplifier la vie et minimiser les risques de blessures lorsque vous soulevez vos boîtes, n'achetez que des boîtes à huit cadres de profondeur moyenne. Choisissez un fabricant pratiquant des prix raisonnables et qui peut livrer dans votre zone géographique.

Cadres en plastique à petites cellules

Si utiliser du plastique ne vous dérange pas, achetez des cadres/de la cire gaufrée PF120 de chez Mann Lake ; vous n'aurez pas à apprendre à (et à trouver le temps de) construire des cadres, filer de la cire gaufrée etc. D'après mon expérience, ce sont les meilleurs pour avoir des rayons à petites cellules d'entrée de jeu.

Si vous n'aimez pas l'idée du plastique

Utilisez donc des cadres sans cire gaufrée. Pour moi, les cadres sans cire gaufrée sont certainement les plus intéressants, d'autant plus que vous ne pouvez pas obtenir plus naturel que cela. Pour ma part, je choisirais d'acheter des cadres à jambage, avec le jambage qui servira de guide lors du bâtissage du rayon.

Plateau nourrisseur façon Jay Smith

Plateaux nourrisseurs

J'ai acheté de solides plateaux que j'ai convertis en plateaux nourrisseurs. Il n'y a aucune raison de dépenser beaucoup d'argent sur des nourrisseurs si votre plan de gestion est de laisser aux abeilles du miel au lieu de les nourrir et de ne les nourrir qu'en cas d'urgence.

J'ai fabriqué ces nourrisseurs de sorte qu'il n'y ait pas d'entrée et qu'il y ait un bouchon pour vidanger. J'ai aussi fabriqué des toits munis d'entrées supérieures pour parer aux problèmes suivants : putois d'Amérique, souris, herbe, neige et condensation.

Equipement indispensable

Voici quelques outils incontournables de l'apiculteur :

Grand enfumoir

J'ai acheté un bon enfumoir de grande taille. Les grands enfumoirs sont plus faciles à allumer et à garder allumés contrairement aux plus petits. Moi, j'allume mon enfumoir toutes les fois où je dois faire plus que de soulever le couvre-cadres de la ruche pendant un petit moment. Je l'allume aussi la plupart du temps lorsqu'il y a risque que les abeilles soient agressives en raison d'une pénurie ou d'une quelconque autre raison pouvant provoquer leur agressivité. N'enfumez pas excessivement les abeilles. Assurez-vous que votre enfumoir est bien allumé et envoyez une bouffée de fumée par l'entrée. Après cela, ouvrez la ruche et envoyez une autre bouffée de fumée à travers les barrettes supérieures. Posez l'enfumoir et ne l'utilisez plus sauf si les abeilles commencent à s'exciter.

Voile, veste ou combinaison

Si je ne dois choisir qu'un seul vêtement de protection, j'opterais pour la veste munie d'une voile détachable à l'aide d'une fermeture éclair. C'est ce que j'utilise le plus. Cependant, il est bien pratique d'avoir une combinaison avec voile détachable. De cette manière, je peux être un peu plus téméraire. Si vous énervez assez les abeilles et suffisamment longtemps, elles vont rentrer de nouveau, mais cela demande un peu de temps. Si vous avez de l'argent de côté, achetez donc les deux, la veste et la combinaison. Personnellement, je préfère les protections avec capuche plutôt que celles avec un casque. Au début, j'étais quelque peu paranoïaque à cause de la capuche en contact avec ma tête, mais je possède trois tenues en nylon (une veste et deux combinaisons) et deux tenues en coton, toutes munies de capuche et l'arrière de ma tête n'a jamais été piqué par une abeille comme je le craignais. Ma veste favorite est le modèle Ultra Breeze. Elle est maillée, à l'épreuve des piqûres et fraîche lorsqu'il fait chaud. Elle est chère mais vaut chaque centime dépensé.

Gants

Je porte des gants standards en cuir, que je glisse dans les manches de ma veste. Elles sont plus faciles à enfiler et à retirer que les gants longs et coûtent moins cher.

Lève-cadres

N'importe quelle barre plate peut faire l'affaire. Un de mes préférés est un très vieux couperet, léger (avec une lame mesurant environ 38 mm de large et 152 mm de long) dont j'ai affûté l'extrémité. Avec cela, je peux doucement soulever une boîte ou gratter des choses. Cependant pour enlever des clous, cela n'est pas trop pratique et si la masse à soulever, j'ai peur de le briser. Si vous projetez d'acheter un lève-cadres, je dois vous dire que j'aime beaucoup le lève-cadres américain de chez Brushy Mt. Il est coudé sur une extrémité, il est long et léger, et il a une très bonne prise. Cependant, je ne l'ai pas vu dans leur dernier catalogue. En second dans mes favoris, vient le lève-cadres Thorne muni d'un crochet. Toujours dans mes favoris, en troisième position, il y a le lève-cadres à crochet Maxant. Mais en fin de compte, ma préférence va au lève-cadres américain de chez Brushy Mt. à cause du coude qui s'ajuste aisément entre les cadres.

Brosse à abeilles

Vous pouvez en acheter une, ou alors si vous avez des oiseaux ou si vous en chassez, vous pouvez utiliser une grande plume. Ce doit être une belle penne raide pour bien servir. Vous devrez brosser les abeilles de temps en temps, pour une récolte ou pour d'autres manipulations. Le secouage fait quelquefois l'affaire, mais parfois il vous faut simplement une brosse. Par exemple lorsque les abeilles sont toutes regroupées sur le rebord de la ruche, vous pouvez les brosser avant de placer une autre boîte.

Le matériel apicole qu'il est pratique d'avoir

Ils sont pratiques mais pas indispensables, vous pouvez sans problème vous en passer. Toutefois, je ne pense pas que vous regretterez leur acquisition.

Boîte à outils

Vous pouvez mettre vos outils dans un seau de 19 litres, mais si vous voulez une très belle boîte à outils, chez Brushy Mt. vous en trouverez une qui peut également être utilisée comme boîte de transport à essaims. Elle a des emplacements prévus pour un lève-cadres, un lève-cadres pince pour cadre de ruche, un enfumoir, un support de cadre et de l'espace à l'intérieur pour tout un bric-à-brac. Elle fait aussi un assez pratique tabouret. Si vous voulez fabriquer vous-même votre boîte à outils, observez bien celle de chez Brushy Mt. et convertissez une ruchette de fécondation.

Pince à reine

Les pinces semblables à des pinces crabes à cheveux sont les plus pratiques que je connaisse pour attraper une reine sans lui faire de mal. Vous devez toujours être un minimum prudent mais la pince est conçue pour filtrer les ouvrières et ne pas blesser la reine. Il y a des fois où vous devez simplement savoir où se trouve la reine pendant que vous réorganisez les choses ou lorsque vous divisez une ruche. Ensuite, vous pouvez la relâcher. La pince à reine en plus d'un tube à piston et un stylo marqueur, et vous êtes en mesure de marquer aussi la reine.

Manchon

J'en ai un de chez Brushy Mt. Vous pouvez attraper votre reine à l'aide de la pince à reine et la placer dans le manchon. Vous n'aurez plus à vous inquiéter de la perdre.

Gabarit

Ce dispositif (disponible chez Walter T. Kelley) est très pratique pour l'assemblage de cadres en bois. Il permet de caler dix cadres pour les clouer. De prime abord, le dispositif est quelque peu difficile à comprendre, mais c'est un outil qui permet de vraiment gagner du temps et de s'épargner de la frustration.

Agrafeuse à couronne et compresseur

Toute personne propriétaire d'une voiture a besoin d'un compresseur de toute façon. Une agrafeuse coûte moins de 100$. Chez Walter Kelley, il y a un modèle de la bonne taille disponible. Elle prend des agrafes de 16 à 38 mm (que je me procure dans une quincaillerie). Les agrafes de 25 mm sont parfaites pour les cadres, celles de 38 mm sont parfaites pour l'assemblage des boîtes. Les agrafes de 16 mm sont pratiques lorsque vous ne souhaitez pas que vos agrafes transpercent de part en part un plateau d'une épaisseur de 19 mm et celles de 32 mm sont pratiques lorsque vous ne souhaitez pas que vos agrafes transpercent de part en part deux plateaux de 19 mm d'épaisseur chacune (comme lorsque vous placez des tasseaux sur une boîte de fabrication maison pour les utiliser comme pognées). Vous n'avez donc pas à pré-percer tous ces trous dans les cadres. J'ai été menuisier pendant des années et je suis plutôt habile pour ce qui est du clouage. Mais lorsque je fabrique des cadres, je tords autant de clous que je n'en tords pas. La moitié des clous sont tordus et sortent du bois lorsque le clouage se fait à la main. Mais peut-être que mon problème est que j'ai l'habitude de frapper d'un seul coup un clou 16p et que je n'ai pas la finesse.

Extracteur

Personnellement, j'éviterais d'acheter un extracteur neuf s'il n'y a que peu de ruches. Si vous en trouvez un à bon prix, n'hésitez pas à l'acheter, mais en acheter un neuf revient à gaspiller de l'argent. Evidemment, vous pouvez toujours ouvrir l'œil et être à l'affut d'une bonne affaire. Moi, pendant mes 26 premières années d'apiculture, j'ai tout simplement broyé, filtré et fait du miel liquide contenant des morceaux de rayons de miel. Puis j'ai fini par faire l'acquisition d'un extracteur radiaire 9/18 lorsque le nombre de mes ruches a commencé à augmenter. Je suis content d'avoir attendu pour finalement acquérir un vrai extracteur.

Evitez les gadgets

Je conseille d'éviter tous ces gadgets qu'il y a maintenant d'autant qu'ils sont superflus et coûteux. J'aime le lève-cadres américain de chez Brushy Mt, mais je préfère éviter les porte-rayons ainsi que les lève-cadres pinces.

Gadgets utiles

De tous les gadgets dont je parlais plus haut, il y a cependant des exceptions que j'ai appréciées. J'ai aimé le calendrier d'élevage comme un moyen d'assurer le suivi du statut de votre ruche. Si vous avez des ruchers éloignés et que vous devez vous déplacer avec un enfumoir, la boîte à enfumoir de chez betterbee.com est un outil qu'il est utile d'avoir. Vous pouvez y mettre votre enfumoir et ne plus avoir à vous inquiéter de mettre le feu à votre voiture.

Débuts

Maintenant que nous avons couvert les décisions, commençons donc à parler d'apiculture proprement dite.

Débuts en apiculture : séquence recommandée

J'ai réfléchi à ce propos et je suis sûr que beaucoup de personnes ne seront pas d'accord avec moi, mais je vais donner mes conseils en me mettant dans la peau d'un débutant qui fait tout pour la première fois. Voici donc ce que j'aurais fait la première fois.

Pour commencer, vous devez décider de la manière d'obtenir quelques abeilles. Il est très difficile d'en trouver dans les arbres ou chez un voisin lorsque vous ne savez pas grand-chose des abeilles. L'apiculture est une vraie entreprise pointue. Ceci dit, j'admets que c'est exactement ce que j'ai fait. J'ai pris des abeilles chez des voisins et dans des arbres et j'ai acheté quelques reines. Mais je n'ai pas vraiment procédé de la bonne manière et je me suis beaucoup fait piquer. Pour finir, je pense que ce n'était pas bon pour les abeilles, quoique bien éducatif pour moi.

S'il y a des apiculteurs dans votre région, vous pourrez éventuellement vous procurer une ruchette de fécondation ou quelques cadres de couvain etc. L'inconvénient à cela est qu'il s'agira probablement de cadres profonds (des cadres de 235 mm de profondeur qui vont dans des boîtes de 245 mm de profondeur). Je ne vais pas vous recommander l'utilisation de cadres profonds. Il s'agira probablement aussi de rayons à grandes cellules, moi je recommande la petite cellule ou la cellule naturelle.

Vous pouvez commander des paquets d'abeilles. Je les recevais habituellement par la poste, mais récemment, ça devient de plus en plus coûteux. Dans la plupart des régions, vous pouvez trouver des lieux où vous pouvez vous approvisionner en abeilles et les livraisons des paquets sont faites en camion au printemps. Si vous trouvez un club local d'apiculture ou une association, ils pourront probablement vous informer et vous conseiller. Je recommande deux paquets pour un début.

Combien de ruches ?

Il semble judicieux de commencer avec au moins deux ruches. Je pense que certains apiculteurs débutants ne comprennent pas *l'objectif* puisque souvent ils veulent expérimenter avec deux *différentes* sortes de ruches, comme une ruche à barrettes supérieures et une Langstroth, ou encore une Langstroth de profondeur moyenne de huit cadres et une Langstroth profonde de dix cadres. Mais cela met en échec le but d'avoir deux ruches. Les ressources les plus difficiles à obtenir et qui sont le plus souvent utilisées pour résoudre les problèmes liés à l'absence de reines : les cadres de couvain, sont la principale raison d'avoir deux ruches. Mais ces cadres de couvain n'ont pas beaucoup de valeur si elles ne sont pas interchangeables. Si vous souhaitez vraiment avoir une ruche à barrettes supérieures et une ruche Langstroth, alors fabriquez-les au moins aux mêmes dimensions afin que les cadres de la ruche Langstroth puissent être interchangeables avec les barrettes supérieures.

Paquet ou ruchette de fécondation ?

Un autre sujet que les nouveaux apiculteurs comprennent souvent mal est celui de la ruchette de fécondation vs le paquet. Cela se résume à ceci, si vous souhaitez avoir des abeilles sur un certain genre de cadre ou un certain genre de rayon autre que celui sur lequel elles sont, achetez un paquet. En d'autres termes, si la ruchette de fécondation est une Langstroth profonde avec des rayons à grandes cellules et que vous souhaitez avoir une ruche à barrettes supérieures ou une ruche avec des rayons à petites cellules, ou encore une ruche de profondeur moyenne, alors il n'est pas pratique d'acheter une ruchette de fécondation profonde avec des rayons à grandes cellules pour espérer les placer ensuite dans une ruche de profondeur moyenne ou une ruche à barrettes supérieures.

En revanche, si vous pouvez avoir une ruchette de fécondation avec les tailles de cellules ou de cadres que vous voulez, sachant qu'une bonne ruchette de fécondation aura deux semaines d'avance sur un paquet, et si vous pouvez vous procurer des abeilles locales à placer dans votre ruchette, en particulier si ce sont des abeilles locales qui ont déjà hiverné dans une ruchette de fécondation, vous aurez un grand avantage puisque ces abeilles seront habituées à votre climat, et une ruchette qui a hiverné, semble toujours beaucoup se développer au printemps, et arrive même souvent à surpasser des ruches fortes qui ont hiverné.

Néanmoins, ne vous laissez pas distraire par les deux semaines d'avance que vous pouvez gagner avec une ruchette de fécondation. Comme je l'ai dit, il est fort appréciable d'avoir les cadres et les tailles de cellules de votre choix sinon, non seulement ça représente beaucoup de travail de passer à une autre taille de cadre, une autre taille de cellule ou encore un autre genre de ruche, mais cela vous coûtera les deux semaines ou plus gagnées auparavant. Prenez donc bien tout cela en compte au moment de prendre votre décision.

La race des abeilles

Supposons que vous allez acheter un paquet d'abeilles, la décision à prendre concernera le choix de la race. Je déteste ne pas avoir d'opinion mais il n'y a aucune race d'abeilles que je n'aime pas. J'en ai bien eu de très agressives une fois, mais il s'agissait de la même race que j'élevais depuis des décennies. Je vous recommanderai de choisir une race d'abeilles non hybride que vous pouvez élever à votre guise et avoir de bons résultats. Caucasienne, Italienne, Cordouane (Italienne), Russe, Carniolienne, toutes les races d'abeilles sont bonnes. Faites votre choix. Si vous pouvez vous procurer des reines élevées localement, c'est bien mieux. Cependant, pour ceux d'entre nous vivant dans le nord, rares sont les paquets disponibles avec des reines du nord. Vous pourrez procéder à un remplacement de reine une fois que vous aurez commencé.

Plus de séquences

Nous avons évoqué les différentes options dans le chapitre précédent. Maintenant que toutes ces décisions ont été prises, voici l'ordre dans lequel moi, j'organiserais les choses.

Ruche d'observation

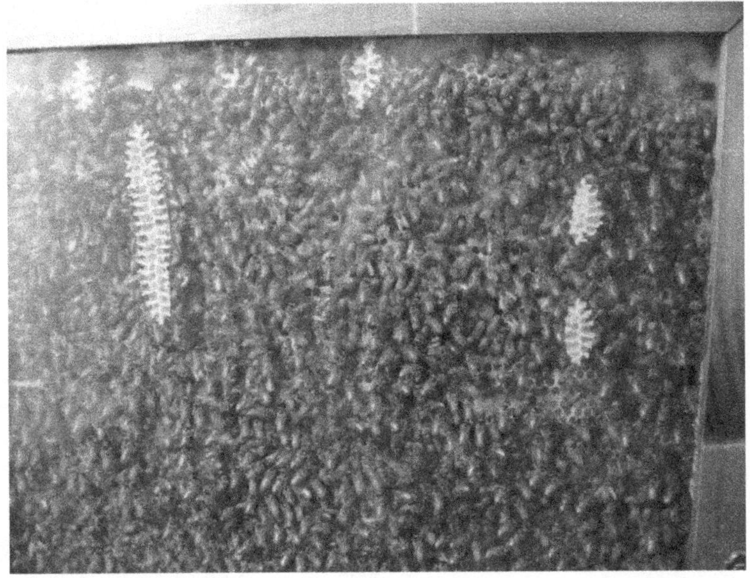

Je sais que beaucoup de gens ne seront pas du même avis, mais moi, je plaide en faveur de l'acquisition d'une ruche d'observation. Ils diront, avec raison, qu'il faut bien quelques compétences pour en gérer une. Cependant, vous allez *énormément* apprendre en quelques jours d'observation, et bien plus encore lors de la première année d'observation, et je pense que ces connaissances sont inestimables. Même si les abeilles meurent ou essaiment, vous auriez tout de même beaucoup appris. Avant, vous pouviez vous procurer une belle ruche à quatre cadres « Von Frisch » chez Brushy Mt. Je ne suis pas sûr qu'ils en aient encore en stock puisque je n'en vois plus dans le catalogue. Cette ruche contient quatre cadres de profondeur moyenne (souvenez-vous que nous voulons que tous les cadres soient de la même taille). Vous devez faire le branchement pour le tube vous-même mais tout le reste est déjà monté et en place. Pour brancher le tube, j'utilise un mamelon de plomberie mâle galvanisé de 25,4 mm de long et de 25,4 mm de diamètre ainsi qu'une scie-cloche de 29 mm (qui se monte sur une perceuse pour faire un trou de 29 mm) et je colle une pièce de pin à l'extrémité de la ruche Von Frisch, je perce le trou de 29 mm et j'utilise une pince multiprise ou un serre-tube pour visser le mamelon. Prenez quelques tuyaux de 32 mm et attachez-les avec un collier de serrage. Coupez une planche 19 x 89 mm que vous placez sous votre fenêtre et une autre que vous placez sous votre contre-fenêtre, et percez un trou de 35 mm dans les deux de sorte que les deux trous s'alignent lorsque la fenêtre et la contre-fenêtre sont fermées. Enfilez les tuyaux de 32 mm à travers la fenêtre (un kit d'installation d'une pompe de puisard fonctionne bien). J'ajoute aussi un liteau de finition entre les charnières et derrière la butée de porte pour augmenter de 6 mm l'espace qu'il y a entre la vitre et l'intérieur de la ruche d'observation. Cela fonctionne parfaitement. L'espace d'origine de 38 mm convient si les abeilles bâtissent leur propre rayon dans la ruche. Mais si jamais vous échangez avec les cadres étirés d'une ruche régulière, ce sera trop étroit. Et si ce sont des PermaComb ou des Honey super Cell, ce sera trop étroit aussi.

Si vous consultez des forums d'apiculture, vous verrez qu'il y a des personnes qui fabriquent des ruches d'observation, souvent selon vos spécifications.

Aussi, je place une très petite vis ou une agrafe à l'arrière et sur la porte à l'endroit où repose le cadre afin que celui-ci tienne bien à sa place exacte. Lorsque je transporte la ruche d'observation, j'ai toujours l'impression de bousculer les cadres, ils glissent sur un côté et perturbent l'espacement.

Fabriquez quelques cadres (ou alors trempez quelques cadres PermaComb dans de la cire) et posez-y des feuilles de cire gaufrée à petites cellules, puis placez le tout dans la ruche d'observation. Découpez un tissu noir de sorte que doublée et repliée sur la ruche, il en recouvre les deux côtés jusqu'au sol. C'est un rideau occultant.

Ruchette de fécondation

Lorsque les abeilles deviennent trop grandes pour la ruche d'observation, vous avez besoin d'un endroit où les mettre. Si vous avez opté pour des ruches moyennes de huit cadres, vous pouvez simplement utiliser une boîte de huit cadres en guise de ruchette de fécondation et tout votre équipement sera de la même taille. Sinon, construisez ou achetez une ruchette de taille moyenne. Procurez-vous un plancher et un toit (ou alors fabriquez-en). Cela va constituer un bon point de départ au moment où vos abeilles vont être trop grandes pour la ruche d'observation. Une ruchette vous procure aussi un endroit où garder en réserve une reine ou alors faites une division et ne laissez aux abeilles que peu de place. Assemblez le tout pour que tout soit prêt avant que vous ne vous procuriez les abeilles. Maintenant attendez le printemps.

Comment mettre des abeilles dans une ruche d'observation

Quand arrive le printemps, placez vos abeilles dans la ruche d'observation. Je suppose que c'est un paquet d'abeilles que vous avez, alors vous devez vous assurer qu'elles soient bien nourries. Sur le grillage, vaporisez légèrement du sirop de sucre. Faites cela de manière périodique jusqu'à ce que les abeilles se désintéressent du sirop de sucre accroché au grillage. Emmenez la boîte contenant votre paquet d'abeilles et la ruche d'observation à l'extérieur. Placez le paquet près de l'entrée de la ruche d'observation. Couvrez la sortie de la ruche avec un morceau de tissu et un épais élastique à cheveux (ils sont plus faciles à manipuler). Faites de même avec l'extrémité extérieure du tube ainsi que l'extrémité intérieure. Placez votre ruche d'observation à plat sur le sol et ouvrez-en la porte. Revêtez votre équipement de protection. Ouvrez le couvercle du paquet, sortez délicatement la cage à reine et posez-là sur le côté. Maintenant, sortez la canette centrale du paquet et secouez les abeilles dans la ruche d'observation. Frappez la boîte bien fort contre le sol pour déloger la grappe. Renversez-là pour verser les abeilles dans la ruche d'observation. Donnez des coups sur les côtés de la boîte pour déloger les abeilles accrochées dans les coins, puis renversez ces abeilles restantes dans la ruche d'observation. S'il reste encore une vingtaine d'abeilles dans le paquet, ne vous en inquiétez pas. S'il en reste une centaine, répétez chaque étape jusqu'à ce que le nombre diminue et qu'il n'en reste que très peu.

Vaporisez légèrement la reine avec un peu d'eau pour l'empêcher de s'envoler. Enlevez délicatement l'agrafe de la cage à reine en veillant à ne pas enlever le grillage, au risque de voir la reine s'échapper. Placez la cage par-dessus la grappe d'abeilles en maintenant le côté grillagé vers le bas, ôtez le grillage et placez la cage très près des abeilles tout en surveillant la sortie de la reine (c'est une étape difficile, je sais). Si vous ne voyez plus la reine, si vous ne la voyez pas s'envoler et si vous ne l'avez pas vu entrer dans la grappe, alors peut-être que vous avez eu un moment d'inattention. En supposant qu'elle soit entrée dans la ruche d'observation, utilisez un enfumoir pour écarter les abeilles du cadre de la porte afin de ne pas les écraser au moment de la fermeture, et fermez la porte (vous écraserez quelques abeilles obstinées et indécises mais avec un peu de chance, leur nombre ne sera pas élevé). Une fois la porte fermée, brossez toutes les abeilles qui sont restées à l'extérieur de la ruche et mettez-les à l'intérieur. En maintenant le tube au-dessus du conduit, retirez le tissu précédemment placé, glissez le tube et fixez-le (l'attache doit être sur le tube avant que vous ne fassiez cela).

Maintenant, vous avez une ruche d'observation. Remplissez le quart d'un bocal en verre avec 2:1 de sirop (2 mesures de sucre pour 1 mesure d'eau) et nourrissez les abeilles avec. Une fois ceci fait, vous pouvez enlever le tissu recouvrant l'extrémité extérieure du tube.

Si vous ne voyez pas la reine entrer dans la ruche d'observation, recherchez des grappes d'abeilles dans les environs, sur le sol ou dans les buissons. Si vous trouvez une grappe, regardez attentivement pour voir si la reine y est. Dans l'affirmative, attrapez-la avec une pince à cheveux, placez là à l'entrée du tube et voyez si elle entre dans la ruche d'observation. Si elle ne le fait pas, vous pourrez être amené à recommencer l'opération, mais vous avez probablement une reine dans la ruche maintenant.

Si vous avez acheté deux paquets (ce qui est recommandé) alors installez le second paquet dans une ruchette de fécondation, achetez les éléments d'une ruche et assemblez-les.

Continuez à nourrir les abeilles et à les surveiller. Comptez les jours jusqu'au moment où la reine commencera à pondre des œufs (généralement, cela se produit au bout du troisième ou quatrième jour mais quelquefois, cela peut prendre jusqu'à deux semaines), comptez le nombre de jours qui s'écoulent jusqu'à l'éclosion des œufs, le nombre de jours jusqu'au moment où vous pouvez voir le couvain operculé et le nombre de jours jusqu'à l'émergence des abeilles.

Au début, le bâtissage sera lent, mais dès que les abeilles commenceront à émerger, la population de la ruche se développera très rapidement.

Faire une division dans la ruchette de fécondation

Lorsque les abeilles ont assez rempli la ruche de miel, de couvain et de pollen, vous devez déplacer la reine ainsi que trois cadres dans une ruche de huit cadres. Nourrissez cette ruche et continuez à nourrir la ruche d'observation. Essayez de vous assurer que le cadre que vous laissez dans la ruche d'observation contient des œufs. Maintenant, vous allez arriver à observer les abeilles élever une reine. Au moment où la reine dans la ruche d'observation va pondre, vous assisterez à l'émergence de tout le couvain. La ruche d'observation aura du mal à se remettre à bien fonctionner, mais la ruchette de fécondation de cinq cadres se remplira rapidement et lorsque quatre cadres et demi sur cinq seront étirés, ajoutez la prochaine boîte et passez commande de quatre boîtes de profondeur moyenne, de suffisamment de cadres pour charger ces boîtes, d'un plateau grillagé, d'un couvre-cadres et d'un toit ou d'un toit plat. Lorsque les deux boîtes de huit cadres sont pleines, placez la reine et tout le reste dans l'une des ruches, à l'exception de deux cadres qui iront dans l'autre ruche. Vous devez vous assurer que tous ces cadres contiennent des œufs et du couvain ouvert. Assurez-vous aussi que les autres cadres contiennent du pollen et du miel. Placez les deux cadres réservés dans une boîte avec un toit et un plancher et laisser les abeilles élever une reine.

Maintenant, vous avez une ruche, une ruchette de fécondation et une ruche d'observation (et si vous aviez acheté un second paquet, vous avez maintenant deux ruches). Si vous avez besoin d'une reine, vous pouvez assembler la ruchette de fécondation et la ruche, ou alors vous pouvez retirer un cadre de couvain de la ruchette de fécondation pour que les abeilles élèvent de nouveau du couvain, ou encore vous pouvez retirer un cadre de couvain de la ruche d'observation pour que les abeilles élèvent de nouveau du couvain. Vous allez observer en détail ce qui se produit avec des abeilles dans une ruche d'observation. Vous pouvez voir comment le pollen entre dans la ruche, comment le nectar entre dans la ruche. Vous pouvez voir lorsque les abeilles se font piller, vous pouvez observer chacun des problèmes que les abeilles pourraient avoir ou observer lorsque la reine pond. Vous pouvez vous exercer et améliorer votre manière de chercher et de trouver la reine sans déranger toute la ruche.

Gestion de la croissance

Lorsque la croissance de la ruche d'observation devient trop importante, vous pouvez retirer des cadres pour les placez dans une ruche régulière. Au fur et à mesure que la ruchette de fécondation gagne en importance, vous pouvez retirer des cadres pour les placer dans une ruche régulière. Vous pouvez remplacer ces cadres prélevés par des cadres de cire gaufrée non étirés dans le cas où vous ne souhaitez avoir qu'une ruche, ou dans le cas où vous en avez une et quelques pièces de rechange pour la réparer. Si vous souhaitez avoir une ruche supplémentaire, laissez simplement la ruchette de fécondation se développer et placez-la dans une ruche régulière également. Ensuite, commencez une autre ruchette de fécondation à partir de quelques cadres issus de la ruche d'observation. Vous allez ainsi avoir deux ruches, une ruchette de fécondation et une ruche d'observation.

Commencer avec un plus grand nombre de ruches

Bien évidemment, si vous souhaitez avoir un certain nombre de ruches pour un début (ce qui est plutôt une bonne idée), vous pouvez installer un paquet dans la ruche d'observation et dans le même temps, installer un autre paquet dans la ruchette de fécondation ou dans la ruche. Une surabondance vous procure assez de ressources sur lesquelles vous pouvez compter lorsque les abeilles ont des ennuis. Pour un début, je pense qu'il est avisé de ne pas commencer avec plus de quatre ruches.

Cire gaufrée et cadres

Quel genre de cire gaufrée et de cadres devez -vous acheter? Evidemment, s'il y avait une réponse « exacte », elle ne désignerait qu'un certain genre de cire gaufrée et un certain genre de cadres. La raison pour laquelle cette raison exacte n'existe pas est la divergence au niveau des préférences des apiculteurs, de leurs philosophies et de leurs expériences.

Parlons donc un peu de terminologie. Pour ce qui est de la cire gaufrée, les seules épaisseurs que j'ai vues disponibles sont : « Medium Brood », « Surplus » et « Thin Surplus ». « Medium Brood » *ne signifie pas* que les feuilles de cire gaufrée de cette épaisseur, ne se monte que sur des cadres de profondeur moyenne, cela signifie que les feuilles sont d'épaisseur moyenne. La cire gaufrée « Surplus » est fine et la « Thin Surplus » est encore plus fine. La cire gaufrée d'épaisseur « Surplus » est destiné à la production de miel en rayon.

Cire gaufrée à couvain

Généralement, les abeilles préfèrent bâtir des cadres vides, sans amorce de cire et sans cire gaufrée. Ces cadres sont mieux acceptés, plus naturels et ont de nombreux avantages à savoir : le contrôle de varroas grâce aux petites cellules, la possibilité de découper les cellules royales d'un rayon sans avoir à vous inquiéter de la présence de fil métallique ou de la présence de plastique au centre du rayon.

En seconde position, viennent les feuilles de cire. Les abeilles ont la possibilité de les retravailler comme elles le souhaitent. Plus ces feuilles se rapprocheront de ce que les abeilles veulent, mieux elles les accepteront. Je dirais que les feuilles de cire pour avoir des abeilles mesurant 5,1 mm, sont mieux acceptées, puisqu'il semble que ce soit ce que les abeilles veulent bâtir. Vous pouvez en trouver chez Dadant. Les feuilles de cire avec des cellules mesurant 4,9 mm viennent en seconde position et en dernière position, nous avons celles à cellules de 5,4 mm. Cependant, j'ai une préférence pour la cire gaufrée à cellules de 4,9 mm car elle permet le contrôle de varroas. Un aspect à prendre en compte au moment du choix de la cire gaufrée est le matériau à partir duquel elle est fabriquée (cire ou plastique), un second aspect est la taille des cellules.

Un autre problème en ce qui concerne la cire gaufrée est la solidité. Les feuilles de cire Duracomb et Duragilt ont un noyau en plastique lisse. Cela convient bien jusqu'au moment où les abeilles se mettent à retirer des bandes de cire pour les réutiliser ailleurs ou lorsque les fausses teignes commencent à abîmer le plastique. Dans ce cas, les abeilles ne peuvent pas rebâtir sur le plastique.

Les fils métalliques sont souvent utilisés dans les feuilles de cire gaufrée. Certaines feuilles de cire gaufrées sont livrées déjà garnies de fils métalliques verticaux et certains apiculteurs les utilisent telles quelles. D'autres sont livrées non filées. Dans ce cas, certains apiculteurs les filent horizontalement. Le fil métallique ralentit le processus d'affaissement de la cire gaufrée.

Le matériau que les abeilles semblent aimer le moins et que les apiculteurs semblent aimer le plus est le plastique. Les fausses teignes ne peuvent pas détruire la cire gaufrée (quoiqu'elles *peuvent* détruire le rayon). Les abeilles ne peuvent pas aisément retravailler la taille des cellules, taille qui varie de 4,95 à 5,4 mm. On en trouve sous forme de feuilles de cire gaufrée en plastique ou sous forme de cadres en plastique où la feuille de cire gaufrée est moulée dans le cadre, les deux ne formant qu'une seule pièce.

On trouve également des rayons en plastique entièrement préétirés. Dans ce modèle, la marque PermaComb propose des cadres de profondeur moyenne (avec une taille de cellules équivalente à 5,0 mm) et la marque Honey Super Cell propose des cadres profonds (avec des cellules mesurant 4,9 mm). L'expression « entièrement préétiré » signifie que les abeilles ne bâtissent pas le rayon. Le rayon est fourni entièrement étiré, les abeilles n'ont plus qu'à l'utiliser et à l'operculer.

De la cire gaufrée dans les hausses

Les rayons entièrement bâtis offre un avantage certain lorsqu'ils sont utilisés dans les hausses (une fois que les abeilles les acceptent et commencent à les utiliser) et puisque les abeilles n'ont plus besoin de bâtir les rayons, elles s'occuperont simplement d'emmagasiner le nectar. Les fausses teignes n'y ont pas accès, tout comme les petits coléoptères des ruches.

Les divers types de cadres et de feuilles de cire gaufrée en plastique destinés à être utilisés dans les hausses, sont les mêmes que ceux utilisés pour le couvain. Ils sont subsidiairement utilisés avec des Honey Super Cell portant des cellules de 6,0 mm et un faux œuf au fond de la cellule par certains apiculteurs pour la production de faux-bourdons (ils sont plus faciles à extraire). Le faux œuf est censé être là pour berner la reine, l'empêchant ainsi de pondre dans la cellule. La taille de 6,0 mm dissuade aussi la reine de pondre puisqu'il ne s'agit ni de la taille d'un faux-bourdon (6,6 mm), ni de la taille d'une ouvrière (4,4 à 5,4 mm).

Pour les rayons de miel, il y a les feuilles de cire d'épaisseur « Surplus » et « Thin Surplus ». Ainsi donc, le miel en rayon sera plus simple à mâcher, et n'aura pas un noyau épais en son centre. Ces feuilles de cire sont disponibles dans la plupart des manufactures. Walter T. Kelley en propose en 7/11 ce qui, une fois de plus est une taille de cellule dans laquelle la reine ne va pas pondre. Vous pouvez donc vous passer de grille à reine et vous n'avez plus à retirer du couvain dans les hausses.

Types de cadres

Il y a diverses sortes de cadres et de nombreuses sortes de feuilles de cire gaufrée sont prévues pour être utilisées dans l'un ou l'autre de ces cadres. Dans tous les cas, vous pouvez généralement les adapter, mais il est bien de prendre cette diversité en compte au moment de commander vos cadres ou vos feuilles de cire.

Pour ce qui est des barrettes supérieures, parmi les formes disponibles, il y a les barrettes dotées d'une rainure centrale, les barrettes à jambage et les barrettes fendues (ce modèle est disponible chez Walter T. Kelley). Les barrettes supérieures rainurées sont généralement utilisées avec de la cire gaufrée en plastique ou avec un tube coule cire. Je les préfère aux barrettes supérieures à jambage. Je peux y fixer plus solidement la cire gaufrée avec un tube coule cire (elle ne tombe pas). Les barrettes supérieures à jambage sont pourvues d'une barrette de jambage amovible. Cette barrette de jambage peut être retirée et clouée en travers de la ruche afin de servir de support au rayon. Les barrettes supérieures fendues quant à elles sont généralement utilisées pour la production de miel en rayon. La feuille de cire gaufrée est simplement glissée en les fentes de la barrette. Dans la partie inférieure du cadre, la feuille de cire est soutenue par une barrette non fendue. Pour finir, le cadre est placé dans la ruche sans clouage.

Quant aux barrettes inférieures, parmi les formes disponibles, il y a les barrettes non fendues, les barrettes fendues et les barrettes rainurées. Je préfère les barrettes inférieures non fendues étant donné que les fausses teignes ne peuvent pas s'y installer. En revanche, votre cire gaufrée peut ne pas être adaptée à ce genre de barrette inférieure (cela dépend du genre de cire gaufrée que vous achetez). Les barrettes inférieures fendues ne sont pas très solides et semblent toujours se briser dès la première fois où je tente de les nettoyer et d'y placer de la cire gaufrée. Les barrettes inférieures rainurées sont généralement utilisées avec de la cire gaufrée en plastique de manière à ce que la cire gaufrée s'emboîtent dans le cadre. L'autre problème auquel vous devrez faire face est la taille exacte de la cire gaufrée que vous utiliserez. Certains apiculteurs découpent les feuilles de cire gaufrée pour les adapter à leurs cadres, d'autres les découpent pour les adapter aux rainures des barrettes. Walter T. Kelley semble être le seul fournisseur qui propose dans son catalogue des éléments qui s'agencent parfaitement.

Parlons donc des cadres monoblocs en plastique. Ils viennent à bout de tous les problèmes liés aux cadres excepté l'acceptation et la découpe des cellules royales. Pas de cadres à bâtir. Il n'y a aucun problème pour ce qui est de la taille de la feuille de cire gaufrée puisqu'elle est déjà intégrée au cadre. Si vous achetez des cadres Mann Lake PF-120 (profondeur moyenne) ou des PF-100 (profondes), ils auront des cellules mesurant 4,95 mm, vous pourrez ainsi tirer avantage des petites cellules. Ces cadres sont bon marché (en lots, ils coûtaient à peine plus de 1$ pièce la dernière fois que j'ai vérifié). Il n'y a pas de filage à faire et ils sont bien acceptés par les abeilles.

Emplacements des ruches

« Où convient-il de placer mes ruche? » Le problème est qu'il n'y a ni réponse simple à cette question, ni emplacement parfait. Mais procédons par ordre d'importance décroissante afin d'éliminer les options les moins importantes. Les critères suivants sont à prendre en compte :

Sécurité

Il est essentiel d'installer vos ruches dans un endroit où vos abeilles ne constitueront pas une menace pour les animaux enchaînés ou en troupeau, en particulier s'il s'agit d'un endroit d'où ces animaux pourraient ne pas arriver à s'enfuir s'ils venaient à être attaqués par les abeilles. Evitez également de les placer dans un endroit où elles pourraient s'attaquer à des passants qui ignorent qu'ils circulent à proximité de ruches. Si vous prévoyez de les installer à proximité d'un chemin fréquenté, vous devez installer une clôture ou un dispositif empêchant tout contact entre les gens et vos abeilles. Aussi, pour leur sécurité, vos abeilles doivent être placées dans un endroit où elles ne seront pas en contact avec des bétails, des chevaux ou encore des ours.

Praticité d'accès

Il est essentiel que vous disposiez d'un accès pratique et rapide à vos ruches. Transporter des hausses pleines pouvant peser de 22 kg (pour des boîtes de profondeur moyenne de huit cadres) à 41 kg (pour des hausses profondes), peu importe la distance parcourue, représente une grosse charge de travail. La même raison est valable pour le transport d'instruments apicoles et le nourrissement des ruches. Vous pouvez être amené à transporter plus de 23 kg de sirop par ruche, peu importe la distance à parcourir, ce n'est pas aisé. Aussi, vous apprendrez beaucoup plus à propos de vos abeilles avec des ruches installées dans votre arrière-cour qu'avec des ruches installées à plus de 32 km de l'endroit où vous êtes. De même, vous vous occuperez mieux de ruches installées à 1 ou 2 km de votre maison que de ruches installées à 100 km.

Bonne source de miellée

Si vous disposez de plusieurs possibilités, optez donc pour un emplacement avec de nombreuses sources de miellée : du mélilot, de la luzerne cultivée pour les graines, des tulipiers d'Amérique etc. peuvent faire une grande différence entre une récolte exceptionnelle de plus de 90 kg de miel par ruche et une très maigre récolte. Cependant, gardez à l'esprit que vos abeilles ne vont pas se contenter de butiner sur vos terres, elles peuvent aller butiner jusqu'à 32 km environ de l'endroit où sont installées leurs ruches.

Eviter les chemins fréquentés

Je pense qu'il est important que vos ruche ne perturbent pas le quotidien de qui que ce soit. Ne les placez pas à proximité d'un chemin fréquenté. En cas de disette et lorsque les abeilles sont de mauvaise humeur, elles peuvent harceler et même piquer quelqu'un. Ne les placez pas non plus dans un endroit où leur présence est susceptible de ne pas être souhaitée.

En plein soleil

Je trouve que les ruches placées en plein soleil sont moins exposées aux maladies, aux nuisibles et produisent plus de miel. Toutes choses étant égales, j'opterais pour une exposition en plein soleil. Le seul avantage de placer vos ruches à l'ombre est votre confort, vous travaillerez à l'ombre, à moins que cela puisse aider à répondre à un autre critère plus important.

Si vous vivez dans une région au climat très chaud, avoir de l'ombre en milieu d'après-midi est bien pratique. Mais bon, vous n'avez pas à vous inquiéter de cela plus que de raison à moins que votre ruche ne soit une ruche à barrettes ; dans ce cas, il est préférable de la placer à l'ombre pour éviter l'effondrement des rayons.

Pas trop près du sol

Cela ne me pose aucun problème que mes abeilles soient installées dans un endroit intermédiaire, ni trop élevé, ni trop bas, dans un endroit où elles ne vont pas être exposées à la rosée, au brouillard et au froid. De plus, je préfère qu'elles ne soient pas installées dans un endroit où il me faudra les déplacer en cas de menace d'inondation.

A l'abri du vent

Il est bien plus commode d'installer vos abeilles où le vent froid en hiver ne leur soufflera pas trop durement dessus et ne fera pas sauter les couvercles des boîtes. Ce n'est pas mon premier impératif, mais ce serait plus pratique si un emplacement pourvu d'un brise-vent est disponible. Cela exclut donc de les placer au sommet d'une montagne.

Proximité d'une source d'eau

Les abeilles ont besoin d'eau. Une difficulté que rencontrent les apiculteurs, est de leur en fournir. Une autre difficulté est de rendre cette eau plus attractive pour elles que le jacuzzi du voisin. Pour y parvenir, vous devez comprendre les raisons pour lesquelles les abeilles sont plus attirées par une certaine eau que par une autre :

L'odeur. Les abeilles sont attirées par une source d'eau dégageant une odeur. Le chlore a une odeur, ainsi que les eaux usées.

La chaleur. L'eau chaude peut être transportée par les abeilles même lorsqu'il fait modérément froid, ce qui n'est pas possible avec de l'eau froide car les abeilles prennent froid, s'engourdissent et ne peuvent plus voler jusqu'à leur ruche.

La régularité. Les abeilles préfèrent les sources d'eau où elles peuvent s'approvisionner régulièrement.

L'accessibilité. Les abeilles doivent pouvoir s'approvisionner en eau sans tomber dans la source. Avec une cuve ou un seau dépourvu de flotteur, ça ne fonctionne pas très bien. Sur la berge d'un ruisseau, les abeilles peuvent atterrir puis marcher sur l'eau, ce qui n'est pas possible avec un seau ou un tonneau, à moins que vous n'y placiez des échelles, des flotteurs, ou même les deux. Moi, j'utilise un vieux seau rempli de vieilles brindilles. Les abeilles peuvent atterrir sur les brindilles avant de descendre sur l'eau.

Conclusion

En fin de compte, les abeilles savent très bien s'adapter. Soyez plutôt sûr que l'emplacement que vous choisirez vous convienne. S'il n'est pas trop ardu à approvisionner, essayez de répondre à d'autres critères. Il n'est pas certain que vous trouverez l'emplacement parfait, remplissant toutes les conditions précitées.

Installation des paquets d'abeilles

Il m'arrive de lire tout ce que les néophytes publient sur les forums d'apiculture, de voir sur Youtube les vidéos de personnes sans expérience installant des paquets d'abeilles pour la première fois ou encore des vidéos d'experts donnant des cours à des apiculteurs débutants etc., je constate qu'un grand nombre de très mauvais conseils circulent. Quelquefois, il s'agit simplement de conseils prodigués par un débutant qui n'a aucune idée de ce que peut être le juste milieu. En fin de compte, un mauvais conseil reste un mauvais conseil. Voici mon avis sur ces nombreux conseils concernant ce qu'il faut ou ne faut pas faire :

Les choses à ne pas faire:

Vaporiser du sirop de sucre sur les abeilles

Si vous tenez absolument à le faire, veillez donc à ne pas trop asperger les abeilles. Aussi faites attention à l'épaisseur de votre sirop de sucre. 2 mesures d'eau pour une mesure de sucre suffisent. Moi, je ne vaporise pas de sirop de sucre sur mes abeilles et je ne le ferai jamais. Si vous devez nourrir vos paquets en attendant de les installer, vaporiser simplement un peu de sirop de sucre sur le grillage de la boîte et attendez que les abeilles le consomment entièrement. Répétez l'opération jusqu'à ce qu'elles se désintéressent de consommer le sirop de sucre accroché au grillage. Ceci dit, je pense qu'il vaut mieux verser le sirop de sucre dans la canette qu'il y a au centre du paquet. Pour ce faire, sortez-la (bien évidemment, il faudra penser à fermer l'ouverture que laisse son retrait avec un plateau ou un autre objet pouvant convenir, sinon les abeilles s'échapperont). Si la canette que vous avez dans votre paquet est le genre ayant sur sa partie supérieure un trou rond avec un œillet en caoutchouc retenu dans un morceau de tissu, retirez donc tout cela, versez le sirop dans la canette, replacez le tissu et l'œillet, et remettez la canette à sa place. Si dans la partie supérieure, il n'y a que des petits trous, percez-y alors un trou assez grand par lequel vous verserez ensuite le sirop de sucre jusqu'à remplir la canette. Une fois cela fait, bouchez le trou que vous avez percé avec de la cire d'abeille ramollie. Vérifiez qu'il n'y a pas de fuite et remettez la canette en place.

Pourquoi ? Parce que j'en ai vues beaucoup des abeilles noyées dans du sirop de sucre visqueux car il y avait une fuite au niveau de la canette ou parce qu'elles ont été aspergées de sirop de sucre ou pire encore, des abeilles qui sous l'effet de la surchauffe, régurgitent le contenu de leur estomac à miel dans l'espoir de se rafraîchir. Je ne souhaite plus revoir une telle chose. Dernièrement, je regardais sur Youtube la vidéo d'un apiculteur qui cognait le fond de la boîte contenant son paquet d'abeilles contre le sol (ce qui est une bonne chose si l'étape suivante est de verser les abeilles dans la ruche), puis il les imbibait (littéralement) de sirop, retournait la boîte, les imbibait d'encore plus de sirop, il retournait une fois de plus la boîte et devinez quoi, il les imbibait de sirop (encore) sur le côté qu'il avait déjà aspergé la première fois. Pour finir, après avoir « joué » un peu avec la boîte, il aspergeait encore les abeilles. Je doute que la moitié de ses abeilles aient survécu.

Je vous le dis, je n'ai jamais vu des abeilles mourir parce qu'on ne les avait pas aspergées de sirop.

Laisser les abeilles dans la boîte d'expédition

Ne mettez pas la boîte contenant votre paquet d'abeilles directement dans une ruche afin d'éviter d'avoir à la vider, en particulier si vous placez la boîte sur des barrettes supérieures et par-dessus, vous placez une boîte vide, vous vous exposez à des problèmes. Supposons que vous mettez la cage à reine quelque part dans la ruche ; les abeilles vont se regrouper sur le couvre-cadres ou le toit, et finiront par bâtir des cadres dans la boîte vide. Les abeilles, toujours, préfèrent bâtir leurs propres rayons plutôt que d'étirer la cire gaufrée, elles saisiront donc toute opportunité qui se présente. Ne leur donnez pas cette opportunité. Le vidage d'un paquet d'abeilles n'est pas difficile. Oui, c'est une de ces tâches pour laquelle douceur et grâce ne sont d'aucune utilité, sans que cela ne soit mauvais ou irritant pour les abeilles. Vous ferez tout aussi bien de vous habituer à l'idée puisqu'un jour, il vous faudra secouer un essaim dans une boîte. Si vous tenez à laisser vraiment à laisser le paquet d'abeilles dans sa boîte, alors placez une boîte profonde (ou de profondeur moyenne, peu importe) sur le plancher. À l'intérieur, placez la boîte contenant votre paquet. Par-dessus, placez une boîte avec des cadres. En procédant ainsi, vous tirez avantage du fait que les abeilles vont vouloir se regrouper dans la partie supérieure et s'y suspendre. Bien heureusement, elles feront cela sur le couvre-cadres et non sur les barrettes inférieures. Assurez-vous cependant de vider la boîte d'expédition et la boîte vide *le jour suivant.* Pas quatre jours plus tard, pas cinq jours plus tard, le jour suivant. Autrement, vous laissez aux abeilles l'occasion de bâtir des rayons dans la boîte vide.

Suspendre la reine entre les cadres

Il en résulte presque toujours un rayon supplémentaire entre les deux rayons bâtis sur la cage à reine. Relâchez la reine et vous n'aurez pas à vous inquiéter de rayons bâtis en désordre. Cela s'avère être encore plus important lorsqu'il s'agit d'un scénario sans cire gaufrée tel qu'une ruche à barrettes ou des cadres sans cire gaufrée. Ce qu'il faut retenir c'est qu'une fois qu'un rayon est bâti de travers, tous les rayons qui seront bâtis par la suite suivront le même chemin, répétant l'erreur encore et encore. Installez vos abeilles dans une ruche, laissez-les s'installer un peu. Pour empêcher la reine de s'envoler, bouchez l'extrémité de sa cage par laquelle est peut s'envoler avec votre pouce. Tout en maintenant votre pouce sur l'ouverture, déposez la cage sur le plancher de la ruche et laissez-la là. N'essayer pas de relâcher la reine sur les barrettes supérieures. Relâchez-la sur le plancher de la ruche.

Une difficulté semble être ces craintes de voir les abeilles prendre la fuite ou éliminer la reine si vous la relâchez. D'expérience, je peux vous dire que laisser la reine encagée ne permet pas non plus de parer à ces situations. Si ce que veulent vos abeilles, c'est partir de la ruche dans laquelle vous les avez installées, elles le feront de toute manière. Elles déménageront dans une ruche non éloignée de leur ruche d'origine et abandonneront la reine. En ce qui concerne l'élimination de la reine, il est vrai que la relâcher n'empêchera pas les abeilles de la tuer si c'est ce qu'elles ont décidé de faire. Cependant, la voir libre ne les poussera pas non plus à la tuer. Je n'ai jamais eu ce problème. Quelquefois, j'ai dû installer un certain nombre d'abeilles désorientées, provenant de plusieurs paquets différents. Dans la confusion, elles sont juste contentes de trouver une reine. Si les abeilles viennent à tuer la reine que vous avez introduite, cela signifie presque toujours qu'il y a déjà une reine relâchée dans le paquet que vous avez installé. Les abeilles auront une préférence pour la reine déjà en place car elles ont déjà eu un contact avec elle.

Utiliser une grille à reine comme grille de confinement

N'utilisez pas la grille à reine en guise de grille de confinement (pour empêcher la reine de sortir) une fois qu'il y a du couvain ouvert dans la ruche. Moi, je n'utiliserais pas de grille à reine du tout. D'ailleurs, une fois qu'il y a du couvain ouvert dans la ruche, il n'y a aucun intérêt à utiliser une grille à reine. De plus, cela empêchera les faux-bourdons de s'envoler au moment venu.

Pulvériser du sirop sur la reine

Cela engendrera la pagaille dans la ruche. Il est entendu que cela l'empêchera de s'envoler, mais cela lui fera aussi du mal. Je sais que certains pensent le contraire mais apparemment, ils n'ont jamais vu de reine gluante et à moitié morte auparavant, j'en ai vu beaucoup. Moi, je ne pulvérise rien sur la reine, mais si vous tenez absolument à le faire, utilisez simplement de l'eau ou tout au plus, deux mesures d'eau pour une mesure de sucre.

Procéder à l'installation de vos paquets d'abeilles sans porter de combinaison de protection

Vous avez déjà assez à faire sans devoir en plus vous inquiéter d'être piqué par vos abeilles.

Enfumer un paquet

Les abeilles sont déjà d'humeur docile et ont besoin de phéromones pour s'organiser, trouver leur reine etc. Il n'y a pas besoin d'interférer avec ces phéromones. Enfumer, ne servira que peu ou ne servira aucunement à calmer un essaim ou un paquet d'abeilles de toutes les façons.

Remettre à plus tard

Ne reportez pas l'installation de vos abeilles à cause d'un crachin ou parce qu'il fait un peu froid. À moins que la température dehors ne soit vraiment basse (-12°C ou moins), moi j'installe mes paquets d'abeilles. De plus, dans ce cas, j'en viens à considérer la basse température comme un certain avantage : les abeilles n'auront pas envie de s'envoler et ne s'installeront que mieux de toute façon. Pensez simplement à vous assurer qu'elles aient suffisamment de quoi se nourrir pour éviter qu'elles ne meurent de famine. Le miel operculé est le meilleur aliment que vous puissiez leur proposer. Du sucre sec humecté d'un peu d'eau fera aussi l'affaire.

Créer trop d'espace pour le nourrissement

Un paquet est une équipe de bâtissage de rayons. Les abeilles sont à l'affût du moindre emplacement où elles peuvent se mettre à l'ouvrage, ne leur fournissez pas l'occasion de bâtir leurs rayons dans des endroits où elles ne devraient pas le faire. Evitez donc de placer une boîte vide à laquelle elles peuvent accéder au-dessus de la boîte où vous les avez installées, ou encore un châssis en bois pour un sac à nourrissement. Peut convenir pour le nourrissement dans ce cas, un nourrisseur cadre ou un bocal placé sur le couvre-cadres en veillant à recouvrir tous les accès possibles avec du ruban adhésif ou autre. Un plancher nourrisseur convient également. Les sacs à nourrissement placés sur le plancher de la ruche fonctionnent aussi bien *si* vous installez d'abord les abeilles, ensuite vous placez les sacs à nourrissement une fois qu'elles se sont regroupées et qu'il n'y en a plus sur le plancher de la ruche.

Laisser vos cadres à l'extérieur de la ruche

Ne le faites jamais. Pas même pour quelques minutes. Souvent, vous comptez ne les laisser de côté que quelques minutes, puis vous oubliez de les remettre en place. Lorsque vous fermez une ruche, assurez-vous qu'il y ait toujours un assortiment complet de cadres dans la boîte, ou dans le cas d'une ruche à barrettes, un assortiment complet de barrettes. Même si vous utilisez une partition cadre pour occuper temporairement l'espace, pensez à remettre en place des cadres ou des barrettes. Il est impossible de savoir à l'avance à quel moment les abeilles décideront de se mettre à bâtir à l'emplacement précis où vous avez retiré les cadres.

Vider les abeilles au-dessus d'un sac à nourrissement en plastique

Elles vont se retrouver couvertes de sirop puisque sous le poids des abeilles qui y tombent, le sac va se déchirer.

Enfermer un paquet nouvellement enruché

Laissez les abeilles voler, respirer et s'orienter.

Laisser traîner des cages à reines vides à proximité des ruches

Les abeilles vont se mettre en grappe autour de ces cages et agir comme des essaims car elles croient que les cages sont des reines étant donné que qu'elles sont imprégnées de leur odeur.

Laisser un rayon bâti de travers conduire à plus de rayons désordonnés

Si pour vos ruches, vous avez utilisé des cadres vides, sans cire gaufrée, ou si vos ruches sont des ruches à barrettes, la situation est encore plus critique. Avec de la cire gaufrée, vous avez une sorte d'ardoise propre pour chaque fois où les abeilles commenceront à étirer un nouveau cadre. Toutefois, s'il y a un rayon bâti de travers, j'essaie de le redresser le plus rapidement possible. Les abeilles bâtissent des rayons parallèles, c'est pourquoi dans les ruches à cadres sans cire gaufrée, un rayon de travers conduit à un autre rayon de travers également. Pour la même raison, un rayon bien bâti conduit à un autre rayon bien bâti. En vous y prenant tôt pour vous assurer que le dernier rayon en date d'une ruche est bien bâti, vous vous assurez dans le même temps que le prochain rayon sera droit et bien axé puisqu'il est parallèle au précédent. Si ce que vous avez, ce sont des ruches à barrettes, veillez à disposer de cadres bâtis dans lequel vous pouvez replacer des rayons biscornus ou des rayons qui sont tombés. De cette manière, vous pouvez toujours réaligner au moins le dernier rayon bâti, ou encore mieux, vous pouvez de nouveau aligner dans le bon sens tous les rayons en désordre. Particulièrement avec la cire gaufrée, il est recommandé de vérifier rapidement après l'installation des abeilles afin d'être rassuré du bon démarrage du bâtissage des rayons, en d'autres termes, il faut vérifier si les rayons sont bien bâtis dans les cadres et alignés correctement. Plus tôt la vérification sera faite, mieux ce sera.

Si vous utilisez des cadres avec de la cire gaufrée et que vos abeilles bâtissent en dehors de cette cire gaufrée ou alors si elles bâtissent des rayons parallèles, mais à un endroit que vous ne pouvez pas atteindre, grattez ces rayons pour les retirer avant qu'il n'y ait du couvain ouvert. La cire à elle seule, est bien loin d'avoir la même importance que le couvain ouvert. Veillez à la netteté de votre ruche en cas de rayons en désordre. Si vous n'y veillez pas, cela vous hantera pendant très longtemps. Avec de la cire gaufrée en plastique, vous n'avez qu'à racler le rayon pour l'enlever. Avec de la cire, il vous faudra agir avec plus de finesse.

Détruire les cellules de supercédure

Dans les boîtes contenant les paquets, les abeilles souvent bâtissent des cellules de supercédure qu'elles détruisent quelques jours après leur bâtissage. Si vous détruisez ces cellules avant que les abeilles ne le fassent, vous prenez le risque de les rendre orphelines. Quelquefois, il y a un problème avec la reine dont vous n'avez pas connaissance. Pour moi, supposer que vos abeilles sont dans l'erreur et que vous avez raison en ce qui concerne la qualité de la reine, est synonyme d'un mauvais pari.

Paniquer parce que la reine est morte dans sa cage

Evitez de paniquer et supposez que les abeilles sont orphelines lorsque vous vous rendez compte que la reine est morte dans sa cage. Il existe aussi des probabilités que la reine soit déjà relâchée dans le paquet lorsque vous le recevez. Juste au cas où, contactez votre fournisseur. Dans le même temps, installez vos abeilles. Revenez après un moment pour bien vérifier que les abeilles n'ont toujours pas de reine avant d'en introduire une nouvelle au risque de conduire cette dernière à sa perte.

Prendre peur lorsque la reine ne commence pas immédiatement à pondre

Certaines reines commencent à pondre aussitôt qu'il y a un rayon d'une profondeur de 6 mm environ dans la ruche. Pour d'autres, le démarrage est un peu plus lent, il peut s'écouler jusqu'à deux semaines après leur installation avant qu'elles ne commencent à pondre. Si après deux semaines, la reine ne pond toujours pas c'est qu'elle ne le fera probablement. Là, vous pouvez commencer à paniquer !

S'affoler parce qu'une ruche se porte mieux qu'une autre

Plusieurs facteurs contribuent au bon rendement d'une ruche. Si les abeilles disposent d'œufs et de couvain alors il y a de fortes probabilités que la ruche se porte bien.

Avoir une seule ruche

Il vaut mieux en avoir au moins deux afin d'avoir déjà à votre disposition les ressources nécessaires si des problèmes viennent à se poser.

Nourrir les abeilles continûment

Ne pensez pas que les abeilles cesseront de prendre la nourriture que vous mettez à leur disposition si elles n'en ont plus besoin. J'ai vu de nombreux paquets essaimer alors que les abeilles avaient à peine commencé à bâtir la première boîte de la ruche dans laquelle elles avaient été installées. La raison est qu'elles avaient rempli les rayons de sirop de sucre. La bonne manière de faire est de nourrir les abeilles jusqu'au moment où vous constaterez la présence de réserves operculées. Ces réserves sont le signe que les abeilles ont commencé leur « réserve pour le long terme », en d'autres termes, elles considèrent qu'il y a un surplus, donc elles commencent à emmagasiner. Moi, s'il y a une miellée à ce moment-là, je stoppe le nourrissement.

Manipuler la ruche tous les jours

Vous prenez le risque de voir vos abeilles s'enfuir de la ruche si vous la manipulez trop souvent.

Laisser les abeilles seules trop longtemps

Si vous faites cela, vous laissez passer l'opportunité d'apprendre de vos abeilles et vous pourriez passer à côté de problèmes dans la ruche. Pour une première fois, je pense qu'il est bien d'aller les voir après trois ou quatre jours. Pour la suite, espacez vos visites de trois ou quatre jours également. Essayez de ne pas retoucher tout ce que les abeilles font dans la ruche, le but de ces visites est d'avoir une idée générale de la manière dont les choses se passent.

Trop enfumer les abeilles

N'enfumez pas trop les abeilles une fois qu'elles sont installées et que vous devez manipuler la ruche. Les erreurs les plus courantes au moment d'enfumer sont les suivantes :

Trop chauffer l'enfumoir : il devient une sorte de lance-flammes qui finit par brûler les abeilles.

Trop enfumer : cela cause une panique générale dans la ruche alors que l'effet recherché est simplement d'interférer avec les phéromones d'alarme. Une bouffée par l'entrée de la ruche et une autre bouffée dans la partie supérieure si les abeilles semblent excitées sont suffisantes. Après cela, il suffit généralement de laisser l'enfumoir allumé près de la ruche.

Ne pas utiliser un enfumoir : certains apiculteurs n'utilisent pas d'enfumoir car ils pensent que la fumée énerve les abeilles. Si cela se produit, c'est probablement à cause d'une des raisons précitées.

Ouvrir immédiatement la ruche après l'avoir enfumée : si vous attendez une minute après l'enfumage pour ouvrir la ruche, la réaction des abeilles sera complètement différente. Si ce que vous avez à faire n'est pas chronophage, comme le remplissage de nourrisseurs-cadres ou quelque chose du genre, il est bien d'enfumer la ruche suivante avant d'ouvrir celle précédemment enfumée. De cette manière, la minute sera écoulée au moment de l'ouvrir.

Ne pas enfumer : certains apiculteurs n'enfument pas car ils pensent que cela peut être mauvais pour les abeilles, ou encore que ce n'est pas une pratique naturelle. Les abeilles ne sont enfumées qu'une fois ou deux chaque une semaine ou deux. Il existe des preuves selon lesquels les apiculteurs enfument leurs abeilles depuis au moins 8000 ans, et ce pour une très bonne raison : rien ne fonctionne mieux pour les calmer.

Les choses à faire :

Toujours installer vos abeilles dans un minimum d'espace

L'élevage de couvain et la fabrication de cire requièrent de la chaleur et de l'humidité. Installez-les toujours dans un emplacement plutôt restreint, mais néanmoins assez vaste pour elles et pratique pour vous. En d'autres termes, si vous avez une ruchette de fécondation de cinq cadres, c'est excellent. Si non, utilisez alors une seule boîte. Oui, une boîte unique de profondeur moyenne de cinq cadres est assez grande si elle ne contient pas de rayon bâti. Une boîte de profondeur moyenne de huit cadres est assez grande s'il y a des rayons bâtis. Précisons qu'il n'y a rien de mauvais dans le fait d'installer les abeilles dans de plus grandes boîtes, seulement, cela exige d'elles plus de travail en particulier par des conditions climatiques nordiques. De plus, elles se développent mieux lorsque l'espace qui leur est alloué est plus restreint En ce qui me concerne, je n'achèterais probablement pas spécialement pour l'occasion une ruchette de cinq cadres, j'en utiliserais un que j'ai déjà sous la main.

Apprêter le matériel

Tout votre équipement doit être prêt avant l'arrivée de vos abeilles. Assurez-vous d'avoir choisi le meilleur emplacement, transportez-y et installez-y tout le matériel que vous devrez utiliser pour l'installation des paquets. N'oubliez pas de préparer également votre équipement de protection.

Porter un équipement de protection

Vous avez beaucoup trop à faire pour vous préoccuper de piqûres d'abeilles.

Comment installer:

Une fois que vous avez apprêté vos abeilles, votre équipement etc., retirez quatre ou cinq cadres de la ruche, retirez la canette centrale de la boîte contenant le paquet d'abeilles ainsi que la cage à reine, frappez la boîte contre le sol pour déloger les abeilles et versez-les dans la ruche. N'hésitez pas à remuer la boîte d'avant en arrière au besoin et lorsque plus aucune abeille n'en tombe, frappez-la une fois de plus contre le sol et versez à nouveau. Lorsqu'il ne reste plus qu'une dizaine ou une vingtaine d'abeilles dans la boîte, déposez-la. Prenez la cage à reine, débouchez l'extrémité opposée à celle où il y a le bouchon de candi, placez un doigt sur le trou ainsi obtenu et posez la cage sur le plancher de la ruche. Avec précaution, replacez les cadres précédemment retirés sans les pousser, ils se remettront d'eux-mêmes en place quand les abeilles quitteront le plancher de la ruche.

Si vous relâchez la reine (le plus délicatement possible pour éviter qu'elle ne s'envole) alors *ne laissez pas* sa cage dans la ruche. Secouez toutes les abeilles qui s'y trouvent dans la ruche, mettez-la dans votre poche et emmenez-la avec vous une fois l'installation de vos abeilles terminée. Autrement, les abeilles se regrouperont sur la cage et vous finirez par avoir un essaim orphelin sur la cage.

Serrer étroitement les cadres

Pour une raison quelconque, cette précision semble être ignorée dans les livres et les apiculteurs ne sont pas au bout de leur peine. Les cadres dans les ruches doivent être étroitement serrés les uns aux autres au centre de la boîte, en assortiment complet (10 pour une boîte de 10 cadres). Si vous laissez des espaces vacants, il est fort envisageable que les abeilles y fassent quelque chose de « funky », comme par exemple bâtir un rayon supplémentaire, étirer un rayon à partir d'un rayon entièrement bâti ou encore bâtir des arêtes sur la face d'un rayon. La meilleure manière de prévenir cette « créativité » est de bien serrer les cadres au moment de les placer. Encore mieux, réduisez vos cadres à 32 mm de profondeur et placez un cadre supplémentaire afin que les cadres se resserrent.

Nourrir les abeilles

Il faut prévoir de nourrir souvent vos paquets, en particulier lorsque les abeilles n'ont ni rayons, ni réserves. Nourrissez les paquets jusqu'au moment où vous verrez du miel operculé dans la boîte ou jusqu'au moment où les abeilles vont commencer à remplir le nid à couvain. Surveillez, pour vous assurer que tout se passe bien. Il vaut mieux vous rendre compte des problèmes assez tôt, surtout s'il s'agit de rayons mal bâtis.

Les ennemis des abeilles

Les ennemis traditionnels des abeilles

Traditionnellement, les ennemis des abeilles sont : les ravageurs, les prédateurs et autres opportunistes. Il y a les ennemis de grande taille comme les ours et ceux de plus petite taille, comme les virus.

Les ours

Ursa. Les ours ne sont pas un problème pour moi. Certains apiculteurs vivent dans des régions où il y a des ours et ces ours sont leur plus grand problème. Toutes les espèces d'ours aiment se nourrir de larves d'abeilles autant qu'ils sont amateurs de miel. Les symptômes d'un problème d'ours sont les suivants : des ruches toutes renversées et de gros morceaux de nid à couvain mangés. Il arrive que des vandales renversent les ruches, mais les humains ne consomment généralement pas les larves d'abeilles. Les seules solutions aux problèmes d'ours dont j'ai entendu parler sont de très solides barrières électriques avec des fils de terre alternés (pour être sûr que le choc électrique soit bien douloureux) et un appât sur la barrière (le bacon est très fréquemment utilisé) pour que l'ours se prenne les parties tendres de sa bouche dans la barrière. La plupart du temps, ce système de défense semble fonctionner. Certains apiculteurs choisissent de placer leurs ruches sur une haute plateforme, hors de portée des ours. Cependant, avec ce genre d'installation, il est difficile de faire monter les boîtes et de faire descendre le miel. La meilleure manière de se débarrasser d'un ours est quelquefois de le tuer et de le manger Le problème est que la mort d'un ours, laisse un vide qu'un autre ours s'empresse généralement de combler. Il vaut donc mieux laisser le soin aux magazines de chasse de traiter des aspects légaux, des difficultés et des dangers de cette méthode.

Le pillage

Commençons par conclure : Si vous avez des cas de pillage, vous devez immédiatement les faire cesser ! Les dégâts progressent rapidement et peuvent dévaster une ruche. Vous devez dans un premier temps vous assurer qu'il s'agit bien de pillage et non d'orientation. S'il s'agit effectivement de pillage, vous devez prendre des mesures drastiques. Fermez la ruche, couvrez-la d'un tissu mouillé. Ouvrez toutes les ruches fortes afin que les abeilles restent sur place et gardent elles-mêmes leurs ruches. Dans tous les cas, vous devez agir, même si c'est pour faire quelque chose d'aussi simple que de fermer complètement la ruche avec un grillage. Vous pourrez opter par la suite pour une installation permettant à vos abeilles de s'envoler (petite entrée, écran anti-pillage etc.). En un mot, vous ne pouvez pas laisser le pillage continuer. Vous devez y remédier sans délai !

Quelquefois durant une pénurie, les ruches fortes pillent les ruches plus faibles. Les abeilles de race italienne sont particulièrement pillardes. Le nourrissement des abeilles semblent empirer la chose ou quelquefois, la déclencher. Il vaut donc mieux prévenir. Lorsque vous constatez qu'une pénurie s'annonce, réduisez la taille des entrées de toutes les ruches. Cela ralentira certainement les abeilles pillardes. Vous devez aussi régulièrement surveiller vos ruches pour connaître la fin de la pénurie et ouvrir de nouveau les ruches pendant une miellée.

J'ai constaté que les ruches orphelines se font plus souvent piller que les ruches où il y a une reine. J'ai d'abord pensé que c'était parce les pillardes tuaient la reine, et elles le font probablement, mais lorsqu'en automne, je prépare une ruchette orpheline à combiner à une autre ruchette, les deux se font presque immédiatement piller.

Une difficulté est de s'assurer que les abeilles ont bien effectivement été pillées. Certaines personnes confondent un après-midi de vol d'orientation à un pillage. Durant la période d'élevage du couvain, chaque après-midi chaud et ensoleillé, vous pouvez assister à l'orientation des jeunes abeilles. Vous allez les voir voler et tourner autour de la ruche. Elles peuvent facilement être assimilées à des abeilles pillardes qui elles aussi volent tout autour de la ruche. Cependant, avec de la pratique, vous allez apprendre à reconnaître les jeunes abeilles s'orientant. Elles sont confuses, mais comparées aux pillardes, elles sont plus calmes. Observez l'entrée, les pillardes sont frénétiques. Il peut y avoir un bouchon à l'entrée de la ruche, mais les abeilles restent disciplinées. Une lutte à l'entrée peut être une preuve de pillage, cependant un manque de lutte ne signifie pas une absence de pillage, cela prouve simplement que les pillardes ont réussi à contourner les gardiennes. Pour vous permettre de vérifier à coup sûr s'il y a eu pillage ou non, la nuit venue, fermez la ruche. Le lendemain matin, si vous voyez des abeilles qui tentent d'entrer dans la ruche, ce sont probablement des pillardes, en particulier si elles sont nombreuses.

Si vous avez déjà eu des cas de pillage, voici quelques moyens pour les faire cesser. Une ruche faible peut être fermée avec du grillage à mailles 3 x 3 mm pendant un jour ou deux. Les abeilles pillardes ne pourront pas entrer et se fatigueront éventuellement d'essayer. Cela aide si pendant ce temps, vous nourrissez les abeilles et leur fournissez de l'eau. Un peu de pollen et quelques gouttes d'eau peuvent faire vivre une petite ruchette pendant la période d'enfermement. Bien évidemment la quantité est à augmenter en fonction du nombre d'abeilles. Quand vous ouvrirez la ruche, assurez-vous de bien réduire l'entrée. Si vous avez la possibilité de nourrir, de fournir de l'eau et de ventiler pendant 72 heures, vous pouvez fermer la ruche une fois que les pillardes y sont entrées, vous les forcerez ainsi à rejoindre la ruche. Une autre manière de confiner les abeilles est d'obstruer l'entrée avec de l'herbe. Les abeilles arriveront à l'enlever, mais avec un peu de chance, les abeilles pillardes auront abandonné d'ici que ce soit fait.

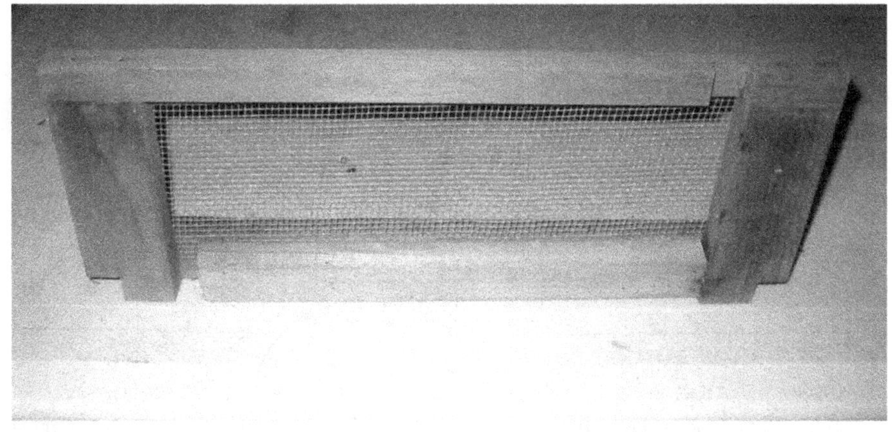

Vue intérieure d'un écran anti-pillage.

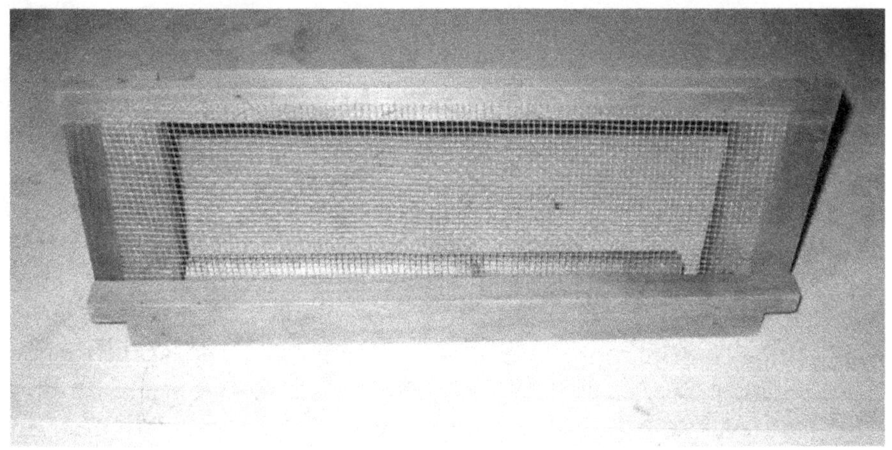

Vue extérieure d'un écran anti-pillage.

Une protection anti-pillage peut être fabriquée à partir de rien. Une alternative est d'utiliser la porte grillagée de chez Brushy Mt. (qui maintenant, semble avoir été modifiée pour servir également d'écran anti-pillage). Il s'agit d'un grillage avec une ouverture dans la partie supérieure, qui recouvre la zone autour de l'entrée (vous devrez tout faire vous-même). L'écran oblige les pillardes à tourner dans tous les sens afin de trouver un moyen d'entrer dans la ruche. Et puisqu'elles semblent se diriger à l'odeur, elles sont troublées. L'écran anti-pillage empêche également les putois d'accéder à la ruche.

De la pommade Vicks Vaporub autour de l'entrée peut aussi servir à dérouter les pillardes car elles ne peuvent plus sentir la ruche qu'elles ciblent. La pommade ne trouble pas les abeilles qui vivent dans la ruche parce qu'elles se souviennent de la manière dont elles en sont sorties.

Une ruche faible peut entièrement se faire piller, quelquefois jusqu'à la dernière goutte de miel. Les abeilles très vite vont mourir de faim. Si vous n'arrivez pas à contrôler le pillage, il vaut alors mieux combiner certaines de vos ruches faibles plutôt que de les laisser mourir de faim à force d'être pillées. Si vous avez une ruche forte et une ruche faible, vous pouvez prélever un peu de couvain naissant de la ruche forte afin de relancer la ruche faible et secouer quelques nourrices (celles qui étaient sur le couvain ouvert) de la ruche forte dans la ruche faible. Ou alors, vous pouvez tout simplement combiner la ruche forte et la ruche faible. Cette solution est toujours meilleure que toutes les luttes et la famine.

Les moufettes rayées

Mephitis mephitis et autres espèces. Les moufettes sont des prédateurs communs à toutes les abeilles en Amérique du Nord. Les symptômes de leur présence sont des ruches très énervées, des griffures sur les façades des ruches, des petits tas détrempés d'abeilles mortes sur le sol à proximité de la ruche, avec tout leur suc aspiré. Plusieurs solutions fonctionnent relativement bien : installation des ruches en hauteur, aménagement d'une entrée supérieure, pose de bandes d'ancrages pour moquette sur la planchette d'atterrissage, pose de grillage de basse-cour sur la planchette d'atterrissage, écrans anti-pillage, pièges, poisons et chasse à la moufette. Jusqu'à maintenant, les solutions que j'ai choisies sont : la chasse à la moufette et les entrées grillagées et pour finir, l'aménagement d'entrées supérieures. Toutefois, de nombreux autres apiculteurs ne jurent que par les autres solutions. J'ai entendu parler d'une solution qui consiste à prendre un œuf cru, à percer une extrémité de la coquille afin d'y ajouter trois aspirines écrasées, puis à enterrer l'œuf par son autre extrémité devant la ruche inquiétée par les moufettes.

J'aurais probablement essayé cette solution si celle des entrées supérieures avait échoué. Quant à l'utilisation de poisons, cela me cause du tracas à cause de mon chien, de mes poules et de mes chevaux.

Les opossums

Didelphis marsupialis. Il s'agit pratiquement des mêmes problèmes et solutions qu'avec les moufettes.

Les souris

Mus. De nombreuses espèces et variétés. Des musaraignes aussi (Cryptotis parva). La plupart du temps, les souris sont un problème en hiver quand elles s'installent dans la ruche alors que les abeilles sont en grappe. Avec du grillage (à mailles de dimensions 6 mm), vous pouvez recouvrir les entrées pour empêcher les souris d'entrer dans la ruche sans pour autant empêcher les abeilles d'y entrer et d'y sortir. Ou alors, installez une entrée supérieure, les souris ne peuvent pas y accéder.

Les fausses teignes

(Photo © Theresa Cassiday)

Galleria mellonella (la fausse teigne de la cire) et Achroia grisella (la petite teigne des ruches) Les fausses teignes sont vraiment des opportunistes. Elles profitent de la faiblesse d'une ruche, se nourrissent du pollen et du miel, et creusent des galeries dans le rayon de cire. Elles y laissent une traînée de soie et d'excréments. Quelquefois elles sont difficiles à repérer car elles essaient de se cacher des abeilles. Elles creusent la paroi médiane (la plupart du temps dans le corps de ruche mais quelquefois dans les hausses) et elles creusent des galeries dans les rainures des cadres. La présence de fausses teignes semblent préoccuper un grand nombre d'apiculteurs et être la cause de beaucoup de contaminations chimiques dans la ruche, nous allons donc en parler ici.

Rôle du climat

D'abord, vous devez comprendre que la présence de fausses teignes est essentiellement tributaire du climat. Sous un climat où vous avez rarement, voire jamais de fortes gelées, les fausses teignes peuvent vivre toute l'année. Le scénario sera complètement différent s'il s'agit de climats avec de fortes gelées et de longs hivers. Je vais partager avec vous les méthodes que j'applique contre les fausses teignes et comment elles fonctionnent. Cependant, vous devez garder à l'esprit que vous aurez besoin de faire des ajustements pour les adapter à votre climat et à votre situation. Bien entendu, si vous vivez dans une région où les fausses teignes ne meurent jamais de froid, ma méthode ne fonctionnera pas du tout, dans ce cas, l'utilisation d'une méthode différente s'imposera.

Cause d'infestation

D'abord, parlons un peu des fausses teignes : la Galleria Mellonella (la fausse teigne de la cire) et l'Achroia Grisella (la petite teigne des ruches). Les deux espèces envahissent les rayons sans surveillance pendant la saison où elles sont actives. Elles préfèrent les rayons contenant du pollen et comme second choix, les rayons contenant des cocons, mais elles peuvent aussi vivre dans de la cire pure, ne contenant rien du tout. La plupart de mes problèmes de fausses teignes surviennent lorsqu'une colonie ne parvient pas à élever une reine et que la ruche meurt, ou lorsqu'une ruchette de fécondation périclite tellement que les rayons n'y sont plus bien gardés. Je n'ai jamais véritablement eu d'autres problèmes de fausses teignes, mais par le passé, j'en ai eu après avoir fait quelques erreurs dramatiques.

Erreur

Il fut une année où en voulant expérimenter une méthode partagée par un autre apiculteur, j'ai mouillé mes boîtes et je les ai placées dans mon sous-sol. Les fausses teignes ont non seulement détruit tous les rayons, mais ils ont tellement infesté ma maison que je ne suis jamais vraiment arrivé à m'en débarrasser entièrement. Depuis ce temps, il y a des fausses teignes qui volettent autour de ma maison, et c'était en 2001. Ne mettez jamais des hausses, en particulier des hausses humides dans un endroit chaud, surtout si vous avez la possibilité de les laisser à l'extérieur où elles pourront geler au point de tuer les fausses teignes. Qu'il faille nécessairement un rayon pour que les fausses teignes s'y installent, est un mythe. Il est vrai qu'elles préfèrent s'installer dans des rayons, oui, mais cela n'est pas une nécessité.

Contrôler les fausses teignes

Ma méthode est celle-ci : J'attends jusqu'à ce qu'il soit trop tard pour récolter le miel. De cette manière, je peux mieux évaluer ce que je dois laisser comme réserves aux abeilles pour l'hiver. J'épargne la récolte et ensuite, j'économise en nourrissement, cela représente moins de travail. Je n'ai pas à chasser les abeilles hors des hausses puisque je n'ai simplement qu'à attendre qu'elles se retirent d'elles-mêmes par une journée froide avant de retirer les hausses. Après la récolte, je peux placer les hausses humides sur les ruches et attendre les jours chauds pour qu'elles soient nettoyées. Une fois cela fait, je peux les retirer et les empiler sans avoir à craindre une infestation par les fausses teignes étant donné que le climat est maintenant froid et qu'il n'y a pas de fausses teignes dans les environs. Si je veux récolter plus tôt, alors je remets en place les boîtes humides et je ne les retire qu'après une forte gelée.

Dans la région où je vis, il n'y a pas vraiment d'infestation par les fausses teignes jusqu'aux environs de la fin du mois de juillet ou d'août et j'essaie d'avoir tous les rayons bâtis vers la mi-juin au plus tard dans la ruche, où les abeilles peuvent les garder. Ce faisant, mes rayons ne sont pas infestés par les fausses teignes durant la période de récolte de miel (de juin à septembre), car ils sont gardés par les abeilles. D'octobre à mai, je n'ai pas de problèmes de fausses teignes car c'est la période de grand froid et le froid tue les fausses teignes ainsi que leurs œufs. De mai à juin, les fausses teignes ne se sont pas encore remises de l'hiver alors je n'ai pas d'infestation non plus pendant cette période.

Comment agir en cas de colonie d'abeilles infestée ?

La faiblesse d'une ruche est la raison pour laquelle les fausses teignes s'y installent. Pour prévenir une infestation, veillez à ce que les abeilles n'aient pas un territoire trop grand à garder, en d'autres termes, ne laissez pas trop de rayons bâtis dans une ruche qui est petite et faible. En cas d'infestation, il faut réduire le nombre de rayons bâtis à juste l'espace que la grappe d'abeilles peut couvrir. Enlevez tout le reste. Si vous avez un congélateur, congelez les rayons que vous avez enlevé pour éliminer les fausses teignes, ou alors, si les dégâts sont trop importants, laissez les fausses teignes détruire entièrement les rayons. La fin logique serait que les fausses teignes transforment entièrement les rayons en toiles d'araignée qui finissent par tomber des cadres ou des feuilles de cire gaufrée en plastique. Si dans le rayon, les fausses teignes n'ont creusé qu'une galerie ou deux, la congélation est un bon moyen de sauver le rayon. Généralement, les colonies qui me causent du tracas sont celles qui meurent car elles sont orphelines ou parce qu'elles ont été pillées. Avec mon style de gestion, ce que je trouve bien intéressant avec les cadres dépourvus de cire gaufrée, c'est que vous pouvez les placer dans une ruche, cela ne représentera que de l'espace vide pour une expansion future, les abeilles n'auront pas à garder tout l'espace comme elles devraient le faire avec la cire gaufrée. Avec les ruches pièges, l'utilisation des cadres sans cire gaufrée est aussi bien pratique. Les abeilles bâtiront dans les cadres mais vous n'aurez pas de problème de fausses teignes déchiquetant la cire gaufrée.

Bacillus thuringiensis (Bt)

Certains apiculteurs utilisent le Bacillus thuringiensis (Bt) comme d'autres utiliseraient du Certan ou du Xentari sur les rayons. Il est utilisé pour tuer les larves de fausses teignes et semble n'avoir aucun effet négatif sur les abeilles, des études ont soutenu ce point de vue. Le Bacillus thuringiensis (Bt) peut être pulvérisé sur la cire gaufrée avant qu'elle ne soit placée dans la ruche ou encore sur les rayons avant leur stockage. Ces dernières années, je n'ai tout simplement pas eu le temps de le faire, mais comme je le dis, avec mon style de gestion, il me semble que j'arrive à contrôler les fausses teignes, excepté lorsqu'il s'agit de ruches défaillantes. Dans ces ruches, la pulvérisation de Bacillus thuringiensis pourrait probablement aider à contrôler les fausses teignes si cela est fait en avance sur les rayons. Le Certan était approuvé pour utilisation contre les fausses teignes aux Etats-Unis mais la certification a expiré et il n'y avait pas les fonds nécessaires pour la renouveler, alors il n'a plus été classé comme tel. En revanche, au canada, il est toujours approuvé pour l'utilisation contre les fausses teignes et aux Etats-Unis, tout comme le Xentari, il est approuvé pour utilisation contre les larves de fausses teignes (pas contre les fausses teignes elles-mêmes).

Contrôler des fausses teignes tropicales

Si je vivais dans une zone tropicale où il n'y a pas possibilité que les fausses teignes soient tuées par le froid d'hiver, j'aurais placé les rayons vides au-dessus de ruches fortes afin que les abeilles les gardent. Néanmoins ce plan ne s'applique pas pour un climat tempéré.

Ce qu'il ne faut pas faire avec les fausses teignes

Une chose que je ne ferais pas et qui se trouve tout en haut de ma liste de choses à ne pas faire, est l'utilisation des boules anti mites, en particulier s'il s'agit de boules de naphtaline. Légèrement meilleur et approuvé par l'Agence américaine des produits alimentaires et médicamenteux (FDA, Food and Drug Administration), il y a le paradichlorobenzène (PDB). Les deux substances sont cancérigènes, d'ailleurs je n'utilise pas de telles substances dans ma réserve de nourriture, et mes ruches font partie de ma réserve de nourriture.

Haïr les fausses teignes

J'ai cessé de haïr les fausses teignes, ce qui n'est pas chose facile lorsque vous voyez comment elles détruisent les rayons sur lesquels les abeilles ont travaillé. Les fausses teignes font partie de l'écosystème de la ruche. Elles font ce à quoi elles sont destinées et il s'agit probablement d'une tâche présentant une certaine utilité. Elles débarrassent la ruche de vieux rayons qui peuvent avoir des maladies dissimulées dans les cocons. Si vous haïssez vraiment les fausses teignes et que vous souhaitez vraiment vous en débarrasser, ce que j'ai cessé de faire, vous pouvez placer des pièges. Généralement, ces pièges sont des bouteilles de deux litres percées de petits trous sur les côtés et contenant un mélange de vinaigre, d'épluchure de bananes et de sirop et cela semble bien fonctionner. Ces pièges attirent également beaucoup les guêpes jaunes. Les fausses teignes entrent par les petits trous sur les côtés, boivent la mixture qui se trouve dans les bouteilles et y sont piégées lorsqu'elles essaient de s'envoler.

La Nosémose

Causée par un champignon appelé Nosema apis (de la classe des fongidés), la nosémose est présente par tous les temps. Il s'agit véritablement d'une maladie opportuniste. La solution chimique communément utilisée (que moi je n'utilise pas) était le Fumidil dont l'appellation a récemment été changée en Fumagilline (Fumagilin-B). Pour moi, le meilleur moyen de prévention est de vous assurer que vos ruches ne soient pas stressées, saines et nourries au miel. Des recherches ont montré que le nourrissement au miel, particulièrement le nourrissement au miel noir, pendant l'hiver, réduit l'incidence de la nosémose. D'autres recherches menées en Russie dans les années 70 ont montré que l'espacement naturel (mesurant

32 mm au lieu de la mesure standard de 35 mm) réduit également l'incidence de la nosémose.

Mon point de vue est le suivant : l'humidité en hiver, le long confinement, n'importe quel type de stress et le nourrissement au sirop de sucre augmente l'incidence de la maladie. Dans tous les cas de figure, vous pouvez nourrir au sirop de sucre si vous n'avez pas de miel à disposition et si cela signifie aider un paquet en difficulté ou une ruchette, ou encore un essaim artificiel tiré d'une colonie. Aussi, si vous n'avez pas de miel, nourrissez les abeilles au sirop de sucre en automne plutôt que de les laisser mourir de famine, mais pour moi, si vous en avez la possibilité, essayez de laisser à vos ruches du miel comme provisions d'hiver.

Si vous désirez trouver une solution afin d'éviter l'utilisation de « produits chimiques », si vous souhaitez utiliser des huiles essentielles ou d'autres produits du genre, du thymol ou de l'huile essentielle de citronnelle ajouté au sirop de sucre est un traitement efficace. Cependant, gardez à l'esprit que ces substances élimineront également beaucoup de microbes bénéfiques présents dans la ruche.

Les symptômes de la nosémose sont un intestin blanc boursoufflé (que vous pouvez voir si vous disséquez une abeille) et la dysenterie. Ne vous fiez simplement pas à la dysenterie. Toutes les abeilles confinées contractent la dysenterie. Quelquefois, les abeilles consomment un fruit avarié ou d'autres choses qui leur donnent la dysenterie. La dysenterie n'est pas forcément un symptôme de nosémose. La seule manière d'établir un diagnostic précis est de trouver le champignon Nosema grâce à une observation au microscope.

Si vous souhaitez comprendre combien il est nécessaire (ou non) d'administrer des traitements préventifs de la nosémose, je soulignerai ici quelques informations qui pourraient vous aider à clarifier les choses. D'abord, vous devez réaliser que de nombreux apiculteurs n'ont jamais traité la nosémose, moi y compris. Non seulement, nombreux sont les apiculteurs qui ne veulent pas utiliser d'antibiotiques dans leurs ruches, mais de nombreux autres apiculteurs à travers le monde sont interdits d'utilisation du Fumidil par la loi. Je ne suis certainement pas la seule personne qui pense que mettre du Fumidil dans une ruche est une mauvaise idée. L'Union Européenne a banni son utilisation en apiculture. Nous savons donc qu'ils ne l'utilisent pas de manière légale de toute façon. Leur raison ? On soupçonne que le Fumidil est la cause de malformations congénitales. La Fumagilline peut stopper la formation des vaisseaux sanguins en se fixant à une enzyme appelée méthionine aminopeptidase. La disruption génique ciblée de la méthionine aminopeptidase 2 a pour résultats une perturbation de la gastrulation et un arrêt de la croissance des cellules endothéliales. En Europe, qu'utilisent-ils donc en guise de traitement ? De la solution de thymol.

Pourquoi souhaiteriez-vous donc éviter le Fumidil ?

Justement, à quel point le Fumidil est-il dangereux pour votre ruche ? Il est difficile de le dire exactement, mais de tous les produits chimiques que les gens mettent dans les ruches, celui-ci est probablement un des moins dangereux. Il se décompose rapidement. En surface, il ne semble pas y avoir beaucoup d'inconvénients. Mais si votre philosophie est l'apiculture naturelle, vous devez sûrement penser : « pourquoi voudrais-je utiliser des antibiotiques dans mes ruches ? Je n'en veux certainement pas dans mon miel, et de mon point de vue, tout ce qui entre dans une ruche peut finir dans le miel ». Les abeilles bougent tout le temps les choses. Chaque livre traitant du miel en rayon que j'ai lu, parle d'abeilles qui déplacent du miel du corps de ruche vers les hausses à miel lors d'une division de réduction. Une bonne idée est de prévoir une partie de votre ruche qui sera la seule zone où seront utilisés des produits chimiques, mais c'est en fin de compte comme délimiter une zone sans pipi dans une piscine.

Equilibre microbien

Quelles sont les incidences des antibiotiques sur l'équilibre naturel d'un système naturel ? L'expérience avec les antibiotiques indiquerait qu'ils perturbent la flore naturelle de n'importe quel système. Ils éliminent beaucoup des éléments qui devraient peut-être être là ainsi que d'autres éléments qui ne devraient pas laisser un vide que combleraient tout ce qui peut fleurir. Les probiotiques sont maintenant devenues indispensables pour les êtres humains, les chevaux ainsi que pour d'autres animaux, surtout parce que nous utilisons des antibiotiques tout le temps, ce qui bouleverse la flore normale de notre système digestif. Y a-t-il des microorganismes chez les abeilles et dans les ruches ? Sont-ils affectés par le Fumidil ? Oui, il serait non scientifique de ma part de supposer qu'il y en a sans quelques études pour soutenir l'affirmation, mais je peux vous dire d'expérience que tous les systèmes naturels sont très complexes et ce, jusqu'au niveau microscopique. Je ne veux pas risquer de bouleverser cet équilibre.

Vient ensuite la raison proscrite un peu partout dans le monde qui est la suivante : les antibiotiques causent une très spécifique anomalie congénitale chez les mammifères.

Perpétuer des abeilles faibles

Bien entendu, les personnes ayant une philosophie scientifique trouveront cette affirmation choquante. Mais je ne connais pas de meilleur moyen de le dire. Créer un système d'apiculture soutenu par des antibiotiques et des pesticides, un système qui perpétue des abeilles qui ne peuvent survivre sans intervention constante, est de mon point de vue d'apiculteur naturel, contre-productif. Nous continuons tout simplement d'élever des abeilles qui ne peuvent pas survivre sans nous. Il est possible que certaines personnes soient satisfaites d'être indispensables aux abeilles, je n'en sais rien, mais personnellement, je préfère avoir des abeilles qui peuvent prendre soin d'elles-mêmes et qui le font.

Quelles autres pratiques non-naturelles peuvent contribuer à causer la nosémose ?

Favoriser la nosémose ?

Alors que le collectif non-organique a tendance à vouloir croire que le nourrissement au sucre à la place du miel permet de prévenir la nosémose, moi je n'en ai pas vu la preuve. Le miel peut avoir plus de matières solides et peut causer plus de dysenterie, mais cependant que la dysenterie est un symptôme de la nosémose, elle n'est ni la cause, ni la preuve de la maladie. En d'autres termes, simplement parce que les abeilles ont la dysenterie, ne signifie pas qu'elles aient la nosémose.

Un bon nombre des ennemis des abeilles tels que le champignon Nosema, le couvain plâtré, la loque européenne et le varroa se développent et se reproduisent mieux au pH du sirop de sucre qu'au pH du miel. Ce fait semble cependant être universellement ignoré dans le monde apicole. La théorie la plus répandue sur la manière dont fonctionne le traitement par dégouttement à l'acide oxalique, est que l'hémolymphe des abeilles devient si acide pour les varroas qu'ïls finissent par mourir tandis que les abeilles restent en vie. En quoi est-il bon de nourrir les abeilles avec un aliment possédant un pH avantageant la reproduction de la plupart de leurs ennemis dont le champignon Nosema, au lieu de leur laisser du miel étant donné que son pH le rend inhospitalier pour la plupart de ces ennemis ?

Pour conclure

Réfléchissez aux risques. Réfléchissez à ce que vous souhaitez introduire dans vos ruches et par conséquent dans votre miel. Pensez à la manière dont vous souhaitez prendre soin de vos abeilles. Songez au degré de confiance que vous êtes prêt à accorder à un système naturel ou à quel point vous souhaitez combattre la doctrine des « meilleures conditions de vie grâce à la chimie ».

Le couvain pétrifié

Cette maladie du couvain est causé les champignons Aspergillus fumigatus et Aspergillus flavus. Utilisée pour traiter la nosémose, la fumagilline est isolée à partir du champignon Aspergillus fumigatus. Les larves et les pupes d'abeilles sont infectées par le champignon qui cause la momification du couvain infecté. Les momies sont sèches et dures, et non spongieuses comme lorsque le couvain est atteint de couvain plâtré. Il se recouvre de spores fongiques poudreuses et verdâtres. On retrouve la majorité des spores près de la partie supérieure du couvain infecté. La cause principale est un excès d'humidité dans la ruche. Aérez plus la ruche, entrouvrez le couvre-cadres ou alors ouvrez la plancher grillagé. Traiter n'est pas recommandé, le couvain pétrifié partira avec le temps.

Le couvain plâtré

Apparu aux Etats-Unis en 1968, le couvain plâtré est une maladie du couvain causée par le champignon Ascophaera apis. Les causes principales sont un excès d'humidité dans la ruche, du couvain refroidi et la génétique. Aérez plus la ruche (mais pas trop). Entrouvrez le couvre-cadres ou alors ouvrez le plancher grillagé. Si vous trouvez des boulettes blanches devant la ruche, le genre qui ressemble à de petits grains de maïs, il s'agit probablement d'un cas de couvain plâtré. Placer la ruche infectée en plein soleil et ajouter de la ventilation permet généralement de venir à bout de la maladie. Un nourrissement au miel au lieu d'un nourrissement au sirop de sucre peut également contribuer à y mettre fin étant donné que le miel est beaucoup moins alcalin (pH moins élevé) que le sirop de sucre.

> ***« Les valeurs les plus basses de pH (équivalentes à celles du miel, du pollen et de la bouillie larvaire) ont drastiquement réduit le développement et la production de tubes germinatifs. L'Ascosphaera apis semble être un agent pathogène parasitant particulièrement les larves d'abeilles domestiques. » — Apicultural Abstracts from IBRA: 4101024. Aut. Département des sciences biologiques, Université de Plymouth. Adresse : Drake Circus, Plymouth PL4 8AA, Devon, Royaume-Uni. Code bibliothèque: Bb. Langue: Anglais.***

Couvain plâtré

Des reines de lignée hygiéniques peuvent également contribuer au nettoyage d'un couvain plâtré. Les abeilles hygiéniques enlèveront les larves avant que les champignons ne dispersent leurs spores. L'avantage du couvain plâtré est qu'il prévient la loque européenne.

La loque européenne (EFB)

C'est une maladie du couvain causée par une bactérie, le Streptococcus pluton dont le nom a été changé en Melissococcus pluton. Les larves infectées prennent la couleur marron et leur trachée est d'un marron encore plus foncé. Il ne faut cependant pas confondre ces larves malades avec des larves nourries au miel noir. Si le couvain est affecté par la loque européenne, ce n'est donc pas le miel qui colore les larves, Examinez la trachée pour plus d'assurance. Dans le pire des cas, le couvain peut noircir, avoir des opercules affaissés ou mourir, mais généralement le couvain meurt avant operculation. Les opercules dans le nid à couvain vont être clairsemés et ne seront pas solides car les abeilles ont enlevé les larves mortes. Pour différencier la loque européenne (EFB) de la loque américaine (AFB), servez-vous d'une brindille pour faire sortir des larves malades de leurs alvéoles. La loque américaine « filera » sur 5 à 8 cm. Cela est lié au stress, il vaut donc mieux supprimer le stress. Vous pouvez également, comme pour toute autre maladie du couvain, rompre le cycle du couvain en encageant la reine ou en l'enlevant carrément de la ruche pour que les abeilles en élèvent une nouvelle. Au moment où la nouvelle reine émergera, s'accouplera et commencera à pondre, l'ancien couvain sera déjà émergé ou mort. Si vous souhaitez utiliser des produits chimiques, la loque européenne peut être traitée avec de la terramycine. La streptomycine est en fait plus efficace mais elle n'est approuvée ni par l'Agence américaine des produits alimentaires et médicamenteux (FDA, Food and Drug Administration), ni par l'Agence américaine de protection de l'environnement (EPA, Environmental Protection Agency).

La loque américaine

Elle est causée par une bactérie sporulée anciennement appelée Bacillus larvae, dont le nom a récemment été changé en Paenibacillus larvae. Lorsqu' atteintes de loque américaine, les larves meurent généralement après leur operculation, mais elles semblent malades bien avant. Le couvain aura un aspect en mosaïque, les opercules seront clairsemés et quelquefois percés. Les larves mortes depuis peu fileront si vous les piquez avec une allumette. L'odeur également est très mauvaise et assez caractéristique. Les plus anciennes larves mortes se transforment en écaille que les abeilles ne peuvent pas enlever.

Le test du lait d'Holst:

(Extrait tiré de L'abeille et la ruche (the Hive and the Honey-Bee, Langstroth L. L.), édition révisée de 1975)

« Le test du lait d'Holst : il a été conçu dans le but d'identifier à l'aide de spéculations, les enzymes produites par les bactéries Bacillus Larvae (Holst 1946). Sont placés dans un tube contenant 3 à 4 mm de lait écrémé en poudre à 1% de matières grasses, puis incubés à température corporelle, une écaille ou un prélèvement effectué à l'aide d'un cure-dent.

En cas de présence de spores de B. Larvae, la suspension trouble s'éclaircira au bout de 10 à 20 minutes ». Les écailles de couvain atteint de loque européenne ou de couvain sacciforme sont négatives à ce test.

Des kits de test sont disponibles chez la plupart des fournisseurs de matériel apicole. Des tests gratuits sont offerts par le Centre de recherche agricole de Beltsville (ARS, Agricultural Research Service, Beltsville).

http://www.ars.usda.gov/Services/docs.htm?docid=7473

La loque américaine est également une maladie liée au stress. En fonction des Etats où ils vivent, il peut être demandé aux apiculteurs de prendre les mesures suivantes : incinérer les ruches infectées ainsi que les abeilles peuplant ces ruches, secouer les abeilles dans un nouvel équipement et incinérer l'ancien matériel, retirer tous les rayons ainsi que les abeilles et fumiger tout le matériel dans un grand réservoir, utiliser simplement de la terramycine en guise de traitement de la maladie. Dans certains Etats, si l'apiculteur traite déjà, il peut continuer, mais si l'inspecteur apicole trouve des traces de la maladie, il est demandé à l'apiculteur de détruire les ruches. Beaucoup d'apiculteurs traitent avec de la terramycine (appellation quelquefois abrégée TM) pour prévenir la maladie. Le problème avec l'utilisation de la terramycine en guise de prévention est qu'elle peut masquer la présence de la loque américaine. Les spores de loque américaine vivront pratiquement pour toujours, et un équipement contaminé le restera donc, à moins qu'il ne soit fumigé ou brûlé. Faire bouillir l'équipement, n'éliminera pas la loque américaine. Ni la terramycine, ni la tylosine ne détruiront les spores, ces traitements n'agissent que sur des bactéries vivantes. Les spores de loque américaines sont présentes dans *toutes* les ruches. Le stress subi par une ruche sert de déclencheur à la maladie. Il vaut donc mieux prévenir. Essayez d'éviter à vos ruches de se faire piller et assurez-vous qu'elles aient toujours des réserves à disposition. Prélevez des réserves et des abeilles d'autres ruches pour renforcer les ruches faibles et atténuer leur stress.

Concernant ce qui est autorisé ou non de faire en cas d'infection par la loque américaine, assurez-vous d'obéir à la législation de l'état où vous vivez. Personnellement, je n'ai jamais été confronté à la loque américaine. J'ai cessé de traiter avec de la terramycine depuis 1976. Si la maladie s'était déclarée dans mes ruches, il aurait fallu que je prenne certaines décisions. Ce que j'aurais fait, aurait dépendu du nombre de ruches infectées, mais s'il s'était agi d'un nombre peu élevé, j'aurais probablement secoué les abeilles dans un nouvel équipement et j'aurais brûlé l'ancien. En cas de grande infestation, j'aurais essayé de rompre le cycle du couvain et j'aurais remplacé les rayons infectés. Si nous, en tant qu'apiculteurs, nous continuons d'éliminer toutes nos abeilles atteintes à cause de la loque américaine, nous ne parviendrons jamais à élever des abeilles capables de résister à la maladie. Si nous continuons à utiliser de la terramycine comme moyen de prévention, nous contribuerons également à la prolifération d'une loque américaine résistante à la terramycine.

« Il est bien connu qu'un régime alimentaire inapproprié sensibilise une ruche à la maladie. Maintenant, est-il déraisonnable de penser qu'un important nourrissement au sucre puisse rendre les abeilles sensibles à la loque américaine et à d'autres maladies du couvain ? Il est notoire que la loque américaine est plus présente dans le nord que dans le sud. Pourquoi ? N'est-ce pas parce que dans le nord les abeilles sont plus nourries au sucre, tandis qu'ici dans le sud, les abeilles peuvent récolter du miel une grande partie de l'année, ce qui rend le nourrissement au sirop de sucre superflu ? — Better Queens, Jay Smith »

La paraloque

Elle est causée par Bacillus para-alvei ainsi qu'éventuellement des combinaisons d'autres microorganismes et les symptômes sont similaires à ceux de la loque européenne. La solution la plus simple est une rupture du cycle d'élevage du couvain. Encagez la reine ou ôtez-la de la ruche et attendez que les abeilles en élèvent une nouvelle. Si vous placez l'ancienne reine dans une ruchette de fécondation, ou alors si vous placez les anciennes reines dans une banque à reines, vous avez la possibilité de les introduire de nouveau dans les ruches si les abeilles n'arrivent pas à en élever de nouvelles.

Le couvain sacciforme

La maladie est causée par un virus communément appelé Sacbrood Bee Virus (SBV). Les symptômes sont un couvain en mosaïque comme dans le cas des autres maladies du couvain, seulement, les larves sont enfermées dans un sac avec la tête dressée vers le haut. Comme dans le cas des autres maladies du couvain, une rupture du cycle du couvain peut contribuer à faire disparaître la maladie. Généralement, la maladie disparaît spontanément à la fin du printemps. Un remplacement de la reine quelquefois, contribue également à mettre fin à la maladie.

Rompre le cycle du couvain.

Cette démarche est utile pour toutes les maladies du couvain. Même pour le varroa, étant donné que cela permet de sauter une génération de varroas. Pour rompre le cycle, vous devez provoquer un manque de couvain dans la ruche, en particulier un manque de couvain ouvert. Si vous projetez de mettre une nouvelle reine dans la ruche, tuez l'ancienne, attendez une semaine puis détruisez toutes les cellules royales que les abeilles auront bâties. Ne laissez pas passer un intervalle de trois semaines, autrement les abeilles élèveront une nouvelle reine. Après la destruction des cellules royales, attendez encore deux semaines et introduisez une nouvelle reine (que vous aurez commandée à l'avance). Si vous préférez faire élever la nouvelle reine par vos abeilles, enlevez de la ruche l'ancienne reine (encagez-la ou mettez-la quelque part dans une ruchette au cas où les abeilles échoueront dans leur tentative d'élevage) et laissez les abeilles en élever une nouvelle. Au moment où la nouvelle reine commencera à pondre, il n'y aura déjà plus de couvain dans la ruche. Un attrape-reine peut servir de cage. Les servantes peuvent y aller et venir tandis que la reine ne peut pas en sortir.

Petites cellules et maladies du couvain

Les apiculteurs travaillant avec des petites cellules ont noté que cela aide en cas de maladies du couvain, en particulier lorsque les petites cellules mesurent moins de 4,9 mm. Nous savons qu'une fois que la taille des cellules baisse jusqu'à un certain niveau, les abeilles les mâchouillent et bien évidemment, il y a beaucoup plus de cocons dans une grande cellule que dans une petite (consultez les recherches de Grout sur le sujet pour plus d'informations). Je ne sais pas si cela est d'une certaine utilité en cas de maladies du couvain, mais ma théorie (et cela ne reste qu'une théorie) sur le sujet est la suivante : les petites cellules sont mâchées avant qu'un lot de cocons ne s'accumulent là où des cellules mesurant 5,4 mm sont remplies avec des générations et des générations de cocons jusqu'à leur réduction à 4,8 mm ou moins avant d'être mâchées, cela laisse beaucoup de place où peuvent s'accumuler des agents pathogènes.

Le voisinage

Il est bien connu que lorsque les voisins sont effrayés, ils vaporisent de l'insecticide sur les ruches, mais en général la plupart sont trop effrayés pour le faire et utilisent simplement des pesticides sur leurs fleurs pour se débarrasser des abeilles. S'ils utilisent du Sevin, cela peut tuer beaucoup de vos abeilles. Il est aussi connu que les gamins « courageux » du voisinage renversent les ruches pour prouver leur bravoure. Offrir du miel à vos voisins ou peut-être mettre en œuvre une bonne stratégie de relations publiques peut aider pour calmer un peu leurs frayeurs. Si vos voisins vous voient ouvrir une ruche sans protection, cela peut aider à balayer leur peur. Par contre, vous pourriez avoir la malchance d'avoir affaire à des abeilles d'humeur maussade et vous faire piquer, ce qui ne fera que renforcer les craintes. Ce que je fais, c'est que je porte une voile, mais pas de gants. Essayez également de ne pas réagir si vous vous faites piquer, de cette manière, ils verront que les abeilles n'essaient pas de vous tuer et que ce n'est pas grand-chose de les côtoyer.

Les ennemis récents

De nouveaux ennemis ont récemment été identifiés.

Les varroas

Le Varroa destructor (anciennement appelé Varroa jacobsoni qui est une variété différente d'acarien qu'on retrouve en Malaisie et en Indonésie) a récemment envahi les ruches en Amérique du Nord. Il a fait son apparition aux Etats-Unis en 1987. Ces acariens sont comme les tiques, ils s'attachent aux abeilles et sucent l'hémolymphe des abeilles adultes. Ils pénètrent dans les cellules avant leur operculation et s'y reproduisent pendant la phase d'operculation du développement larvaire. La femelle adulte attirée par les phéromones émanant des larves pénètre dans la cellule 1 à 2 jours avant l'operculation. Elle se nourrit sur les larves pendant un moment puis commence à pondre un œuf toutes les 30 heures. Le premier est mâle (haploïde) et les suivants sont femelles (diploïdes).

Les varroas sont assez grands pour être visibles à l'œil nu. Ils sont comme une tâche de rousseur sur l'abeille, de couleur brun violacé et de forme ovale. En observant de près ou à l'aide d'une loupe, vous pouvez distinguer de petites pattes. Pour évaluer l'infestation par les varroas, vous aurez besoin d'un plancher grillagé et d'un morceau de carton blanc. Si vous n'avez pas de plancher grillagé, utilisez à la place un lange graissé que vous pouvez acheter ou fabriquer vous-même avec un grillage à mailles de dimensions 3 x 3 mm et du papier adhésif du genre de ce qu'on utilise pour garnir le fond d'un tiroir. Placez le lange sous la colonie, attendez 24 heures et comptez les acariens qui y sont collés. Pour une meilleure évaluation de l'infestation, il est recommandé de répéter le procédé sur plusieurs jours, puis de faire la moyenne des nombres obtenus. Si le nombre est peu élevé (de 0 à 20), votre ruche n'est pas en trop mauvaise posture, par contre si en 24 heures vous obtenez un nombre plus élevé (50 ou plus), il faut réagir ou accepter les pertes.

Varroa

Dans une grande cellule (voir chapitre *La taille naturelle des cellules* du Volume II de ce livre), une femelle varroa peut pondre jusqu'à 7 œufs, cependant étant donné qu'aucun acarien immature ne peut survivre lorsque l'abeille émerge, il n'y aura qu'une ou deux femelles qui probablement survivront. Elles s'accoupleront et émergeront avec l'abeille hôte.

De nombreuses méthodes chimiques sont disponibles.

Je pense que l'objectif à atteindre devrait être la non-utilisation de traitements. Mais à titre informatif, voici les traitements les plus courants : l'Apistan (Fluvalinate) et le Checkmite (Coumaphos) sont les acaricides les plus communément utilisés. Les deux s'accumulent dans la cire, contaminent la ruche et peuvent causer des problèmes aux abeilles. Je ne les utilise pas.

Il existe des produits chimiques moins agressifs utilisés pour le contrôle des acariens : Thymol, acide oxalique, acide formique et acide acétique. Les acides organiques sont déjà naturellement présents dans le miel, par conséquent ils ne sont pas considérés comme contaminants. Le Thymol est l'ingrédient qui donne son odeur à la Listerine. Il est également présent dans le miel de thym et n'est pas produit autrement dans le miel. J'ai utilisé de l'acide oxalique et j'ai apprécié son utilisation pour le contrôle provisoire durant le passage à la petite cellule. J'ai utilisé un simple évaporateur fait de tuyaux en laiton. Mes plus grandes préoccupations en ce qui concerne tous ces traitements sont l'incidence qu'ils peuvent avoir sur les microbes bénéfiques présents dans la ruche.

Produits chimiques inertes

L'huile minérale de qualité alimentaire figure parmi les plus populaires. Le Dr Pedro Rodriguez, Docteur en médecine vétérinaire en a été un fervent adepte et a mené des recherches sur le sujet. Son système d'origine était une émulsion d'huile minérale, de cire d'abeille et de miel dans laquelle étaient trempées des cordes en coton. L'objectif était de faire tenir l'huile minérale assez longtemps sur les abeilles afin de noyer les acariens ou les asphyxier avec l'huile. Plus tard, les cordes ont été remplacées par un brumisateur chasse-insectes à propane dans le système de contrôle. L'autre avantage de l'huile minérale sous forme d'aérosol était qu'il permettait apparemment de venir également à bout des acariens responsables de l'acariose. Toutefois, ce dernier avantage pourrait être considéré comme un inconvénient étant donné que l'élimination de ces acariens entraîne une possible perpétuation génétique d'abeilles ne pouvant leur survivre.

La poussière inerte. La plus communément utilisée est le sucre en poudre, le genre que vous pouvez acheter à l'épicerie. Saupoudré sur les abeilles, il permet de déloger les acariens. Selon les recherches menées par Nick Aliano de l'Université du Nebraska, cette méthode est beaucoup plus efficace si vous faites sortir les abeilles de la ruche avant de les saupoudrer de sucre, puis vous les y ramenez. Ce procédé est également thermosensible. S'il fait trop froid, les acariens ne se détacheront pas des abeilles. S'il fait trop chaud, les abeilles mourront.

Les méthodes physiques.

Certaines solutions sont simplement des parties de la ruche ou autres. Quelqu'un a un jour observé qu'il y avait moins d'acariens dans les ruches équipées de trappes à pollen et a supposé qu'ils tombaient peut-être par la trappe. Il en a résulté la création d'un plancher grillagé. Il s'agit du plancher d'une ruche, qui est percé d'un trou couvrant la presque totalité du plateau et recouvert d'un grillage à mailles de dimensions 3,6 x 3,6 mm ou 3 x 3 mm. Les acariens mouillées se détachent des abeilles, tombent par les mailles et ne peuvent plus retourner sur les abeilles. Les recherches ont montré que 30% des acariens sont éliminés de cette façon. J'ai de sérieuses réserves quant à ce chiffre, néanmoins j'aime utiliser les planchers grillagés pour le comptage des acariens, le contrôle de la ventilation dans la ruche et l'aide que cela représente pour d'autres types de contrôles.

Ce que je fais. Je travaille avec la petite cellule / la cellule de taille naturelle et j'utilise des planchers grillagés. J'utilise également un carton blanc que je place sous le plancher pour le comptage des varroas. Mon plan est le suivant : aussi longtemps que je parviendrais à garder les varroas sous contrôle et ils le sont depuis 2002, c'est tout ce que je ferai.

Je n'ai jamais eu besoin de faire autre chose et le niveau d'infestation a baissé au point que les acariens deviennent difficiles à détecter. En cas de progression de l'infestation, j'aurais probablement retiré le couvain de mâles et peut-être que j'aurais utilisé de l'huile minérale de qualité alimentaire ou j'aurais saupoudré les abeilles de sucre en poudre. Au cas où malgré les mesures prises, le taux d'infestation restait élevé, j'aurais utilisé des vapeurs d'acide oxalique, et j'aurais également planifié un remplacement de la reine. Toutefois, jusqu'ici je n'ai nul eu besoin de traiter puisque mes abeilles sont revenues à la cellule de taille naturelle. Dans mon cas, la petite cellule a été efficace en ce qui concerne les deux espèces d'acariens et adaptée sous des conditions normales.

En savoir plus sur les varroas

Sans entrer dans un débat sur les méthodes les plus efficaces, je pense que cela pèse grandement sur le succès et quelquefois l'échec subséquent d'un bon nombre des méthodes que nous, en tant qu'apiculteurs, essayons de mettre en pratique. J'ai utilisé de l'huile minérale de qualité alimentaire sous forme d'aérosol pendant deux ans et après avoir éliminé tous les acariens avec de l'acide oxalique au terme des deux années, j'ai eu au comptage un total de 200 acariens par ruche. Certaines personnes ont observé une augmentation soudaine de plusieurs milliers d'acariens en peu de temps, en tenant compte dans le comptage de tous les acariens émergeant en même temps que le couvain. Je crois que l'huile minérale (ainsi que d'autres systèmes de contrôle) crée une population stable d'acariens dans la ruche. En d'autres termes, le nombre d'acariens qui émergent et le nombre d'acariens éliminés s'équilibrent, ce qui est l'objectif de nombreuses méthodes. Les VSH (ou SMR) sont des reines pouvant réduire la capacité à se reproduire des acariens. Mais même si vous arrivez à stabiliser la reproduction d'acariens dans vos ruches, c'est sans compter les milliers de contaminants venant de l'extérieur. Utilisez du sucre en poudre, de la cire gaufrée à petites cellules, de l'huile minérale de qualité alimentaire ou de quoi que ce soit qui puisse avantager les abeilles, soit en délogeant une partie des acariens, soit en prévenant leur reproduction et qui semble pouvoir fonctionner sous certaines conditions. Je pense que ces conditions sont un endroit où le nombre d'acariens pénétrant dans la ruche à partir d'autres sources n'est pas élevé.

Toutes ces méthodes semblent quelquefois ne pas fonctionner lorsqu'en automne, il y a une augmentation soudaine de l'infestation.

Il existe également d'autres méthodes qui relèvent plus de la force brute. En d'autres termes, ces méthodes permettent d'éliminer pratiquement tous les acariens, même si quelquefois, elles semblent échouer. Nous avons supposé que la résistance est la cause des éventuels échecs, et peut-être qu'il s'agit d'un facteur y contribuant. Mais que se passe-t-il si l'échec est causé par un nouvel afflux d'acariens en provenance de l'extérieur de la ruche ? Même si disposer le poison dans la ruche à la période durant laquelle survient l'explosion de la population, semble être d'une certaine utilité, il y a encore des cas d'échec.

L'échec pourrait entre autres être expliqué par le pillage subi par les abeilles et par l'égarement qui en résulte.

> ***« Le pourcentage de butineuses provenant de diverses colonies dans un rucher varie de 32 à 63 % » — Extrait d'un article publié en 1991 par Walter Boylan-Pett et Roger Hoopingarner dans Acta Horticulturae 288, 6e symposium sur la pollinisation (voir Bee Culture, édition de janvier 2010, page 36)***

Je n'ai pas constaté cela sur des petites cellules... pas encore. Pas plus que je ne l'ai constaté avec l'utilisation de l'huile minérale de qualité alimentaire. Cependant je l'ai remarqué avec l'utilisation de l'Apistan, tandis que d'autres l'ont observé avec l'huile minérale. Je me demande donc dans quelle mesure cela peut affecter le succès d'un grand nombre de méthodes, du Sucracide aux reines SMR, ou encore de l'huile minérale de qualité alimentaire à la petite cellule. Il semble y avoir au moins deux composantes du succès. La première est de créer un système stable afin que la population d'acariens n'augmente pas dans la ruche. La seconde est de trouver un moyen de contrôler l'occasionnel afflux soudain d'acariens et de permettre le rétablissement de la ruche. Pendant l'automne, lorsque les abeilles venant de ruches fortes pillent les ruches affaiblies par des acariens, elles ramènent avec elles dans leurs ruches des « passagers clandestins » ; dans le même temps, tous les acariens qui étaient dans les cellules émergent sans avoir de couvain dans lequel retourner ; ce fait semble être la cause de la montée en flèche du nombre d'acariens dans les ruches en automne.

Les acariens trachéaux (Acarapis woodi)

Les acariens trachéaux ou Acarapis woodi de leur nom scientifique, sont trop petits pour être visibles à l'œil nu. Ils causent ce qui dans le temps était appelé la « maladie de l'île de Wight » puisque c'est sur cette île que la maladie a pour la première fois été observée et la cause à l'époque était inconnue. Puis, il a été découvert que cette cause était un acarien. La maladie a été rebaptisée « acariose » étant donnée qu'il s'agissait du seul acarien malin connu chez les abeilles domestiques. Les symptômes sont : des abeilles rampantes, des abeilles qui ne se mettront pas en grappe une fois l'hiver venu, et des ailes en « K », les deux ailes de chaque côté sont séparés et forment la lettre K. De ce que nous savons, les acariens trachéaux sont apparus depuis 1984. Pour vérifier leur présence, il faut un microscope. Il n'a point besoin d'être très puissant, mais il en faut tout de même un, étant donné que les acariens sont trop petits pour être visibles à l'œil nu. Vous n'observerez pas pour voir les détails d'une cellule, juste une créature qui est très petite.

Les acariens trachéaux ont besoin d'atteindre la trachée pour se nourrir et se reproduire. L'ouverture de la trachée d'un insecte est appelée stigmate (ou spiracle). Les abeilles en possèdent de nombreuses. Elles possèdent également un système musculaire qui leur permet de totalement fermer les spiracles selon leur volonté. Etant donné que les acariens trachéaux sont beaucoup plus grands que le spiracle le plus grand (le premier spiracle thoracique), ils doivent trouver de jeunes abeilles dont la chitine est encore tendre afin de pouvoir mâcher leur premier spiracle pour accéder à la trachée. Une fois à l'intérieur, la trachée plus spacieuse fournit aux acariens un endroit où vivre et se reproduire. Les acariens trachéaux doivent faire tout ceci quand les abeilles ne sont âgées que de 1 à 2 jours, avant que leur chitine ne durcisse. Un moyen courant de contrôle est une pâte de graisse (sucre et graisse de cuisson mélangés pour faire une pâte) dont l'odeur permet de masquer celle que les acariens trachéaux utilisent pour trouver les jeunes abeilles. Si les acariens ne peuvent pas trouver de jeunes abeilles, ils ne peuvent pas non plus mâcher le spiracle des abeilles adultes afin d'entrer dans la trachée pour s'y reproduire. Le menthol est également couramment utilisé pour éliminer les acariens trachéaux. L'huile minérale de qualité alimentaire et (selon certain rapports) l'acide oxalique permettent aussi leur élimination. L'élevage pour la résistance et la petite cellule sont aussi utiles. La théorie sur l'aide que peut représenter la petite cellule est la suivante : les spiracles (les ouvertures de la trachée) à travers lesquels les abeilles respirent sont très petits et les acariens ne peuvent pas y pénétrer. Cependant, étant donné que les spiracles sont déjà trop petits, il est plus que probable que l'ouverture encore plus petite ne soit que peu attractive pour les acariens, qui recherchent plutôt un orifice qu'ils peuvent élargir assez pour leur permettre d'accéder à la trachée. Ou alors, au fur et à mesure que les abeilles avancent en âge, la chitine s'épaissit de plus en plus et les acariens ne peuvent pas l'élargir assez en la mâchant pour en faire une entrée. Il est nécessaire que plus de recherches soient faites sur le sujet. Mais fondamentalement, j'utilise simplement la petite cellule et les acariens trachéaux n'ont pas été un problème.

La résistance aux acariens trachéaux n'est pas un caractère difficile à développer lors d'un élevage et pourrait expliquer pourquoi ils ne sont pas un problème pour les apiculteurs utilisant de la cire à petites cellules. Si vous ne traitez jamais et si vous élevez vos propres reines, vous finirez par avoir des abeilles résistantes. Le mécanisme de résistance aux acariens trachéaux n'est pas connu. Une théorie est que les abeilles résistantes sont plus hygiéniques, elles repoussent les acariens avant qu'ils ne pénètrent dans la ruche. Une autre théorie est que ces abeilles ont soit de plus petits spiracles, soit des spiracles plus fermes, ne permettant pas l'entrée des acariens. Une autre théorie encore, similaire à celle du contrôle par pâte de graisse, est que les jeunes abeilles ne dégagent pas cette odeur qui permet aux acariens trachéaux de les trouver.

Acarapis dorsalis et Acarapis externus sont des acariens vivant sur les abeilles mellifères et ne sont pas distinguables des acariens trachéaux (Acarapis woodi). Ils sont classifiés différemment en fonction simplement de l'endroit où ils ont été trouvés. Ce qui conduit à ce questionnement évident, sont-ils semblables et ne sont-ils simplement pas capables d'entrer dans la trachée ?

Les petits coléoptères des ruches

Un autre récent ennemi des abeilles qui n'a pas encore été un problème dans ma région est le petit coléoptère des ruches (Aethina tumida Murray), dont le nom est quelquefois abrégé PCR. Les larves consomment les rayons et le miel, sont semblables aux fausses teignes, mais sont moins mobiles, vivent plus en groupes, rampent hors de la ruche et s'enfoncent sous terre avant de se transformer en chrysalides. Les coléoptères adultes forcent les abeilles à les nourrir, mais les abeilles aiment aussi les parquer dans des coins exigus. Il existe quelques controverses en ce qui concerne ces coins : certains pensent qu'ils sont mauvais car fournissant aux coléoptères un endroit où se cacher, d'autres pensent qu'ils sont utiles car ils constituent un endroit où les abeilles peuvent entasser les coléoptères.

Le dommage que les coléoptères causent est similaire à celui causé par les fausses teignes, mais en plus considérable. Les coléoptères sont aussi plus difficiles à contrôler. Si vous sentez une odeur de fermentation dans la ruche et si vous trouvez des masses de larves rampantes et d'aspect hérissé dans les rayons, il est possible que des coléoptères soient présents. Les seuls contrôles chimiques dont l'utilisation a été approuvée sont des pièges faits avec du CheckMite et des arrosages du sol qui permettent d'éliminer les pupes qui se transforment en chrysalides dans le sol à l'extérieur de la ruche.

Bien qu'ils aient été identifiés dans le Nebraska, je n'y ai jamais eu affaire, mais j'opterai probablement pour plus de PermaComb dans les nids à couvain si les coléoptères venaient à être un trop grand problème. Les ruches fortes semblent être la meilleure protection.

Certains apiculteurs utilisent divers pièges (certains fait maison et d'autres disponibles dans le commerce) tandis que d'autres apiculteurs ignorent simplement les coléoptères. Ils semblent proliférer dans les sols sablonneux et par temps chaud, mais peuvent survivre même dans un sol argileux et par intense temps froid. La mesure dans laquelle les coléoptères sont un problème et les efforts à déployer nécessaires à leur contrôle, semblent être liés à ces deux principaux éléments : l'argile dans le sol et le froid en hiver.

Les traitements sont-ils nécessaires ?

Les ouvrages standards d'apiculture feront référence aux traitements comme étant absolument nécessaires et diront que sans intervention humaine, les abeilles se seraient éteintes. Juste pour vous donner une idée, voici mon historique complet de traitements :

1974 j'ai utilisé de la terramycine car les livres m'avaient terrifié au point de penser que mes abeilles allaient mourir sans son utilisation.

1975 - 1999 aucun traitement, mais j'ai perdu toutes mes abeilles en 1998 et en 1999 à cause des varroas.

2000 - 2001 j'ai utilisé de l'Apistan contre les varroas. En 2001, toutes mes abeilles sont quand même mortes de la varroase.

2002 - 2003 j'ai utilisé de l'acide oxalique sur une partie de mes abeilles, de l'huile minérale de qualité alimentaire sur une autre partie, de l'huile essentielle de thé des bois sur une troisième partie et rien sur les abeilles restantes. Je suis également passé à la petite cellule.

2004 - aujourd'hui, je n'ai utilisé aucun traitement.

Les trois années pendant lesquelles *toutes* mes abeilles ont été traitées pour rien : 1974, 2000 et 2001.

Aux cinq années pendant lesquelles une partie de mes abeilles ont été traitées pour quelque chose, peuvent s'ajouter les années 2002 et 2003.

Les 40 années (à compter de cette impression) pendant lesquelles aucune de mes abeilles n'a été traitée pour quoi que ce soit : 1975, 1976, 1977, 1978, 1979, 1980, 1981, 1982, 1983, 1984, 1985, 1986, 1987, 1988, 1989, 1990, 1991, 1992, 1993, 1994, 1995, 1996, 1997, 1998, 1999, 2004, 2005, 2006, 2007, 2008, 2009, 2010, 2011, 2012, 2013, 2014, 2015, 2016,2017, 2018.

J'ai cherché des acariens (comme le fait l'inspecteur chaque année) et j'ai attentivement examiné les cadavres d'abeilles pour voir si elles sont mortes des suites de la varroase. Je ne vois plus aucun problème de varroas même si j'en trouve un de temps en temps.

Je n'ai jamais traité pour le Nosema. Je n'ai jamais délibérément traité pour les acariens trachéaux (bien que l'huile essentielle de thé des bois, l'huile minérale de qualité alimentaire et l'acide oxalique puissent les avoir affectés).

J'ai de temps en temps acheté des paquets. J'ai agrandi mon rucher de 4 à 200 ruches, j'ai vendu des petites ruchettes de fécondation dans le même temps et j'ai élevé des reines.

Le repérage de la reine

Avez-vous vraiment besoin de la trouver ?

En guise de préambule, je dirai qu'il n'est pas nécessaire de trouver la reine chaque fois que vous regardez dans votre ruche. En fait, j'ai modifié mes méthodes pour en exclure de trouver la reine autant que possible car c'est une activité trop chronophage. Si dans votre ruche il y a du couvain ouvert, c'est qu'au moins quelques jours auparavant, il y avait une reine. Toutefois, il y a des situations pour lesquelles trouver la reine est une obligation, comme par exemple lorsque vous devez la remplacer. Voici pour vous aider quelques conseils.

N'enfumez que légèrement

Si vous enfumez trop, la reine s'enfuira et vous aurez le plus grand mal à la retrouver.

Recherchez la plus grande concentration d'abeilles

Dans le corps de ruche, la reine se trouve généralement sur le cadre portant le plus d'abeilles. Il n'en est pas toujours ainsi, mais si vous commencez à chercher à partir de ce cadre, 90% du temps, vous y trouverez la reine, ou alors vous la trouverez sur le cadre juste à côté.

Recherchez les abeilles les moins frénétiques

Près de la reine, les abeilles sont plus calmes.

Plus grande taille et forme plus allongée.

Bien évidemment, la reine est plus grande et plus longue que les autres abeilles. Son abdomen en particulier est plus allongé, cependant ce caractère n'aide pas toujours à aisément la repérer, en particulier lorsqu'il y a tout un amas d'abeilles sur elle. Recherchez des « épaules » plus larges, la largeur de son dos, la petite portion dénudée sur le thorax. Les reines sont plus grandes que les autres abeilles et bien souvent, elle se trouve en-dessous de celles-ci. Quelquefois, vous verrez son grand abdomen dépasser de la grappe d'abeilles sans pouvoir voir son corps en entier.

Ne pensez pas que vous repèrerez facilement la reine parce qu'elle est marquée

Une reine marquée peut ne plus être présente dans la ruche ou peut ne plus être marquée. Rappelez-vous qu'il peut y avoir eu essaimage ou alors supercédure si la ruche est devenue orpheline.

Autour de la reine, les abeilles agissent différemment

Observez ce qui se passe autour de la reine. Souvent, elle est entourée de nombreuses abeilles. De toutes les abeilles qui l'entourent, un bon nombre lui fait face, pas toutes mais un bon nombre. Si vous les observez toutes les fois où vous repérez la reine, vous commencerez à remarquer la manière dont elles agissent, et comment elles bougent différemment autour d'elle.

La reine bouge différemment

Les abeilles généralement se déplacement rapidement ou alors se suspendent simplement et ne bougent pas. Les ouvrières bougent comme si elles sont en train d'écouter Aerosmith. La reine quant à elle bouge comme si elle écoute Schubert ou Brahms, elle se déplace lentement et avec grâce. On dirait qu'elle valse tandis que les ouvrières dansent la Bossa Nova. La prochaine fois que vous trouverez la reine, observez le mouvement général des abeilles, la manière dont elles bougent autour de la reine et la manière dont la reine elle-même bouge.

Couleur

En général, la couleur de la reine est légèrement différente de celle des autres abeilles. Je ne trouve pas cette information particulièrement utile. La couleur de la reine est tellement proche de celle des autres abeilles qu'il est difficile de la repérer grâce à ce caractère.

Vous devez croire qu'il y a une reine

Le mental fait aussi une différence lorsque vous essayez de trouver quelque chose, peu importe qu'il s'agisse de trouver vos clés de voiture, de chasser le chevreuil ou de trouver une reine dans une ruche. Aussi longtemps que vos recherches seront superficielles et que vous aurez à l'esprit que vous ne trouverez pas ce que vous cherchez, cette chose ne sera pas à votre portée, vous ne la trouverez pas. Vous devez croire que ce que vous cherchez : vos clés, le chevreuil ou la reine, *est* juste devant vous. Vous voyez cette chose, vous la visualisez, tout d'un coup, vous la trouvez. Vous devez vous convaincre que la reine est là, vous devez vous convaincre que vous allez la trouver. Je ne sais comment bien l'expliquer, mais vous devez apprendre à croire.

Vous devez vous entraîner

Le meilleur moyen d'apprendre le repérage de reines reste encore la ruche d'observation. Vous pouvez en trouver une chaque matin au réveil, chaque soir quand vous rentrez à la maison, chaque nuit avant de vous coucher, et tout cela sans déranger les abeilles d'aucune manière que ce soit. Si cela ne vous permet toujours pas de trouver le bon cadre au premier ou second essai, cela vous aide tout de même à repérer la reine. Avoir une reine marquée dans une ruche d'observation est pratique lorsque vous voulez la montrer à des visiteurs, mais pour vous entraîner au repérage, une reine *non* marquée convient mieux. Même si toutes vos reines sont marquées lorsque vous les achetez, souvent il peut vous arriver en cherchant de trouver une reine de supercédure non marquée.

Pouvez-vous trouver la reine?

Elle est là.

Et ici, pouvez-vous la trouver ?

Est-ce plus facile sur l'image agrandie ?

Idées erronées

Voici ci-dessous quelques idées que je considère comme des mythes apicoles. Je suis sûr que certaines personnes croient en ces idées et ne seront par conséquent pas du même avis que moi.

Mythe: les faux-bourdons sont mauvais.

Bien entendu, les faux-bourdons sont tout à fait normaux. Dans une ruche normale et saine, la population sera composée d'environ 10 à 20% de faux-bourdons au printemps. L'argument avancé depuis le siècle dernier ou même celui d'avant (et qui est juste un argument de vente pour la cire gaufrée) a été le suivant : les faux-bourdons consomment le miel, utilisent de l'énergie et n'apportent rien à la ruche. Un contrôle des rayons de mâles, par conséquent un contrôle du nombre de faux-bourdons aura pour résultat une ruche plus productive. Toutes les recherches dont j'ai connaissance disent le contraire. Si vous essayez de limiter le nombre de faux-bourdons, votre production baissera. Les abeilles par instinct, ont besoin d'un certain nombre de faux-bourdons. Lutter contre ce fait naturel est un gaspillage d'effort. De ce que je sais, d'autres recherches ont montré que peu importe l'intervention de l'apiculteur, la ruche finira par avoir le nombre de faux-bourdons qu'il convient aux abeilles.

Mythe: le rayon de mâles est mauvais.

Ce mythe va évidemment de pair avec celui énoncé ci-haut. La manière dont un apiculteur tente de contrôler la production de faux-bourdons est la réduction du nombre de rayons de mâles. Cependant, ce genre de contrôle est exactement la raison pour laquelle vous finirez par avoir des rayons de mâles dans vos hausses, ce qui vous conduira à devoir installer une grille à reine. Les abeilles veulent un nid à couvain stable, le manque de faux-bourdons pour elles, est une source d'inquiétude. Aussi si vous les empêchez d'avoir des rayons de mâles dans le nid à couvain, elles trouveront d'autres endroits où les élever. Si ce que vous souhaitez, c'est que vos abeilles cessent de bâtir des rayons de mâles, cessez donc d'enlever les rayons de mâles qu'elles ont déjà bâtis. Si vous ne souhaitez pas que la reine tente de s'accoupler dans le nid à couvain, laissez les abeilles avoir le nombre de rayons de mâles qui leur convient dans le nid à couvain.

Mythe: les cellules royales sont mauvaises.

... les apiculteurs doivent donc les détruire chaque fois qu'ils en trouvent.

Il semble que la plupart des ouvrages que j'ai lus, cherchent à convaincre les apiculteurs débutants qu'ils doivent toujours détruire les cellules royales car leur présence signifie que les abeilles sont soit sur le point d'essaimer et il faut les en empêcher, soit elles tentent de remplacer cette précieuse reine que vous avez chèrement acquise par une autre, de lignée inconnue et qui s'est accouplée avec des horribles mâles sauvages. La plupart du temps, peu importe que vous saccagiez les cellules royales, les abeilles finissent par essaimer, ou alors elles ont essaimé bien avant votre intervention et dans ce cas, non seulement il y a eu essaimage, mais la ruche se retrouve également orpheline. Je considère les cellules royales comme une provision de reines de très grande qualité. Je prélève chaque cadre portant des cellules royales, que je replace dans une ruchette de fécondation qui lui sera propre. Généralement, j'essaie de laisser un cadre de cellules royales dans la ruche d'origine et je transfère l'ancienne reine dans une ruchette. De cette manière, j'ai réalisé un certain nombre de petites divisions tout en laissant aux abeilles l'impression qu'il y a déjà eu essaimage. S'agissant de cellules de remérage (supercédure), je n'y touche pas car les abeilles ont apparemment trouvé la reine qu'il leur faut, je leur fais confiance. Détruire une cellule de supercédure revient à rendre votre ruche orpheline. La reine en place est probablement en train de faillir, ou alors elle est déjà trop faible ou même morte. En détruisant les cellules de supercédure, vous enlevez à vos abeilles leur seul espoir d'avoir une reine.

Mythe: les reines élevées localement sont mauvaises.

... c'est pourquoi les apiculteurs devraient acheter leurs reines, car les accouplements entre abeilles de même localité sont mauvais.

Bien entendu, ce mythe complète celui sur ces mauvaises choses que sont les supercédures pour vos ruches. Je pense que l'accouplement d'abeilles locales est la méthode à favoriser. Il en résulte des abeilles capables de survivre dans votre région. Je connais un grand nombre de personnes qui, parce qu'elles croient en ce mythe, achètent leurs reines et ce, tout le temps. Le taux de supercédure a monté en flèche ces dernières années au point qu'une reine typique introduite est presqu'instantanément remplacée. Si cette information s'avère être vraie (et certains experts m'ont dit qu'elle l'est) alors vous finirez toujours par avoir une reine locale de toute manière. Pourquoi donc gaspiller votre argent ? Beaucoup de recherches montrent qu'une reine est de meilleure qualité si vous la laissez pondre dès le moment où elle a commencé à le faire, au lieu de la mettre en banque juste à partir de ce moment-là. Lorsque vous acquérez une reine du commerce, vous recevez une reine mise en banque juste après qu'elle ait commencé à pondre. J'ai de sérieux doutes quant au fait d'acheter de meilleures reines que celles que vous pourriez vous-même élever, en particulier si votre cire est saine, et plus encore si vos abeilles proviennent d'essaims d'abeilles issues de votre région.

Mythe: les abeilles sauvages sont mauvaises.

... improductives, essaimeuses et ont mauvais caractère.

J'ai entendu ça encore, et encore, et encore, en plus d'autres affirmations sur la mauvaise réputation que traînent les abeilles sauvages. Il fut un temps où elles étaient élevées pour leur caractère, ce qui n'est plus le cas. J'en ai enlevé tout comme j'en ai attrapé de nombreuses. Certaines sont méchantes, d'autres ont un caractère plutôt doux. Certaines sont nerveuses mais pas méchantes, d'autres sont calmes. Ces traits, je les ai trouvés simples à trouver et à élever. Les abeilles sauvages au caractère agréable, gardez-les et pour celles à mauvais caractère, remplacez leur reine. Mon expérience m'a montré qu'elles sont souvent plus productives du fait qu'elles soient mieux acclimatées et qu'elles bâtissent au moment opportun, ce qui permet une bonne récolte. Pour ce qui est de leur tendance à essaimer, je pense que toutes les abeilles sont essaimeuses. C'est de cette façon qu'elles se reproduisent. Je n'ai jamais eu de problèmes de contrôle d'essaimage, peu importe l'espèce de mes abeilles.

Mythe: les abeilles sauvages sont porteuses de maladies.

... et devraient être écartées, éliminées ou encore traitées immédiatement pour toutes les sortes de maladies existantes.

Je ne comprends pas le concept. Une ruche saine et productive essaime, la conclusion logique serait que les abeilles de l'essaim soient également saines et productives.

Mythe: le nourrissement ne cause aucun tort.

Je l'ai beaucoup entendu ce mythe-là ; Cependant moi je pense que le nourrissement peut faire du mal aux abeilles. Il est l'une des principales causes de leurs problèmes. Le nourrissement attire les parasites comme les fourmis ; il déclenche les pillages ; de nombreuses abeilles se retrouvent noyées ; et encore pire, il entraîne un encombrement du nid à couvain et l'essaimage de la ruche. Si la ruche est à court de provisions en automne, l'apiculteur devra nourrir. Si la ruche est frappée par la famine, nourrissez. Si vous êtes en train d'installer un nouveau paquet ou un nouvel essaim, nourrissez jusqu'au moment où les abeilles auront leurs premières réserves operculées. Mais en général, laissez donc vos abeilles faire ce que les abeilles font : récolter du nectar. Une règle de base est la suivante : les abeilles doivent avoir au moins un rayon operculé et une miellée avant que vous ne cessiez de les nourrir.

Mythe: ajouter des hausses pour prévenir l'essaimage.

Ce mythe est courant dans le milieu apicole. On observe les résultats de cette technique une fois la saison d'essaimage reproductive terminée, mais la saison des essaims primaires n'a pas grand-chose à voir avec les hausses et tout à voir avec le plan des abeilles pour se reproduire. Si vous souhaitez éviter un essaimage, il est essentiel que vous gardiez le nid à couvain ouvert. Une partie de cette technique consiste à ajouter des hausses avant la congestion du nid à couvain. Bien entendu cet ajout ne suffit pas à empêcher l'essaimage.

Mythe: la destruction des cellules royales permet d'empêcher l'essaimage.

Par expérience, je peux dire que cela ne fonctionne pas. Les abeilles essaimeront quand même et votre ruche se retrouvera orpheline.

Mythe: les cellules d'essaimage sont toujours situées au fond du nid à couvain.

A ce mythe, à mon avis s'ajoute un autre mythe qui dit que les cellules de supercédure sont toujours situées au milieu du nid à couvain. Cela peut être une bonne généralité, mais vous devez évaluer la situation dans un contexte intégral. Si je dois supposer, je dirais que les cellules royales situées au fond étaient des cellules d'essaimage, si les abeilles bâtissent rapidement et si la ruche est soit forte, soit surpeuplée. Par contre, si elle n'est ni forte, ni surpeuplée et si les abeilles ne sont pas en train de bâtir, alors je dirais que ce ne sont pas des cellules d'essaimage. Si les cellules d'essaimage sont situées plus au milieu et que certaines autres conditions sont réunies, alors je m'attendrais à ce qu'il y ait des cellules d'essaimage, j'aurais donc tendance à les considérer comme telles. Si les abeilles ne bâtissent pas et si la ruche n'est pas bondée, je supposerais qu'il s'agit de cellules de supercédure ou de cellules de sauveté. Aussi, les cellules d'essaimage ont tendance à être plus nombreuses.

Mythe: Clipper la reine pour prévenir l'essaimage.

Par expérience, je sais que les abeilles essaimeront que vous clippiez la reine ou pas. Si vous y faites attention, cela peut vous permettre de gagner beaucoup de temps (comme lorsque les ruches sont installées dans votre arrière-cour, vous permettant de vérifier chaque jour s'il y a eu essaimage). Les abeilles tenteront d'essaimer et la reine clippée sera incapable de voler. Les abeilles retourneront dans la ruche, puis la quitteront une fois de plus avec la première reine vierge qui aura émergé. Considérer le clippage comme un moyen d'empêcher l'essaimage, aboutira à un échec.

Mythe: 2 mètres ou 2 kilomètres

... Vous devez déplacer vos ruches de deux mètres ou de deux kilomètres sinon vous perdrez beaucoup d'abeilles.

J'ai beaucoup entendu ce mythe. Chaque fois que vous déplacez vos abeilles, il s'en suit du chaos dans la ruche pendant au moins un jour. Cependant, je déplace tout le temps mes abeilles de 50 mètres, de 100 mètres, voire même plus. L'astuce est de placer une branche devant l'entrée pour pousser les abeilles à se réorienter. La technique fonctionne bien. Si vous ne le faites pas, la plupart de vos butineuses retourneront à l'ancien emplacement. Pour ça et le fait qu'il y aura un certain désordre pendant un moment après le déplacement, ne déplacez donc pas vos abeilles sans raison.

Mythe: l'extraction est une obligation.

... ne pas le faire est en quelque sorte faire preuve de cruauté envers les abeilles.

Les apiculteurs débutants semblent tous penser qu'il est nécessaire qu'ils achètent un extracteur. Ce n'est pas leur faute. N'est-ce pas ce que tous les livres leur disent de faire ? Pendant 26 années de pratique d'apiculture, je n'en ai pas eu besoin. Vous pouvez couper les rayons, les broyer puis les filtrer, tout cela en investissant peu et cela ne représente pas plus de travail qu'une extraction.

Mythe: 0,5 kg de cire pour 7 kg de miel

Cette vieille fable est encore servie aux apiculteurs à divers niveaux. Je n'ai connaissance d'aucune étude qui soutienne cette affirmation. D'ailleurs elle n'est pas pertinente. Ce qui est pertinent, c'est ce que peut être la production d'une ruche avec ou sans rayons bâtis. Il n'y a aucun doute que des rayons bâtis rapporteraient beaucoup plus d'argent à l'apiculteur. Il faudrait cependant un bien grand nombre de ruches avant qu'il ne vaille la peine d'acheter un extracteur. Cette affirmation est également un argument de vente pour la cire gaufrée. D'après mon expérience, les abeilles étirent plus rapidement leurs rayons dans des cadres vides, sans cire gaufrée, et plus vite elles disposent d'endroits où stocker le nectar, plus de miel elles produisent.

Mythe: vous ne pouvez pas élever des abeilles et produire du miel.

... en d'autres termes, faites des divisions pour plus de production.

Tout est question de timing Si vous divisez juste avant la miellée et si vous laissez toutes les butineuses retourner vers leurs ruches d'origine, vous pouvez effectivement avoir une plus grande production de miel et plus d'abeilles.

Mythe: deux reines ne peuvent coexister dans une même ruche.

A dessein, certains apiculteurs installent deux reines dans la même ruche. Ils le font tout le temps. Cependant, si vous observez attentivement, souvent vous trouverez deux reines cohabitant naturellement dans une ruche. Généralement, il s'agit d'un couple mère-fille, la reine de remplacement est en train de pondre et l'ancienne reine pond juste à côté d'elle.

Mythe: les reines ne pondent jamais deux œufs dans une même cellule.

... en d'autres termes, la présence de multiples œufs dans une cellule signifie la présence d'une ouvrière pondeuse.

J'ai souvent vu ce cas de deux œufs pondus par une reine dans une même cellule. J'en ai rarement vu trois. Tout comme j'en ai rarement vu plus de trois. Les ouvrières pondeuses peuvent pondre de deux à une douzaine d'œufs dans une même cellule. Pour moi, les signes de la présence d'ouvrières pondeuses sont : deux œufs ou plus sur le côté et non au fond des cellules, ainsi que des œufs sur le pollen.

Mythe: absence de couvain = absence de reine

La présence d'une reine dans une ruche ne garantit pas la présence de couvain. Les raisons d'une absence de couvain sont nombreuses. Une première raison: dans ma région du moins, d'octobre à avril, il peut ne pas y avoir de couvain car les abeilles cessent l'élevage en octobre, puis élèvent des petits lots de couvain avec, entre ces lots, des périodes sans couvain. Une seconde raison : quelques abeilles frugales peuvent stopper l'élevage de couvain durant une pénurie. Une troisième raison : une ruche qui a perdu sa reine et qui en a élevé une de sauveté, est souvent sans couvain. Il passe 25 jours ou plus entre le moment où la reine émerge, mûrit, s'accouple et commence à pondre. Durant cette même période, *tout* le couvain émerge. Quatrième raison : une ruche peut essaimer et la nouvelle reine n'a pas encore commencé à pondre. Elle ne pondra pas pendant probablement encore trois semaines après l'essaimage. Il est souvent arrivé qu'un apiculteur débutant (ou même un apiculteur confirmé) trouve la ruche dans cet état, commande une nouvelle reine et l'introduit. Cette reine se fait tuer. Il en commande encore une nouvelle, répète le processus et la reine se fait de nouveau tuer. Pour finir, il constatera la présence d'œufs. Les reines vierges non marquées sont très ardues à repérer, même par les apiculteurs les plus expérimentés. Dans ce dernier cas, introduire dans la ruche un cadre d'œufs et de couvain constituerait une meilleure assurance. De cette manière, si la ruche est orpheline, les abeilles peuvent élever une nouvelle reine. Si la ruche en a déjà une, l'introduction d'œufs et de couvain n'aura pas de mauvaise conséquence et vous saurez si oui ou non il y a une reine. Cf. la section *Panacée* du chapitre *Commençons par conclure*.

Mythe: les abeilles n'aiment travailler que vers le haut.

... En d'autres termes, elles n'étendent la ruche et le couvain qu'en direction ascendante.

Si vous installez un paquet dans une pile de cinq boîtes, comme il m'est quelquefois arrivé de le faire, vous pouvez aisément réfuter ce mythe. Si vous prenez le cas d'un essaim d'abeilles installé dans un arbre, vous savez déjà que l'affirmation citée ci-haut est erronée. Les abeilles se regroupent au-dessus de tout espace à leur disposition et y bâtissent des rayons jusqu'à remplir le vide ou jusqu'à ce que les rayons atteignent la taille nécessaire à leurs besoins.

Les abeilles commencent par le haut de l'espace qu'elles occupent et travaillent vers le bas. Dans un arbre, Les abeilles n'ont pas d'autre choix que de travailler vers le bas, puisqu'il n'y a aucun moyen de travailler vers le haut. Une fois qu'une ruche est installée, les abeilles occupent tous les espaces qu'elles peuvent combler. Ainsi, lorsqu'il s'agit d'un arbre, une fois que les abeilles ont atteint le bas, le nid à couvain sera étendu dans tout espace disponible puis contracté à la fin de la saison. Toutefois dans le cas d'une ruche, les apiculteurs continuent d'ajouter et d'ôter des boîtes. Les boîtes supplémentaires sont ajoutées au-dessus de celles déjà en place car il est plus aisé de procéder ainsi comme il sera plus aisé de vérifier le travail dans ces boîtes par la suite. Peu importe que ce soit vers le haut ou vers le bas, les abeilles ne se soucient pas de la direction. Elles se contentent de travailler dans tout espace qu'elles peuvent occuper.

Mythe: il y a une fausse reine dans une ruche bourdonneuse.

... et vous essayez de vous débarrasser d'elle pour régler le problème.

Dans une ruche bourdonneuse, il y a de nombreuses ouvrières pondeuses. La seule manière de venir à bout du problème est de perturber les abeilles au point de leur faire accepter une nouvelle reine ou alors de leur fournir assez de phéromones prélevées sur du couvain d'ouvrières pour supprimer les ouvrières pondeuses et faire accepter aux abeilles une reine. Autrement dit, fournissez à la ruche un cadre de couvain ouvert chaque semaine jusqu'à ce que les abeilles ne commencent à élever une reine. Ensuite, vous pouvez soit les laisser finir l'élevage, soit introduire une reine.

Mythe: le secouement d'une ruche bourdonneuse est une solution pour se débarrasser d'ouvrières pondeuses.

... les ouvrières pondeuses sont abandonnées car elles ne savent pas comment regagner la ruche.

Je doute de la véracité de cette affirmation et les recherches sur le sujet que j'ai consultées la réfutent également. Les ouvrières pondeuses sont nombreuses et elles n'ont aucune difficulté à retrouver leur chemin. Le secouement d'une ruche bourdonneuse peut quelquefois être une solution, si vous avez réussi à perturber assez les abeilles pour les pousser à accepter une reine dans le chaos.

Mythe: les abeilles ont besoin d'une planchette d'atterrissage.

En situation naturelle, les abeilles n'en ont pas, cette affirmation n'est donc pas rationnelle. Non seulement je pense que les abeilles n'en ont pas besoin, mais je pense également qu'une planchette d'atterrissage sert aux souris et aux putois et ne rend pas service aux abeilles.

Mythe: il faut aux abeilles beaucoup de ventilation.

Les abeilles ont besoin de ventilation. Mais elles ont surtout besoin de la bonne quantité de ventilation. Bien entendu, en hiver, trop de ventilation signifie trop de perte de chaleur. Mais même en été, les abeilles rafraîchissent la ruche par évaporation, de sorte que pendant les journées chaudes, l'intérieur de la ruche soit plus frais que l'air ambiant. Trop de ventilation aura donc pour résultat des abeilles incapables de maintenir une température interne plus fraîche. Lorsque la cire s'échauffe au point de dépasser les températures normales de fonctionnement de la ruche (>34°C ou 93°F), elle devient très fragile et il y a risque d'effondrement des rayons.

Mythe: les abeilles ont besoin des apiculteurs.

Il est indubitable, les abeilles ont autant besoin des apiculteurs qu'un poisson d'une bicyclette. Depuis des millions d'années ou au moins depuis la création, les abeilles survivent par leurs propres moyens. Il est vrai que les apiculteurs ont fait voyager les abeilles à travers le monde, mais les abeilles seront probablement parvenues elles-mêmes au même résultat de toute manière. Comment pensez-vous que les abeilles africaines soient arrivées en Floride ? Elles ont été des autostoppeuses.

Mythe: le remplacement de la reine se fait annuellement.

Je connais un bon nombre d'apiculteurs qui ne remplacent la reine que lorsqu'ils constatent un problème. Généralement, avant que vous ne voyiez un problème, les abeilles ont déjà effectué un remérage. Si elles l'ont fait, alors vous avez génétiquement pérennisé des abeilles capables de procéder à un remérage en cas de problème. Si votre cire est propre (pas de produits chimiques accumulés dans la ruche) vos reines peuvent y vivre environ trois ans. Dans le cas contraire, vos reines ne dureront que quelques mois. De toutes les manières, en quoi le fait de remplacer la reine annuellement est-il utile ? Ce qui est communément prétendu est qu'une reine d'un an n'essaimera pas, ce qui peut être aisément réfuté par le fait de nourrir constamment un paquet, ou encore qu'une reine de deux ans est obligée d'essaimer, ce qui peut être aisément réfuté par le fait que la plupart des reines sont âgées de trois ans.

Mythe: vous devez toujours remplacer la reine d'une colonie marginale.

J'ai vu de nombreuses colonies en difficulté, se développer et produire une bonne récolte. Souvent, les colonies sont en difficulté car la population d'abeilles s'amenuise à tel point qu'il n'y a plus assez d'ouvrières pour butiner et prendre soin du couvain. Bien souvent, un cadre de couvain naissant permet de les remettre d'aplomb. Il y a des colonies par contre qui dépérissent alors qu'elles pourraient se remettre. Je remplace la reine dans ce genre de colonies.

Mythe: le succédané de pollen est indispensable

... pour nourrir les paquets et les abeilles au printemps et à l'automne.

Je n'ai même jamais pu forcer mes abeilles à consommer du pollen une fois qu'une provision fraîche de pollen est disponible. Je ne vois aucune raison de nourrir un paquet au succédané de pollen quand on sait que la valeur nutritive de ce pollen artificiel est vastement inférieure à celle du pollen frais qui est naturellement disponible à un certain moment de l'année. Le nourrissement au vrai pollen au début du printemps semble quelquefois être le moyen effectif de stimuler le bâtissage. D'autres fois, cela ne semble faire aucune différence.

Mythe: en hiver, il est nécessaire de nourrir avec du sirop de sucre.

Je pense que le climat entre directement en ligne de compte. Dans le Nebraska où je vis, vous ne pouvez pas faire prendre du sirop à vos abeilles en hiver, et si vous arrivez à le faire, je ne suis pas sûr que ce soit bon pour elles d'avoir toute cette humidité à gérer. Elles peuvent consommer du sucre sec peu importe à quel point le temps est froid. Par contre, elles ne peuvent consommer que du sirop ayant une température de plus de 10°C (50°F). Ici ce n'est pas une occurrence probable, même si les températures diurnes atteignent ce niveau, il faudra un certain temps pour que le sirop atteigne cette température.

Mythe: vous ne pouvez pas mélanger le plastique et la cire.

Il ne s'agit pas tant d'un mythe que d'une simplification excessive. Proposer aux abeilles en même temps du plastique et de la vraie cire, revient à proposer à des enfants un morceau de tarte et une assiette de brocolis en même temps. Si vous souhaitez que les enfants mangent les brocolis, vous devez attendre pour leur proposer la tarte.

Si vous leur proposez de la cire gaufrée en plastique et de la vraie cire, les abeilles se précipiteront sur la cire et ignoreront le plastique. Si vous ne placez que du plastique, elles l'utiliseront une fois qu'elles auront besoin de rayons.

Mélanger du plastique et de la cire ne conduit pas à un désastre imminent. Les abeilles ont simplement des préférences et si vous voulez qu'elles suivent *vos* préférences, vous devez limiter leurs options.

Quand il s'agit de rayons bâtis ou de rayons ayant déjà été utilisés, vous pouvez librement tout mélanger sans problème.

Mythe: cadavres d'abeilles la tête la première dans les cellules : ces abeilles sont mortes de famine.

Cette idée est communément répandue. Dans toutes les ruches qui s'éteignent durant l'hiver, il y a de nombreuses abeilles avec la tête la première dans les cellules.

C'est de cette manière qu'elles se regroupent étroitement pour se réchauffer. Je ferai de plus amples recherches pour savoir si oui ou non elles ont un contact avec les réserves.

Attentes réalistes

> ***« Béni soit l'Homme qui n'espère rien, il ne sera jamais déçu » —Alexander Pope***

Je pense qu'il est nécessaire d'avoir des attentes réalistes en ce qui concerne chaque aspect de l'apiculture. Je ne dis pas que ces attentes ne peuvent pas quelquefois être dépassées, mais il peut arriver que les objectifs ne soient pas atteints, étant donné que l'échec tout comme le succès dépendent de nombreuses variables.

A titre d'exemples, examinons quelques résultats de certaines de ces variables.

La récolte de miel

Généralement, il est dit aux apiculteurs débutants de ne pas espérer faire une récolte de miel durant leur première année de pratique. Il s'agit là d'une tentative pour fixer des attentes réalistes. Néanmoins, il suffit d'un bon paquet, avec une bonne reine, dans une bonne année (quantités adéquates de précipitations au bon moment et bonnes conditions de vol) et cette attente pourrait être largement dépassée tout comme dans une situation opposée, elle pourrait se réaliser. Mais en général, l'attente réaliste d'un apiculteur serait que les abeilles s'établissent, hivernent et produisent peut-être un peu de miel.

La cire gaufrée en plastique

Les gens achètent de la cire gaufrée en plastique (ainsi que d'autres instruments en plastique comme le rayon entièrement étiré Honey Super Cell) et finissent parfois par être très déçus. En général, les abeilles vont hésiter à étirer du plastique (ou à utiliser le cadre Honey Super Cell), ce qui ralentit un peu la production. Il peut arriver que les abeilles bâtissent un rayon entre deux feuilles de cire gaufrée en plastique pour éviter de les utiliser. Il peut également arriver qu'elles bâtissent des « arêtes » en partant de la face de la feuille de cire gaufrée. Aucune des pratiques précitées n'est inhabituelle. Mais il peut également arriver que les abeilles étirent plutôt bien la cire gaufrée en plastique. Qu'elles le fassent bien ou mal, dépend d'une combinaison de la génétique et du moment de la miellée. De nombreux apiculteurs qui constatent cette hésitation des abeilles, décident de ne plus jamais utiliser des instruments en plastique. Mais en réalité, une fois que les abeilles l'acceptent, elles utilisent la cire gaufrée en plastique ou même le rayon en plastique entièrement étiré tout comme elles utiliseraient n'importe quel autre rayon. Le temps d'adaptation des abeilles peut d'un premier abord être perçu comme un contretemps, pour un paquet peut-être que ça l'est, mais une fois ce temps passé, les abeilles n'hésitent plus à utiliser le plastique.

La cire gaufrée

Lors de son utilisation, souvent la cire gaufrée s'échauffe et se déforme, ou alors les abeilles la mâchent entièrement, ou encore elles refusent de l'étirer et bâtissent des arêtes ou des rayons entre les feuilles de cire. Elles le font moins avec la cire naturelle qu'avec la cire gaufrée en plastique, cependant elles le font quelquefois quand même. Il arrive que les abeilles étirent la cire déformée, le rayon qui en résulte est un rayon gâché. De nombreux apiculteurs après une expérience de ce genre, décident de ne plus utiliser de la cire gaufrée. Ce qu'il faut savoir c'est que ce genre de situation dépend des circonstances. Si vous aviez utilisé la cire gaufrée lors d'une bonne miellée, les abeilles ne l'auraient pas mâchée et l'auraient étirée avant qu'elle ne soit déformée. A mon avis, les gens ont souvent des espoirs irréalistes et lorsque ces espoirs ne se réalisent pas, ils remettent en cause la méthode employée alors qu'il aurait pu y avoir d'autres circonstances à l'origine des problèmes.

Non-utilisation de cire gaufrée

Certaines personnes utilisent des cadres sans cire. Nombreuses sont celles qui ont une chance parfaite avec ces cadres, seulement pour d'autres, leurs abeilles ne comprennent tout simplement pas le concept et bâtissent des rayons de travers. Puisque cela se produit tout aussi souvent avec de la cire gaufrée en plastique qu'avec de la cire gaufrée naturelle effondrée ou déformée etc., à mon avis cela n'est pas très significatif. Par contre, si vous n'avez toujours utilisé que des cadres sans cire gaufrée, vous pourriez supposer qu'avec d'autres méthodes, vous n'aurez pas de problèmes. Il y en aura. Encore une fois, le succès ou l'échec dépendent beaucoup de la génétique et du moment de la miellée.

Ce qu'il est important de comprendre à propos des ruches à rayons naturels, c'est que les abeilles bâtissent des rayons parallèles, un premier bon rayon est suivi d'autres bons rayons tandis qu'un mauvais rayon conduit à d'autres rayons de travers. Vous ne pouvez pas vous permettre de ne pas surveiller la manière dont les abeilles commencent le bâtissage.

La cause la plus commune d'un désordre de bâtissage est la présence de la cage à reine dans la ruche, les abeilles commencent toujours à bâtir à partir de la cage et ainsi commence le désordre. C'est incroyable le nombre de personnes qui en voulant jouer la carte de la sécurité, suspendent la cage à reine dans la ruche. Elles n'ont manifestement pas compris que c'est presque toujours une garantie de désordre dans le bâtissage des rayons. Sans intervention, il est garanti que chaque rayon dans la ruche sera de travers.

En cas de rayons de biais, il est important que vous vous assuriez que le dernier rayon soit droit puisqu'il sert de guide au rayon suivant. Vous ne pouvez pas vous offrir le luxe de penser que les abeilles vont ajuster le tir, elles ne le feront pas. Vous devez les remettre sur la bonne voie.

Un désordre de rayons n'a rien à voir avec le fait que les cadres soient filés ou non, tout comme cela n'a également rien à voir avec la présence ou non de cadres. En revanche, cela a tout à voir avec le dernier rayon droit.

Les pertes

Les apiculteurs débutants pensent souvent que leurs ruches vivront éternellement et parviendront à passer l'hiver. Certains hivers, elles y arrivent, mais en général, la plupart des hivers tuent au moins un petit nombre de ruches. Evidemment, plus vous aurez de ruches et plus le nombre de ruches victimes des hivers augmentera. J'ai tenu des années sans perdre une seule ruche, mais je n'en ai eu que très peu et j'ai toujours combiné celles très affaiblies. Mais ça c'était l'époque avant les acariens trachéaux, les varroas, Nosema ceranae, les petits coléoptères des ruches et autres hôtes de virus que de nos jours nous avons. A présent, j'ai environ deux cent ruches et j'essaie de faire hiverner un grand nombre de ruchettes de force minime, sans compter qu'il y a ces nombreuses maladies et tous ces parasites qui les stressent. Aucune perte hivernale n'est une attente irréaliste, mais de grandes pertes sont le signe que vous faites certainement quelque chose mal ou que le temps est très capricieux.

J'essaie toujours de trouver la cause de mes pertes hivernales. Souvent les abeilles bloquées dans le couvain, meurent de famine. Quelquefois, dans le cas de ruchettes ou de petites grappes, la cause de la perte peut être une sévère vague de froid (-23 à -34°C). La grappe n'est simplement pas assez grande pour se réchauffer elle-même. En premier, je recherche toujours des cadavres de varroas. Le fait de trouver des cadavres de varroas sur des abeilles mortes est une bonne indication que les varroas sont la principale cause de leur mort. L'absence d'une telle preuve est probablement une bonne preuve d'un autre problème.

Une fois de plus, ce qu'il y a à retenir c'est que quelquefois l'hivernage des abeilles peut dépasser, voire correspondre à des attentes réalistes. Néanmoins, il est utile de commencer avec des attentes réalistes et d'avancer à partir de là. Les attentes réalistes aussi bien à propos des ruches saines que des pertes, sont probablement de l'ordre de 10% avec certaines années meilleures et d'autres années pires.

Divisions

Une question que les apiculteurs débutants se posent souvent est la suivante : « combien de divisions puis-je faire ? ». Exception faite de la question « quelle quantité de miel produira ma ruche ? », la question sur le nombre de divisions est probablement celle dont la réponse varie le plus. En apiculture, la variation de la différence entre une bonne année et une mauvaise est de loin décuplée. J'ai eu certaines années pendant lesquelles chacune de mes ruches a produit jusqu'à 91 kg de miel et d'autres années pendant lesquelles elles n'ont rien produit et j'ai dû nourrir chaque ruche avec environ 27 kg de sucre (entre le printemps et l'automne). Pour les divisions, c'est pareil. Certaines ruches ne peuvent pas du tout être divisées tandis que d'autres peuvent l'être cinq fois en une année. La plupart des ruches ne peuvent supporter qu'une seule division et continuer à faire une récolte décente de miel et de bonnes réserves pour l'hiver.

Ce qu'il faut retenir de tout ceci, c'est qu'en apiculture, les résultats varient considérablement en fonction d'éléments comme la période de l'année, la manière dont vous entretenez vos abeilles etc. Il est très difficile de prédire ce qui pourrait arriver, alors il est vain d'avoir des attentes trop élevées ou pas assez élevées. Prenez les choses comme elles viennent et agissez en conséquence. Soyez préparé à la fois pour le succès exceptionnel et l'échec et faites des ajustements au fur et à mesure que vous avancerez.

Récolte

Bien souvent, les apiculteurs débutants pensent qu'ils doivent avoir un extracteur. Il existe de nombreuses autres options plus intéressantes comme le miel en rayon par exemple.

Le miel en rayon

Normalement, je ne suis pas timide lorsqu'il s'agit de dire les choses à ma manière, mais comme Richard Taylor l'a déjà tellement bien fait avant moi, je n'essaierai pas de faire mieux. Pour bénéficier plus de sa sagesse, consultez ses livres, en particulier ceux intitulés « *The How-to-do-it book of beekeeping* », « *The joy of Beekeeping* » et « *The comb Honey Book* ».

Richard Taylor sur le miel en rayon et les extracteurs:

"... J'ai toujours vu des apiculteurs novices qui, dès qu'ils ont environ une demi-douzaine de ruches dans leurs ruchers, cherchent à acquérir un extracteur. C'est comme si quelqu'un, ayant fait un petit jardin sur le pas de la porte de sa cuisine, se lance à la recherche d'un tracteur pour le labourer. À moins que vous n'ayez déjà ou que vous ne planifiez d'avoir disons cinquante colonies d'abeilles ou plus, vous devriez essayer de résister à la tentation de passer en revue les catalogues à la recherche d'extracteurs et autres outils charmeurs et alléchants qui y sont proposés. A la place, regardez avec une affection renouvelée votre petit couteau de poche, symbole même de la simplicité, qui est la marque de toute vie véritablement heureuse. »

Le coût de la fabrication de la cire

Richard Taylor sur le coût éventuel de fabrication de la cire:

> ***« Le point de vue des experts a une fois été que la production de cire dans une colonie nécessitait de grandes quantités de nectar qui, puisqu'elles servaient pour la fabrication de la cire, n'auraient jamais pu servir pour la fabrication du miel. Jusqu'à très récemment, on pensait que les abeilles pouvaient stocker 7 livres (3 kg) de miel pour chaque livre (0,5 kg) de cire dont elles ont besoin pour le bâtissage de leurs rayons—un chiffre qui semble n'avoir jamais eu de fondements scientifiques, et qui est dans tous les cas certainement inexact. »***

Extrait tiré de Beeswax Production, Harvesting, Processing and Products, Coggshall et Morse page 35

> ***« Leur degré d'efficacité dans la production de cire, qui se traduit par une certaine quantité de miel ou de sucre nécessaire pour produire une certaine quantité de cire, n'est pas clair. Il est difficile de le démontrer expérimentalement car il existe de nombreuses variables. L'expérience la plus fréquemment citée est celle par Whitcomb (1946). Il a nourri quatre colonies avec un miel fort, sombre et peu épais qu'il a qualifié d'invendable. La seule erreur qui aurait pu être découverte avec ce test est que les abeilles étaient libres de s'envoler, ce qui était probablement nécessaire pour qu'elles puissent se***

débarrasser des matières fécales. Il a été déclaré qu'aucune miellée n'était en cours. La production d'une livre (0,5 kg) de cire a nécessité une moyenne de 8,4 livres (3,8 kg) de miel (un éventail de 6,66 (3 kg) à 8,80 (3,9 kg)). Whitcomb a découvert une tendance à la production de cire devenant plus efficace au fur et mesure du temps passé. Cela souligne également le fait qu'un projet destiné à déterminer le rapport entre le sucre et la cire ou un projet conçu pour produire de la cire à partir d'une source réduite de sucre, nécessite un temps de développement des glandes cirières et peut-être un temps pour que les abeilles tombent dans une routine de sécrétion de cire tout en produisant des rayons. »

Le souci avec la plupart des estimations sur ce qu'il faut pour produire une certaine quantité de cire, est que cela ne prend pas en compte la quantité de miel que pourra porter cette quantité de cire.

Extrait de Beeswax Production, Harvesting, Processing and Products, Coggshall et Morse page 41

« Une livre (0,5 kg) de cire, transformée en rayon, pourra porter 22 livres (environ 10 kg) de miel. Dans un rayon non consolidé, la pression sur les plus hautes cellules est la plus forte ; un rayon profond de 30 cm (un pied) supporte 1320 fois son propre poids en miel.

Broyer et filtrer

J'ai entretenu des abeilles pendant 26 ans sans utiliser d'extracteur. Je découpais du miel en rayon que je broyais et filtrais pour obtenir du miel liquide. Lorsque j'ai finalement fait l'acquisition d'un extracteur, j'ai opté pour un extracteur motorisé radiaire 9/18 (pouvant porter 9 cadres profonds ou 18 cadres moyens).

La méthode que j'utilisais pour broyer et filtrer le miel était un double seau passoire. Je l'utilise encore aujourd'hui car il peut contenir beaucoup plus de miel et c'est la seule manière me permettant de filtrer au fur et à mesure.

Fabrication du seau supérieur pour le double seau passoire. Percez-y des trous. Si vous faites des trous assez petits, vous pouvez simplement utiliser le fond du seau en guise de passoire sans utiliser une autre passoire ou un grillage. Vous pouvez retirer la cire dans le seau supérieur et laisser le reste couler dans le seau du bas. Dans le couvercle du second seau, découpez le centre (en laissant un rebord de quelques centimètres sur lequel vous poserez le seau supérieur).

Utilisation du double seau filtre pour filtrer le miel.

Extraction

L'extraction est le procédé par lequel les opercules sont enlevés des rayons, puis les cadres sont placés dans une centrifugeuse du nom d'extracteur.

Retrait des opercules.

Découpage des parties basses

Extracteur chargé.

Extraction.

Retrait des abeilles pendant la récolte

Ce sujet suscite toujours de nombreux désaccords. Beaucoup de ces désaccords sont dus aux expériences personnelles. Le timing de ces méthodes change énormément les résultats.

Délaissement

La méthode favorite de C. C. Miller est généralement appelée « le délaissement ». Il s'agit de retirer chaque boîte de la ruche, puis de poser chaque boîte sur un côté de manière à ce que le fond et le dessus de la boîte soit exposés. Il vaut mieux appliquer cette méthode à la fin de la miellée et non durant une période de pénurie. Il vaut également mieux le faire juste après le coucher du soleil mais avant la tombée de la nuit. Les abeilles ont tendance à vagabonder autour de la ruche et vous pouvez retirer les hausses. Si elles contiennent du couvain, les abeilles ne partiront pas. En temps de pénurie, vous déclencherez une frénésie de pillages. Si vous le faites en milieu d'après-midi, l'opération sera plus difficile à gérer. Elle nécessite une double manipulation des boîtes. Une première manipulation pour les retirer et une seconde pour les remettre en place (je ne compte pas le reste du processus).

Brosser et/ou secouer

Certaines personnes se contentent de retirer chaque cadre, de secouer ou brosser les abeilles et de placer le cadre dans une boîte différente munie d'un toit. Le problème avec cette façon de faire est que vous vous retrouvez vite entouré de nombreuses abeilles, ce qui est assez intimidant et ennuyeux. Vous déplacez de chaque boîte un cadre à la fois, puis vous chargez les boîtes une par une.

Les chasse-abeilles

Il y en a de plusieurs types et les résultats peuvent varier en fonction du type utilisé. Je n'ai jamais eu de chance avec les chasse-abeilles Porter qui sont placés dans le trou des couvre-cadres. Mais j'ai bien apprécié les chasse-abeilles triangulaires de chez Brushy Mt. En général, les hausses sont ôtées, le chasse-abeilles est mis en place (le chasse-abeilles ne permet le passage des abeilles que dans un seul sens, vous devez donc vous assurer de l'avoir bien placé pour permettre la sortie des abeilles mais pas leur retour dans la hausse.) et vous devez attendre un jour ou deux pour que la hausse soit débarrassée de toutes les abeilles. Je le répète encore, elles ne partiront pas si les hausses contiennent du couvain. Je préfère placer un chasse-abeilles triangulaire sur un plateau, j'y empile les hausses aussi haut que je le peux, puis je place un autre chasse-abeilles au-dessus de la pile (avec le chasse-abeilles tourné vers le haut) et je laisse en place le dispositif ainsi obtenu toute une nuit. Si vous vivez dans une zone où il y a des petits coléoptères des ruches, ne le laissez pas plus longtemps. Le grand point négatif de cette méthode est que vous devez manipuler chaque boîte trois fois si vous les placez sur une ruche (vous enlevez les boîtes, vous placez le chasse-abeilles, vous remettez le tout place) et deux fois si vous les placez sur leur propre plateau (une fois pour les empiler et une autre fois pour les charger).

Soufflage

Il s'agit simplement de chasser des rayons toutes les abeilles. Certaines personnes utilisent un souffleur à feuilles tandis que d'autres font l'acquisition d'un souffleur à abeilles. Un argument contre cette pratique est que toute chose assez forte pour souffler les abeilles, déchirera en deux beaucoup d'entre elles. Je n'ai jamais utilisé de souffleur alors je ne peux pas le confirmer.

Acide butyrique

Je n'ai pas placé l'acide Butyrique et le répulsif Bee Quick sur une même liste bien qu'ils aient certains aspects communs. Je ne considère même pas qu'ils soient d'une même catégorie. Les deux produits sont des répulsifs et sont utilisés pour chasser les abeilles des hausses. Bee Go et Honey Robber sont des acides butyriques, des produits chimiques dangereux pour l'alimentation et dégageant une odeur de vomi. Honey Robber sent comme du vomi aromatisé à la cerise. Le produit chimique est vaporisé sur un plateau grillagé, qui est ensuite placé par-dessus la ruche. Les abeilles chassées par le répulsif, se dirigent vers le bas de la ruche, débarrassant ainsi les hausses qui peuvent être retirées et chargées. Elles ne sont manipulées qu'une fois ; Quant à moi, j'ai senti l'odeur du répulsif et je ne l'ai jamais utilisé.

Fischer Bee Quick

Jim Fischer ne souhaite pas dévoiler ses secrets industriels, alors il ne divulguera pas la composition de son produit. Moi je trouve qu'il a une odeur de benzaldéhyde, une odeur semblable à celles de cerises au marasquin ou d'extrait d'amande. Depuis le jour où j'ai synthétisé du benzaldéhyde en classe de chimie organique, je n'ai plus jamais été capable de manger des cerises au marasquin. Le benzaldéhyde est également l'ingrédient principal dans la fabrication d'arômes artificiels d'amande. Cependant, Jim Fischer assure qu'il n'y a que des huiles essentielles de qualité alimentaire qui entrent dans la composition de son répulsif. Il sent indiscutablement mieux, et à bien d'égards est bien plus sain que l'acide butyrique. Sinon, les deux ont un même principe de fonctionnement. Le répulsif est placé sur un plateau grillagé qui est ensuite placé par-dessus la ruche. Les abeilles réagissent en quittant les hausses et en descendant plus bas dans la ruche. Pour les hausses, il n'y a qu'une seule manipulation à faire, pour les charger. J'ai senti l'odeur du Fischer Bee Quick, l'odeur est agréable, cependant je ne l'ai jamais utilisé.

Foire Aux Questions

En tant que modérateur et membre de divers forums d'apiculture, j'ai souvent eu affaire à ces questions, alors j'ai pensé à en aborder quelques-unes dans ce livre.

Les reines peuvent-elles piquer ?

Depuis 1974, j'ai manipulé dans tous les sens et de tous les côtés des reines. Depuis que j'en ai commencé l'élevage en 2004, j'en ai manipulé des centaines par an. Je n'ai jamais été piqué par une reine, bien que je les aie plusieurs fois vues agir comme si elles étaient sur le point de le faire.

Jay Smith, un apiculteur qui a élevé des milliers de reines par année pendant des décennies, a déclaré qu'il n'a été piqué qu'une seule fois par une reine et cette reine l'a piqué à l'endroit exact où il avait écrasé une autre reine un moment plus tôt. Il a pensé que cette reine qui l'a piqué, l'avait pris pour une autre reine.

Les reines peuvent-elles piquer ? Oui. Le font-elles ? C'est extrêmement incertain. Le peu de personnes que j'ai rencontrées qui affirment avoir été piquées par une reine, disent que la piqûre n'est pas aussi douloureuse que celle d'une ouvrière.

Et si ma reine venait à s'envoler ?

Cette question est souvent suivie de bien d'autres encore comme par exemple : la reine est partie de la ruche, quelles sont les chances de la voir revenir ? D'abord, voyons ce qu'il faut faire si la reine part de la ruche. Premièrement, il ne faut pas paniquer. Elle s'orientera et retrouvera probablement le chemin de sa ruche. La seconde chose à faire est d'encourager les abeilles à la guider avec la phéromone de Nasanov. Pour ce faire, retirez un cadre couvert d'abeilles et secouez les abeilles dans la ruche. Les abeilles secouées commenceront à sécréter de la phéromone de Nasanov. Troisièmement, si vous ne voyez pas la reine revenir (soyez à l'affût), retirez le toit de la ruche et laissez la ruche ouverte pendant une dizaine de minutes pour que la reine puisse sentir la phéromone de Nasanov. En faisant ces trois choses, il y a de très bonnes chances que la reine retrouve le chemin de sa ruche.

Si vous ne passez pas par toutes ces étapes, les chances que la reine retrouve le chemin de la ruche sont un peu plus de 50/50.

Comment empêcher la reine de s'envoler ? Soyez très attentif lorsque vous enlevez le bouchon. Les reines sont rapides. Si vous placez la cage par-dessus la pile d'abeilles que vous venez de juste de verser dans la ruche, la reine se retrouve dans le bas de la ruche, et étant donné également que vous vous tenez penché au-dessus de la ruche, il est bien moins probable qu'elle s'envole.

Des abeilles mortes devant la ruche ?

En sachant que la reine pond entre 1000 à 3000 œufs par jour et que les abeilles vivent environ six semaines, il y a *toujours* quelques cadavres d'abeilles devant une ruche. Souvent, vous ne remarquez pas leur présence car ils sont cachés par les mauvaises herbes ou la pelouse. Toutefois, vous pouvez commencer à vous inquiéter si vous trouvez un très grand nombre d'abeilles mortes (des amoncellements d'abeilles mortes). Cela peut être le signe d'un empoisonnement au pesticide ou d'un quelconque autre problème. Mais quelquefois, cela peut également être normal.

Espacement des cadres dans les hausses et les nids à couvain ?

Il semble que cette question soit récurrente. Elle est généralement formulée comme suit : « dois-je mettre 9 ou 10 cadres dans mes hausses » ou encore « dois-je mettre 9 ou 10 cadres dans mes boîtes à couvain ? »

Ma réponse en ce qui concerne les boîtes à couvain est la suivante : placer au moins 11 cadres dans une boîte prévue pour en contenir 10. Moi, je rabote les bords pour que tous les cadres puissent tenir dans la boîte et je procède de cette manière car c'est l'espacement que les abeilles choisiraient si vous leur en laissez l'occasion. Mais 10 cadres dans une boîte de dix cadres feraient tout aussi bien l'affaire. Il faut bien les serrer au centre de la boîte et non les échelonner régulièrement. L'espacement est déjà plus grand que ce que les abeilles préfèrent et les espacer encore plus n'aboutit qu'au bâtissage de rayons irréguliers ou même de rayons de travers dans les cadres. Il y a cette théorie selon laquelle il faut placer 9 cadres dans une boîte à couvain pour que les abeilles aient plus d'espace où se regrouper, pour qu'il y ait moins d'essaimage et moins de roulement d'abeilles. Par expérience, je peux dire qu'en réalité il faut plus d'abeilles pour garder le couvain au chaud, la surface des rayons est plus irrégulière et cela cause plus de roulements d'abeilles lorsque les cadres sont enlevés. Cette irrégularité est due au fait que l'épaisseur des rayons pour le stockage du miel peut varier tandis que les rayons à couvain sont toujours de la même épaisseur. Il résulte de tout cela un espace libre à remplir lorsqu'il y a du miel et lorsque vous avez neuf cadres, les abeilles remplissent cet espace supplémentaire avec le miel. Si les rayons contiennent du couvain, alors elles ne sont pas aussi épaisses que lorsqu'ils contiennent du miel. J'ai essayé de placer neuf cadres dans le nid à couvain et je n'ai pas été impressionné par le résultat. Maintenant j'ai des boîtes de huit cadres dans lesquelles je mets 9 cadres (ce qui nécessite que je rabote les extrémités des barrettes). En Plaçant 11 cadres dans une boîte de 10 cadres, vous obtenez un rayon très plat et très régulier, de même que vous obtenez des cellules de très petites tailles plus facilement.

Ma réponse en ce qui concerne les hausses est *qu'une fois qu'elles sont étirées*, vous pouvez mettre 9 ou même 8 cadres dans des hausses de 10 cadres et obtenir un résultat satisfaisant étant donné que les rayons seront simplement plus épais. Mais lorsqu'il s'agit simplement de cire gaufrée, les abeilles vont galvauder le rayon si l'espacement est plus grand que l'espacement de 10 cadres. Lorsqu'il s'agit de 10 cadres pourvus de cire gaufrée simple, ils doivent toujours être serrés étroitement au centre soit de la hausse, soit du nid à couvain dans le but d'empêcher les abeilles de bâtir des rayons entre les feuilles de cire gaufrée au lieu de les bâtir sur les feuilles de cire gaufrée. Avec des boîtes prévues pour contenir huit cadres, vous pouvez placer jusqu'à sept cadres étirés ou même six.

Une question connexe est celle des rayons ratés.

Pourquoi les abeilles bâtissent-elles des rayons ratés ?

Une raison est la génétique. Certaines abeilles bâtiront des rayons droits et parallèles quoique vous fassiez, de même que d'autres bâtiront des rayons de travers quoique vous fassiez, mais il y a certaines choses que vous pouvez faire pour mettre les chances de votre côté.

Une autre raison est qu'il est parfois laissé aux abeilles la liberté de bâtir des rayons de travers. Serrez étroitement les cadres. Ces écarteurs présents sur les cadres ont leur utilité, utilisez-les. N'espacez pas les cadres de manière régulière dans la boîte. Lorsque vous avez de la cire gaufrée non étirée, ne prévoyez pas un espace trop grand entre les cadres dans une boîte. Les abeilles, si elles n'aiment pas votre cire gaufrée (et elles n'aiment jamais vraiment la cire gaufrée) et si vous leur laissez de l'espace (en espaçant les rayons de plus de 3,5 cm), elles essaieront de bâtir un rayon entre deux cadres plutôt que d'étirer la cire gaufrée. Le fait de serrer étroitement rend donc l'espace entre les feuilles de cire gaufrée si petit que cela n'encourage pas les abeilles à bâtir quoi que ce soit, puisqu'il n'y a pas assez de place pour un rayon de couvain.

Une autre raison encore est que les abeilles n'apprécient pas que vous décidiez de la taille de leurs cellules. Elles bâtiront leurs propres rayons avec plus d'enthousiasme qu'elles n'étireront de la cire gaufrée. Alors essayez d'éviter de leur proposer de la cire gaufrée. Une solution est d'arrêter d'utiliser de la cire gaufrée et d'opter plutôt pour des cadres vides. Une autre solution est de leur fournir de la cire gaufrée qui se rapproche le plus de ce qu'elles souhaitent bâtir. La cire gaufrée standard de 5,4 mm est beaucoup plus grande que le typique rayon naturel à couvain d'ouvrières. La cire gaufrée de 4,9 mm se rapproche plus de ce que veulent les abeilles.

Généralement, elles n'aiment pas beaucoup le plastique. La solution pour les pousser à en étirer est de leur en procurer lorsqu'elles ont besoin de bâtir. Ne leur donnez pas un mélange de cire gaufrée naturelle et de cire gaufrée en plastique ou alors elles ignoreront le plastique pour ne bâtir que la cire naturelle. Achetez de la cire gaufrée en plastique enduite de cire naturelle pour qu'elles puissent mieux l'accepter. Pulvérisez-y un peu de sirop ou encore un peu de sirop additionné d'huiles essentielles comme le Honey Bee Healthy, pour masquer l'odeur de plastique. Une fois qu'elles ont léché le plastique pour le nettoyer, elles ont tendance à mieux l'accepter.

Quelquefois également, elles continueront à bâtir des rayons de travers malgré tout.

Comment nettoyer un matériel déjà utilisé ?

Le matériel d'occasion a été un sujet de controverse pendant plus d'un siècle. La loque américaine (American foulbrood - AFB) est toujours et encore un problème, et par le passé a été un problème encore plus grand. Le seul réel souci en ce qui concerne le matériel d'occasion est la loque américaine. Les spores de loque américaine vivent pratiquement indéfiniment (plus longtemps que nous de toute manière) et un équipement contaminé est probablement un des facteurs de propagation de la maladie. De nombreux apiculteurs brûlent purement et simplement leurs instruments infectés. Certains passent à la flamme l'équipement ; d'autres le font bouillir avec de la lessive ; d'autres encore le font « frire » dans de la paraffine et de la colophane.

Généralement, le problème est que vous avez à votre disposition du matériel d'occasion (à moindre coût ou même gratuitement). Le nettoyer des souris n'est pas très compliqué, il suffit de le laisser à l'extérieur sous la pluie jusqu'à ce qu'il sente bon. Pour le nettoyer des fausses teignes, il suffit simplement de couper leurs toiles (qu'il est difficile pour les abeilles d'enlever) et de gratter leurs cocons. Dans le cas où les rayons sont secs et cassants, laissez les abeilles les réparer, elles les remettront d'aplomb. Dans le cas où ils sont poussiéreux, les abeilles les nettoieront. Le seul risque est la loque américaine. Si vous avez des vieux rayons à couvain, vérifiez dans le fond des cellules la présence d'écailles qui pourrait indiquer une contamination par la loque américaine. Dans le cas de présence d'écailles, vous devrez plutôt prendre au sérieux l'éventualité de la menace de la loque américaine. Certains apiculteurs, à ce stade, brûlent le matériel. Mais, supposons que vous n'avez trouvé aucune écaille, alors que faire dans ce cas ? Je ne peux vous dire ce qu'il faut faire puisque l'absence d'écaille ne signifie pas que le risque soit inexistant, et je ne souhaite pas que vous me blâmiez si vous vous retrouvez avec la loque américaine. Cependant, je vais vous dire ce que moi je fais. J'ai toujours eu mon matériel d'occasion de sources que j'ai pensé être honnêtes, généralement à très bas prix ou gratuitement et je l'ai tout simplement utilisé sans faire quoi que ce soit. Je n'ai jamais eu la loque américaine dans mes ruches.

Maintenant que je fais tremper mon matériel, je le fais pour n'importe quel équipement d'occasion, puisque j'en ai maintenant la possibilité.

Comment préparer la ruche pour l'hiver ?

Vous trouverez plus de détails sur ce sujet dans le chapitre L'*hivernage des abeilles* du volume II de ce livre.

La difficulté en ce qui concerne la réponse à cette question est qu'elle varie en fonction des régions. Il y a une grande différence entre les problèmes que peut connaître un apiculteur de Géorgie du Sud ou du Sud de la Californie et les problèmes connus par un apiculteur du nord du Minnesota ou d'Anchorage en Alaska.

Je ne peux donc donner qu'une idée générale et me référer à ma propre expérience au centre du pays. Je vis dans le sud-est du Nebraska. Avant je vivais dans l'ouest du Nebraska et sur le Front Range des Montagnes Rocheuses. Mes conseils sont donc plus avisés pour ces types de climats.

Réduisez l'espacement. Il n'y a pas de raison d'avoir un supplément d'espace vide dans une ruche durant l'hiver dans le Nord. Pour l'hiver, je conseillerais de retirer toute boîte contenant des rayons vides ou de la cire gaufrée non étiré.

Barrez le passage aux souris. Les souris peuvent dévaster une ruche. Assurez-vous, si vous avez des entrées inférieures, qu'elles soient équipées de protections contre les souris. Un grillage métallique à mailles de dimensions 6 x 6 mm à l'entrée remplit bien cet office.

Retirez les grilles à reine. Si vous en utilisez, vous devez les ôter avant l'arrivée de l'hiver. Une reine peut se retrouver bloquée de l'autre côté de la grille et mourir par temps froids.

Assurez-vous d'avoir une entrée supérieure. J'aime qu'il n'y ait que des entrés supérieures et pas d'entrée inférieure. Mais même sans tenir compte de mes considérations, vous avez quand même besoin d'une petite entrée supérieure pour l'évacuation de l'air humide de manière à ne pas avoir de condensation sur le toit de la ruche et pour que les abeilles puissent sortir même s'il y a trop de neige devant la ruche ou trop d'abeilles mortes sur le plancher. Généralement, les gens veulent savoir si toute la chaleur de la ruche ne s'échappera pas par ces entrées. La chaleur est rarement le problème, la condensation qui suinte sur les abeilles et qui les tuent en hiver, par contre l'est.

Assurez-vous que les abeilles aient assez de réserves. Dans ma région, si vous avez des abeilles italiennes, pour être une bonne garantie pour l'hiver, la ruche devrait peser environ 68 kg. Elles pourront probablement se débrouiller avec 45 kg, mais il pourrait aussi arriver qu'elles flambent toutes les réserves pour l'élevage du couvain de printemps et se retrouvent à court. Personnellement, toute quantité de réserves inférieure à 45 kg me causerait beaucoup d'inquiétude. La période pour le nourrissement, c'est lorsque le temps est encore chaud étant donné que les abeilles ne consommeront pas du sirop devenu froid. Une fois le poids cible de la ruche atteint, il n'y a plus besoin de nourrir. Généralement, une ruche pesant environ 68 kg est constituée de deux boites profondes de 10 cadres, de trois boîtes moyennes de 10 cadres ou encore quatre boîtes moyennes de huit cadres, la plupart du temps remplies de miel.

Je n'ai enveloppé mes ruches qu'une seule fois et je n'ai pas été positivement impressionné, mais si c'est la norme dans votre région, vous voudriez peut-être considérer la possibilité de le faire. Le wrap habituel est du feutre de toiture bitumeux #15, cela contribue également à un gain de chaleur lors des journées ensoleillées. Moi j'ai trouvé que cela renfermait trop d'humidité dans la ruche. D'autres wraps sont du carton imprégné de cire ou encore d'un genre qui laisse de l'air entre le wrap et la ruche. Cela semble être un choix judicieux pour parer au problème d'humidité. Si j'avais essayé une nouvelle fois, j'aurais utilisé soit du carton avec de l'air entre le carton et la ruche, soit j'aurais d'abord cloué quelques morceaux de bois de charpente pour aménager l'espace d'air entre la ruche et le feutre de toiture bitumeux que je placerais ensuite.

Eviter de céder à la tentation de penser que chauffer une ruche normale forte est d'une quelconque utilité. Ça ne l'est vraiment pas, tout comme une forte isolation n'est pas non plus très utile. Avec une isolation, les abeilles ne pourront pas se réchauffer par une journée ensoleillée et faire un vol de propreté. Ne les placez pas en intérieur, elles ont besoin de voler. N'empilez pas des bottes de paille autour des ruches, cela ne servira qu'à attirer les souris. Un coupe-vent est pratique si vous avez la possibilité de vous en procurer un. Si vous utilisez des bottes de paille en guise de coupe-vent, bâtissez donc le mur de paille loin des ruches.

Quelle distance peuvent parcourir les butineuses ?

Selon Frère Adam, il avait des abeilles qui à sa connaissance parcouraient jusqu'à 8 km (cinq milles) ou plus pour récolter du nectar de bruyère. Pour Huber, il a marqué des ouvrières, les a emmenées sur des distances différentes, les a relâchées puis est revenu à la ruche pour observer leurs divers retours. Il a déclaré que les abeilles retrouvaient toujours le chemin de retour lorsqu'il les plaçait à environ 2 km (1,5 milles) de la ruche, mais passée cette distance, elles ne parvenaient pas à revenir à la ruche. Il a également dit, et cela a du sens, que leur retour d'une distance donnée dépendait de la miellée disponible. Cela semblait également varier en fonction de la taille de l'abeille. Frère Adam, lui, déclare que ses Apis mellifera mellifera locales qui étaient de petite taille, parcourait une distance de 8 km pour récolter le nectar de bruyère, mais les Italiennes par lesquelles il les a remplacées et qui étaient plus grandes, ne pouvaient pas parcourir cette même distance. Dee Lusby, en ce qui concerne ses abeilles issues de petites cellules, déclare qu'après la régression, elles revenaient à la ruche avec différents pollens totalement différents de ce qu'elles récoltaient auparavant ; et, en se basant sur les floraisons et la répartition de la flore en fonction de la pollinisation, elle est certaine que les abeilles issues de petites cellules parcourent une plus grande distance pour butiner que les abeilles issues de grandes cellules. Cela cadre avec les observations de Frère Adam.

Quelle distance peuvent parcourir les faux-bourdons pour s'accoupler ?

Je ne pense pas que quiconque le sache vraiment. Les faux-bourdons volent vers le lieu de rassemblement de mâles (LRM) et il y a certains indices topographiques qu'ils recherchent. Ils recherchent également des traînées de phéromones pour pouvoir retrouver le LRM. Généralement, ces lieux sont situés à la jonction de deux rangées d'arbres. Des recherches semblent montrer que les faux-bourdons volent vers le LRM le plus proche. Sa localisation dépendant du terrain et de la quantité de ruches aux alentours, la distance à parcourir est difficile à prédire. La plupart des scientifiques disent cependant qu'ils parcourent en moyenne une distance plus courte que celle parcourue par les reines.

Quelle distance les reines parcourent-elles pour s'accoupler ?

Comme pour beaucoup de questions concernant les abeilles, il faut dire pour commencer qu'il s'agit d'un aspect très variable ; la réponse n'est pas évidente. Selon Jay Smith qui a essayé d'utiliser une île en guise de terrain de fécondation, les reines peuvent parcourir en volant jusqu'à 1,6 km environ. Certaines estimations dont j'ai eu connaissance font état de 6 à 8 km environ. Mais j'ai également entendu d'autres apiculteurs affirmer avoir vu des accouplements (comme prouvées par les « comètes » de mâles et la reine retournant à la ruchette de fécondation) qui ont eu lieu dans le rucher même.

Combien de ruches est-il possible d'avoir sur un terrain mesurant environ 0,4 hectare (1 acre) ?

Le problème avec cette question est la supposition selon laquelle les abeilles se contenteront de rester dans la surface pré mentionnée. Elles butineront sur environ 3237 hectares (8000 acres) aux alentours.

Quel nombre de ruches est-il possible d'avoir en un seul endroit ?

Une autre question couramment posée est « combien de ruches est-il possible de placer dans un seul et même endroit ? » Avec une magnifique source de miellée (comme pour un emplacement situé au milieu de 3237 hectares environ de mélilots), et un bon climat, il peut être quasiment impossible de placer un trop grand nombre de ruches dans un seul endroit. Avec une source de miellée pauvre et une sécheresse, il se peut que même un petit nombre de ruches soit déjà trop. Un nombre généralement donné est 20. Il s'agit d'un joli nombre rond qui est applicable comme une généralité, mais pour être réaliste, cela dépendra de nombreuses choses et bon nombre de ces choses varient d'année en année.

Avec combien de ruches commencer ?

La réponse standard donnée aux débutants est deux. Moi je dirais entre deux et quatre. Avec moins de deux ruches, vous n'avez pas les ressources nécessaires pour résoudre les problèmes généralement rencontrés en apiculture comme l'absence de reine, les soupçons d'absence de reine, les ouvrières pondeuses etc. Plus de quatre ruches et l'apiculteur débutant aura trop de travail à tous les entretenir.

Planter pour les abeilles

Les apiculteurs semblent toujours vouloir savoir quoi planter pour leurs abeilles. Mais auparavant il faut que vous compreniez que vos abeilles ne se contenteront pas de butiner sur votre terrain. Elles se déplaceront dans un rayon d'environ 3 km sur une surface d'environ 32 km (8000 acres). Il est difficile à moins que vous ne soyez propriétaire d'un terrain d'environ 32 km, de planter suffisamment pour constituer une récolte. Cependant, il n'est pas ardu de planter différentes plantes qui couvriront les besoins annuels des abeilles. Les périodes de besoins dans les ruches surviennent au plus tôt de février à avril et au plus tard de septembre à la première gelée meurtrière ; et durant la période sèche, généralement en milieu d'été dans ma région et il faut des plantes qui fleuriront lorsqu'il y a peu de pluie. Il est donc bon de privilégier les plantes qui combleront ces périodes de besoins. Il est plus pratique de combler les périodes de besoins avec une variété de plantes mellifères plutôt qu'en se concentrant sur une ou deux plantes. Il n'y a certes pas de mal à planter du mélilot (vous pouvez planter à la fois le mélilot blanc et le mélilot jaune étant donné qu'ils fleurissent à des moments différents), du trèfle blanc, du lotier, de la bourrache, de l'anis hysope, quelques tulipiers de Virginie et quelques robiniers faux-acacia, mais ces plantes ne comblent pas les besoins précoces ou tardifs, elles servent plutôt à la production de miel, et *peuvent* éventuellement répondre à un besoin. Les plantes précoces fournissant du pollen sont l'érable rouge, le saule discolore, l'orme, le crocus, le gainier rouge, le prunier rouge américain, le cerisier de Virginie ainsi que d'autres arbres fruitiers. Il est également toujours bon d'avoir des pissenlits aux alentours. Vous pouvez vous procurer des têtes de pissenlits séchées chez des personnes qui en ont plein leurs pelouses. Il vous suffit simplement de les cueillir, les mettre dans un sac de course, les ramener chez vous et les répandre sur votre terrain. La chicorée et la verge d'or fleurissent souvent par temps sec et généralement de juillet jusqu'à la gelée meurtrière. Les asters sont de bonnes plantes à floraison tardive. Ce qu'il faut principalement garder en tête cependant, est que vous essayez simplement de combler certains besoins, vous n'essayez pas de créer une récolte.

Utiliser des grilles à reine ?

Les grilles à reine, depuis les premiers jours suivant leur création, ont été un sujet de controverse parmi les apiculteurs. Dans ma pratique de l'apiculture, j'ai très tôt cessé de les utiliser. Les abeilles ne veulent pas passer au travers et elles refusent de travailler les hausses situées de l'autre côté des grilles. Pour moi, elles ne semblent vraiment pas naturelles et semblent très contraignantes. Je pense qu'il est pratique d'en avoir sous la main pour des choses comme l'élevage de reines, ou alors une tentative désespérée de trouver une reine, mais de manière générale, moi je ne les utilise pas.

Les raisons justifiant l'utilisation de grilles à reine :

La reine sera plus facile à trouver si je peux réduire la zone où chercher. Mais je trouve déjà que ladite zone est assez restreinte. Je retrouve la reine rarement ailleurs que dans la partie où il y a la plus grande concentration d'abeilles et cette partie se limite généralement à un petit nombre de cadres. Mais cette raison se justifie si vous avez souvent besoin de trouver la reine. Dans le cas d'un élevage de reines, vous pourrez avoir besoin de trouver la reine environ une fois par semaine et l'utilisation d'une grille à reine peut vous permettre de gagner du temps.

Prévenir l'élevage de couvain dans les hausses. Les seules raisons pour lesquelles j'ai vu une reine pondre dans les hausses sont le manque d'espace dans le nid à couvain, elle aurait donc essaimé si elle ne pouvait pas, ou si elle voulait de l'espace pour pondre des faux-bourdons et qu'il n'y a pas de rayons de mâles dans le nid à couvain. Puisque le rayon à couvain est difficile à démolir à cause des cocons et que les hausses contiennent généralement de la cire molle sans cocons et facile à retravailler. Les abeilles pourront y bâtir des rayons de mâles dans le cas où elles n'en ont pas assez dans le nid à couvain. Si vous ne voulez pas avoir de couvain dans les hausses, fournissez aux abeilles quelques rayons de mâles dans le nid à couvain et vous aurez fait de grands progrès. Aussi, si vous utilisez des boîtes qui sont toutes de la même taille, vous n'aurez aucun problème *si* la reine pond dans les hausses, à prélever les cadres pour les replacer dans le nid à couvain, et si vous n'utilisez pas de produit chimique, vous pouvez subtiliser un cadre de miel de là pour remplir votre hausse.

Si vous souhaitez utiliser des grilles à reine

Dans le cas où vous souhaiteriez utiliser une grille à reine, souvenez-vous que vous devez faire passer les abeilles au-travers de la grille. Le fait d'utiliser des boîtes ayant toute la même taille, une fois de plus, pourra aider à cet égard puisque vous pouvez placer quelques cadres de couvain ouvert au-dessus de la grille à reine (faites attention à ne pas prélever le cadre portant la reine bien évidemment) et faites passer les abeilles à travers la grille. Au moment où elles sont en train de travailler la hausse, vous pouvez replacer ces rayons dans le nid à couvain. Une autre option (en particulier si vous n'avez pas des boîtes de la même taille) est de laisser de côté la grille jusqu'au moment où les abeilles travaillent la première hausse, puis vous la mettez en place (une fois de plus assurez-vous que la reine soit en-dessous de la grille et que les faux-bourdons aient un moyen de sortir quelque part par le haut).

> ***« Les apiculteurs débutants ne devraient pas essayer d'utiliser des grilles pour empêcher l'élevage de couvain dans les hausses. Toutefois, ils devraient probablement avoir une grille à reine sous la main pour l'utiliser en guise d'aide soit pour trouver la reine, soit pour restreindre son accès aux cadres que l'apiculteur peut souhaiter déplacer ailleurs » — The How-To-Do-It book of Beekeeping, Richard Taylor***

Des abeilles orphelines ?

Commençons par conclure : placez un cadre de couvain ouvert et d'œufs dans la ruche et vous n'aurez pas besoin de vous inquiéter de cela.

La question revient tout le temps sur les forums d'apiculture : « Mes abeilles sont-elles orphelines ? » Les symptômes qui amènent cette question varient grandement tout comme varie grandement la période de l'année durant laquelle apparaissent ces symptômes, mais il s'agit d'une question très importante et quelquefois remarquablement plus complexe qu'elle ne le semble pour laquelle une réponse ou au moins une résolution est nécessaire.

La cause la plus probable de ce problème est un manque d'œufs et de couvain. De nombreux apiculteurs débutants ne parviendraient pas à retrouver une reine même si vous la marquez, la clippez et la placez expressément sur un cadre pour qu'ils puissent la trouver ; et même un apiculteur expérimenté, dans une ruche densément peuplée, par une certaine journée, peut avoir des difficultés à en trouver une. Ne pas voir la reine ne prouve donc rien. Ne pas voir les œufs et le couvain est par contre un indice majeur, mais cela ne signifie pas forcément non plus qu'il n'y a pas de reine. Cela signifie qu'il n'y a pas de reine pondeuse et qu'il n'y en a pas eu depuis un moment, ou alors que vous n'arrivez pas à repérer les œufs. Cependant, il pourrait très bien aussi y avoir une reine vierge qui n'a pas encore commencé à pondre.

Faisons donc un peu de mathématique apicole. Si de manière accidentelle, vous tuez une reine aujourd'hui, combien de temps s'écoulera-t-il avant que vous ne puissiez voir des œufs pondus par une reine de remplacement élevée par les abeilles ? Environ 26 jours. Quelle quantité de couvain ouvert et de couvain operculé restera-t-il au moment où vous verrez les œufs pondus par la nouvelle reine de sauveté ? La réponse est aucune. Si les abeilles ont un jour perdu une reine, et ont commencé à en élever une nouvelle à partir de larves âgées de quatre jours (quatre jours à partir de l'œuf), il s'écoulera douze autres jours avant son émergence, une autre semaine pour qu'elle mûrisse et s'oriente, et encore une autre semaine pour qu'elle s'accouple et ne commence à pondre. Ce qui fait approximativement 26 jours (à une semaine près). Durant 26 jours, chaque œuf a éclos, a été operculé et a émergé. Après cela, il n'y a plus de couvain dans la ruche, en revanche il y a une reine.

Le problème qui se pose est que si la nouvelle reine s'est envolée pour s'accoupler et n'est pas revenue à la ruche, et que la ruche est véritablement orpheline, la ruche est dans le même état qu'auparavant. Pas d'œufs, pas de couvain et pas même du couvain operculé. Alors quelle réponse allez-vous donner à la question ? Fournissez aux abeilles un cadre de couvain avec des œufs et voyez ce qu'elles en font. Si vous avez des cellules royales quelques jours après, alors la ruche est orpheline. Dans ce cas, vous pouvez soit leur fournir une reine, soit les laisser en élever une.

Lorsque vous trouvez peu d'œufs et peu de larves, et qu'ils sont très éparpillés, c'est qu'il y a un autre problème. Quelquefois, il est dû à la présence d'ouvrières pondeuses, mais les abeilles ont continué à ôter des œufs de faux-bourdons des cellules d'ouvrières, exception faite d'un petit nombre. Mais et s'il s'agit d'une nouvelle reine qui a juste commencé à pondre ? Généralement, elle pondra dans un endroit donné et les œufs ne seront pas disséminés un peu partout. Les abeilles ouvrières doivent déployer beaucoup plus d'effort pour gérer cela.

Un moyen permettant de savoir si oui ou non une ruche est orpheline, est de l'écouter. Si vous ne connaissez pas le son que peut produire une ruche orpheline, essayez d'attraper une reine, retirez la de sa ruche, attendez quelques minutes et écoutez. La ruche émettra un bourdonnement auquel est quelquefois donné le nom de « bourdonnement de la ruche orpheline ».

Un autre indice qu'il y a probablement une reine qui est sur le point de commencer à pondre est la présence d'une portion de cellules vides entourée de nectar dans la grappe, à l'endroit où les abeilles ont dégagé de l'espace pour que la reine puisse pondre.

Une ruche hargneuse est souvent le signe d'une ruche orpheline ou en état de léthargie. Vous devez toutefois toujours vérifier la présence d'œufs et de larves.

La conclusion est que l'absence de reine est difficile à diagnostiquer de manière définitive. Une combinaison de bon nombre de ces symptômes (absence d'œufs et de couvain, bourdonnement de la ruche orpheline, léthargie ou colère) tend à me convaincre, mais seulement une fois ou deux, je fournis aux abeilles un cadre de couvain ouvert avec des œufs et j'observe ce qui arrive par la suite.

Bien évidemment, cela illustre pourquoi vous avez besoin de plus qu'une ruche.

Pour plus d'informations, voir la section *Panacée* du chapitre *Commençons par conclure*.

Remplacement de la reine

En ce qui concerne ce sujet, il y a de nombreuses questions. Une de ces questions est la suivante : « A quelle fréquence devrais-je remplacer la reine ? » Les opinions des apiculteurs sont nombreuses sur la fréquence de remplacement et varient de deux fois l'année à jamais. Moi j'ai tendance à laisser les abeilles remplacer elles-mêmes leur reine en gardant le contrôle sur l'essaimage et je procède à un remplacement dans le cas d'abeilles trop agressives ou faibles.

La seconde question est : « comment dois-je remplacer la reine ? » Cette question peut en entraîner bien d'autres comme « que dois-je faire dans le cas où je ne trouve pas l'ancienne reine ? » ou encore « comment puis-je savoir si les abeilles vont accepter la nouvelle reine ? »

Je n'ai pas eu la chance de relâcher une reine si elles en ont une. Pour ce qui est de la seule manière de faire cela, c'est possible si vous élevez vos propres reines et si vous introduisez une cellule royale ou une reine vierge avec beaucoup de fumée pour couvrir son introduction dans la ruche. De cette manière, la manipulation est plus susceptible d'être perçue comme une supercédure par les abeilles. Autrement, vous devrez ôter l'ancienne reine avant d'introduire dans la ruche la nouvelle reine pondeuse. Si vous n'arrivez absolument pas à retrouver l'ancienne reine et que vous pensez qu'il est impératif d'introduire tout de même une nouvelle reine, alors utilisez une cage d'introduction. Dans tous les cas, il s'agit de la méthode la plus fiable de toute façon.

Relâcher une reine à l'aide d'une cage d'introduction dotée d'une extrémité de candi est une méthode qui généralement fonctionne bien si la ruche n'est victime d'aucune complication telle que des ouvrières pondeuses, une ruche hargneuse, une reine déjà rejetée, l'absence de reine durant une longue période, difficulté à retrouver l'ancienne reine, etc.). Pour introduire la reine à l'aide d'une cage d'introduction pourvue d'une extrémité de candi, déballez le bouchon de candi à l'extrémité de la cage (ou alors dans le cas des cages

California, ajoutez le tube en plastique contenant le candi ou encore fourrez un mini marshmallow dans l'orifice), placez la cage dans la ruche et attendez que les abeilles se nourrissent du candi et libèrent la reine. Pour une meilleure acceptation, il est bien de relâcher les servantes dans la cage à reine, mais si vous débutez en apiculture, vous pourriez trouver cela intimidant. Un manchon à reine (de chez Brushy Mt.) pourra être d'une grande utilité étant donné que vous pourrez procéder à toutes vos manipulations dans une situation où la reine ne peut pas s'envoler. Si vous attrapez la reine et que vous la placez la tête la première dans la cage, généralement elle y rentrera.

Placer une cellule royale dans n'importe quel endroit où la grappe d'abeilles est assez dense pour la garder au chaud, est une méthode qui fonctionne bien.

Cage d'introduction

Il s'agit de la méthode la plus fiable pour relâcher une reine pondeuse. L'idée générale est de fournir à la reine quelques servantes nouvellement émergées, qui l'accepteront étant donné qu'elles n'ont jamais eu d'autre reine auparavant, de la nourriture et un endroit où pondre. Une fois qu'il s'agit d'une reine pondeuse accompagnée de servantes, généralement la ruche va l'accepter sans protester.

Fabriquer une cage d'introduction

La plupart des gens fabriquent des cages d'introduction mesurant environ 10 cm (4 pouces). Moi je préfère les faire plus grandes. Plus elles sont grandes, plus il est aisé d'y mettre un peu de miel (pour que la reine ne meure pas de faim), quelques cellules ouvertes (pour que la reine ait un endroit où pondre) et un peu de couvain naissant (pour que la reine ait des servantes). J'aime que les miennes mesurent environ 12,5 cm par 25 cm (environ 5 par 10 pouces). Découpez un morceau de grillage #8 (8 fils par pouce ou encore un grillage diamètre fil 3 mm) environ 16 cm par 29 cm (6,5 par 11,5 pouces). Retirez les trois premiers fils sur tout le contour pour laisser saillir à la verticale environ 1 cm de fils. Il s'agit de pouvoir introduire la cage dans le rayon sans possibilité pour les abeilles de passer aisément par-dessous. Maintenant, en partant des coins, mesurez environ 2 cm (3 fils supplémentaires et faites une découpe sur tous les quatre coins. La direction dans laquelle vous faites la découpe importe peu, mais vous allez devoir replier les coins. Repliez les côtés de 2 cm. Une planche ou le bord d'une table peut vous aider pour cette tâche. Puis repliez les coins. Vous avez maintenant une boîte sans fond avec des dimensions de 12,5 par 25 cm et haute de 2 cm.

L'utilisation de la cage d'introduction

L'utilisation de la cage d'introduction

Trouvez un rayon portant du couvain naissant. Ce rayon porte des abeilles désorientées, qui bataillent pour sortir des cellules dont elles viennent juste de mâchouiller les opercules afin de les ouvrir. Quand il y a des abeilles avec juste leur tête dépassant des cellules, on parle de couvain naissant. Une abeille avec seul son abdomen émergeant d'une cellule, est une nourrice en train de nourrir les larves ou alors une abeille d'intérieur en train de nettoyer une cellule. Secouez (si le rayon est assez solide) ou alors brossez toutes les abeilles hors du rayon. Relâchez la reine sur le côté du rayon où il y a du couvain naissant et un peu de miel non operculé. Placez la cage au-dessus de la reine en veillant à ce que le couvain naissant et le miel se trouvent également sous la cage. Il serait bien qu'il y ait aussi sous la cage des cellules ouvertes. Introduisez la cage dans le rayon. Elle devrait saillir d'environ 1 cm au-dessus du rayon pour permettre les déplacements de la reine. Aménagez de l'espace dans la ruche pour ce cadre portant la reine, sans oublier de prévoir le centimètre occupé par la cage. Dans certaines ruches, il sera possible d'avoir de l'espace sans devoir ôter un cadre tandis que dans d'autres ruches, non. Ce qu'il faut garder à l'esprit, c'est que vous devrez avoir le cadre portant la cage en plus de l'espace d'un centimètre occupé par la cage et l'espace avant le cadre suivant (2 cm au total) afin que les abeilles puissent avoir accès à la cage pour aller à la rencontre de la nouvelle reine et la nourrir elle et ses servantes si elles le souhaitent. Laissez tout en l'état, revenez quatre jours plus tard et ôtez la cage pour relâcher la reine.

Comment entretenir des reines pendant quelques jours ?

Si vous devez prendre soin de reines qui vous sont livrées encagées avec des servantes et du candi, vous devriez réduire le stress en les gardant dans un endroit frais (de 16 à 21°C ou 60 à 70°F), sombre (comme un placard), calme (comme un placard ou un sous-sol) et leur donner une goutte d'eau chaque jour pour qu'elles digèrent le candi. Généralement, elles tiennent pendant plusieurs semaines si elles n'étaient pas trop stressées au départ et si les servantes sont arrivées en bonne santé. Donnez-leur une goutte d'eau aussitôt que vous les recevez, ainsi que le jour qui suit. S'il vous semble que le candi soit sur le point de manquer, vous pourriez leur donner une goutte d'eau et une goutte de miel chaque jour. Si toutes les servantes sont mortes le temps de la livraison, vous aurez besoin de nouvelles servantes.

Pourquoi un couvre-cadres ?

Le couvre-cadres a été inventé pour créer un espace d'air dans le but de réduire la condensation sur le toit de la ruche. Les couvre-cadres d'origine étaient faits de toile mais avec le temps, la toile a été remplacée par du bois. Dans le nord, un des problèmes survenant en hiver est la condensation, dont la plus grande partie se forme sur le toit de la ruche. L'air chaud et humide émanant de la grappe monte jusqu'au toit qui est froid, se condense puis coule de nouveau sur la grappe. Le couvre-cadres a été conçu pour prévenir cela. Au fil des années, de nombreux autres usages leur ont été trouvés. Vous pouvez placer un bocal inversé par-dessus le trou du couvre-cadres pour le nourrissement. Vous pouvez aussi placer des hausses humides (tout juste récoltées et extraites) par-dessus les couvre-cadres pour les faire nettoyer par les abeilles. Vous pouvez placer un chasse-abeilles de type Porter dans le trou du couvre-cadres pour faire sortir les abeilles d'une hausse (moi je n'ai jamais eu beaucoup de chance avec cette méthode). Vous pouvez mettre un double écran sur le trou et utiliser le couvre-cadres entre une ruchette placée au-dessus et une ruche placée par-dessous au printemps ou durant l'automne pour tenir la ruchette au chaud. Cela n'a pas bien fonctionné pour moi en hiver à cause de la condensation.

Puis-je me passer de couvre-cadres ?

Si vous utilisez des toits plats, vous n'en aurez pas besoin et vous ne voudrez probablement pas en avoir un. Si vous utilisez un toit plat emboîtant, cela empêchera que le toit de la ruche soit collé avec de la propolis. Il est difficile d'ôter un toit plat emboîtant qui est propolisé à une boîte sans couvre-cadres entre les deux puisqu'il n'y a aucune prise pour insérer un lève-cadre. Avec un toit plat emboîtant, je vous recommande d'utiliser un couvre-cadres. Si vous vivez dans le nord et que vous souhaitez utiliser un toit plat, assurez-vous qu'il ait une entrée supérieure (vous pouvez faire une encoche dans le toit pour en faire une s'il n'y en a pas. Servez-vous des toits plats de chez Brushy Mt. comme modèles), placez du polystyrène par-dessus le toit et placez une brique par-dessus le polystyrène. Le polystyrène protègera le toit du froid et l'encoche dans le toit permettra l'évacuation de l'air humide.

Quelle est cette odeur ?

Il est toujours mieux d'enquêter sur les odeurs. Elles sont très subjectives et par conséquent, il est beaucoup plus préférable pour vous de voir par vous-même comment associer une odeur donnée à une situation donnée. L'odeur dont les gens s'inquiètent le plus couramment est l'odeur de maturation du miel de verge d'or qui se produit quelquefois entre l'été et l'automne. Pour moi, cette odeur est semblable à celle de vieilles chaussettes de gym. Certaines personnes disent que l'odeur est semblable à celle du caramel. Pour la plupart des gens, il s'agit d'une odeur aigre.

Si vous sentez une odeur de viande avariée, il est bien de mener votre enquête. Quelquefois, l'odeur émane d'un tas d'abeilles mortes à cause de pesticides ou des suites de pillages. Quelquefois, il peut s'agir d'une maladie du couvain. Il vaut mieux enquêter pour en déterminer la cause.

Quel est le meilleur livre d'apiculture ?

Ils le sont tous. Lisez chaque livre d'apiculture sur lequel vous pouvez mettre la main. Cependant, mes favoris sont le vieil « ABC XYZ of Bee Culture », La ruche et l'abeille de Langstroth, tous les ouvrages par Richard Taylor et Frère Adam ainsi que les livres que j'ai postés sur ma page de livres classiques d'apiculture http://www.bushfarms.com/beesoldbooks.htm. De plus, si vous avez déjà lu tous les livres d'apiculture et que vous souhaitez encore en savoir plus, tous les ouvrages d'Eva Crane sont fascinants.

Pour un débutant en apiculture naturelle, *The Complete Idiots Guide to Beekeeping* est un ouvrage formidable. Pour les débuts en général en apiculture, *Backyard Beekeeping* par Kim Flottum est simple et très bon.

Quelle est la meilleure race d'abeilles ?

Pendant plusieurs siècles, il y a eu de nombreuses spéculations à ce sujet. Je suppose qu'au tournant du 19ème au 20ème siècle, il y a probablement eu la plus grande convention. Les Italiennes étaient pratiquement ce que tout le monde voulait. Maintenant, il y a tout autant de personnes qui optent pour des Carnioliennes, des caucasiennes, des Buckfast ou des Russes. Je vois autant de variation de ruche en ruche que de race en race. Je dirais que les meilleures races d'abeilles sont celles capables de survivre dans votre région. C'est ce que j'élève.

Mais dans le cas où vous souhaitez acheter des reines, vous devez vous préoccuper de la manière dont elles se porteront sous votre climat (par exemple, les Italiennes sont probablement mieux adaptées au sud et les Carnioliennes sont mieux adaptées au nord), et de leur santé (habitudes hygiéniques, résistance aux acariens de la trachée, résistance au Varroa, etc.).

Pourquoi y a-t-il toutes ces abeilles dans les airs ?

D'autres publications paniquées qui reviennent plusieurs fois dans l'année sur les forums d'apiculture sont à propos de grands nombres d'abeilles volant dans les airs. Cet événement est généralement interprété par le nouvel apiculteur comme soit un essaimage, soit un pillage. Dans le cas d'un essaim, il y a effectivement de nombreuses abeilles dans les airs, mais ces abeilles se déplacent. Dans cette situation, les abeilles se contentent simplement de planer autour de la ruche. Si les abeilles semblent contentes, organisées, tranquilles et ne se battent pas sur la planchette d'atterrissage, en particulier si la situation est éphémère et se produit par une journée ensoleillée, alors ce sont probablement de jeunes abeilles s'orientant pour la première fois. Recherchez les signes de lutte ou de combat sur la planchette d'atterrissage pour écarter l'hypothèse du pillage. S'il n'y a aucun signe de pillage, alors c'est la preuve que la ruche est saine. Si en volant, des abeilles semblent être laissées à la traîne, alors il s'agit probablement d'un essaim se rassemblant dans un de vos arbres.

Pourquoi y a-t-il des abeilles à l'extérieur de ma ruche ?

Dans cette situation, les apiculteurs disent que les abeilles « font la barbe » parce qu'il semble généralement que la ruche porte une sorte de barbe. Les causes sont la chaleur, le surpeuplement et le manque de ventilation. Assurez-vous que les abeilles aient de l'espace et assez de ventilation, et n'ayez aucune inquiétude pour ce qui est de la barbe.

Des abeilles faisant la barbe, c'est comme des personnes qui transpirent, c'est ce qu'elles font lorsqu'elles ont chaud.

Il est bon de cerner tous les aspects de la question et d'accepter la situation. Si vous étiez en train de suer, vous auriez pris toutes les mesures à votre portée telles que mettre en marche le ventilateur, ouvrir la fenêtre, enlever votre tricot, boire beaucoup d'eau, puis vous auriez fini par simplement accepter le fait qu'il fasse chaud.

Avec les abeilles, assurez-vous d'avoir une ventilation supérieure et une ventilation inférieure, (ouvrez l'entrée inférieure, retirez le plateau si vous avez un plateau grillagé, entrouvrez la boîte supérieure, placez une hausse pour créer un vide), assurez-vous que les abeilles aient assez d'espace (placez des hausses au besoin) et ne vous inquiétez plus. La barbe n'est pas un signe d'essaimage des abeilles, c'est la preuve qu'elles ont chaud. Je pense que le manque de ventilation contribue à la création d'un « essaim de surpeuplement » mais ce n'est pas la seule cause et cela n'a rien à voir avec le fait que vous vous assuriez que vos abeilles aient de la ventilation et assez d'espace.

Pourquoi les abeilles dansent-elles à l'unisson à l'entrée de la ruche ?

Au cours d'une année, à certains moments, quelques apiculteurs débutants souhaitent connaître la raison pour laquelle les abeilles dansent en ligne (en oscillant de manière rythmée) sur la planchette d'atterrissage. Le terme utilisé pour nommer cette danse est anglo-américain : le « washboarding » et personne ne sait pourquoi elles le font en réalité, mais elles, elles le savent. Personnellement, je pense qu'il s'agit d'une danse sociale, peut-être même une danse pour l'action de grâce.

Pourquoi ne pas utiliser un ventilateur électrique pour ventiler ?

Le sujet est beaucoup abordé, je n'ai vraiment jamais compris pourquoi, mais je suppose que cela découle d'une volonté de vouloir « aider ». Les abeilles ont un système de ventilation très précis et très efficace, toute intervention de votre part sera plus une ingérence qu'une aide. Le problème d'une ventilation électrique est que les abeilles se retrouveront à se battre contre le ventilateur. Je pense que le mieux à faire est de leur fournir une ventilation supérieure, une ventilation inférieure et de laisser les abeilles contrôler le tout.

Pourquoi mes abeilles sont-elles mortes ?

Avec des morts durant l'hiver, il serait bien qu'un examen post mortem soit fait pour vérifier les points suivants :

Les abeilles n'avaient-elles pas accès aux réserves ? Il ne sert à rien qu'elles aient du miel si elles ne peuvent pas y accéder parce qu'elles sont bloquées. Si elles n'ont pas accès aux réserves, elles meurent de faim.

Dans le cas où leur accès aux réserves n'est pas bloqué, y a-t-il des milliers de varroas morts sur le plancher ou le plateau placé sous le plancher grillagé (bien évidemment il y en aurait un en place) ? Dans ce cas, je pense qu'on ne risque guère de se tromper si on désigne le Varroa comme la cause principale des morts.

Y a-t-il une série de petites grappes d'abeilles dans la ruche au lieu d'une seule grande grappe ? Si oui, les acariens responsables de l'acariose sont à suspecter.

Les abeilles sont-elles humides et moisies ? Si oui, il y a fort à suspecter que la condensation les ait mouillées et les abeilles mouillées survivent rarement.

Il est de croyance commune que si des abeilles meurent la tête la première dans les cellules, cela signifie qu'elles sont mortes de famine. Dans toutes les ruches mortes durant un hiver, vous trouverez de nombreuses abeilles avec leur tête la première dans les cellules. C'est de cette manière qu'elles se regroupent étroitement pour se réchauffer. Moi je chercherais plus à savoir si oui ou non elles avaient accès à leurs réserves.

Avec des morts durant la saison active, il est avisé de rechercher des amoncellements d'abeilles mortes et des signes de pillage. Le pillage peut conduire à des entassements d'abeilles mortes, mais il y a d'autres symptômes tels que des rayons en lambeaux et des abeilles frénétiques. Les pesticides généralement causent des abeilles rampantes et agonisantes et des piles d'abeilles mortes. Dans une ruche qui décline, il faudrait probablement examiner le couvain pour s'assurer qu'il n'y ait pas de maladie du couvain.

Pourquoi les abeilles sécrètent-elles des cires de différentes couleurs ?

Les abeilles ne produisent qu'un seul coloris de cire—de la cire blanche.

En contact avec beaucoup de pollen, la cire vire au jaune. Si les abeilles élèvent du couvain dans cette cire, il virera au marron à cause de la couleur des cocons. S'il y a de nombreux cocons, la cire vire au noir.

Pour ce qui est des opercules, les abeilles en produisent deux sortes. Pour le miel, les opercules sont faits de cire étanche afin de prévenir l'absorption de l'humidité par le miel, alors la cire utilisée commence par être blanche, puis au contact du pollen, peut virer au jaune. Pour le couvain, il s'agit d'un mélange de cire et de cocons permettant la respiration afin que les pupes puissent avoir de l'oxygène. En fonction de l'âge, de la noirceur et de la quantité disponible de cocons, la couleur des opercules varie du jaune pâle au marron foncé.

A quelle fréquence devrais-je inspecter ?

Si vous débutez en apiculture, vous devriez inspecter fréquemment. Non pas parce que les abeilles ont besoin que vous le fassiez, mais parce que vous ne pouvez rien apprendre si vous n'observez pas. Concernant les abeilles, vous n'avez besoin d'inspecter qu'assez souvent pour ne pas les laisser manquer d'espace. La fréquence d'inspection ? Eh bien essayez de ne pas les déranger tous les jours. Si vous avez une ruche d'observation, vous pourrez en apprendre beaucoup par ce moyen. Avoir une fenêtre sur la ruche ou alors un couvre-cadres en plexiglas vous permettrait d'observer plus. Mais avec une ruche classique, il serait mieux de prévoir une ouverture de ruche par semaine jusqu'à ce que vous soyez capable de deviner ce qui se passe à l'intérieur en évaluant l'extérieur. Eventuellement, si vous réfléchissez à ce que vous vous attendez à voir à l'ouverture de la ruche et que vous ouvrez la ruche pour vérifier si vous avez raison, vous deviendrez bon à l'évaluation d'une ruche sans son ouverture.

Devrais-je percer un trou ?

Généralement, l'idée est soit d'aménager une entrée supérieure, soit de pratiquer une ouverture pour la ventilation. Je n'aime pas percer mon matériel. Voici quelques fois où j'ai regretté d'avoir percé des trous :

Les fois où j'ai voulu fermer une ruche et ai oublié de boucher le trou (le déplacement d'une ruche et l'utilisation d'un chasse-abeilles viennent à l'esprit)

Les fois où j'ai accidentellement posé ma main par-dessus, par-dessous ou dans le trou en soulevant une hausse.

Les fois en hiver où j'ai voulu fermer encore plus la ruche

Les fois où une ruche a décliné et oublié de faire garder toutes les entrées à la fois, où il y a eu pillage et j'ai été obligé de trouver un moyen de fermer la ruche.

Les fois où j'ai eu besoin d'une boîte non percée et que la seule boîte qui convenait pour l'utilisation que je voulais en faire, avait un trou.

Brosser ou secouer ?

Il existe deux principales méthodes pour enlever les abeilles des rayons : le brossage ou le secouement. Pratiquez quelques techniques différentes pour déterminer ce qui fonctionne le mieux pour vous. Cela dépendra de nombreuses choses. Un nouveau rayon encore mou (étiré sur de la cire gaufrée ou non, filé ou non) sur lequel pèse du miel, se brisera si vous le secouez trop fort. Lorsqu'il fait chaud, les rayons sont encore plus mous. Les rayons bâtis sur des cadres sans cire gaufrée et qui ne sont pas fixés sur tout le contour du cadre, seront encore plus fragiles. Ces rayons-là devraient être brossés. Un vieux rayon à couvain noir ne se brisera pas peu importe la force avec laquelle vous la cognez. Un vieux rayon n'est pas tellement mou, vous pouvez bien le secouer sans le briser, mais il y a une limite et vous devez apprendre à connaître cette limite en fonction de toutes ses variables (nouveau, mou, vieux plein de cocons, alourdi à cause du miel, léger avec du couvain, etc.). Aussi, ne secouez pas un cadre portant des cellules royales ou alors vous endommagerez la reine. Utilisez une brosse. Un double secouement (une secousse immédiatement suivie d'une seconde aussi vite que vous le pouvez) fonctionne si vous le faites de la bonne manière. Pratiquez le secouement jusqu'à ce que vous appreniez la bonne manière de le faire. Vous pouvez « marteler » les abeilles comme C.C. Miller l'a appelé. Saisissez fermement l'extrémité de la barrette supérieure et cognez votre autre poing sur le poing tenant la barrette, le choc fera tomber les abeilles.

Il s'agit d'une de ces choses qui relèvent plus de l'art que de la science, cependant il y a des principes, et le premier est la surprise. Le second est la brutalité et non la douceur. Cela semble contradictoire car normalement en apiculture, vous essayez d'être posé, gracieux et de ne pas faire les choses avec brusquerie. Et pour chasser les abeilles des rayons, vous devez être brusque et dur. Il n'y a pas de manière douce et gracieuse de le faire.

Combien de cellules y a-t-il sur un cadre ?

Cadre profond de 5,4mm cire gaufrée : 7000

Cadre profond de 4,9mm cire gaufrée : 8400

Cadre moyen de 5,4mm cire gaufrée : 4620

Cadre moyen de 4,9mm cire gaufrée : 5544

Rayon irrégulier ?

Les barrettes supérieures fines sont la principale cause d'irrégularités entre les boîtes. Les cadres en plastique ont en toutes. Je l'accepte simplement.

« ...cet apiculteur canadien très consciencieux, J.B. Hall m'a montré ses barrettes supérieures épaisses, et m'a dit qu'elles prévenaient le bâtissage de tant de rayons irréguliers entre les barrettes supérieures et les sections... Et je suis content qu'à ce jour, ce problème puisse être évité en ayant des barrettes supérieures larges de 28,5 mm, épaisses de 22 mm avec un espacement de 6 mm entre la barrette supérieure et la section. Non qu'il y ait une absence totale de rayons irréguliers, mais le résultat est assez proche de sorte qu'on puisse tout manipuler plus confortablement qu'avec le plateau à lamelles. Dans tous les cas, il n'y a plus le massacre d'abeilles qu'il y avait tous les jours, le plateau grossier à lamelles a été remplacé. » — C.C. Miller, Fifty Years Among the Bees.

« Q. Pensez-vous qu'une barrette supérieure épaisse de 12,7 mm d'un cadre à couvain aura tendance à empêcher les abeilles de bâtir des rayons irréguliers aussi bien que des barrettes supérieures épaisses de 19 mm ? Quel type de barrettes supérieures utilisez-vous ?

R. Je ne crois pas que la barrette épaisse de 12,7mm empêchera la construction de rayons irréguliers aussi bien que celle épaisse de 19 mm. Les miennes sont épaisses de 22 mm » — C.C. Miller, A Thousand Answers to Beekeeping Questions

---

Annexe - volume I: Glossaire

Note: plusieurs de ces termes sont latins et le « a » qui termine certains de ces termes devient « ae » au pluriel. Le pluriel des terminaisons en « us » sera « i ». Les définitions sont également relatives au contexte apicole.

7/11 ou Sept/Onze = cire gaufrée à 700 cellules par décimètre carré avec 11 cellules excédentaires. D'où l'appellation 7/11. Généralement, la cellule mesure 5,6 mm. Usitée car c'est une taille de cellules dans laquelle la reine n'aime pas pondre, les cellules sont trop grandes pour le couvain d'ouvrières et trop petites pour le couvain de mâles. Si la reine accepte d'y pondre, il s'agira généralement d'œufs de faux-bourdons. Cette cire gaufrée est actuellement disponible chez Walter T. Kelley.

A

Abdomen = partie postérieure ou troisième région du corps de l'abeille renfermant le jabot, le ventricule, les intestins, le dard et les organes de reproduction.

Abeille bourdonneuse = reine bourdonneuse (n'ayant plus de réserve de sperme pour fertiliser ses œufs) ou ouvrière pondeuse.

Abeilles carnioliennes = Apis mellifera carnica. La couleur de ces abeilles va du marron foncé au noir. Elles volent par temps légèrement frais et en théorie sont bien adaptées aux climats nordiques. Elles sont réputées pour être moins productives que les Italiennes, mais je n'ai pas eu cette expérience. Celles que je possédais étaient très productives et très économes durant l'hiver. Elles hivernent en petites grappes et cessent l'élevage de couvain par temps de disette.

Abeilles caucasiennes = Apis mellifera caucasica. La couleur de ces abeilles va du gris argenté au marron foncé. Elles produisent excessivement de la propolis, une propolis plus visqueuse que solide. Généralement, elles recouvrent tout avec cette propolis poisseuse comme du papier tue-mouches. Elles bâtissent plus lentement au printemps que les Italiennes et sont réputées pour être plus douces qu'elles. Elles sont moins enclines à piller et en théorie sont moins productives que les Italiennes. Je pense qu'en moyenne, leurs productivités sont les mêmes, mais étant donné que les Caucasiennes pillent moins, leur production est inférieure à celle des ruches en plein essor qui pillent toutes les ruches voisines.

Abeille mellifère = nom couramment employé pour désigner l'Apis mellifera.

Abeilles mellifères africanisées (AMA) = J'ai entendu ces abeilles être appelées Apis mellifera scutellata, mais les Scultellata sont en fait les abeilles africaines originaires du Cape. Elles sont généralement appelées Adansonii, du moins c'est ce que Dr Kerr qui les a élevées, a pensé qu'elles étaient. Les abeilles mellifères africanisées sont un croisement entre l'Africaine (Scutellata) et l'Italienne. Elles ont été créées dans une tentative d'accroître la productivité des abeilles. Le Département de l'Agriculture des États-Unis (USDA, United States Department of Agriculture) en a élevé à Bâton Rouge à partir d'un stock fourni par Dr Kerr au Brésil. Au cours de nombreuses années, l'USDA a expédié ces reines à travers le continent américain. Le Brésil a également fait des expérimentations sur ces abeilles et leur migration a pendant quelques temps été suivie aux informations. Ce sont des abeilles extrêmement productives mais aussi extrêmement défensives. Si vous avez une ruche assez agressive et que vous pensez que ce sont des AMA, vous devrez remplacer la reine. Il est irresponsable d'avoir des abeilles hargneuses dans un endroit où elles pourraient blesser les gens. Vous devriez essayer de remplacer leur reine (voir le chapitre *Remplacer la* *reine d'une ruche agressive* du volume III de ce livre) afin que personne (y compris vous) ne soit blessé.

Abeilles mellifères européennes = abeilles originaires d'Europe, par opposition aux abeilles originaires d'Afrique ou d'autres parties du monde ou encore les abeilles provenant d'un croisement par métissage aux abeilles africaines.

Abeilles russes = Apis mellifera acervorum ou carpatica ou caucasia ou carnica. Il y a même certaines affirmations selon lesquelles elles seraient croisées avec des Apis ceranae (affirmations très douteuses). Les abeilles russes sont issues de la région de Primorsky en Russie. Elles étaient élevées pour leur résistance aux acariens. Elles sont un peu agressives mais de manière plutôt étrange. Elles ont tendance à donner des coups de tête sans nécessairement piquer pour autant. Tout premier croisement de n'importe quelle race peut être vicieux et il n'y a pas d'exception. Ce sont des gardiennes vigilantes, mais elles ne sont généralement pas « courantes » (tendance à courir dans tous les sens sur le rayon où vous ne trouvez pas la reine ou bien travailler avec elles). Le caractère essaimant et la productivité sont quelque peu imprévisibles. Les traits ne sont pas bien marqués. Du point de vue frugalité, elles sont similaires aux Carnioliennes. Elles ont été apportées aux Etats-Unis en juin 1997, étudiées sur une île en Louisiane, puis testées sur le terrain dans d'autres Etats en 1999. Elles ont été disponibles en vente grand public en 2000.

Acarapis dorsalis = acarien vivant sur les abeilles mellifères et ne se distinguant pas des acariens de la trachée (Acarapis woodi). Il est classifié différemment simplement en fonction de la partie du corps de l'abeille où il est trouvé, la partie dorsale.

Acarapis externus = acarien vivant sur les abeilles mellifères et ne se distinguant pas des acariens de la trachée

(Acarapis woodi). Il est classifié différemment simplement en fonction de la partie du corps de l'abeille où il est trouvé, le cou.

Acarapis vagans = acarien vivant sur les abeilles mellifères et ne se distinguant pas des acariens de la trachée (Acarapis woodi). Il est classifié différemment simplement en fonction de la partie du corps de l'abeille où il est trouvé, toute partie externe.

Acarapis woodi = acarien infectant la trachée chez les abeilles ; quelquefois nommé acariose ou encore maladie de l'île de Wight.

Acariens parasites = varroas et acariens trachéaux sont des acariens avec des enjeux économiques pour les abeilles. Il y en existe de nombreux autres qui ne sont pas connus pour poser un problème quelconque.

Acariens trachéaux = acariens qui infestent la trachée de l'abeille mellifère. La résistance aux acariens trachéaux est un caractère facile à élever.

Agrafe = grande agrafe métallique en forme de C utilisée pour fixer les hausses au plateau de fond, et les hausses les unes aux autres avant de déplacer une colonie.

Allergie au venin = condition dans laquelle se trouve une personne qui, lorsqu'elle est piquée, peut présenter une variété de symptômes allant de l'urticaire au choc anaphylactique. Une personne qui est piquée et qui présente des symptômes systémiques (sur tout le corps ou seulement sur les parties piquées) devrait consulter un médecin avant de s'occuper à nouveau d'abeilles.

Antenne = un des deux organes sensoriels de l'abeille, situé sur sa tête et servant pour l'odorat et le goût.

Apiculteur = personne prenant soin des abeilles.

Apiculture = science et art d'élever des abeilles mellifères.

Apiculture pastorale = déplacement de colonies d'abeilles d'une localité à une autre pendant une seule et même saison, dans le but de tirer avantage de deux miellées ou pour la pollinisation.

Apis mellifera = genre englobant les abeilles mellifères originaires d'Afrique et d'Europe.

Apis mellifera mellifera = abeilles originaires d'Angleterre ou d'Allemagne. Elles ont quelques-unes des caractéristiques des autres abeilles noires. Elles ont tendance à être courantes (elles peuvent être excitées sur les rayons) et quelque peu essaimeuses, mais elles semblent également être bien adaptées aux climats nordiques humides.

Appareil chauffe-miel = appareil utilisé pour chauffer très rapidement le miel afin d'éviter qu'il ne soit endommagé lors de longues périodes de fortes hausses de température.

Arbre ruche = arbre creux abritant une colonie d'abeilles.

Armoire chauffante = armoire isolée ou pièce chauffée servant à liquéfier ou à chauffer le miel pour en accélérer l'extraction.

Aspirateur à abeilles = aspirateur utilisé pour aspirer les abeilles avant une division ou avant de les déplacer. Il s'agit généralement d'un aspirateur pour le ménage qui a été converti. Un ajustement minutieux doit être fait pour éviter de tuer les abeilles lors de l'aspiration.

Augmenter = accroître le nombre de colonies, généralement en divisant celles qu'on a en réserve. Voir « Division ».

B

Bac à désoperculer = récipient par-dessus lequel les cadres de miel sont désoperculés ; filtre généralement le miel qui est ensuite collecté.

Bacillus larvae = ancienne appellation de Paenibacillus Larvae, bactérie causant la loque américaine.

Bacillus thuringiensis (Bt) = bactérie naturelle qui est pulvérisée sur les rayons vides afin d'éliminer les fausses teignes. Egalement vendue pour contrôler les larves d'autres insectes spécifiques.

Banque de reines = un certain nombre de reines encagées placé dans une ruchette ou une ruche.

Barrette d'extrémité = partie d'un cadre située sur une extrémité ; partie verticale d'un cadre.

Barrette inférieure = partie inférieure horizontale d'un cadre.

Barrette porte-cupule = latte en bois sur laquelle sont suspendues des cupules, destiné à l'élevage de reines.

Barrette supérieure = partie supérieure d'un cadre ou dans le cas d'une ruche à barrettes, pièce de bois sur laquelle un rayon est suspendu.

Battre le rappel = l'expression s'applique à des abeilles qui ont leurs abdomens relevés et ventilent la phéromone de Nasanov. L'odeur qui se dégage est citronnée

Bee Go = répulsif ayant une odeur de vomi servant à chasser les abeilles des hausses.

Bee haver (Possesseur d'abeilles) = expression anglo-américaine de George Imirie pour désigner une personne possédant des abeilles mais qui n'a pas assez affiné sa technique pour être un apiculteur.

Bee Quick = produit chimique sentant comme du benzaldéhyde, utilisé pour chasser les abeilles des hausses.

Beek = abréviation américaine du mot « beekeeper » qui signifie apiculteur.

Benzaldéhyde = formule chimique : C6H5CHO. Aldéhyde liquide qui a une odeur d'huile d'amande amère et qui quelquefois sert de répulsif pour chasser les abeilles des hausses. Le benzaldéhyde est également utilisé pour aromatiser les cerises au marasquin. Le répulsif Bee Quick a une odeur de benzaldéhyde.

Betterbee = entreprise de distribution d'équipement apicole basée à New York. Ce distributeur propose de nombreuses choses qu'on ne trouve nulle part ailleurs. Y sont également proposés des instruments à huit cadres.

Bocal à l'éther = placer une tasse d'abeilles dans un bocal avec un aérosol de liquide de démarrage pour tuer les abeilles et les varroas afin de pouvoir compter par la suite les varroas. Un roulage au sucre par contre est une méthode non-létale et bien moins inflammable.

Boîte à dix cadres = boîte conçue pour accueillir dix cadres larges de 412,75 mm.

Boîte à douze cadres = boîte conçue pour accueillir douze cadres ; mesure 505 x 505 mm.

Boîte à essaims = boîte d'abeilles secouées utilisée pour commencer des cellules royales.

Boîte à huit cadres = boîte conçue pour accueillir huit cadres. Généralement de largeur comprise entre environ 343 et 356 mm en fonction du fabricant. La largeur la plus commune est 349 mm.

Boîte à pollen = boîte de couvain déplacée au fond d'une ruche durant la miellée pour pousser les abeilles à y stocker du pollen, ou une boîte de cadres de pollen qui est placée à dessein au fond de la ruche. Cela permet d'avoir des provisions de pollen pendant l'automne et l'hiver. Le terme a été inventé par Walt Wright.

Boîte profonde = selon les spécifications de Langstroth, il s'agit d'une boîte d'une profondeur d'environ 244,5 mm pouvant contenir des cadres d'une profondeur d'environ 235 mm. Elle porte quelquefois le nom de ruche Langstroth profonde.

Boîte profonde Dadant = boîte conçue par C.P. Dadant d'une profondeur de 295 mm, pouvant contenir des cadres d'une profondeur d'environ 286 mm. Cette boîte est quelquefois nommée Jumbo ou boîte extra-profonde.

Boîte triple-largeur = boîte mesurant trois fois la largeur de la boîte standard à dix cadres. 1238,25 mm.

Bouchon de candi = candi de type fondant placé à l'extrémité d'une cage à reine pour retarder sa libération.

Braula coeca = insecte sans aile plus couramment connu sous le nom de pou de l'abeille.

Briques = placé sur les toits des ruches pour les empêcher d'être emportés par le vent et fréquemment utilisés dans certains cas de figures particuliers comme des indices visuels de l'état d'une ruche.

Brosse à abeilles = brosse à poils doux, fouet grande plume ou encore poignée d'herbes servant à enlever les abeilles des rayons.

Brushy Mountain = entreprise de distribution d'équipement apicole basée en Caroline du Nord. Promoteur de toutes les sortes de boîtes moyennes et de boîtes à huit cadres. Ce distributeur propose de nombreux articles disponibles nulle autre part ailleurs.

Bt = voir Bacillus thuringiensis.

Buckfast = race d'abeilles développée par Frère Adam à l'abbaye de Buckfast en Angleterre. Ces abeilles ont été élevées pour leur résistance aux maladies, leur réticence à l'essaimage, leur robustesse, leur façon de bâtir les rayons et leur bon tempérament.

Butiner = action d'amasser du pollen et du nectar.

Butineuse = ouvrière généralement âgée de 21 jours ou plus et qui travaille à l'extérieur de la ruche pour collecter le nectar, le pollen, l'eau et la propolis.

C

Cadre = structure en bois conçue pour porter un rayon à miel, constituée d'une barrette supérieure, de deux barrettes d'extrémités et d'une barrette inférieure avec généralement un espacement de prévu.

Cadre à double grillage = cadre en bois, épais d'environ 13 à 19 mm, garni de deux grillages afin de séparer deux colonies dans une même ruche, l'une au-dessus de l'autre. Souvent sur la partie supérieure, une entrée est pratiquée et placée à l'arrière de la ruche pour la colonie supérieure et quelquefois d'autres ouvertures y sont pratiquées pour en faire alors un plateau Snelgrove.

Cadre à épaulement alias cadre Hoffman = cadre construit de telle sorte que les barrettes d'extrémité assure l'espacement adéquat lorsque les cadres sont placés dans le corps de ruche.

Cadre Hoffman = cadre pourvu de barrettes d'extrémité plus larges que les barrettes supérieures dans le but de fournir l'espacement adéquat lorsque les cadres sont en contact dans la ruche. En d'autres termes, il s'agit de cadres à espacement automatique encore appelés cadres à épaulement.

Cadre mobile = cadre fabriqué de manière à préserver un espace intercalaire, afin de permettre son retrait de la ruche de manière aisée ; le cadre mobile est placé dans la ruche sans fixation.

Cadre vide = cadre sans cire gaufrée, portant simplement une amorce.

Cage à reine = cage spéciale dans laquelle les reines sont expédiées et/ou introduites dans une colonie. Les reines sont généralement accompagnées de 4 à 7 jeunes ouvrières appelées servantes et la cage porte généralement un bouchon de candi.

Cage d'introduction = cage fait avec du grillage métallique à mailles de dimensions 3 x 3 mm, utilisée pour introduire ou confiner les reines à une petite section de rayon. Généralement utilisée sur du couvain émergent

Candi pour cage à reine = candi obtenu en pétrissant un mélange de sucre en poudre et de sirop de sucre inverti jusqu'à formation d'une pâte ferme ; utilisé pour nourrir les reines en cage.

Castes = les trois types d'abeilles composant la population adulte d'une colonie : les ouvrières, les faux-bourdons et la reine.

Cellule = compartiment hexagonal d'un rayon à miel.

Cellule d'essaimage = cellule royale dont on constate généralement la présence au fond des rayons avant un essaimage.

Cellule naturelle = taille de cellule que les abeilles ont bâti selon leur volonté sans utiliser de cire gaufrée.

Cellule royale = cellule spéciale de forme allongée, ayant l'aspect d'une coque d'arachide, dans laquelle la reine est élevée ; mesure généralement 25 mm (2,5 cm) de long et est suspendue verticalement au rayon.

Cérificateur = machine utilisée pour la liquéfaction de la cire des opercules une fois que ceux-ci sont ôtés des rayons de miel.

Cérificateur solaire = boîte recouverte d'une plaque de verre, utilisée pour faire fondre la cire des rayons et des opercules grâce à la chaleur du soleil.

Chant des reines = série de sons émis par une reine, surtout avant son émergence de sa cellule. Lorsque la reine est encore dans sa cellule, le chant résonne comme une sorte de couac couac couac et lorsqu'elle a émergé, cela résonne plus comme une sorte de zoutt zoutt zoutt.

Charrette = utilisé pour déplacer les boîtes ou les ruches.

Chasse-abeilles = dispositif conçu pour ne permettre le passage des abeilles que dans un seul sens ; les utilisations sont multiples avec la première étant d'évacuer les abeilles des hausses. Le chasse-abeilles le plus couramment utilisé semble être le chasse-abeilles Porter qui est conçu pour être placé dans le trou du couvre-cadres. Le chasse-abeilles le plus efficace semble être le chasse-abeilles triangle qui est monté sur son propre plateau.

Chasse-abeilles cône = chasse-abeilles en forme de cône offrant aux abeilles une sortie à sens unique ; utilisé avec un plateau chasse-abeilles spécial pour chasser les abeilles hors des hausses.

Chasse-abeilles cône métallique = cône unidirectionnel formé par une toile moustiquaire métallique et ayant pour utilité de diriger les abeilles d'une maison ou d'un arbre vers une ruche temporaire

Chasse-abeilles porter = introduit en 1891, le chasse-abeilles est un appareil ne permettant aux abeilles de circuler que dans un seul sens, en passant entre deux barrettes métalliques fines et flexibles qui cèdent sous leurs poussées ; utilisé pour chasser les abeilles hors des hausses, cependant peut s'obstruer puisque les faux-bourdons y restent souvent coincés.

Checkerboarding (gestion du nectar) = mot anglo-américain désignant une méthode de contrôle de l'essaimage et de gestion d'une ruche consistant à placer de manière alternée des cadres de miel operculé et des cadres de rayons étirés vides au-dessus du nid à couvain à la fin de l'hiver. Walt Wright en est le pionnier.

Cheminée = les abeilles ne remplissent que les cadres au centre des hausses

Chitine = substance dont est fait l'exosquelette d'un insecte.

Choc anaphylactique = constriction de la musculature lisse d'un être humain incluant les bronches et les vaisseaux sanguins, causée dans le contexte apicole, par une hypersensibilité au venin d'abeille et pouvant entraîner la mort s'il n'y a pas d'intervention médicale.

Cire d'abeille = substance sécrétée sous forme d'écailles par l'abeille grâce à des glandes spéciales situées sur la face ventrale de son abdomen, et utilisée après mastication et mélangée à une sécrétion des glandes salivaires pour le bâtissage des rayons de miel. Les températures de fonte de la cire d'abeille sont de 62 (144°F) à 64°C (147°F).

Cire gaufrée = structure faite de cire d'abeille, disponible dans le commerce, consistant en de fines feuilles portant en relief sur leurs deux côtés des bases d'une taille particulière de cellules, le but étant d'obliger les abeilles à bâtir des cellules de cette taille-là.

Cire gaufrée armée = feuille de cire gaufrée dans laquelle ont été verticalement sertis des fils de fer au moment de la fabrication.

Clarification = enlèvement des particules étrangères visibles du miel ou de la cire dans le but d'augmenter sa pureté.

Clayette = râtelier en bois destiné à être placé entre le plateau et le corps de ruche. Les abeilles font meilleur usage de la partie inférieure du corps de ruche avec plus de couvain élevé, moins de rayons rongés et moins de congestion à l'entrée de la ruche. Popularisée par C.C. Miller et Carl Killion.

Clippage = pratique consistant à couper une portion d'une ou des deux ailes de la reine dans le but de décourager ou ralentir l'essaimage, de permettre l'identification de la reine ou de permettre une meilleure identification du moment de son remplacement. .

Cocon = fin revêtement de soie sécrété par les larves d'abeilles mellifères dans leurs cellules en préparation à la nymphose.

Colonie = super-organisme composé des ouvrières, des faux-bourdons et de la reine, élevant du couvain et vivant ensemble comme une unité familiale.

Congestion = situation où le nid à couvain d'une ruche est progressivement rempli de miel. C'est un procédé normal est utilisé par les ouvrières pour arrêter la production du couvain par la reine. Cette situation se produit généralement juste avant l'essaimage et en automne, en préparation de l'hiver.

Congestion au pollen = le nid à couvain de la ruche est rempli de pollen pour que la reine n'ait plus de place pour pondre.

Conserver des reines en banque = placer plusieurs reines encagés dans une ruchette de fécondation ou une ruche.

Corbeille à pollen = dépression aplatie, bordée d'épines incurvées, située sur la face externe du tibia des pattes postérieures de l'abeille et utilisée pour le transport du pollen et de la propolis.

Cordovan = variété d'abeilles italiennes. En théorie, le gène Cordovan peut s'obtenir à partir de n'importe quel élevage, puisqu'il ne s'agit techniquement que d'une couleur, mais celles que j'ai vues dans le commerce en Amérique du Nord sont toutes des Italiennes. Elles sont un peu plus douces, un peu plus enclines à piller et plutôt étonnantes à observer. Elles ne portent pas la couleur noire et semblent très jaunes à première vue. En observant de plus près, vous verrez qu'à la place des pattes et de la tête noire des Italiennes, les pattes et la tête des Cordovan sont d'un brun violacé.

Corps de ruche = partie de la ruche dans laquelle le couvain est élevé ; il peut s'agir d'une ou de plusieurs parties de la ruche et des rayons qu'elles contiennent. Le terme est quelquefois utilisé pour faire référence à une boîte profonde puisque ce genre de boîtes est communément utilisé pour le couvain.

Cortège = ouvrières suivant la reine.

Coupe-vent = barrières naturelles ou spécialement construites pour réduire la force des vents (d'hiver) sur une ruche.

Coupure d'essaim = point à partir duquel la colonie décide ou non d'essaimer. Passé ce point, soit elles décident d'essaimer, soit elles décident de simplement se mettre à la recherche de provisions pour le prochain hiver.

Couteau à désoperculer = couteau utilisé pour raser les opercules du miel operculé avant l'extraction ; ce couteau peut être chauffé en utilisant de l'eau chaude, de la vapeur ou de l'électricité.

Couvain = abeilles n'étant pas arrivées à maturité et n'ayant pas émergé de leurs cellules : les œufs, les larves et les pupes.

Couvain calcifié, couvain plâtré = maladie causée par le champignon Ascosphaera apis, a fait son apparition aux Etats-Unis en 1968. Si devant une ruche, vous retrouvez des boulettes blanches ayant l'aspect de petits grains de maïs, il s'agit probablement du couvain calcifié. Placer la ruche malade en plein soleil et y ajouter de la ventilation règlent généralement le problème. Un nourrissement au miel au lieu d'un nourrissement au sirop de sucre contribue également à faire partir la maladie étant donné que le sirop de sucre est beaucoup plus alcalin (pH plus élevé) que le miel.

Couvain de mâles = couvain élevé dans des cellules plus grandes que les cellules d'ouvrières, qui à maturité donne des faux-bourdons. Ce couvain est très sensiblement plus grand que le couvain d'ouvrières et les opercules ont nettement la forme de dômes.

Couvain operculé = abeilles non arrivées à maturité dont les cellules ont été scellées avec des opercules fins comme du papier.

Couvain refroidi = abeilles immatures mortes suite à une exposition au froid ; généralement causé par une mauvaise gestion de la ruche ou de brusques périodes de grand froid.

Couvre-cadres = couvercle isolant portant généralement en son centre un orifice oblong et s'emboîtant au-dessus de la hausse placée au sommet de la ruche, mais en-dessous du toit de la ruche. On l'appelle également plateau couvre-cadres. Autrefois, les couvre-cadres étaient faits en toile.

Cristalliser = procédé par lequel le miel, une solution super-saturée (plus d'éléments solides que d'éléments liquides) deviendra solide ou granulera ; la vitesse de cristallisation dépend des sortes de sucres contenus dans le miel, des germes cristallins (tels que le pollen ou les cristaux de sucre) et de la température. La température optimale pour la cristallisation est 14°C (57°F).

Cupularve = marque donnée à un système d'élevage de reines sans greffage.

Cupule = cellule royale artificielle en cire d'abeille ou en plastique, ayant la forme d'une coupe, ne contenant pas d'œuf et utilisée pour l'élevage des reines ; ou cellule royale commencée par les abeilles sans aucune raison particulière.

D

Dadant = entreprise de distribution d'équipement apicole basée dans l'Illinois. Fondée par C.P. Dadant qui a été un pionnier de l'ère de l'apiculture moderne, a inventé entre autres, la boîte Jumbo et la boîte carrée Dadant (50 x 50 x 29,5 cm), a publié et écrit pour l'American Bee Journal, a traduit du français vers l'anglais les *Observations sur les abeilles d'Huber* et a publié de nombreux ouvrages incluant mais ne se limitant pas aux versions plus récentes de *L'abeille et la ruche.*

Danse vibratoire dorso-ventrale alias danse des vibrations = danse servant à la régulation du butinage. Egalement utilisée sur les cellules royales sur le point d'émerger ainsi que quelques autres fois.

Dard = organe qu'on retrouve exclusivement chez les insectes femelles, développé à partir de mécanismes de ponte d'œufs, utilisé pour la défense de la colonie ; modifié en tige creuse à travers laquelle le venin est injecté. Le dard des ouvrières possède une barbelure entrainant sa saisie et son arrachage.

Décision d'essaimage = point juste après la coupure d'essaim, où la colonie décide d'essaimer.

Découpe = action d'enlever une colonie d'abeilles d'un endroit où elles ne disposent pas de cadres mobiles en découpant les rayons qu'elles ont bâtis puis en les attachant dans des cadres.

Demarée = voir *Plan Demarée*.

Dépopulation = toute forme de déclin rapide de la population d'une ruche. Mort rapide d'abeilles adultes au printemps ; porte quelquefois le nom de dépopulation de printemps ou encore syndrome de disparition des abeilles.

Désertion = situation d'une colonie entière d'abeilles abandonnant complètement sa ruche à cause d'acariens, de maladies ou autres conditions difficiles.

Détritus = écailles de cire et divers débris qui quelquefois s'accumulent sur le plancher d'une colonie naturelle.

Dextrose = également appelé glucose. Sucre simple (ou monosaccharide), un des deux principaux sucres présents dans le miel ; constitue la phase solide lors de la granulation du miel.

Diastase = enzyme favorisant la transformation de l'amidon dans le miel, sensible à la chaleur ; utilisée dans certains pays pour des tests sur la qualité et l'historique calorifique des réserves de miel.

Diploïde = ayant des chromosomes par paires. Chez les abeilles, les ouvrières et la reine sont diploïdes. En opposition à haploïde, ayant des chromosomes n'allant pas par paire, en simple exemplaire. Les faux-bourdons sont haploïdes.

Disette = période pendant laquelle il n'y a aucune source de miellée pour les abeilles à cause des conditions climatiques (pluie, sécheresse) ou de la période de l'année.

Diviser = séparer une colonie dans le but d'en former deux ou plusieurs autres.

Division = action de séparer une colonie dans le but d'en former deux ou plusieurs autres ; action de diviser une colonie dans le but d'augmenter le nombre de ruches.

Domestique = état des abeilles vivant dans des ruches bâties par l'Homme. Etant donné que les abeilles sont toutes passablement sauvages, le terme est donc relatif.

Dysenterie = maladie de l'abeille adulte marquée par une diarrhée sévère (dont les preuves sont des stries de couleur marron ou jaune devant la ruche) et généralement causée par un long confinement (à cause soit du froid, soit des manipulations de l'apiculteur), la famine, un nourrissement de mauvaise qualité ou une infection par le parasite Nosema.

E

Ecaille de cire = goutte de cire d'abeille liquide qui au contact de l'air, durcit pour devenir une écaille ; sous cette forme, elle est façonnée en rayon.

Ecaille noire = fait référence à la pupe sèche, morte de la loque américaine.

Eclaireuse = abeille ouvrière à laquelle revient la charge de rechercher de nouvelles sources de pollen, de nectar, de propolis, d'eau ou alors une nouvelle habitation pour un essaim d'abeilles.

Egarement = mouvement d'abeilles qui se sont égarées et qui entrent dans des ruches autres que les leurs. Cela se produit souvent lorsque les ruches sont placées en longues lignes droites, en cherchant à retourner à leurs ruches, les butineuses des ruches situées au centre s'égarent et dérivent vers les ruches en bout de rangée ; ou alors lorsqu'il y a eu division et que les butineuses s'égarent et retournent à leurs ruches d'origine.

> ***« Le pourcentage de butineuses provenant de colonies différentes dans un rucher varie de 32 à 63 pour cent » — extrait d'un article publié en 1991 par Walter Boylanpett et Roger Hoopingarner dans Acta Horticulturae 288, 6ème symposium de pollinisation (voir l'édition de Janvier 2010 de Bee Culture, 36)***

Elevage accéléré de reines = système de ruchettes de fécondation où à une semaine d'intervalle, il y a généralement deux reines dans une ruchette, une placée dans une cage nourricière et une autre en liberté et s'accouplant. Chaque semaine, la reine fécondée est enlevée de la ruchette, celle encagée est relâchée et remplacée par une nouvelle cellule protégée par un « bigoudi ».

Emballement = les ouvrières entourent la reine et la confinent soit parce qu'elles la rejettent, soit pour la protéger.

En possession de reine = expression qualifiant une colonie possédant une reine capable de pondre des œufs fertiles et de produire les phéromones nécessaires pour convaincre les ouvrières de la ruche que tout va bien.

Encombrement du nid à couvain = processus par lequel en vue de l'essaimage, les abeilles bouchent le nid à couvain avec du miel pour empêcher la reine d'y pondre.

Enfumoir = récipient en métal sur lequel sont rattachés des soufflets et dans lequel divers combustibles sont brûlés pour générer de la fumée ; utilisé pour perturber la capacité des abeilles à sentir la phéromone d'alarme et par conséquent pour contrôler leur agressivité durant les inspections des colonies.

Eperon = outil servant à fixer de manière mécanique des fils métalliques dans de la cire gaufrée grâce à une pression de la main, par opposition à l'usage de l'électricité pour fondre les fils métalliques dans de la cire.

Espacement = espace intercalaire de 6,4 et 9,5 mm prévu pour permettre le passage d'une abeille mais trop réduit pour encourager le bâtissage de rayons et trop grand pour provoquer la propolisation.

Essaim = groupe temporaire d'abeilles, contenant au moins une reine, qui se sépare de la colonie mère afin d'établir une nouvelle colonie ; une méthode naturelle de propagation des colonies d'abeilles mellifères.

Essaim primaire = le premier essaim qui quitte la colonie parent, avec généralement à sa tête la vieille reine.

Essaim secondaire = essaim rejeté après l'essaim primaire. Les abeilles de cet essaim sont conduites par une reine vierge.

Essaim secoué = essaim artificiel obtenu en secouant des abeilles hors de leurs rayons dans une boîte grillagée, dans laquelle vous introduirez et laisserez une reine encagée jusqu'à ce que l'essaim ne l'accepte. Il s'agit d'une méthode de division. Il s'agit également de la méthode utilisée pour faire les paquets d'abeilles.

Essaimage = méthode naturelle de propagation des colonies d'abeilles mellifères.

Estomac à miel = élargissement dans la partie postérieure de l'abdomen de l'abeille de l'œsophage, mais se trouvant dans la partie avant de l'abdomen, capable de se dilater lorsqu'il est rempli de liquide tel que le nectar ou l'eau. Sert au transport de l'eau, de nectar et de miel.

Extra hausse = boîte profonde de 119 mm ou d'environ 121 mm. Généralement utilisée pour la production de miel en rayons, elle est quelquefois modifiée pour être utilisée pour la production de miel en sections.

Extracteur à miel = machine servant à extraire le miel des cellules des rayons grâce à une force centrifuge. Les deux principales sortes d'extracteurs sont l'extracteur tangentiel dans lequel les cadres sont placés à plat face à la paroi de la machine et retournés à chaque fois qu'une face est entièrement extraite ; et l'extracteur radiaire où les cadres sont positionnés comme les rayons d'une roue et leurs deux côtés sont extraits au même moment.

Extracteur radiaire = machine à force centrifuge ayant pour utilité l'extraction du miel tout en laissant les rayons intacts ; les cadres sont positionnés dans la machine comme les rayons d'une roue avec leur barrette supérieure dirigée vers la paroi, pour tirer avantage de l'inclinaison des cellules.

Extraction de la cire = processus de fonte des rayons et des opercules afin de séparer les impuretés de la cire.

Ezi Queen = marque d'un système d'élevage de reines sans greffage.

F

Faire la barbe = lorsque les abeilles se rassemblent devant leur ruche.

Fausses constructions = rayon bâti entre deux autres rayons pour les lier, entre un rayon et un élément en bois adjacent ou entre deux éléments en bois tels que les barrettes supérieures.

Fausses teignes = voir le chapitre *Les ennemis des abeilles*. Les fausses teignes sont des opportunistes. Elles tirent avantage d'une ruche faible, subsistent grâce au pollen et au miel et creusent des galeries à travers la cire.

Faux-bourdon = abeille domestique mâle né d'un œuf non fécondé (par conséquent, est haploïde) pondu par une reine ou moins fréquemment par une ouvrière pondeuse.

Fécondés = terme faisant référence aux œufs pondus par une reine. Ils sont fécondés avec du sperme que la reine a stocké dans sa spermathèque lors de sa fécondation par les mâles. A maturité, ces œufs deviennent des ouvrières ou des reines.

Festonnage = activité de jeunes abeilles engorgées de miel et pendues les unes aux autres, généralement pour sécréter de la cire, mais également en faisant la barbe et lors de l'essaimage.

Feuille de cire gaufrée = fine feuille de cire d'abeille portant l'empreinte de cellules d'ouvrières (ou plus rarement de faux-bourdons) dont les abeilles se servent pour bâtir un rayon complet (appelé rayon étiré) ; les termes cire gaufrée et feuille de cire gaufrée désignent la même chose. La cire gaufrée peut être armée, non-armée ; il en existe également en plastique, de différentes épaisseurs et portant différentes tailles de cellules (couvain = 5,4 mm, petite cellule = 4,9 mm, faux-bourdon = 6,6 mm).

Feuillure = en menuiserie, il s'agit d'une entaille pratiquée dans le bois. Dans une ruche Langstroth, les rebords des cadres sont des feuillures et les angles sont quelquefois façonnés comme des feuillures, d'autres fois en queue d'aronde.

Fil métallique, cadre = fin fil métallique de diamètre 0,321 mm utilisé pour consolider la cire gaufrée destinée au nid à couvain ou à l'extracteur à miel.

Filant = terme utilisé pour décrire un objet qui forme une sorte de filin élastique lorsqu'il est poussé avec un bâton. Cette technique est utilisée sur le couvain operculé pour diagnostiquer la loque américaine.

Finisseur = ruche utilisée pour terminer le développement de cellules royales, elles y sont introduites operculées et y restent jusqu'à juste avant l'émergence. Il peut s'agir d'une ruche possédant déjà une reine tout comme il peut s'agir d'une ruche orpheline.

Food chamber = corps de ruche rempli de miel pour les provisions d'hiver, en général une boîte profonde utilisée pour la gestion de nid à couvain illimité.

Fourchette à désoperculer = outil ressemblant à une fourchette, utilisé pour ôter les opercules couvrant le miel avant l'extraction. Généralement utilisé dans les recoins inaccessibles avec le couteau à désoperculer.

Frelons et guêpes jaunes = Insectes sociaux de la famille des vespidés. Leurs nids sont en papier ou en feuillage, et ils n'ont qu'une seule reine hivernante. Passablement agressives, et carnivores, mais de manière générale bénéfiques aux abeilles, elles peuvent être une nuisance pour l'Homme. Les frelons et les guêpes jaunes sont souvent confondus avec les guêpes et les abeilles mellifères. Les guêpes sont de la même famille que les frelons et les guêpes jaunes, les plus courantes sont les guêpes polistes dont le nid sous forme de petits rayons en papier n'est suspendu qu'à un unique support. Les frelons, les guêpes jaunes et les guêpes se distinguent facilement par leur corps brillant sans poil et leur agressivité. Les guêpes jaunes, malheureusement ressemblent aux abeilles des dessins animés et des publicités, ils sont jaunes clairs, noirs et brillants. Les abeilles mellifères sont généralement d'un noir duveteux, d'une couleur brune ou ocre, elles ne sont jamais d'un jaune clair, et à la base sont plutôt dociles de nature.

Fructose = sucre contenu dans les fruits, également appelé lévulose (sucre inverti), monosaccharide qu'on retrouve généralement dans le miel et qui est lent à granuler.

Fumagiline-B/ Fumidil-B = la Fumagilline Bicyclohexyle-ammonium, dont le nom commercial fut Fumidil-B (nom donné par les laboratoires Abbot), et qui semble être maintenant appelée Fumagilline-B, est une poudre antibiotique soluble de couleur blanchâtre découverte en 1952. Certains apiculteurs la mélangent au sirop de sucre et nourrissent les abeilles avec ce mélange pour prévenir la nosémose. La Fumagilline est plus soluble que le Fumidil. Son utilisation en apiculture est interdite dans les pays de l'Union Européenne car c'est un tératogène suspecté de causer des malformations congénitales. La Fumagilline peut bloquer la formation des vaisseaux sanguins en se liant à une enzyme appelée méthionine aminopeptidase. La perturbation génique de la méthionine aminopeptidase 2 provoque un défaut de gastrulation embryonnaire et un arrêt de croissance des cellules endothéliales. La Fumagiline B est isolée à partir du champignon qui cause le couvain pétrifié, l'Aspergillus fumigatus. Formule : acide (2E,4E,6E,8E)-10-{[(3R,4S,5S,6R)-5-méthoxy- 4-[(2R)-2-méthyl-3-(3-méthylbut-2-ényl)oxiran-2-yl]-1- oxaspiro[2.5]octan-6-yl]oxy}-10 -oxodéca-2,4,6,8-tétraénoïque

G

Gabarit de montage = gabarit de clouage de boîtes (pour plus de photos, voir le volume III de ce livre).

Gants = gants en cuir, en textile ou en caoutchouc portés lors de l'inspection des abeilles.

Gardienne = ouvrière âgée d'environ trois semaines, possédant le taux maximum de phéromone d'alarme et de venin le plus élevé ; elles interceptent toutes les abeilles souhaitant entrer dans la ruche ainsi que les intrus.

Gelée royale = substance d'un blanc laiteux, sécrétée par la glande hypopharyngienne des nourrices ; sert au nourrissement de la reine et des jeunes larves.

Gestion du nectar (checkerboarding) = méthode de contrôle d'essaimage créée par Walt Wright, consistant à la fin de l'hiver, à alterner les réserves se trouvant au-dessus du nid à couvain avec des rayons bâtis. Les rapports en ce qui concerne les résultats de cette méthode font état de récoltes massives et d'absence d'essaimage.

Glande nourricière = glande sécrétant la gelée royale et située dans la tête de l'ouvrière. Ce riche mélange de protéines et de vitamines sert au nourrissement de toutes les larves d'abeilles durant les trois premiers jours de leur vie et au nourrissement des reines durant toute leur croissance.

Glandes cirières = les huit glandes localisées sur la face ventrale des quatre segments abdominaux visibles des jeunes ouvrières. Elles sécrètent des écailles de cire.

Glucose = aussi connu sous le nom de dextrose, c'est un sucre simple (ou monosaccharide) et également un des deux principaux sucres qu'on trouve dans le miel. Le dextrose est la phase solide de la cristallisation du miel.

Grande cellule = taille standard de cire gaufrée avec des cellules mesurant 5,4 mm.

Grappe = partie de la ruche la plus fournie en abeilles durant une journée chaude, il s'agit généralement du noyau du nid à couvain. Par des températures en-dessous de 10°C (50°F), il s'agit du seul endroit où s'agglutinent les abeilles. Le terme est utilisé pour désigner aussi bien l'emplacement que les abeilles qui s'y trouvent.

Grappe d'hiver = boule compacte d'abeilles qui se forme à l'intérieur d'une ruche pour générer de la chaleur ; cette grappe se constitue lorsque la température à l'extérieur de la ruche chute en-dessous de 10°C (50°F).

Greffage = procédé consistant à enlever une larve d'ouvrière de sa cellule et à la placer dans une cupule artificielle pour la faire élever en reine.

Grillage anti-pillage = grillage servant à empêcher le passage des abeilles pillardes tout en permettant celui des résidents de la ruche.

Grillage anti-souris = dispositif permettant de réduire l'entrée d'une ruche dans le but d'empêcher les souris d'y entrer. Il s'agit généralement de grillage à mailles de dimensions 6 x 6mm.

Grille à reine = outil en métal, en bois ou en zinc (ou n'importe quelle combinaison des matériaux précités) possédant des ouvertures mesurant 4,14 à 4,16 mm, permettant le passage des ouvrières et empêchant celui des reines et des faux-bourdons ; utilisé pour confiner la reine à une partie spécifique de la ruche, généralement le nid à couvain.

H

Haploïde = ne possédant qu'un seul jeu de chromosomes, les faux-bourdons sont haploïdes, contrairement aux ouvrières et aux reines qui possèdent deux jeux de chromosomes.

Hausse = boîte d'une profondeur de 144,5 ou 146 mm pouvant contenir des cadres d'une profondeur de 140 mm dans laquelle les abeilles stockent le miel ; placée généralement au-dessus du nid à couvain. Mot venant du latin *super* qui signifie « au-dessus ».

Hausse à miel = terme désignant les boîtes contenant des cadres et utilisées pour la production de miel. Le terme anglais vient du mot latin « super » signifiant « au-dessus de ». Toute boîte située au-dessus du nid à couvain est une hausse.

Hémolymphe = nom scientifique donné au « sang » des insectes.

Honey Bee Healthy = mélange d'huiles essentielles (citronnelle et menthe poivrée) disponible dans le commerce, utilisé pour booster le système immunitaire des abeilles.

Honey Super Cell = rayon en plastique entièrement bâti, de profondeur profonde et avec des cellules mesurant 4,9 mm.

Hopkins shim = cale utilisé pour maintenir un cadre à plat à l'horizontal lors d'un élevage de reines sans greffage.

Hostile (tempérament) = abeilles excessivement défensives ou carrément agressives.

Huile essentielle de citronnelle = huile essentielle utilisée pour appâter les essaims, contenant beaucoup des composants de la phéromone de Nasanov.

Hydroxyméthylfurfural = composé naturel présent dans le miel dont la quantité augmente avec le temps et lorsque le miel est chauffé.

Hypersensibilité au venin = condition dans laquelle se trouve une personne qui, si elle est piquée, est susceptible de faire un choc anaphylactique. Par temps chauds, une personne de cette condition devrait toujours porter sur elle une trousse d'urgence pour piqures d'insectes.

I

Illinois = boîte de 168 mm de profondeur pouvant contenir des cadres de 159 mm de profondeur. Autres appellations : Medium, Western, $^{3}/_{4}$ depth.

Imirie shim = outil dont le crédit revient à feu George Imirie. Il s'agit d'un simple cadre rectangulaire d'une épaisseur de 19 mm dans lequel est aménagée une entrée. Ce dispositif permet l'ajout d'une entrée supplémentaire entre deux éléments de la ruche.

Inhibine = effet antiseptique du miel grâce à des enzymes et à une accumulation de peroxyde d'hydrogène ; un résultat de la chimie du miel.

Insémination instrumentale = introduction de spermatozoïdes de faux-bourdons dans la spermathèque d'une reine vierge au moyens d'instruments spéciaux.

Inversion alias commutation = action de changer de place différents corps de ruches d'une même colonie ; généralement à des fins d'expansion du nid, la hausse pleine de couvain et la reine sont placées en-dessous d'une hausse vide pour fournir à la reine de l'espace supplémentaire pour la ponte.

Invertase = enzyme présente dans le miel, qui divise la molécule de saccharose (disaccharide) en deux composants : le dextrose et le lévulose (monosaccharides). L'invertase est produite par les abeilles et mélangée au nectar pour le convertir durant le processus de fabrication du miel.

Isomérase = enzyme bactérienne utilisée pour convertir le glucose contenu dans le sirop de maïs en fructose, qui est un sucre plus doux ; appelée isomerose, est maintenant utilisée pour nourrir les abeilles.

Italienne = race répandue d'abeilles, Apis mellifera ligustica, portant des rayures jaunes et brunes, originaires d'Italie ; généralement de caractère agréable et productives, mais avec de forts penchants pour le pillage et la production incessante de couvain

J

Jabot = porte également le nom d'estomac à miel. Elargissement dans la partie postérieure de l'abdomen de l'abeille de l'œsophage, mais se trouvant dans la partie avant de l'abdomen, capable de se dilater lorsque rempli de liquide comme de l'eau ou du nectar. Sert au transport de l'eau, du nectar et du miel.

Jaune (reine ou abeilles) = lorsque le terme se rapporte aux abeilles mellifères, il fait référence à un brun clair. Les abeilles mellifères *ne sont pas* jaunes. Une reine jaune est généralement d'un brun clair soutenu.

Jenter = marque particulière d'un système d'élevage de reines sans greffage.

L

Lang = abréviation pour désigner la ruche Langstroth.

Langstroth, Révérend L.L. = religieux natif de Philadelphie (1810 - 1895). Il a vécu pendant un certain temps dans l'Ohio où il a continué ses études et ses écrits sur les abeilles. Il a reconnu l'importance de l'espacement, ce qui a abouti au développement de la ruche la plus communément utilisée, la ruche à cadres mobiles.

Larve, couvain operculé = étape de développement de l'abeille, durant laquelle la larve est prête à se transformer en pupe ou à tisser son cocon (autour du 10ème jour à compter de la ponte de l'œuf).

Larve, couvain ouvert = étape de développement de l'abeille, débute au quatrième jour à partir du moment où l'œuf a été pondu jusqu'à son operculation autour du 9ème ou 10ème jour.

Lavage à l'alcool = dans un bocal contenant de l'alcool est versé une pleine tasse d'abeilles. L'alcool tue les abeilles et les acariens qu'elles portent, permettant ainsi le comptage de varroas. Un roulage au sucre est une manière non-létale de procéder.

Lève-cadre = outil métallique plat utilisé pour soulever les boîtes et les cadres, généralement composé d'une surface de grattage ou d'un crochet de levage à une extrémité et d'une lame plate à l'autre extrémité.

Lévulose = porte également le nom de fructose (sucre des fruits). Il s'agit d'un monosaccharide qu'on retrouve communément dans le miel et qui est lent à cristalliser.

Lieu de rassemblement de mâles (LRM) = lieu où les faux-bourdons venant de plusieurs ruches voisines se rassemblent et attendent l'arrivée d'une reine. En d'autres termes, il s'agit d'un espace d'accouplement. Les faux-bourdons trouvent le LRM en suivant à la fois des traînées de phéromones et des indices topographiques dans le paysage tels que des rangées d'arbres.

Lignée survivante = abeilles élevées à partir d'abeilles ayant survécu sans traitements. Souvent des abeilles sauvages.

Loque américaine = pour plus de détails, voir le chapitre *Les ennemis des abeilles*. Elle est causée par une bactérie sporulée. Désignée autrefois sous le nom de Bacillus Larvae, elle a récemment été rebaptisée Paenibacillus larvae. Lorsqu'atteintes de loque américaine, les larves généralement meurent après avoir été operculées, mais elles paraissent malades bien avant cela. Le couvain a un aspect irrégulier en mosaïque. Les opercules seront affaissés et quelquefois percés. Les larves fraîchement mortes fileront si elles sont piquées avec une allumette. L'odeur qui s'en dégage est nauséabonde et distinctive. Les larves mortes depuis un certain temps se transforment en écailles dont les abeilles ne peuvent pas se débarrasser.

Loque européenne = causée par une bactérie anciennement appelée Streptococcus pluton mais maintenant rebaptisée Melissococcus pluton, la loque européenne est une maladie du couvain. Lorsqu'atteintes de la loque européenne, les larves prennent une couleur brune et leur trachée prend une couleur brune encore plus foncée, à ne pas confondre cependant avec la couleur qu'ont les larves nourries au miel foncé. Ce n'est pas seulement la nourriture qui est brune. Observez la trachée. Au pire des cas, le couvain mourra, prendra peut-être une teinte noire et les opercules seront peut-être irrécupérables, mais le couvain meurt généralement avant son operculation. Les opercules dans le nid à couvain seront clairsemés et non solides, car ils ont été ôtés de larves mortes. Pour différencier la loque européenne de la loque américaine, utilisez un bâtonnet avec lequel vous piquerez une larve malade pour la sortir de sa cellule. La loque américaine « filera » sur quelques centimètres.

M

Machine à empoter = réservoir de classe alimentaire pouvant contenir 19 litres de miel ou plus et équipé d'un robinet permettant la mise en pot du miel.

Manchon à reine = tube fait de grillage métallique ressemblant par la forme à « un manchon » pour garder les mains au chaud, utilisé pour empêcher les reines de s'échapper lors de leur marquage ou lors de la libération des servantes. Disponible chez Brushy Mt.

Mandibule = la mâchoire d'un insecte ; utilisée par les abeilles pour façonner le rayon à miel et le ramassage du pollen, lors des combats et pour le ramassage des déchets de la ruche.

Marc de cire = déchets qui restent une fois que des rayons et des opercules sont fondus, que la cire obtenue de la fonte est filtrée ou enlevée ; contient généralement des cocons, du pollen, des cadavres d'abeilles et des impuretés.

Marquage = action de peindre un petit point de peinture sur la partie arrière du thorax d'une reine pour la rendre plus facilement identifiable et également pour permettre de connaître son âge et de vérifier si elle a été remplacée.

Maxant = fabricant d'équipement d'apicole fournissant du matériel comme des bacs à désoperculer, des extracteurs, des lève-cadres, etc.

Medium (cire gaufrée) = lorsqu'en relation avec la cire gaufrée, le terme fait référence à l'épaisseur de la cire, non à la profondeur du cadre qui la porte. Dans ce cas, il s'agit d'épaisseur moyenne et de cellules de la taille de cellules d'ouvrières.

Medium (ruche) = boîte de 168 mm de profondeur pouvant contenir des cadres de 159 mm de profondeur. Aux Etats-Unis, ce genre de boîtes est également appelé Illinois, Western ou encore ³/₄ depth (profondeur ³/₄).

Melissococcus pluton = nouveau nom donné par les taxonomistes à la bactérie à l'origine de la loque européennes, l'ancienne appellation étant Streptococcus pluton.

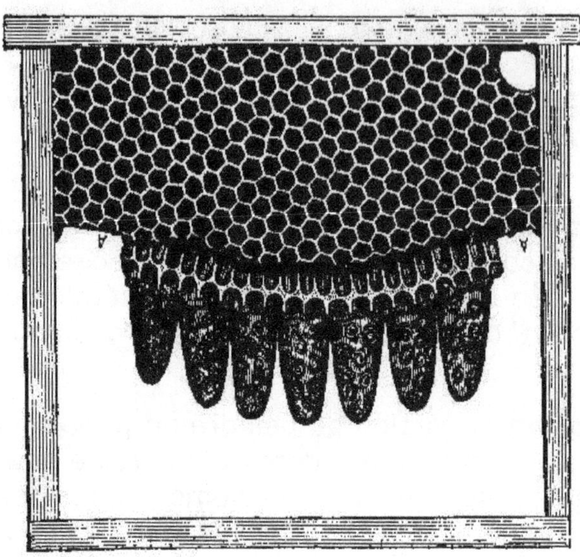

Méthode Alley

Méthode Alley = méthode d'élevage de reines sans greffage où les abeilles sont placées dans une « boîte à essaims » pour les convaincre qu'elles sont orphelines, puis dans un vieux rayon à couvain, est découpée une bande qui est ensuite collée sur une barrette pour que les abeilles commencent le bâtissage de cellules royales.

Méthode « Better queens » = méthode d'élevage de reines sans greffage semblable à la méthode d'élevage de reines d'Isaac Hopkins (par opposition à la « méthode Hopkins »). Une sorte de méthode Alley mais avec l'utilisation de rayons neufs au lieu de vieux rayons.

Méthode Doolitle = méthode d'élevage de reines consistant au greffage de jeunes larves dans des cupules. Découverte pour la première fois par Nichel Jacob en 1568, Schirach a écrit sur le sujet en 1767, puis Huber l'a fait en 1794. La méthode a finalement été popularisée par G.M. Doolitle dans son ouvrage « *Scientific Queen Rearing* » en 1846.

Méthode du sucre glace = test pour compter les acariens varroas consistant à mettre dans un bocal une pleine tasse d'abeilles et du sucre en poudre, à faire rouler le bocal, puis à compter le nombre d'acariens ainsi délogés. Ce test a été inventé pour servir d'alternative non létale à la méthode de lavage à l'alcool ou celle du bocal à l'éther.

Méthode Hopkins = méthode d'élevage de reines sans greffage consistant à placer de horizontalement au-dessus d'un nid à couvain, un cadre de jeunes larves.

Méthode Miller = méthode d'élevage de reines sans greffage, consistant à fournir aux abeilles un cadre portant une bande de rayon à couvain avec une bordure découpée en dents de scie, où les abeilles pourront bâtir des cellules royales.

Méthode Smith = méthode d'élevage de reines popularisée par Jay Smith, consistant à utiliser une boîte à essaims en guise de starter et à greffer des larves dans des cupules.

Midnite = hybride F1 issu du croisement de deux lignées spécifiques de Caucasiennes et de Carnioliennes. Créé par Dadant & sons et vendus pendant des années par York. A l'origine, il s'agissait de deux lignées de Caucasiennes qui avec le temps est devenu est un croisement entre Caucasiennes et Carnioliennes.

Miel = substance sucrée et visqueuse produite par les abeilles à partir du nectar des fleurs, composée en grande partie d'un mélange de dextrose et de lévulose dissout dans environ 17 à 19 pour cent d'eau ; contient de petites quantités de sucrose, de matières minérales, de vitamines, de protéines et d'enzymes.

Miel crémeux = miel soumis à une granulation contrôlée pour lui donner une texture finement confite ou granulée, qui se tartine facilement à température ambiante. La méthode consiste généralement à ajouter de fins « germes cristallins » dans le miel et le maintenir à une température de 14°C (57°F).

Miel cru = miel qui n'a pas été finement filtré ou chauffé.

Miel en rayon = morceaux de rayons contenant du miel, découpés dans de plus grands rayons ou alors produits et vendus en unités séparées telles que des sections carrées en bois de 114 mm ou en encore des anneaux en plastique.

Miel en section, découpé, non obtenu en faisant bâtir dans des boîtes à section = morceaux de miel en rayon de tailles variées, les tranches sont égouttées et les morceaux sont emballés ou empaquetés individuellement.

Miel extrait = miel retiré des rayons, généralement aux moyens d'une force centrifuge (un extracteur) afin de ne pas endommager les rayons. Mais il arrive souvent que les amateurs écrasent les rayons puis les filtrent pour extraire le miel (voir « *Broyer et filtrer* »).

Miel fermenté = miel contenant un trop grand pourcentage d'eau (teneur supérieure à 20%) dans lequel de la levure s'est développée le transformant en dioxyde de carbone, en eau et en alcool.

Miellat = substance sécrétée par des insectes de l'ordre des homoptères (pucerons) à partir de la sève des plantes ; étant donné qu'il contient 90% de sucre, il est récolté par les abeilles et emmagasiné sous forme de miel de miellat.

Miellée = période durant laquelle les plantes produisant du nectar fleurissent si intensément que les abeilles peuvent produire un surplus de miel ; période de l'année pendant laquelle le nectar est disponible.

Miellerie = bâtiment abritant des activités telles que l'extraction de miel, son conditionnement et son stockage.

Miller Bee Supply = entreprise de distribution d'équipement apicole basée en Caroline du Nord. Entre autres choses, ils fournissent des instruments à huit cadres.

N

Nadiring = terme anglo-américain désignant l'action d'ajouter des boîtes sous le nid à couvain. Il s'agit d'une pratique commune lorsque des ruches ne contenant pas de cire gaufrée sont utilisées, les ruches Warré incluses

Nasanov = phéromone sécrétée par une glande située sous l'extrémité de l'abdomen de l'ouvrière et utilisée principalement pour l'orientation. Elle joue un rôle primordial en ce qui concerne le comportement essaimeur d'une colonie et lorsqu'il y a perturbation au sein de leur colonie, les abeilles « battent le rappel ». La phéromone de Nasanov est un mélange de sept terpénoïdes dont principalement du géranial et du néral, qui sont deux isomères dont le mélange donne une substance portant le nom de citral. L'huile essentielle de citronnelle (Cymbopogon) qui en a particulièrement le parfum, est utilisé dans les ruches attire-essaims et pour empêcher les abeilles ou essaims nouvellement enruchés de quitter leurs ruches.

Nectar = liquide riche en sucres, produit par les plantes et sécrété par les nectaires à l'intérieur ou près des fleurs ; la matière première du miel.

New World Carniolans = programme d'élevage d'abeilles créé par Sue Cobey dont le but est de trouver et d'élever des abeilles originaires des Etats-Unis avec des caractères carnioliens et d'autres caractères commercialement utiles.

Nicot = marque particulière d'un système d'élevage de reines sans greffage.

Nid à ciel ouvert = colonie d'abeilles qui a construit son nid dans les grosses branches d'un arbre plutôt que dans le creux de l'arbre ou dans une ruche.

Nid à couvain = partie intérieure de la ruche dans laquelle le couvain est élevé ; généralement les deux boîtes inférieures.

Nid à couvain illimité alias « magasin à nourriture » = gestion d'abeilles selon une configuration où le nid à couvain n'est pas limité par une grille à reine et les abeilles hivernent généralement dans plusieurs boîtes pour permettre d'avoir plus de nourriture et plus d'expansion au printemps

Non fécondé = se dit d'une ovule ou œuf qui n'a pas été uni avec le sperme.

Nosémose = maladie causée par un champignon (en général classifiée comme protozoaire) appelé Nosema apis. La solution chimique courante (que je n'utilise pas) était le Fumidil qui a récemment été rebaptisé Fumagilin-B. Le nourrissement au miel ou au sirop est un remède efficace. Les symptômes de la maladie sont : un intestin blanc et distendu, la dysenterie, la présence du Nosema en observant spécialement au microscope l'intestin d'une butineuse.

Nourrice = jeunes abeilles, âgées généralement de trois à dix jours qui nourrissent le couvain et prennent soin de son développement.

Nourrisseur = tout matériel servant au nourrissement des abeilles.

Nourrisseur Boardman = nourrisseur présent dans tous les kits apicoles pour débutant. Destiné à être placé à l'entrée de la ruche, un bocal d'environ un litre y est placé à l'envers. Moi je garderais le couvercle du bocal et je jetterais le nourrisseur. En effet, les nourrisseurs Boardman sont réputés pour déclencher des pillages. Ils sont simples à vérifier mais une fois qu'il est vide, il faut secouer les abeilles et ouvrir le bocal pour le remplir.

Nourrisseur cadre = compartiment en bois ou en plastique suspendu dans une ruche tel un cadre et servant à contenir du sirop de sucre pour le nourrissement des abeilles. Le nombre d'abeilles qui s'y noient est faible si vous y placez des flotteurs. A l'origine, il servait de partition pour séparer une boîte en deux ruchettes utilisées généralement pour l'élevage de reines ou encore pour faire des divisons dans le but d'augmenter le nombre de colonies. La plupart des nourrisseurs cadres sont maintenant pourvus d'un espacement et ne peuvent plus servir de partition pour des divisions.

Nourrisseur couvre-cadres = nourrisseur Miller. Boîte contenant du sirop, placée au-dessus de la ruche. Voir « Nourrisseur Miller ».

Nourrisseur Miller = nourrisseur couvre-cadres popularisé par C.C. Miller.

O

Œillet = petite pièce en métal facultative à encastrer dans les trous des barrettes d'extrémités d'un cadre, utilisée pour empêcher les fils de fer d'armature de s'enfoncer dans le bois. De nombreuses personnes à la place d'œillets, se servent d'agrafes à l'endroit où les fils de fer pourraient fendre le bois.

Œuf = première phase du cycle de vie d'une abeille, généralement pondu par la reine, de forme cylindrique, long de 1,6 mm ; l'œuf est recouvert d'une coque flexible appelée chorion. Il ressemble à un petit grain de riz.

Opercules = cire fine couvrant le miel ; les opercules sont retirés au moment de l'extraction.

Orpheliner = action d'enlever la reine d'une colonie. Se fait généralement avant un remplacement, ou en guise d'aide en cas de maladies du couvain ou de présence de ravageurs.

Ouvrière = abeille femelle inféconde dont les organes reproducteurs ne sont que partiellement développés, qui est anatomiquement différente d'une reine, qui est outillée et responsable de l'exécution de toutes les tâches routinières d'une colonie.

Ouvrière pondeuse = ouvrière qui pond des œufs au sein d'une colonie désespérément orpheline. Cela se produit lorsque la colonie ne reçoit pas de phéromones du couvain ouvert. Les œufs ainsi pondus ne sont pas fertilisés étant donné que les ouvrières ne peuvent pas s'accoupler, et par conséquent se développent en faux-bourdons.

Ovaire = partie d'une plante ou d'un animal produisant l'œuf.

Ovariole = un des nombreux tubules composant l'ovaire d'un insecte.

Ovule = cellule germinale femelle immature, qui se développe en graine.

Oxytétracycline (Oxytet) = antibiotique vendu sous le nom commercial de Terramycine ; utilisé pour contrôler la loque américaine et la loque européenne.

P

Pain d'abeilles = pollen fermenté stocké dans la ruche destiné au nourrissement du couvain.

Paquet d'abeilles = quantité d'abeilles adultes (1 à 2 kg), avec ou sans reine, contenue dans une cage d'expédition grillagée.

Paradichlorobenzène (PDB, antimite) = traitement contre les fausses teignes pour les rayons en réserves. Connu pour être cancérigène.

Paralysie = voir « Virus de la paralysie aigüe ».

Parthénogenèse = développement d'œufs non-fécondés pondus par des femelles vierges (reine ou ouvrière) en abeilles. De tels œufs se développent en faux-bourdons.

Partition = fine planche utilisé à la place d'un cadre lorsque le nombre normal de cadres que peut contenir une ruche n'est pas atteint. Habituellement le terme est utilisé en faisant référence à une partition autour duquel un espacement a été prévu, qui est utilisé pour rendre les cadres faciles à retirer sans roulis et pour réduire la condensation sur les parois de la ruche. Quelquefois, le terme désigne plutôt une partition hermétique servant à la division d'une boîte en deux colonies.

Pelotes de pollen ou gâteaux de pollen = le pollen conditionné dans la corbeille à pollen des abeilles et porté jusqu'à la colonie est obtenu en roulant le pollen, en le brossant et en le mélangeant à du nectar avant son conditionnement.

PermaComb = rayon entièrement étiré en plastique de profondeur moyenne et avec une taille de cellules équivalente à 5 mm une fois l'épaisseur de la paroi cellulaire et l'angle de la cellule alloués.

Petite cellule = cellule mesurant 4,9 mm. Utilisée par certains apiculteurs pour contrôler les acariens varroas.

Petit coléoptère des ruches = ravageur récemment importé en Amérique du Nord, dont les larves peuvent détruire les rayons et faire fermenter le miel.

PF-100 (profond) and PF-120 (moyen) = cadre monobloc à petites cellules en plastique, disponible chez Mann Lake. Taille de cellule : 4,95 mm. Les utilisateurs rapportent une excellente acceptation et des cellules parfaitement étirées.

Phéromone d'alarme = substance chimique (acétate d'isoamyle) ayant une odeur similaire à l'arôme artificiel de banane et sécrétée près du dard de l'ouvrière pour prévenir la ruche d'une attaque.

Phéromone mandibulaire royale (PMR) = phéromone produite par la reine, avec laquelle elle nourrit ses servantes, qui à leur tour la partagent avec le reste de la colonie, lui donnant ainsi le sentiment de posséder une reine. Chimiquement, la PMR est très composite avec au moins 17 composantes majeures et quelques autres composantes mineures. 5 de ces composés sont : l'acide-(E)-9-oxo-2-décènoïque (9-ODA) + les acides 9-hydroxy-2-décènoïques cis & trans (9HDA) + méthyl-p-hydroxybenzoate et 4-hydroxy-3-méthoxyphényléthanol. Les reines nouvellement émergées en produisent très peu. Au sixième jour, elles en produisent assez pour attirer les faux-bourdons afin de s'accoupler. Une reine pondeuse produit deux fois la quantité produite par une reine nouvellement émergée. La PMR est responsable de l'arrêt de l'élevage de reines de remplacement, de l'attraction des faux-bourdons pour qu'ils s'accouplent avec une nouvelle reine, de la stabilisation et de l'organisation d'un essaim autour d'une reine, de l'attraction d'un cortège de servantes, de la stimulation du butinage et de l'élevage du couvain ainsi que de l'humeur générale de la colonie. Il semble que le manque de PMR attire les abeilles pillardes.

Phorétique = dans le contexte des varroas, le terme qualifie la situation où les parasites se développent ou se reproduisent sur des abeilles adultes plutôt que dans les cellules.

Picking = aiguille ou sonde utilisée pour le transfert de larves dans les cupules lors du greffage.

Picking chinois = outil de greffage fait de plastique, de corne et de bambou, possédant une « langue » rétractable qu'on glisse sous la larve pour la prélever. Le picking chinois est populaire car il est plus facile à manier que la plupart des autres outils de greffage et il permet de prélever une plus grande quantité de gelée royale. La qualité varie et il est recommandé d'en acheter plusieurs sortes, puis de choisir ce qui vous convient le mieux.

Pillard(e) = terme désignant des abeilles qui volent du miel/nectar dans des colonies autres que celle dont elles proviennent ; terme également utilisé pour désigner les abeilles nettoyant les hausses mouillées ou les opercules laissés à découvert par les apiculteurs ; ou encore pour désigner l'apiculteur qui retire le miel d'une ruche.

Pince à reine = instrument ayant l'aspect d'une pince à cheveux, utilisé pour attraper la reine. Disponible chez la plupart des distributeurs d'équipement apicole.

Pince à sertir = outil servant à faire onduler le fil métallique utilisé pour consolider une feuille de cire gaufrée à la fois pour le rendre plus solide, permettre une meilleure distribution du stress et donner plus de surface sur laquelle rattacher la cire.

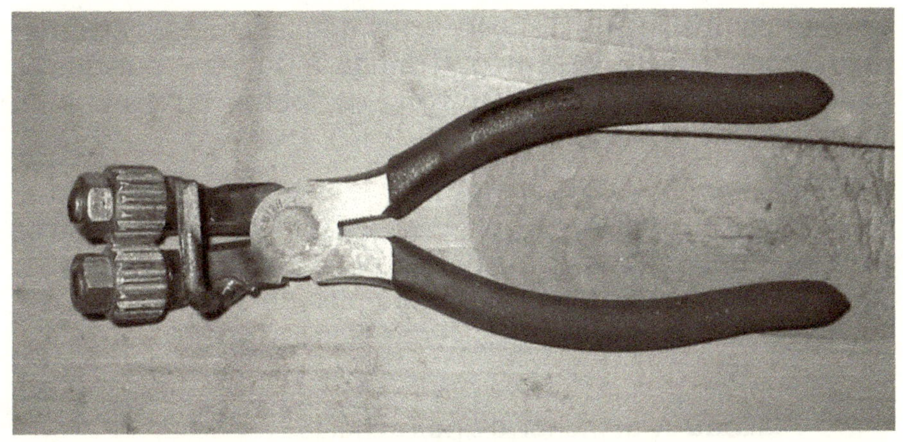

Pince à sertir

Plan Demarée = méthode de contrôle d'essaimage consistant dans une même ruche à séparer la reine d'une grande partie du couvain, ceci pour inciter les abeilles à élever une nouvelle reine dans le but d'avoir une ruche à deux reines, d'augmenter la production de la ruche et de réduire l'essaimage.

Planche de partition = pièce en bois ou en plastique ressemblant à un cadre, mais avec des côtés plus étroits, servant à diviser une boîte en plusieurs compartiments pour en faire des ruchettes.

Plancher grillagé = plateau dont le fond est un grillage (généralement à mailles de dimensions 3 x 3 mm) pour permettre la ventilation. Les varroas tombent également à travers les mailles du grillage.

Planchette d'atterrissage = construction externe consistant en une petite plateforme placée à l'entrée de la ruche, sur laquelle les abeilles atterrissent avant d'entrer dans la ruche. Généralement, il s'agit tout simplement d'un plateau plus long. Quelquefois, un plan incliné y est ajouté. Dans la nature, les abeilles ne disposent pas de planchette d'atterrissage. Moi, j'appelle cela une « rampe à souris » puisque la seule fonction que je lui trouve est de fournir aux souris un accès plus facile à la ruche.

Plante mellifère = plante dont les fleurs (ou d'autres parties) produisent assez de nectar pour permettre la production d'un surplus de miel ; des exemples de ces plantes : aster, tilleul, citrus, eucalyptus, verge d'or et Tupélo.

Plateau = plancher d'une ruche.

Plateau chasse-abeilles = plateau portant un ou plusieurs chasses-abeilles, utilisé pour chasser les abeilles hors des hausses.

Plateau Cloake

Plateau Cloake = dispositif servant à diviser une colonie en deux pour faire une ruche orpheline (le starter), et dont le retrait permet de réunir les deux parties pour faire une ruche possédant une reine (le finisseur), tout cela sans avoir à ouvrir la ruche.

Plateau grillagé = plateau avec un grillage (grillage maille 3 x 3mm) permettant la ventilation, les varroas tombent également à travers les mailles du grillage. En Europe, les autres noms utilisés pour désigner ce type de plateau sont plancher grillagé ou plateau anti-varroa.

Plateau-nourrisseur = voici ci-dessous une photo du plateau-nourrisseur introduit par Jay Smith. Il s'agit simplement d'un réservoir fait avec un bloc de bois 19 par 19 mm. Un écart d'environ 25 mm est situé sur la partie arrière du nourrisseur à partir de l'endroit où devrait se trouver l'avant de la ruche (environ 457 mm à partir de l'arrière). Lorsque le nourrisseur est placé sous la ruche, l'écart doit dépasser vers l'arrière et c'est dans la partie qui dépasse que sera versé le miel. Une petite planche peut être utilisée pour obstruer l'ouverture à l'arrière. Les abeilles peuvent toujours sortir par l'avant de la ruche en descendant dans le réservoir. J'ai pris la photo en me tenant à l'arrière de la ruche, les bords du réservoir ont été mis en valeur et j'ai ajouté des descriptions pour une meilleure compréhension. Ce modèle de nourrisseur n'est pas pratique d'utilisation sur une ruche faible étant donné que le sirop est trop proche de l'entrée. Les abeilles s'y noient autant qu'elles se noient dans les nourrisseurs cadres.

Plateau-nourrisseur

Pollen = cellules reproductives mâles (gamétophytes) des fleurs. Elles ressemblent à de la poussière. Le pollen se forme dans les anthères et représente une importante source de protéine pour les abeilles ; le pollen fermenté (pain d'abeilles) est essentiel pour l'élevage du couvain.

Pose de hausses = action de placer des hausses à miel sur une colonie en prévision d'une miellée.

Pose de hausses inférieures = action de placer des hausses à miel directement au-dessus de la boîte à couvain sous d'autres hausses déjà en place. La théorie est que les abeilles travailleront mieux les hausses se trouvant directement au-dessus du nid à couvain ; par opposition à la *pose de* *hausses supérieures* qui l'action de placer simplement des hausses par-dessus d'autres hausses déjà en place.

Pose de hausses supérieures = action de placer des hausses à miel au-dessus de la première hausse de la ruche ; par opposition à la *pose de hausses inférieures* qui consiste à les placer en-dessous des hausses déjà en place et directement au-dessus de la boîte à couvain, ou encore au « *nadiring* » qui consiste à ajouter des boîtes en-dessous de la boîte à couvain.

Poussière de voyage = aspect sombre que prend la surface d'un rayon à miel, causé par la circulation des abeilles sur toute cette surface.

Préparation à l'essaimage = séquence d'activités menées par les abeilles et qui conduit à l'essaimage. Visuellement, vous pouvez voir cette préparation commencer avec la congestion du nid à couvain afin que la reine n'ait plus d'endroit où pondre.

Proboscis = pièces buccales de l'abeille formant la trompe ou la langue.

Profondeur = mesure verticale d'une ruche ou d'un cadre.

Propolis = résines végétales recueillies, mélangées à des enzymes provenant de la salive de l'abeille et utilisées pour combler les petits espaces à l'intérieur de la ruche, pour couvrir et tout stériliser dans la ruche. La propolis a des propriétés antimicrobiennes. Généralement, elle est faite à partir de la substance cireuse récoltée sur les bourgeons des peupliers mais de la sève d'arbre ou du goudron peuvent être utilisés comme substituts.

Propoliser = remplir avec de la propolis.

Pupe = troisième étape du développement de l'abeille durant laquelle elle est inactive et scellée dans son cocon.

Q

Queen juice = terme anglo-américain désignant l'action de mettre de vieilles reines dans un bocal d'alcool. Cet alcool devient le « Queen juice ». Il contient de la phéromone mandibulaire royale et sert d'appât à essaims.

R

Races d'abeilles = en taxonomie, on parle plutôt de de variété mais en apiculture le terme généralement utilisé est « race ». Toutes les abeilles sont des Apis mellifera. Les races les plus courantes aux Etats-Unis sont les Italiennes (ligustica), les Carnioliennes (carnica) et les Caucasiennes (caucasica). Les Russes pourraient être carpatica, acervorum, carnica ou caucasica en fonction de la personne à qui vous vous adressez.

Rallonge = le terme tire son origine des ruches en forme de paniers et était un « agrandissement » qui représente l'équivalent des hausses de nos jours. Dans l'usage actuel, le terme fait référence à la cale qui est ajoutée soit dans la partie supérieure pour des choses relatives au nourrissement telles que les galettes de pollen, soit sous une hausse pour augmenter sa profondeur. Le terme est plus fréquemment utilisé en Grande-Bretagne.

Rauchboy = marque d'enfumoir possédant un compartiment intérieur servant à fournir de l'oxygène de manière plus constante au feu.

Rayon = structure de cire dans une colonie dans laquelle les œufs sont pondus, le miel et le pollen y sont également stockés. En forme d'hexagones.

Rayon bâti = rayon entièrement bâti, prêt à accueillir du couvain ou du nectar, avec les parois des cellules étirés par les abeilles, en opposition à la cire gaufrée qui n'a pas été travaillée par les abeilles et n'a pas encore de parois de cellules.

Rayon d'ouvrières = rayon d'épaisseur comprise entre 4,4 et 5,4 mm dans lequel les ouvrières sont élevées et où le miel et le pollen sont stockés.

Rayon de mâles = rayon constitué de cellules plus grandes que les cellules de couvain d'ouvrières avec une taille variant de 5,9 à 7,0 mm dans lequel les faux-bourdons sont élevés et où le miel et le pollen sont stockés.

Rayon de miel = morceau de rayon de miel conditionné dans un bocal rempli de miel liquide.

Rayon irrégulier = petits morceaux de rayons bâtis hors de l'espace dédié dans le cadre. Les fausses constructions entrent dans cette catégorie.

Rayon mobile = rayon à l'intérieur d'une ruche pouvant être manipulé et inspecté individuellement. Les ruches à barrettes supérieures ont des rayons mobiles mais n'ont pas de cadres tandis que les ruches Langstroth ont des rayons mobiles contenus dans des cadres.

Rayon naturel = rayon que les abeilles ont bâti selon leur volonté sans utiliser de cire gaufrée.

Réaction allergique = réaction systémique à une chose telle que le venin d'abeille se manifestant par de l'urticaire, de la difficulté à respirer ou une perte de conscience. La réaction allergique doit être distinguée de la réaction normale au venin d'abeille, qui se manifeste par des démangeaisons et des brûlures autour de la partie piquée.

Recherche par ligne de vol = recherche d'abeilles sauvages en établissant la trajectoire suivie par les abeilles regagnant leur ruche. Cela peut inclure le marquage des abeilles et leur chronométrage pour déterminer la distance qu'elles parcourent et trianguler un emplacement en relâchant les abeilles à différents endroits.

Réducteur d'entrée = tasseau en bois utilisé pour régler la taille de l'entrée d'une ruche.

Régression = appliqué à la taille des cellules, les grandes abeilles issues de grandes cellules, ne peuvent pas bâtir des cellules de taille naturelle. Elles bâtissent une taille intermédiaire. La plupart des abeilles bâtiront des cellules d'ouvrières mesurant 5,1 mm. La régression consiste à faire revenir les grandes abeilles à une taille plus petite afin qu'elles puissent bâtir des cellules plus petites.

Reine = abeille femelle pleinement développée, sur qui repose toute la ponte d'œufs d'une colonie.

Reine bourdonneuse = reine ne pouvant pondre que des œufs non fécondés à cause de son âge, d'un accouplement impropre ou tardif, d'une maladie ou d'une meurtrissure.

Reine fertile = reine inséminée.

Reines SMR (Suppressed Mite Reproduction) = reines issues du programme d'élevage du Dr John Harbo et ayant moins de problèmes de varroas grâce probablement à leur comportement hygiénique amélioré. Récemment rebaptisé VSH (Varroa Sensitive Hygiene).

Reine testée = reine dont la lignée montre qu'elle s'est accouplée avec un faux-bourdon de la même race qu'elle et qu'elle possède d'autres qualités qui feraient d'elle la mère d'une bonne colonie. Reine à laquelle du temps a été donné pour prouver ce que sont ses qualités.

Reine vierge = reine qui ne s'est pas encore accouplée

Remérer = remplacer une reine existante en l'ôtant de la ruche et en introduisant une nouvelle reine.

Réorientation = vol effectué par les abeilles dans le but de prendre connaissance de l'environnement dans lequel se trouve leur ruche et de points de repères afin de s'assurer qu'elles se souviennent bien de l'emplacement de leur colonie. La réorientation est déclenchée par divers facteurs. Les jeunes abeilles s'orientent (elles ne se réorientent pas mais le comportement est le même) lorsqu'elles émergent pour la première fois de la ruche. Une reine vierge s'orientera pendant un jour ou deux avant ses vols nuptiaux. Les confinements ont tendance à déclencher la réorientation, même de courts confinements. Un confinement de 72 heures pousse la quasi-totalité des abeilles à se réorienter. Lorsque le climat se réchauffe et que les abeilles peuvent voler, elles survoleront la ruche et se réorienteront. La durée maximale d'un confinement pour déclencher une réorientation est de 72 heures même si cela peut se produire pour des délais plus courts. Plus de temps ne fera aucune différence notable. Les obstructions contribuent à la réorientation (des feuilles dans l'entrée, une branche devant la ruche, etc.) ainsi qu'une perturbation générale telle que le fait de tambouriner ou de cogner un peu sur la ruche. Par une journée chaude, le fait de secouer un cadre ou deux d'abeilles à l'intérieur de la ruche a tendance à pousser les abeilles à battre le rappel, ce qui déclenchera une réorientation.

Résistance à la maladie = capacité d'un organisme à éviter une maladie particulière grâce principalement à une immunité génétique ou un comportement d'évitement.

Résistance hivernale = capacité de certaines lignées d'abeilles domestiques à survivre à de longs hivers grâce à une faible consommation du stock de miel.

Robinet à clapet = robinet dont sont munis les cuves et autres réservoirs de stockage, permettant d'y prélever du miel.

Rognons = les abeilles n'ont en fait pas de rognons. A la place, elles ont des tubes de Malpighi qui sont de fines projections filamenteuses provenant de la jonction de l'intestin moyen et l'intestin postérieur, et dont la fonction est de nettoyer l'hémolymphe (le sang) des déchets cellulaires azotés qui sont ensuite déposés sous forme de cristaux d'acide urique parmi les déchets alimentaires non digérés destinés à être éliminés. Les tubes de Malpighi remplissent la même fonction chez les abeilles que les rognons chez les animaux supérieurs.

Roulement = terme décrivant ce qui se produit lorsqu'un cadre est trop étroit ou retiré de la ruche trop rapidement et que les abeilles se retrouvent poussées contre un autre rayon à proximité et « roulent ». Cela les met très en colère et est quelquefois la raison pour laquelle une reine est tuée.

Roulette zig-zag = outil utilisé pour onduler les fils de fer afin de le resserrer, mieux répartir le stress et fournir une plus grande surface à sertir à la cire.

Ruche = boîte contenant généralement des cadres mobiles et servant à loger une colonie d'abeilles.

Ruche à barrettes = ruche ne contenant que des barrettes supérieures et non des cadres permettant la mobilité des rayons sans charpenterie ou dépense.

Ruche à deux étages = le terme fait référence à une ruche hivernant dans deux boîtes profondes.

Ruche à deux reines = méthode de gestion où plusieurs reines coexistent dans une ruche. Le but est d'avoir plus d'abeilles et plus de miel avec deux reines

Ruche appât alias ruche attire-essaims alias tamis à essaims = ruche utilisée pour attirer les essaims errants. Ruche piège optimum : volume d'au moins 20 litres. Environ 2,7 mètres au-dessus du sol. Petite entrée. Vieux rayon. Essence de citronnelle. Phéromone royale.

Ruche attire-essaims = voir « Ruche appât », voir « Tamis à essaims ».

Ruche-cercueil = voir « Ruche horizontale ».

Ruche d'observation = ruche constituée en grande partie de verre ou de plastique transparent permettant l'observation des abeilles à l'œuvre.

Ruche double largeur = boîte deux fois plus large qu'une boîte à dix cadres. 825,5 mm de largeur.

Ruche éleveuse = ruche dans laquelle sont prélevés des œufs ou des larves destinés à l'élevage de reine. En d'autres termes, il s'agit d'une ruche donneuse.

Ruche éleveuse de faux-bourdons = ruche dans laquelle l'élevage de faux-bourdons est encouragé pour augmenter le côté bourdonneur des reines fécondés. Basée sur un mythe selon lequel vous pouvez pousser les abeilles à élever plus de faux-bourdons. Prélever des rayons de mâles des ruches que vous voulez perpétuer et les introduire dans d'autres colonies est le seul vrai moyen d'y parvenir étant donné que la colonie éleveuse élèvera par la suite plus de faux-bourdons tandis que les colonies receveuses en élèveront moins puisqu'elles vont plutôt prendre soin du couvain reçu.

Ruche horizontale = ruche disposée horizontalement plutôt que verticalement.

Ruche kenyane = ruche à barrettes supérieures ayant les côtés inclinés. La théorie est que les abeilles auront moins d'attachements sur les côtés à cause de l'inclinaison.

Ruche Langstroth = ruche conçue par L.L. Langstroth. En termes actuels, l'appellation désigne toute ruche pouvant contenir des cadres ayant des barrettes supérieures mesurant 483 mm et pouvant s'insérer dans des boîtes de 505 mm de longueur. Il existe diverses tailles : des ruchettes de fécondation à cinq cadres, des boîtes à huit cadres, des boîtes à dix cadres ; et en format Dadant : des ruches Langstroth profondes, des ruches de profondeur moyenne, des hausses et des hausses pour miel en rayon. Mais ce sont toutes des Langstroth. Elles se distinguent d'autres marques de ruches américaines telles que WBC, Smith, National DE, etc.

Ruche tanzanienne à barrettes = ruche à barrettes supérieures avec des côtés verticaux.

Ruche tronc = ruche établie dans un rondin de bois creux, obtenue en coupant la portion d'arbre contenant les abeilles pour la déplacer dans un rucher ou encore en coupant la partie creuse d'un tronc d'arbre, en y plaçant par-dessus une planche pour servir de toit puis en y enruchant un essaim. Etant donné que ce genre de ruche ne contient pas de rayons mobiles, et étant donné que chaque Etat des Etats-Unis a des lois rendant obligatoires les rayons mobiles, la ruche-tronc est donc illégale aux Etats-Unis.

Ruche Warré = type de ruche à barrettes verticales inventé par Abbé Émile Warré.

Rucher extérieur = porte également le nom de rucher éloigné ; rucher situé à une certaine distance de la maison ou rucher principal d'un apiculteur.

Ruchette = petite colonie d'abeilles généralement utilisée pour l'élevage de reines. Le mot désigne également la boîte dans laquelle la petite colonie d'abeilles réside. Le terme fait référence au fait que les fondamentaux : les abeilles, le couvain, une reine ou les ressources nécessaires pour en élever une, sont réunis pour que la ruchette devienne une colonie. Néanmoins, il ne s'agit pas d'une colonie de taille normale.

Ruchette de fécondation = petite ruchette destinée à l'accouplement des reines lors d'un élevage de reines. Les tailles de ruchettes varient des ruchettes de taille standard à deux cadres utilisées par l'apiculteur pour le couvain, aux mini ruchettes de fécondation contenant des cadres plus petits que la normale. Le concept derrière toutes les ruchettes de fécondation est d'utiliser moins de ressources pour la fécondation des reines.

S

Sac plastique à nourrissement = il s'agit simplement d'un sac de conservation en plastique à fermeture zip de 3,78 litres dans lequel sont versés environ 2,83 litres de sirop, le sac est ensuite couché sur les barrettes supérieures et avec un rasoir, deux ou trois petites coupures y sont faites. Les abeilles sucent le sirop jusqu'à vider entièrement le sac. Une boîte quelconque est nécessaire pour faire de l'espace, un nourrisseur Miller placé à l'envers ou une cale 1 par 3 ou encore une hausse vide pourra convenir pour cet usage. Les avantages d'un sac plastique à nourrissement sont le coût (simplement le prix des sacs) et la possibilité pour les abeilles de s'y nourrir même par temps froids étant donné que la grappe gardera le sac au chaud. Un inconvénient est que vous dérangerez les abeilles chaque fois que vous devrez remplacer l'ancien sac abîmé par un neuf.

Saison d'essaimage = période de l'année, généralement entre la fin du printemps et le début de l'été, durant laquelle les essaims sont lâchés

Sauvage (reine ou abeille) = étant donné que toutes les abeilles nord-américaines sont considérées comme provenant de stocks domestiques, ce que la plupart des personnes nomment « abeilles sauvages » sont en réalité des abeilles « qui sont retournées à l'état sauvage ». Certaines personnes utilisent le terme pour désigner les abeilles survivantes qui ont été capturées et utilisées pour l'élevage de reines, cela signifie que ces abeilles *étaient* sauvages, ce qui est opposé au fait d'affirmer qu'elles *sont* sauvages.

Sclérite = similaire au tergite. Il s'agit d'une plaque chevauchant la face dorsale d'un arthropode, permettant sa flexibilité.

Scutum = partie antérieure du thorax de certains insectes comme les abeilles mellifères (Apis mellifera), qui a la forme d'un bouclier. Cette partie est généralement divisée en trois zones : le prescutum antérieur, le scutum et le petit scutellum postérieur.

Sections = petites boîtes en bois (ou en plastique) utilisées lors de production de miel en rayon.

Sections rondes = section de miel en rayon conditionnées dans des anneaux en plastique au lieu de boîtes carrées en bois.

Servantes = ouvrières accompagnant la reine. Lorsqu'il s'agit de reines encagées, les servantes sont les ouvrières qui sont placées dans la cage et dont le rôle est de prendre soin de la reine.

Sirop de sucre = aliment pour abeilles, contenant du sucrose ou du sucre de table (issu de la betterave ou du canne à sucre) et de l'eau chaude à différents dosages ; généralement 1:1 au printemps et 2:1 en automne.

Soleil d'artifice (vols d'orientation) = courts vols pratiqués par de jeunes abeilles devant et dans les environs de la ruche afin de s'accoutumer à son emplacement ; peuvent quelquefois être pris pour du pillage ou des préparatifs à un essaimage.

Souffleur à abeilles = souffleur électrique ou à gaz utilisé pour souffler les abeilles hors des hausses au moment de la récolte.

Source de miellée = source naturelle d'aliments pour les abeilles (nectar et pollen) composée de fleurs sauvages et de fleurs cultivées.

Spermathèque = petit sac rattaché à l'oviducte de la reine, dans lequel sont stockés les spermatozoïdes reçus par la reine lors de ses accouplements avec les faux-bourdons.

Spermatozoïde = cellule reproductive mâle (gamète) qui fertilise l'œuf.

Spiracle = ouverture dans le système respiratoire de l'abeille, pouvant être close à volonté. Les spiracles sont considérablement plus petits que la trachée qu'ils protègent. Le premier spiracle thoracique est celui qui est infiltré par les acariens trachéaux puisqu'il est le plus grand. Lorsque clos, les spiracles sont étanches à l'air.

Stade = étape de développement larvaire. Une abeille mellifère passe par cinq stades. Les meilleures reines sont greffées au premier (de préférence) ou au second stade et jamais plus tard.

Starline = abeille hybride italienne connue pour sa vigueur et sa production de miel. Il s'agissait d'un croisement

F1 de deux lignées spécifiques d'Italiennes. Créée par Dadant & sons et produite pendant de nombreuses années par York.

Starter = ruche utilisée pour démarrer l'élevage de reines. Les cellules royales y sont greffées et y restent jusqu'à leur operculation. Il peut s'agir d'une boîte à essaims » ou alors simplement d'une ruche orpheline.

Stérile = incapable de produire un œuf fécondé, comme une ouvrière pondeuse ou une reine bourdonneuse. Les œufs non-fécondés se développent en faux-bourdons.

Streptococcus pluton = nom obsolète (ancien) de la bactérie qui cause la loque européenne. Le nouveau nom attribué est Melissococcus pluton.

Stylo de marquage = stylo marqueur utilisé pour le marquage des reines. Disponible dans les quincailleries ainsi que chez les distributeurs de matériel apicole.

Succédané de pollen = matière alimentaire utilisée pour complètement remplacer le pollen dans le régime alimentaire des abeilles ; contient généralement intégralement ou partiellement de la farine de soja, de la levure de bière, du sucre en poudre ou d'autres ingrédients. Les recherches ont montré que les abeilles nourries au succédané lors de leur élevage, vivent moins longtemps que celles nourries au vrai pollen.

Sucrose = polysaccharide. Sucre principal du nectar. Les abeilles mellifères le cassent en dextrose et en fructose grâce à des enzymes.

Supercédure = élevage d'une nouvelle reine dans le but de remplacer la reine mère d'une ruche ; dans la plupart des cas, la reine mère disparaît de la ruche une fois que la reine fille commence à pondre des œufs.

Supplément de pollen = mélange de pollen et de succédané de pollen, utilisé pour stimuler l'élevage de couvain pendant les périodes de pénurie de pollen.

Support = structure servant de base de soutien à une ruche ; aide à prolonger la durée de vie du fond de la ruche en le maintenant éloigné du sol humide. Les supports peuvent être construits à partir de bois traité, de cèdre, de briques, de blocs de béton, etc.

Surplus (cire gaufrée) = terme américain qui désigne de la fine cire gaufrée utilisée pour la production de miel en rayon. Le nom fait référence aux feuilles de cire additionnelles qu'on obtient à partir d'une livre de cire (0,45 kg).

Surplus de miel = tout excédent de miel extrait par l'apiculteur, en plus de la quantité dont les abeilles ont besoin pour leur propre usage, comme par exemple les réserves de nourriture pour l'hiver.

Syndrome d'effondrement des colonies d'abeilles = nom récemment attribué à un phénomène entraînant la disparition de la plupart des abeilles dans la plupart des ruches d'un rucher, elles disparaissent en laissant derrière elles la reine, du couvain sain, un petit nombre d'abeilles et une grande quantité de réserves.

Syndrome de l'acarien parasite = série de symptômes causés par une importante infestation par les acariens varroas. Ces symptômes sont : présence de varroas, présence de diverses maladies du couvain avec des symptômes similaires à ceux des loques et du couvain sacciforme sans pathogène prédominant, des symptômes ressemblant à ceux de la loque américaine, un couvain irrégulier avec un aspect en mosaïque, une augmentation du nombre de supercédure, présence d'abeilles rampantes sur le sol et baisse de la population d'abeilles adultes.

Système starter-finisseur Cloake alias plateau Cloake = dispositif servant à diviser une colonie en deux pour faire une ruche orpheline (le starter), et dont le retrait permet de réunir les deux parties pour faire une ruche possédant une reine (le finisseur), tout cela sans avoir à ouvrir la ruche.

T

Tamis à essaims alias ruche appât alias ruche attire-essaims = ruche servant à attirer les essaims égarés.

Tapotement = tapes ou martèlements sur les côtés d'une ruche dans le but de pousser les abeilles à monter dans une autre ruche placée par-dessus la ruche tapotée, ou alors dans le but de déloger les abeilles d'un arbre ou d'une maison. Elles ne sortiront pas toutes mais une grande partie se déplacera tout de même.

Teneur en eau = dans le miel, le pourcentage d'eau ne devrait pas dépasser 18,6% ; tout pourcentage plus élevé que cette valeur entraînera la fermentation du miel.

Tergal = afférent au tergum.

Tergite = voir « Sclérite ».

Tergum (pluriel : terga) = partie dorsale d'un arthropode.

Terramycine = porte le nom d'oxytet au Canada et dans d'autres endroits. Il s'agit d'un antibiotique qui est souvent utilisé en guise de préventif contre la loque américaine et comme traitement de la loque européenne.

Thélytoque = terme qualifiant une forme de reproduction parthénogénétique durant laquelle les œufs non fécondés se développent en femelles. En apiculture, le terme fait généralement référence à une colonie qui élève une reine à partir d'un œuf pondu par une ouvrière pondeuse. Ceci est très rare mais a été enregistré chez les abeilles mellifères européennes et est commun chez les abeilles du Cap.

Théorie de positionnement d'Housel = théorie proposée par Michael Housel, selon laquelle les nids à couvain naturels ont une orientation prévisible en « Y » dans le fond des cellules. Fondamentalement lorsqu'on regarde d'un côté, on pourra observer un « Y » à l'envers apparaître dans le fond, si on regarde de l'autre côté, on peut observer un « Y » à l'endroit et dans le centre du rayon, il y aura un « Y » oblique qui est le même d'un côté comme de l'autre. De manière fondamentale, si nous supposons qu'une troisième barre a été ajoutée dans ma notation pour former les « Y » et si nous supposons qu'il s'agit d'une ruche à neuf cadres et que chaque pair représente l'aspect du rayon vu de ce côté : ^v ^v ^v ^v >> v^ v^ v^ v^

Thin surplus (cire gaufrée) = terme américain désignant une feuille de cire gaufrée d'épaisseur plus fine que la cire gaufrée utilisée pour l'élevage de couvain et utilisée pour la production de miel en rayon ou de rayon de miel. Cette cire gaufrée est plus fine que la cire gaufrée « surplus ».

Thorax = partie centrale du corps d'un insecte à laquelle sont attachées les ailes et les pattes.

Tigrée (Reine) = terme qualifiant les marques qu'on retrouve sur un type particulier de reine. Ces marques ne sont pas des bandes très régulières comme chez les ouvrières mais ressemblent plus à des « flammes ».

Toit = dernier couvercle qu'on ajuste sur une ruche pour la protéger de la pluie ; les deux types de toit les plus courants sont le toit plat et le toit plat emboîtant.

Toit diffuseur = toit conçu pour garder à l'intérieur de la ruche un certain volume de produit chimique volatile (un répulsif pour abeilles comme BeeGo ou Honey Robber ou encore Bee Quick) dans le but de chasser les abeilles hors des hausses.

Toit plat = toit extérieur utilisé sans couvre-cadres, ne s'emboîtant pas aux bords de la ruche ; utilisé par les apiculteurs commerciaux qui déplacent souvent leurs ruches, ce toit permet que les ruches soient rangées étroitement les unes contre les autres puisqu'il ne dépasse pas sur les bords.

Toit plat emboîtant = couvercle avec des rebords s'emboîtant tout autour de la ruche, généralement utilisé combiné à un couvre-cadres placé en-dessous.

Trajectoire de vol = terme généralement utilisé pour désigner la trajectoire suivie par les abeilles en quittant leur colonie ; en cas d'obstacle, les abeilles peuvent se heurter à la personne faisant blocage, quelquefois la situation peut même s'envenimer.

Transfert ou découpe = processus consistant à transférer les abeilles et les rayons des arbres, maisons, troncs ou encore paniers où ils étaient dans un premier temps vers des ruches à rayons mobiles.

Transformateur soude-cire = appareil qui permet en faisant passer un courant électrique au travers de la cire gaufrée, de la chauffer afin d'y fixer des fils de fer.

Trappe à pollen = appareil destiné à la collecte des pelotes de pollen accrochés aux pattes postérieures des ouvrières ; cette trappe oblige généralement les abeilles à se glisser à travers les mailles d'un grillage (généralement de dimensions 5 x 5 mm). Les mailles du grillage raclent les pelotes de pollen. Ces pelotes passent ensuite à travers un autre grillage à mailles de dimensions 3,6 x 3,6 mm pour finir dans un tiroir à fond grillagé pour que le pollen ne moisisse pas.

Trempage = méthode de protection du bois et également de stérilisation de la loque américaine qui consiste à faire « frire » l'équipement dans un mélange de cire et de gomme-résine. Se fait généralement avec de la paraffine et quelquefois avec de la cire d'abeille.

Trophallaxie = transfert d'aliments ou de phéromones parmi les membres d'une colonie par le biais d'un nourrissement bouche-à-bouche. La trophallaxie est utilisée pour maintenir une grappe d'abeilles en vie puisque les abeilles situées sur le bord collectent la nourriture et la partagent à travers la grappe. Il s'agit également d'un moyen de communication étant donné que les phéromones sont également partagées par ce moyen. Une des phéromones la plus importante est la phéromone mandibulaire royale (PMR) qui est partagée par trophallaxie à travers toute la ruche.

Tube à piston = tube en plastique, en général disponible chez les distributeurs de matériel apicole, utilisé pour confiner en toute sécurité la reine pendant son marquage.

Tube coule cire = tube en métal utilisé pour appliquer une certaine quantité de cire fondue afin de fixer une feuille de cire gaufrée dans la rainure d'un cadre.

Tubes de Malpighi = fines projections filamenteuses provenant de la jonction de l'intestin moyen et l'intestin postérieur, et dont la fonction est de nettoyer l'hémolymphe des déchets cellulaires azotés qui sont ensuite déposés sous forme de cristaux non-toxiques d'acide urique parmi les déchets alimentaires non digérés destinés à être éliminés. Les tubes de Malpighi remplissent la même fonction chez les abeilles que les rognons chez les animaux supérieurs.

U

Unir = combiner deux ou plusieurs colonies dans le but de former une colonie plus grande. Se fait généralement avec une feuille de papier journal intercalée entre les colonies.

V

Varroa destructor anciennement appelé Varroa Jacobsoni = acarien parasite de l'abeille mellifère.

Venin = poison sécrété par des glandes spéciales reliées au dard. L'abeille injecte ce poison lorsqu'elle pique.

Veste de protection = veste de protection blanche avec généralement une fermeture éclair sur le voile et des élastiques sur les manches et autour de la taille.

Vêtement de protection = combinaison blanche conçue pour protéger les apiculteurs de piqûres d'abeilles et garder leurs vêtements propres. La plupart de ces combinaisons sont munies de voiles zippés.

Virus de la paralysie aigüe (VPA) = maladie virale affectant la capacité à utiliser normalement les pattes ou les ailes chez les abeilles adultes. Cette maladie peut tuer les abeilles adultes et le couvain.

Virus de la paralysie chronique (Chronic Paralysis Virus, CPV) = symptômes : abeilles tremblantes, incapacité de voler, ailes en K et abdomen distendu. Une variante porte le nom de maladie noire, les symptômes sont des abeilles noires, brillantes, dépourvues du moindre poil et rampant à l'entrée de la ruche.

Virus des ailes déformées (Deformed Wing Virus, DWV) = virus véhiculé par les varroas, les symptômes sont des ailes atrophiées chez les abeilles nouvellement écloses et encore désorientées.

Virus du Cachemire = maladie répandue chez les abeilles, répandue encore plus rapidement par les varroas. On retrouve cette maladie partout où il y a des abeilles.

Virus du couvain sacciforme = les symptômes sont un couvain d'aspect irrégulier comme c'est le cas avec d'autres maladies du couvain, mais dans ce cas, les larves sont dans un sac avec leur tête qui dépasse.

Virus Israélien de la Paralysie Aigüe (Israeli Acute Paralysis Virus, IAPV) = virus actuellement considérée comme la cause du syndrome d'effondrement des colonies d'abeilles. A pour la première fois été découvert en Israël où il a dévasté de nombreuses colonies.

Voile = filet ou écran servant à protéger la tête et le cou de l'apiculteur des piqures d'abeilles. Le voile permet la circulation de l'air, l'aisance des mouvements et une bonne vision tout en protégeant les principales zones ciblées par les gardiennes.

Vol nuptial = vol pendant lequel une reine s'accouple dans les airs avec un grand nombre de faux-bourdons.

VPA = voir « Virus de la paralysie aigüe ».

W

Walter T. Kelley = entreprise de distribution d'équipement apicole basée à Clarkson dans le Kentucky. Ce distributeur propose de nombreuses choses qu'on ne trouve nulle part ailleurs.

Washboarding = sorte de danse ressemblant à une danse en ligne faite à l'unisson par les abeilles sur la planchette d'atterrissage ou devant la ruche.

Western = appellation américaine désignant une boîte profonde de 168 mm conçue pour accueillir des cadres profonds de 159 mm. Autres appellations : Illinois, Medium, $^{3}/_{4}$ depth. Le nom désigne également une boîte profonde de 194 mm.

Western Bee Supply = entreprise de distribution d'équipement apicole basée dans le Montana. Il s'agit de la compagnie qui fabrique tout l'équipement Dadant. Ils fournissent également des instruments à huit cadres.

Worker policing = ce terme anglo-américain est utilisé pour nommer le comportement de l'ouvrière qui se charge d'enlever tous les œufs pondus par d'autres ouvrières.

Appendice au volume I: Acronymes

ABJ (American Bee Journal) = un des deux principaux magazines d'apiculture aux Etats-Unis.

AFB (American Foulbrood) = loque américaine

AM = Apis mellifera. (Abeilles mellifères européennes)

AMA = abeilles mellifères africanisées

AMA = à mon avis

AMHA = à mon humble avis**AMM** = Apis mellifera mellifera

AO = acide oxalique. Acide organique utilisé soit sous forme de sirop, soit vaporisé, pour éliminer les varroas.

BC (Bee Culture) = également appelé Gleanings in Bee Culture. Un des deux principaux magazines d'apiculture aux Etats-Unis.

BLUF (Bottom Line Up Front) = terme anglo-américain désignant un style d'écriture où la conclusion est présentée au début. On retrouve communément ce style dans les études scientifiques ou la correspondance militaire.

BPMS (Bee Parasitic Mite Syndrome) = syndrome de l'acarien parasite

Carni = Carniolienne = Apis mellifera carnica

Cauc = Caucasienne = Apis mellifera Caucasia

CB (checkerboarding) = gestion du nectar

CCD (Colony Collapse Disorder) = syndrome d'effondrement des colonies.

CPV (Chronic Paralysis Virus) = virus de la paralysie chronique.

DMPDV = de mon point de vue

DVAV (Dorsal-Ventral Abdominal Vibrations dance) = danse vibratoire dorso-ventrale encore appelée danse des vibrations.

DWV (Deformed Wing Virus) = virus des ailes déformées

EAS = Eastern Apiculture Society

EFB (European Foulbrood) = loque européenne

EHB = abeilles mellifères européennes

FGMO (Food Grade Mineral Oil) = huile minérale de qualité alimentaire

HAS = Heartland Apiculture Society

HBH = Honey Bee Healthy

HBTM (Honey Bee Tracheal Mite) = acarien trachéal de l'abeille mellifère

HEC = huile essentielle de citronnelle (utilisée pour appâter les essaims).

HFCS (High Fructose Corn Syrup) = sirop de maïs riche en fructose. Aliment commun pour les abeilles.

HMF = Hydroxyméthyl-furfural. Composé naturel présent dans le miel dont la teneur augmente avec le temps et lorsque le miel est chauffé.

HSC (Honey Super Cell) = rayon en plastique entièrement étiré, de profondeur profonde avec des cellules mesurant 4,9 mm.

GC = grande cellule (cellule mesurant 5,4 mm)

GN = gestion du nectar (alias checkerboarding)

IPM (Integrated Pest Management) = gestion intégrée des nuisibles

KBV (Kashmir Bee Virus) = virus du Cachemire

KTBH (Kenya Top bar Hive) = ruche kenyane à barrettes supérieures (ruche avec des côtés inclinés)

LRM = lieu de rassemblement des mâles

MAAREC = Mid-Atlantic Apiculture Research and Extension Consortium

NCI = nid à couvain illimité

NWC = New World Carniolans

OSR (Oil Seed Rape) = huile de colza (huile de canola). Culture produisant du miel qui est cultivé pour produire de l'huile.

PC (PermaComb) = rayon en plastique entièrement étiré, de profondeur moyenne avec des cellules mesurant environ 5,0 mm.

PC = petite cellule (cellule mesurant 4,9 mm)

PCQCV = pour ce que ça vaut

PCR = petit coléoptère des ruches

PDB = Paradichlorobenzène (autrement nommé boules antimites) utilisé comme traitement contre les fausses teignes).

PG = plateau grillagé ou plancher grillagé

PMR = phéromone mandibulaire royale

PMS = syndrome de l'acarien parasite

SBV (Sac Brood Virus) = virus du couvain sacciforme

SC = sagesse conventionnelle.

SMR (Suppressed Mite Reproduction) = terme généralement utilisé pour faire référence à des reines.

TBH (Top Bar Hive) = ruche à barrettes

TM = Terramycine ou acariens trachéaux (Tracheal Mites) selon le contexte.

T-Mites (Tracheal Mites) = acariens trachéaux

TTBH (Tanzanian Top Bar Hive) = ruche tanzanienne à barrettes (ruche avec des côtés verticaux).

VD = Varroa destructor

VIPA = virus israélien de la paralysie aigüe. Virus actuellement considéré comme la cause du CCD.

VJ = Varroa jacobsoni

V-Mites (Varroa Mites) = acariens Varroa

VPA = virus de la paralysie aigüe. Ce virus tue aussi bien les abeilles adultes que le couvain.

VSH (Varroa Sensitive Hygiene) = nom plus spécifique donné au caractère SMR. Caractère élevé chez les reines pour que les ouvrières puissent détecter et nettoyer les cellules infestées par les varroas.

Tome II : Intermédiaire

Un système d'apiculture

> ***« … éviter l'erreur d'essayer de suivre plusieurs meneurs ou plusieurs systèmes. Beaucoup de confusion et de contrariété lui seront épargnées s'il adopte les enseignements, méthodes et matériels d'un apiculteur qui a du succès. Il fera peut-être l'erreur de ne pas choisir le meilleur système, mais il vaut mieux cela qu'un mélange de plusieurs systèmes. » — W.Z. Hutchinson, Advanced Bee Culture***

> ***« En général, plus le système est simple, plus est efficace et grande la quantité de travail qui peut être accomplie dans un laps de temps donné. » — Frank Pellet, Practical Queen Rearing***

Dans ce volume, je vais essayer de transmettre mon système d'apiculture. Cela ne signifie pas que ce soit l'unique système, mais quelquefois, comme l'a dit Hutchinson, un mélange de plusieurs systèmes peut ou ne peut pas fonctionner selon la manière dont vous comprenez le lien existant entre les diverses parties. Parlons donc d'abord des systèmes en général.

Contexte

Un des problèmes lorsqu'il s'agit de donner des conseils est que nous les apiculteurs, nous avons tendance à nous servir de notre système apicole comme fondement. Autrement dit, un conseil que nous donnons en fonction de notre expérience, fonctionne dans notre système. Le problème qui se pose est que nous supposons que ce conseil s'appliquera tout aussi bien hors de son contexte original et dans le contexte d'un autre système. Quelquefois le conseil peut fonctionner, mais bien souvent ce n'est pas le cas.

Exemples

Par exemple, si mon système apicole consiste à utiliser à la fois des entrées supérieures et inférieures avec en plus une grille à reine, je vous dirais d'attendre d'avoir quelques abeilles qui travaillent les hausses pour mettre la grille en place ; si votre système est de n'avoir qu'une entrée inférieure et que vous suivez mon conseil, vous enfermerez un grand nombre de faux-bourdons dans les hausses en plaçant la grille à reine et vous vous retrouverez avec des faux-bourdons morts faute de n'avoir pu sortir.

Un autre exemple manifeste serait le cas où je n'utilise que des cadres de la même taille tandis que vous utilisez des cadres profonds pour le couvain et des cadres de hausse ; je vous dirais que pour que les abeilles travaillent les hausses, il faut les y appâter avec un cadre de couvain, sauf que dans ce cas précis, vos cadres de couvain ne sont pas adaptés à vos hausses. Ou alors, je vous dirais de maximiser leurs réserves en mettant quelques cadres de miel dans les boîtes à couvain sauf que tous vos cadres de miel sont des cadres de hausse tandis que vos boîtes à couvain sont toutes profondes.

Localité

L'endroit où vous pratiquez l'apiculture joue également un rôle important dans votre système. Voir le chapitre *Localité*. Cela semble évident lorsqu'on parle de climats froids et climats chauds. Mais cela va encore bien plus loin.

En résumé

Il y en a de simples et évidentes tout comme il y en a de moins évidents. Le fait est que choisir des techniques d'apiculture dans plusieurs systèmes peut causer des tracas. Il n'y a rien de mal à éventuellement développer son propre système apicole mais vous devez vous assurer dans un premier temps d'apprendre et de comprendre un système existant ; vous devez également savoir pourquoi vous procédez de telle ou telle manière, et détourner ensuite ce système pour l'adapter peu à peu à vos besoins et à votre philosophie.

Pourquoi un système ?

Pourquoi avez-vous besoin d'un système ? Pourquoi ne pas simplement choisir les techniques qui vous plaisent ? Eh bien vous pouvez procéder de la sorte, cependant vous devez penser à toutes les implications. Par exemple, si vous décidez que vous souhaitez fabriquer une trappe à pollen, vous devez réfléchir à un moyen permettant aux faux-bourdons de sortir aisément de la ruche. Les meilleures trappes à pollen avec le pollen le plus propre sont celles qui se placent devant une entrée supérieure et il y a un ajustement à faire si elles doivent être utilisées devant une entrée inférieure. Si vous décidez de placer une grille à reine, vous devez réfléchir à un moyen permettant aux faux-bourdons que ce soit d'un côté ou de l'autre de la grille à reine, de sortir sans difficulté. Toute technique que vous choisissez a ses ramifications, des ramifications qui peuvent affecter d'autres choses. Voilà donc pourquoi vous devez élaborer un système et ne pas simplement voir les pièces individuelles.

Intégration et questions connexes

Pourquoi ce système ?

J'ai conçu un système qui fonctionne pour moi dans ma région avec mes problèmes. Avec un peu de chance, vous pouvez l'utiliser pour votre situation et vos problèmes. Il n'y a aucun tort à faire des ajustements pour l'adapter à votre style, si c'est en tenant compte des ramifications. Mais voici ci-dessous les raisons de mes choix.

Durabilité

Je voulais un système ne requérant pas de nombreux apports extérieurs — Des abeilles dans un environnement dans lequel elles pourraient survivre sans mon aide.

Exploitabilité

Il me fallait un système me permettant de maintenir mes abeilles en vie (bien évidemment), dans lequel elles pourraient produire du miel et dont je pourrais gérer le travail que cela demande.

Efficacité

En parlant du travail que cela demande, j'avais besoin d'un système le minimisant, en particulier pour ce qui est des travaux pénibles ou dangereux tels que soulever des boîtes très lourdes ; ou encore des travaux chronophages tels que le filage des cadres.

Décisions, Décisions...

Genres d'apiculture

Plusieurs décisions dépendent du genre d'apiculture que vous pratiquez.

Commercial

Il s'agit du terme généralement utilisé pour quelqu'un qui pratique l'apiculture comme un travail à temps plein. Il existe diverses méthodes pour faire cela. Généralement cela implique au moins 500 à 1000 ruches.

Pastoral

Un apiculteur pastoral déplace ses ruches. Généralement grâce à la transhumance, ces apiculteurs collectent les honoraires de pollinisation ; mais quelquefois, ils font simplement l'effort de se déplacer dans le sud pendant l'hiver de sorte que les abeilles puissent bâtir en avance, puis ils suivent les miellées du Nord pour emmagasiner autant de miel que possible. La pollinisation est généralement ce pour quoi les apiculteurs pastoraux sont rémunérés.

Fixe

Je fais simplement référence aux ruches qui demeurent pour la plupart en un même endroit. En général, l'apiculteur trouve des emplacements pour ses ruches, bien souvent ces emplacements ne sont pas sur sa propre propriété et les ruches peuvent y rester toute une année durant. Généralement l'apiculteur offre du miel au propriétaire du terrain chaque automne après la récolte. La quantité donnée dépend de plusieurs facteurs tels que le nombre de ruches, la qualité de la source de miellée et l'étendue de l'amour que le propriétaire peut avoir pour le miel.

En activité secondaire

Certains apiculteurs ont déjà un travail à temps plein mais tire quelques revenus de l'apiculture. Généralement ces apiculteurs possèdent entre 50 et 200 ruches. Il est très difficile de prendre soin d'un nombre plus élevé de ruches et de garder un travail à temps plein à moins de recruter de la main-d'œuvre. Il est difficile de réaliser des bénéfices grâce auxquels vivre même avec 1000 ruches quelquefois, la transition d'activité secondaire à travail à temps plein peut être ardue sans aide.

Amateur

Un amateur est généralement défini comme quelqu'un qui ne réalise pas de bénéfices avec ses abeilles. La plupart des apiculteurs amateurs semble avoir environ quatre ruches, deux ruches étant le minimum. Dix ruches ou plus demandent beaucoup de travail alors la plupart des apiculteurs amateurs ont tendance à rester en-dessous de ce nombre.

Philosophie apicole personnelle

Beaucoup de décisions concernant le matériel ou les méthodes à adopter dépendent de votre conception de la vie et de votre philosophie apicole personnelle. Certaines personnes ont foi en la Nature, en un Créateur, ou encore en l'Evolution pour bien faire les choses. D'autres s'intéressent plus à garder leurs abeilles en bonne santé à l'aide produits chimiques et de traitements. Vous devrez décider de votre position par rapport à toutes ces choses.

Naturel

Si vous êtes du genre à prendre un remède naturel avant d'avoir recours aux services d'un médecin, vous entrez probablement dans cette catégorie. Le vrai naturel serait de n'utiliser absolument aucun traitement. Certains diront que ce n'est pas faisable, pourtant de nombreuses personnes le font, moi inclus. Beaucoup de ces personnes se retrouvent sur internet et s'entraident par ce canal. Il existe également des traitements « doux » comme les huiles essentielles et l'huile minérale de qualité alimentaire et des traitements un peu plus

« agressifs » comme l'acide formique et l'acide oxalique contre les varroas.

Chimique

Si vous êtes du genre à courir chez le médecin pour faire le plein d'antibiotiques au moindre reniflement, ce genre d'apiculture vous convient probablement. Certaines personnes entrant dans cette catégorie traitent par prévention. Les plus sages ne traitent que lorsqu'il est nécessaire de le faire. La plupart des recherches récentes montrent que le traitement préventif a causé une résistance aux produits chimiques chez une partie des organismes nuisibles, a peu aidé la ruche et a souvent causé plus de mal que de bien. L'accumulation des produits chimiques dans la cire, qu'il s'agisse de Coumaphos (Check Mite) et de Fluvalinate (Apistan) utilisés contre les varroas, est suspectée d'être la cause de forts taux de supercédures et est connu pour être la cause d'infertilité chez les faux-bourdons et les reines.

Science vs art

> ***« Ceux qui sont accoutumés à juger par le sentiment ne comprennent rien aux choses de raisonnement ; car ils veulent d'abord pénétrer d'une vue, et ne sont point accoutumés à chercher les principes. Et les autres, au contraire, qui sont accoutumés à raisonner par principes, ne comprennent rien aux choses de sentiment, y cherchant des principes et ne pouvant voir d'une vue. »—Blaise Pascal, Fragments Philosophiques***

Que vous considériez l'apiculture comme un art ou comme une science, peut beaucoup changer votre point de vue. Je pense que l'apiculture est un peu des deux : science et art, mais étant donné que les abeilles sont bien capables de survivre par leurs propres moyens et étant donné que vous ne pouvez les contraindre à rien, je vois l'apiculture plus comme un art où vous travaillez de concert avec les tendances naturelles des abeilles pour les aider et vous aider vous-mêmes.

Envergure

Voici une autre chose qui change votre point de vue sur de nombreuses choses. Lorsque vous avez du temps à accorder à vos ruches et que ces ruches se trouvent dans votre arrière-cour, faire le choix de méthodes qui nécessitent votre intervention chaque semaine n'est pas un problème majeur. Par exemple, lorsque je procède au remplacement d'une reine sur mon propre terrain, il m'importe peu qu'il faille faire trois voyages pour que cela soit bien fait et si cela peut servir à améliorer l'acceptation. Mais s'il s'agit d'un rucher situé à environ 100 km, je choisirais une méthode me permettant de tout faire en une fois. Il en va de même en ce qui concerne les nombres de ruches. Si vous n'avez qu'un certain problème à régler sur deux ruches, le niveau de complication ne sera pas un problème, mais lorsqu'il s'agit d'une centaine de ruches, il vous faut dans ce cas un système simplifié.

Raisons pour pratiquer l'apiculture

Beaucoup de vos décisions seront guidées par ces raisons. Si vous avez des abeilles qui vous servent d'animaux de compagnie, votre agenda sera alors différent de l'agenda que vous auriez si vous ne les aviez exclusivement que pour gagner votre vie.

Localité

Toute apiculture est locale

> ***« Dans mes premières années de pratique apicole, les points de vue généralement diamétralement opposés exprimés par les différents correspondants des journaux apicoles souvent me déconcertaient énormément. Dans le même ordre d'idée, je pourrais dire qu'à cette époque, je ne rêvais pas de merveilleuses différences de localité dans leur relation à la gestion des abeilles. J'ai vu, mesuré, pesé, comparé et considéré toutes les choses apicoles selon les normes de ma propre localité — le comté de Genesee dans le Michigan. Il a fallu que je voie la blancheur des champs de sarrasin de New York, que j'admire la luxuriance des mélilots dans les faubourgs de Chicago, que je suive pendant des kilomètres les vastes fossés d'irrigation du Colorado qui ont permis le pourpre royal que donne la floraison de la luzerne, et que j'escalade les montagnes en Californie, me propulsant en agrippant de l'armoise pour pleinement réaliser toutes les implications apicoles qu'il y a dans ce petit mot — localité. » — W.Z. Hutchinson, Advanced Bee Culture***

Il semble plutôt évident que la pratique de l'apiculture en Floride ne sera pas la même que dans le Vermont, mais ce que les gens ne semblent pas réaliser, c'est que même sous de mêmes climats hivernaux, l'apiculture reste locale. Les miellées qu'il y a dans le Vermont ne sont pas les mêmes que celles du Nebraska. Les problèmes posés par des facteurs tels que la condensation peuvent grandement être tributaires du climat local. Par exemple, lorsque je pratiquais l'apiculture dans la panhandle du Nebraska, la condensation n'a jamais été un problème. Mais dans le sud-est du Nebraska, ça l'est. Il y fait plus froid que dans la panhandle, et encore, à cause des différences d'humidité, ce n'est pas un problème là-bas. Tout ceci semble plutôt évident et pourtant les gens continuent de demander des conseils et d'en donner tout en donnant leurs contraires en fonction de leurs expériences locales sans considération aucune du fait que les avertissements donnés par un apiculteur, qu'ils pensent injustifiées, peuvent l'être dans certaines localités et ne pas l'être dans d'autres. Evidemment, ceci s'applique aussi à des choses comme le nombre de boîtes, le poids de provisions nécessaire aux abeilles pour passer l'hiver, le bon moment pour gérer l'essaimage, la bonne période pour commencer l'élevage de reines, le bon moment pour faire des divisions et ainsi de suite.

Apiculture paresseuse

« Tout s'arrange si vous laissez faire » — Rick Nielsen de Cheap Trick

« Le maître accomplit plus et plus encore en faisant toujours moins jusqu'à ce qu'il finisse par tout accomplir en ne faisant rien. » — Laozi tao Te Ching

---

Mon grand-père avait pour habitude de dire que chaque grande invention venait d'un homme paresseux. Un de mes auteurs favoris a dit quelque chose de similaire :

« Le progrès ne vient pas des lève-tôt - Le progrès est fait par des hommes paresseux à la recherche de moyens plus faciles de faire les choses. » — Robert Heinlein

«Il ne s'agit pas d'une augmentation quotidienne, mais d'une baisse quotidienne. Débarrassez-vous du non-essentiel. » — Bruce Lee

---

Ces dernières années, j'ai beaucoup changé ma manière de prendre soin des abeilles. C'était surtout pour réduire la charge de travail. A partir de 2007, j'ai entretenu environ deux cent ruches avec environ la même charge de travail que j'abattais pour quatre ruches. Voici certaines des choses que j'ai changées.

Des entrées supérieures

Je n'utilise que des entrées supérieures. Pas d'entrée inférieure. Je sais qu'il y a toutes sortes de personnes qui détestent les entrées supérieures ou qui pensent qu'ils guérissent le cancer ou qu'ils doublent votre récolte de miel. Je ne pense pas ainsi. Mais j'aime les entrées supérieures et voici pourquoi :

1. Je n'ai jamais à m'inquiéter à propos d'abeilles ne pouvant pas accéder à leurs ruches à cause de trop hautes herbes. Je ne suis pas obligé de couper l'herbe devant les ruches. Moins de travail pour moi.

2. Je n'ai jamais à me soucier d'abeilles qui ne peuvent pas accéder à leurs ruches parce qu'il y a trop de neige (à moins que la neige ne s'infiltre par les toits des ruches). Par conséquent, je ne suis pas obligé de pelleter la neige après une tempête pour dégager les entrées.

3. Je n'ai jamais à me soucier de mettre en place des pièges contre les souris ou encore des souris qui entrent dans la ruche.

4. Je n'ai jamais à m'inquiéter que les putois ou les opossums ne mangent mes abeilles.

5. Une entrée supérieure combinée à un plateau grillagé me permet d'obtenir une très bonne ventilation en été.

6. Je peux économiser de l'argent en achetant (ou en fabriquant) de simples toits plats emboîtant. La plupart des miens sont simplement faits d'un contreplaqué et munis de bardeaux en guise d'espaceurs. Mais certains sont simplement de grandes entailles faites dans des couvre-cadres que je possédais déjà.

7. En hiver, je n'ai pas à m'inquiéter d'abeilles mortes obstruant l'entrée inférieure.

8. Je peux placer une ruche 20 cm plus bas (car je n'ai pas à m'inquiéter des souris et des putois), cela rend plus simple la tâche de placer une hausse dans la partie supérieure et de la retirer lorsqu'elle est pleine.

9. Les ruches plus basses souffrent moins des affres du vent.

10. Les entrées supérieures fonctionnent aussi bien sur des ruches longues à barrettes supérieures lorsque je mets les hausses en place car les abeilles doivent passer par les hausses pour entrer dans la ruche.

11. Avec un peu de styromousse sur le toit, il n'y a pas beaucoup de condensation avec une entrée supérieure en hiver.

Gardez simplement à l'esprit, dans le cas où vous n'avez pas d'entrée inférieure et que vous utilisez une grille à reine (ce que je ne fais pas), vous aurez besoin d'aménager une issue dans la partie inférieure pour les faux-bourdons. Un trou de 9,5 mm fera l'affaire.

Pour plus de détails voir le chapitre *Entrées supérieures*.

Des cadres de la même taille.

> ***« Quel que soit le style (de ruche) adopté, par tous les moyens, faites en sorte que ce soit un avec des cadres mobiles, et n'ayez qu'une***

seule taille de cadres dans le rucher. » — A.B. Mason, Mysteries de Beekeeping explained

Le cadre est l'élément de base de la ruche moderne. Même si vous avez des boîtes de tailles différentes (en ce qui concerne le nombre de cadres qu'elles peuvent contenir), si les cadres sont tous de la même profondeur, vous pouvez les mettre dans n'importe laquelle de vos boîtes.

Avoir une seule et même taille de cadre m'a simplifié la vie.

Vous pouvez déplacer n'importe quel élément d'une ruche vers n'importe quelle autre ruche dans le besoin.

Par exemple :

1. Vous pouvez mettre du couvain dans une boîte pour appâter les abeilles. Ce procédé fonctionne même en l'absence

d'une grille à reine (je n'utilise pas de grille à reine), il est d'autant plus efficace si vous souhaitez vraiment utiliser une grille à reine. Quelques cadres de couvain que vous placerez par-dessus la grille à reine, en veillant à laisser la reine et le reste du couvain en-dessous de la grille, motivera réellement les abeilles à traverser la grille pour travailler la boîte située au-dessus.

2. Vous pouvez placer des rayons de miel pour le nourrissement n'importe où, où vous en avez besoin. J'aime procéder de cette manière lorsque je veux m'assurer que les ruchettes ne meurent pas de famine, sans le pillage, en général le nourrissement commence ; ou alors pour augmenter les réserves d'une ruche en difficulté en automne.

3. Vous pouvez décongestionner un nid à couvain en déplaçant du pollen ou du miel vers une autre boîte, ou même en déplaçant quelques cadres de couvain pour faire de la place dans le nid à couvain dans le but d'empêcher l'essaimage. Si vous n'avez pas des cadres de la même taille, comment pouvez-vous gérer tous ces transferts de cadres ?

4. Vous pouvez produire du couvain illimité en n'utilisant pas de grille à reine et vous avez la possibilité de déplacer du couvain d'une boîte vers une autre. Vous ne vous retrouvez pas coincé avec tout un lot de couvain dans des cadres de profondeur moyenne que vous ne pouvez pas déplacer dans votre corps de ruche profond. L'avantage d'un nid à couvain illimité est que la reine n'est pas limitée à une ou deux boîtes de couvain, mais elle peut pondre dans trois ou quatre boîtes — mais éventuellement dans quatre boîtes moyennes.

J'ai réduit la taille de toutes mes boîtes profondes pour en faire des moyennes.

Souvent j'entends cette question : « les boîtes moyennes hivernent-elles bien ? », ce à quoi je réponds que selon mon expérience, elles hivernent mieux puisqu'il y a une meilleure communication entre les cadres grâce à l'écart entre les boîtes. Steve de Brushy Mt. affirme qu'il y a eu des recherches à cet effet mais je ne sais pas exactement où les trouver.

Des boîtes plus légères

> ***« Les amis ne laissent pas les amis soulever des boîtes profondes » — Jim Fischer de Fischer's BeeQuick***

Pour moi, la chose la plus pénible dans la pratique de l'apiculture est le transport des boîtes. Les boîtes pleines de miel sont lourdes. Les boîtes profondes pleines de miel sont *très* lourdes.

Il peut y avoir quelques désaccords en ce qui concerne les poids exacts de boîtes pleines de miel, et il y a d'autres facteurs plus complexes mais d'après mon expérience, voici ci-dessous un assez bon synopsis des tailles de boîtes et leurs utilisations générales :

Boîtes à 10 cadres			
Nom(s)	Profondeur	Poids plein (en kg)	Utilisation
Jumbo, Dadant Profonde	295 mm	45-50	Couvain
Langstroth Profonde	244,5 mm	36-41	Couvain & extra
Moyenne, Illinois, $^3/_4$, Western	168 mm	27-32	Couvain, extra, rayon
Hausse	146 mm, 144,5 mm	23-27	Extra, rayon
Extra hausse, $^1/_2$	121 mm, 119 mm	18-23	Rayon
Boîtes à 8 cadres			
Dadant profonde	295 mm	36-40	Couvain
Profonde	244,5 mm	29-33	Couvain, Extra
Moyenne	168 mm	22-25	Couvain, Extra, rayon
Hausse	146 mm, 144,5 mm	18-22	Extra, rayon
Extra Hausse	121 mm, 119 mm	15-18	Rayon

Si vous souhaitez vous faire une idée et que vous ne disposez pas encore de ruche, rendez-vous dans une quincaillerie et empilez deux boîtes de clous pesant environ 23 kg, ou alors rendez-vous dans un magasin d'alimentation et empilez deux sacs d'environ 23 kg d'aliments. Cela donne approximativement le poids d'une boîte profonde pleine. Maintenant soulevez juste une boîte ou un sac, cela fait approximativement le poids d'une boîte de profondeur moyenne à huit cadres pleine.

Je pense que je peux soulever assez aisément jusqu'à 23 kg, mais un poids supérieur représente un effort qui me laisse courbaturé les jours qui suivent. La taille de cadres la plus versatile est la moyenne et une boîte de cadres de profondeur moyenne qui pèsent environ 23 kg est une boîte à huit cadres.

J'ai donc dans un premier temps converti toutes mes profondes en moyennes. Par rapport aux épisodiques boîtes profondes pleines de miel que j'ai dues soulever, cela a été une amélioration majeure. Soulever des boîtes pesant environ 27 kg m'a toujours fatigué, j'ai donc choisi de transformer mes boîtes moyennes à dix cadres en boîtes moyennes à huit cadres et j'aime vraiment mes nouvelles boîtes. Leur poids est confortable à soulever tout au long de la journée et je ne me retrouve pas avec des douleurs au corps la semaine qui suit. Si elles avaient été plus légères, j'aurais été tenté d'essayer d'en soulever deux. Si elles avaient été plus lourdes, j'aurais souhaité qu'elles soient un peu plus légères.

Je me demande combien d'apiculteurs âgés ont été forcés d'abandonner leurs abeilles parce qu'à force de soulever des boîtes profondes, ils se sont fait eux-mêmes mal et parce qu'ils n'ont pas réalisé qu'ils avaient d'autres choix !

Richard Taylor dans « *The Joys of Beekeeping* » dit:

> ***«... aucun dos d'homme n'est incassable et même les apiculteurs vieillissent. Lorsque pleine, une simple hausse est lourde, elle pèse dix-huit kilogrammes (40 livres) ou plus. Les hausses profondes, lorsque pleines, pèsent au-delà de la limite pratique. »***

On m'a souvent demandé quel est l'inconvénient de l'utilisation des instruments à huit cadres. Il n'y en a qu'un à ma connaissance.

Boîte moyenne à huit cadres vs boîte profonde à dix cadres = 1,78 fois plus d'investissement initial pour les boîtes. (64$ pour quatre boîtes de profondeur moyenne à huit cadres,

cadres inclus vs 36$ pour deux boîtes profondes, cadres inclus).

512$ vs 288$ pour huit boîtes vs quatre boîtes

Avec en plus les couvercles et les planchers (20$ dans tous les cas)

532$ vs 308$ = 1,73 fois plus ou 224$

100 ruches * 224$ = 22 400$ ce qui devrait couvrir à peu près votre première chirurgie du dos.

Généralement, j'entends cette question : « hivernent-elles aussi bien ? » à laquelle je réponds d'après mon expérience qu'elles hivernent mieux étant donné que la grappe tient mieux dans la boîte et les abeilles n'abandonnent pas de cadres de miel à l'extérieur comme elles le font avec les ruches à dix cadres.

L'autre grand avantage est d'avoir la capacité de traiter une boîte comme une unité lors d'une division, au lieu d'un cadre.

Plus de détails sur la manière de réduire la taille des boîtes dans le chapitre *Un équipement plus léger* du volume III de ce livre.

Ruches horizontales

Pour ne pas avoir à soulever sur plusieurs niveaux, pourquoi ne pas travailler une ruche sur un seul niveau ?

En ce moment, je possède neuf ruches horizontales et elles se portent bien. Il y a quelques ajustements minimes à faire en ce qui concerne la manière de les gérer, mais les principes restent les mêmes. Vous ne pouvez tout simplement pas jongler avec les boîtes. Seulement avec les cadres. Mais vous pouvez ensuite placer une hausse sur une ruche horizontale si vous le souhaitez.

J'ai hérité d'un petit nombre de boîtes profondes et j'avais déjà une Dadant profonde, alors actuellement je possède trois ruches horizontales profondes (244,5 mm), une Dadant profonde horizontale (295 mm), quatre ruches horizontales moyennes et une ruche kenyane à barrettes.

Je me demande combien de vieux apiculteurs, qui ont été contraints d'abandonner leurs abeilles, pourraient soulever deux de ces boîtes sans se faire mal et sans trop de stress ?

Je me demande combien d'apiculteurs commerciaux pourraient minimiser la charge de travail que représente leur exploitation avec ces ruches ?

Je me demande combien d'amateurs pourraient tout simplement se faciliter la vie avec moins de ruches à transporter ?

Plus de détails dans le chapitre *Un équipement plus léger* du volume III de ce livre.

Ruche à barrettes

Voici une autre ruche qui permet de gagner en temps. Que diriez-vous de ne même pas avoir à fabriquer de cadres ? Ou encore ne pas avoir à monter de feuilles de cire gaufrée ? — Que diriez-vous de n'utiliser que des barrettes ? Une grande et longue boîte au lieu de trois boîtes séparées ? Tous les avantages d'une ruche horizontale. Les abeilles sont plus calmes car vous ne leur proposez qu'un cadre ou deux à la fois au lieu de leur exposer simultanément dix cadres. Voir le chapitre *Ruches à barrettes* du volume III de ce livre pour plus de détails.

Cadres sans cire gaufrée

Fabriquer des cadres destinés à être utilisés sans cire gaufrée

Vous pouvez simplement ôter le jambage de la barrette supérieure. Tournez-le sur un côté, collez ou clouez-le pour en faire un guide. Ou alors, placez des bâtonnets en bois ou des petits pinceaux dans la rainure. Ou encore, faites une découpe dans un vieux rayon étiré en veillant à laisser une rangée dans la partie supérieure ou tout autour de la ruche.

Vous pouvez découper un coin d'une planche d'une épaisseur de 19 mm et obtenir ainsi un triangle dont le plus long côté mesure 27 mm. Ou alors achetez des liteaux triangulaires en bois et découpez-les dans leur longueur. Vous pouvez clouer ou coller la bande de bois ainsi obtenue sur la partie intérieure d'une barrette supérieure pour faire un guide sur lequel les abeilles pourront attacher leur rayon. Une fois que vous avez fabriqué ces cadres, vous n'aurez pas besoin d'y placer des amorces ou d'y poser de la cire gaufrée. Ou encore, vous pouvez simplement couper un angle de 45° sur chaque côté d'une barrette supérieure avant d'assembler un cadre.

Vous pouvez également placer des cadres vides sans amorce entre des rayons étirés et vous pouvez placer des cadres avec une rangée de cellules laissée sur la barrette supérieure là où vous auriez placé un cadre muni de cire gaufrée.

Combien de temps passez-vous à poser la cire gaufrée, à la filer, à la détacher parce qu'elle est affaissée et chiffonnée ou qu'elle se détache du rayon ?

Dernièrement je n'ai pas eu besoin de faire tout cela. Je n'utilise tout simplement pas de cire gaufrée.

Et tout cela, sans même prendre en compte le coût de la cire gaufrée, encore moins du coût de la cire gaufrée à petites cellules.

Ne pas utiliser de la cire gaufrée m'épargne de beaucoup de travail.

Oui j'extrais ces cadres. Je peux également les utiliser pour la production du miel en rayon.

Non je n'y ajoute pas du fil de fer pour les consolider mais vous pouvez le faire si vous le souhaitez.

Pour plus de détails, voir le chapitre *Non-utilisation de cire gaufrée*.

Pas de produits chimiques/pas d'aliments artificiels

La non-utilisation de produits chimiques vous épargne de beaucoup de travail et de tracas. Tous les cadres sont « propres » alors vous n'avez pas à vous inquiéter de la présence de résidus. Si vous ne nourrissez les abeilles qu'avec du miel, tout le résidu ne sera que du miel et vous n'aurez pas à vous soucier du fait que ce puisse être du sirop de sucre à la place. Vous pouvez récolter le miel partout où vous en trouvez. Et bien entendu, vous n'aurez pas à placer et retirer des bandes, à mélanger du sirop de Fumidil et saupoudrer de la terramycine, à traiter avec du menthol, à faire des galettes de graisse, à fumiger avec de l'huile minérale de qualité alimentaire, à faire des cordes et à vaporiser de l'acide oxalique. Pensez simplement à tout le temps que vous gagnerez et à quel point votre miel sera propre.

J'ai découvert que les cellules de taille naturelle sont un prérequis pour au moins laisser tomber les traitements contre les acariens Varroa.

Laisser du miel en réserve pour l'hiver

Au lieu de nourrir les abeilles, laissez-leurs simplement assez de miel. Vous n'êtes pas obligé de le récolter ou de l'extraire. Vous n'avez pas à préparer de sirop. Vous n'êtes pas obligé de nourrir les abeilles durant l'hiver. De plus, il peut y avoir d'autres avantages :

> ***« Il est bien connu qu'un régime alimentaire inadéquat rend sensible à la maladie. Maintenant, est-il déraisonnable de croire qu'un important nourrissement des abeilles au sucre les rende plus sensible à la loque américaine et autres maladies des abeilles ? Il est connu que la loque américaine est plus répandue dans le nord que dans le sud. Pourquoi ? N'est-ce pas parce que dans le nord les abeilles sont plus nourries au sucre tandis que dans le sud, les abeilles peuvent récolter du nectar presque toute l'année, ce qui rend non-nécessaire un nourrissement au sucre ? » — Better Queens, Jay Smith***

Taille naturelle de cellule

Bien entendu, vous obtenez des cellules de taille naturelle en utilisant des cadres dépourvus de cire gaufrée ou des ruches à barrettes, mais l'« effet secondaire » (ou la conséquence si c'est ce que vous recherchez) n'est pas seulement le labeur que vous vous épargnez lorsque vous n'avez pas à filer la cire ou encore lorsque vous n'avez pas à acheter et à poser de la cire gaufrée, mais c'est également le fait que vous pouvez même en arriver à oublier le Varroa une fois que vous parvenez à contrôler les acariens Varroa et que le comptage est resté stable pendant quelques années. C'est ce qui s'est passé pour moi.

Il est très agréable de simplement revenir à ce temps où je n'avais qu'à me soucier de mes abeilles au lieu d'avoir à m'inquiéter des acariens. Voir le chapitre *Taille naturelle de cellule* pour plus d'informations.

Charrettes

Avec mon dos, les charrettes m'ont beaucoup aidé. En partant de chez moi, mon rucher principal se trouve à travers les pâturages. Déplacer dans tous les sens des boîtes à la fois pleines et vides, représente beaucoup de travail. Pas un gros travail au point de devoir utiliser ma camionnette pour transporter mes boîtes jusqu'à mes ruches et faire le trajet inverse, mais cela représente tout de même un long trajet. J'ai acheté trois charrettes et j'ai tiré avantage de l'utilisation des trois. La plupart du temps maintenant j'utilise celles que j'ai achetées chez Mann lake et Walter T. Kelley.

J'ai quelque peu modifié celles de chez Mann Lake et Brushy Mt. car les boîtes s'entrechoquaient lors du déplacement et la charrette de chez Mann Lake était un peu trop éloignée du sol, j'ai donc déplacé l'essieu pour en abaisser les manches. La charrette de chez Brushy Mt. nécessitait un support (afin que les boîtes ne dégringolent pas) et d'un verrou qui servirait d'arrêt afin que je puisse la faire rouler à vide. Plus de détails dans le chapitre *Charrettes*.

Laissez le rayon irrégulier entre les boîtes

> ***« Certains apiculteurs démantèlent chaque ruche et grattent chaque cadre, ce qui est inutile puisque les abeilles ont tôt fait de tout recoller comme c'était auparavant. » — The How-To-Do-It book of Beekeeping de Richard Taylor***

Voici une chose que je pense être utile aux abeilles, qui vous donne la chance de pouvoir contrôler les acariens et qui vous épargne du travail. Laissez le rayon irrégulier qui part du fond d'un cadre vers la partie supérieure du cadre situé en dessous de celui-ci. Oui, ce rayon se brisera lorsque vous séparerez les boîtes, mais il constitue une échelle pratique que peut emprunter la reine pour se déplacer d'une boîte à l'autre. Souvent, les abeilles bâtissent également quelques rayons de mâles entre les boîtes, si vous les déchirez, vous verrez les pupes de faux-bourdons et peut-être remarquerez-vous des acariens (vous devriez vérifier).

Cessez de couper les cellules d'essaimage

Lorsque j'étais jeune, inexpérimenté et bête, j'ai lu des livres et j'ai essayé de faire cela. Les abeilles ont eu tôt fait de m'apprendre que c'était une perte de temps et d'effort. Si les abeilles ont pris la décision d'essaimer, faites une division ou placez chaque cadre portant des cellules d'essaimage dans une ruchette avec un cadre de miel et vous obtiendrez de belles reines. Je n'ai jamais vu les abeilles changer d'avis alors qu'elles en sont arrivées à ce stade. Bien entendu, la solution serait de les empêcher d'arriver à ce moment. Garder le nid à couvain ouvert tout en maintenant assez d'espace pour qu'il soit agrandi est le meilleur moyen de contrôler l'essaimage que j'ai trouvé. Si le nid à couvain est rempli avec du miel, placez-y quelques cadres vides. Oui, vides. Pas de cire gaufrée, rien. Essayez donc de faire cela. Les abeilles bâtiront probablement un rayon de mâles sur le premier cadre, mais après cela, elles bâtiront un très beau couvain d'ouvrières et la reine devra commencer à y pondre bien avant que le rayon ne soit entièrement étiré ou n'arrive à sa pleine profondeur. Vous serez choqué de voir à quelle vitesse elles peuvent faire cela et à quel point cela les distrait de l'essaimage.

Cessez de vous bagarrer avec vos abeilles

> ***« Il y a quelques règles générales qui sont d'utiles guides. Une de ces règles est que lorsque vous êtes confronté à un problème dans le rucher et que vous ne savez pas quoi faire, alors ne faites rien. Les problèmes empirent rarement en ne faisant rien et souvent s'enveniment à cause d'une intervention inepte. » — The How-To-Do-It book of Beekeeping, Richard Taylor***

Je ne compte plus le nombre de fois où sur les forums d'apiculture j'ai vu des questions sur la manière d'obliger les abeilles à faire ceci ou cela. Eh bien, vous ne pouvez les obliger à rien. A la fin, elles finissent par faire ce que font les abeilles peu importe ce que vous essayez de leur faire faire. Ce que vous pouvez faire, c'est les aider en vous assurant qu'elles aient les ressources nécessaires pour faire ce que vous pensez qu'elles ont besoin de faire et en manipulant la ruche pour qu'elles n'essaiment pas. Vous pouvez les leurrer en élevant des reines et autres. Mais vous vous amuserez plus et vous aurez bien moins de travail si vous cessez d'essayer de les obliger à faire ce que vous voulez.

Cessez d'emballer votre ruche.

> ***« Bien que de temps en temps, nous devons faire face à des hivers exceptionnellement sévères même ici dans le sud, nous ne fournissons pas à nos colonies une protection supplémentaire. Nous savons que ces temps de froids même très sévères, ne nuisent pas aux colonies qui sont en bonne santé. Effecti-***

> ***vement, le froid semble avoir un effet bénéfique avéré sur les abeilles. » — Beekeeping at Buckfast Abbey, Frère Adam***
>
> ***« Rien n'a été dit quant à la fourniture de chaleur aux colonies en emballant les ruches, en empaquetant les ruches ou autres, et à juste titre. Mal fait, le fait d'emballer ou d'empaqueter peut être désastreux, créant ce qui équivaut à un tombeau humide pour la colonie » — The How-To-Do-It book of Beekeeping, Richard Taylor***

Je suppose que cela inclut aussi toute l'inquiétude concernant l'hiver et le fait d'essayer de fournir aux abeilles des appareils de chauffage et autres. Les abeilles ont vécu pendant des millions d'années sans appareils de chauffage et sans aide. Si vous vous assurez que vos abeilles sont fortes, qu'elles ont assez de réserves et qu'elles disposent d'une ventilation adéquate afin qu'elles ne finissent pas dans un glaçon à cause de la condensation, alors vous devriez vous détendre. Travaillez sur votre matériel et voyez vos abeilles au printemps, ou au plus tôt à la fin de l'hiver.

Cessez de racler toute la propolis sur le matériel

> ***« La propolis occasionne rarement des problèmes à un apiculteur. Il est certain que tout effort pour empêcher qu'il y en ait sur une ruche, en la grattant systématiquement et de manière fréquente, est une perte de temps. — The How-To-Do-It book of Beekeeping, Richard Taylor***

Ne semble-t-il pas que ce soit une bataille perdue de toute manière? Les abeilles se contenteront simplement de remplacer la propolis. Alors, à moins qu'elle n'entrave directement vos manipulations, pourquoi vous en soucier ?

Cessez de peindre votre équipement.

> ***« Les ruches n'ont point besoin d'être peintes, quoiqu'il n'y ait aucun mal à faire cela pour le plaisir des yeux de leur propriétaire. Les abeilles trouvent le chemin de leurs propres ruches plus aisément si ces ruches ne se ressemblent pas toutes. Je peins rarement les miennes, et il en résulte qu'aucune de mes ruches ne ressemble à une autre. La plupart ont l'apparence de plusieurs années d'utilisation et de plusieurs années d'exposition aux éléments. » — Richard Taylor, The Joys of Beekeeping***

« Je suppose que les ruches auraient une plus longue durée de vie si elles étaient peintes, mais elles ne dureraient pas assez longtemps pour payer la peinture. — C.C. Miller, Fifty Years Among the Bees

---

Vous avez probablement remarqué maintenant, si vous regardez des photos de mes ruches, qu'un grand nombre d'entre elles ne sont pas peintes. Peut-être que les voisins ou votre épouse se plaindront mais les abeilles ne se soucient guère de ce détail. Elles pourraient ne pas durer très longtemps. Je n'en ai aucune idée car je n'ai cessé de peindre les miennes que quatre ans auparavant. Mais songez à tout le temps que vous gagnez !

Récemment, j'ai acheté beaucoup d'outils et j'ai voulu les garder aussi beaux et aussi longtemps que je le pouvais, alors j'ai commencé à les tremper dans de la cire d'abeille et de la colophane.

Cessez d'échanger les corps de ruche.

« Certains apiculteurs, moins confiants des méthodes des abeilles que je ne le suis, à ce point régulièrement « échangent les corps de ruches », c'est-à-dire qu'ils échangent les positions de deux étages de chaque ruche, pensant que cela pourra pousser la reine à augmenter sa ponte et à distribuer plus largement les œufs à travers la ruche. Je doute cependant, qu'un tel résultat se soit accompli, et dans tous les cas, j'ai découvert depuis longtemps qu'il est mieux de laisser une telle planification aux abeilles. » — Richard Taylor, The Joys of Beekeeping

---

De mon point de vue, échanger des corps de ruche est contreproductif. Cela représente beaucoup de travail pour l'apiculteur et pour les abeilles. Après que vous les ayez échangés, les abeilles doivent réarranger le nid à couvain. Il est vrai que cela pourrait interrompre l'essaimage, mais d'autres choses pourraient le faire également. Voir le chapitre *Contrôle de l'essaimage*.

Ne recherchez pas la reine

Ne recherchez pas la reine à moins d'être obligé de le faire. Il s'agit d'une des opérations les plus chronophages. A la place, recherchez plutôt des œufs ou du couvain ouvert. Il n'y a rien de mal à vouloir garder un œil sur elle, mais essayer de la trouver prend beaucoup de temps. Cela fonctionne même pour des opérations comme l'installation de ruchettes de fécondation. Si vous démembrez une ruche au profit de ruchettes de fécondation et que vous ne recherchez pas la reine sur les cadres avant de les installer dans les ruchettes, vous pourriez perdre la reine, mais vous gagnerez du temps. Elle se fera simplement remplacer. Le seul vrai avantage qu'il y a à chercher et trouver une reine fréquemment est que cela vous permet d'améliorer votre pratique ; là encore c'est un exercice que vous feriez plus aisément avec une ruche d'observation.

Si vous avez des problèmes concernant les reines, fournissez aux abeilles un cadre d'œufs et du couvain ouvert provenant d'une autre ruche et attendez. Si elles sont orphelines, elles élèveront une reine. Si elles ne le sont pas, vous n'avez pas interféré. Voir la section *Panacée* du chapitre *Commençons par conclure* du volume I de ce livre pour plus d'informations.

N'attendez pas.

Il y a de nombreuses opérations où les gens, moi y compris, vous diront d'enlever la reine et d'attendre jusqu'au prochain jour. Ce seront des opérations comme l'introduction de cellules royales dans des ruchettes ou encore l'introduction d'une nouvelle reine dans une ruche. Attendre augmentera les chances d'acceptation. Mais la réalité est que cela ne les augmentera que très peu. Alors, si vous souhaitez gagner en temps, n'attendez pas jusqu'au prochain jour à moins d'y être obligé, procédez immédiatement pendant que la ruche est ouverte.

Nourrissez avec du sucre sec.

Non, les abeilles n'en consommeront pas d'elles-mêmes, mais si vous devez les nourrir, cela les empêchera de mourir de faim et vous n'aurez pas à préparer du sirop de sucre, à acheter des nourrisseurs et vous n'aurez pas d'abeilles noyées. Consultez la partie « *Nourrissement des abeilles* » pour plus de détails.

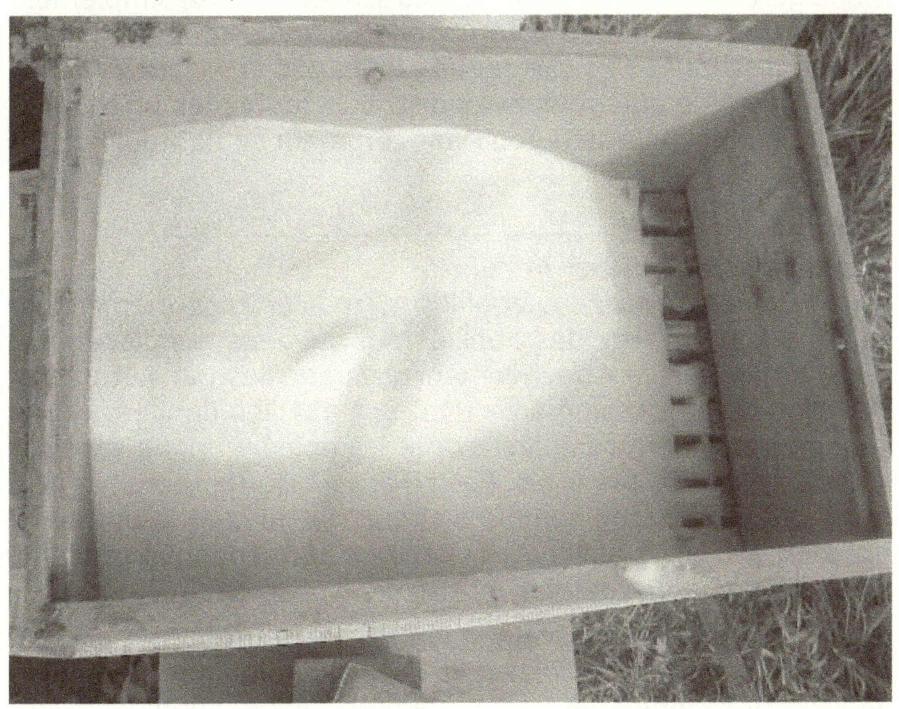

Divisez par boîtes.

Si vous avez une ruche en plein essor que vous souhaitez diviser au printemps, ne recherchez pas la reine, ne recherchez pas le couvain, procédez simplement à une division par boîtes. Les deux boîtes inférieures qui sont beaucoup plus occupées par les abeilles, ont probablement du couvain. Bien évidemment, le succès de la manipulation dépend surtout de votre capacité à évaluer assez précisément le couvain et la quantité de réserves disponibles dans les deux boîtes. Si vous évaluez mal, vous vous retrouverez avec une boîte vide après seulement un jour ou plus. Mais si vous évaluez bien, vous vous épargnerez beaucoup de travail. Avec des boîtes de profondeur moyenne à huit cadres (qui d'un point de vue volume sont la moitié d'une boîte profonde à dix cadres), les chances que la manipulation ne fonctionne sur une ruche comprenant au moins quatre boîtes (l'équivalent de deux boîtes profondes à dix cadres) sont deux fois meilleures. Vous devez simplement gérer les boîtes comme des cartes. Placez simplement un plancher de chaque côté et répartissez les boîtes comme si vous distribuez des cartes, une boîte par plancher à chaque tour jusqu'à ce que vous ayez distribué toutes les boîtes. Revenez un mois plus tard pour voir comment se débrouillent les abeilles.

Cessez de remplacer la reine.

Si vous laissez les abeilles remplacer elles-mêmes leur reine, vous élèverez des abeilles qui *peuvent* remplacer leur reine et qui le *font* effectivement. Les abeilles par nature ont sur elles cette pression sélective. Les abeilles dont les reines sont constamment remplacées par les apiculteurs ne sont pas soumises à cette pression. Pour ma part, je ne remplace une reine que si la ruche semble s'affaiblir et je choisis une reine qui provient d'une ruche où les abeilles parviennent à procéder elles-mêmes au remplacement.

Parallèlement à cela, bien entendu, cessez d'acheter des reines. Faites des divisions et laissez vos abeilles élever leur propre reine. De cette manière, vous obtiendrez des abeilles bien adaptées à votre climat, à vos ravageurs et à vos maladies ; *et* vous obtiendrez des maladies et des ravageurs qui sont capables de mieux coexister avec vos abeilles au lieu de les tuer.

Nourrir les abeilles

Vous allez sûrement penser qu'une chose aussi simple ne peut pas être sujette à des controverses, mais ça l'est— et sur plusieurs points.

***D'abord,* quand nourrissez-vous ?**

> ***« Q. Quel est le meilleur moment pour nourrir les abeilles?***
>
> ***« R. La meilleure chose à faire est de ne jamais les nourrir, laissez-les emmagasiner leurs propres réserves. Mais si la saison est un échec, comme ça a été le cas pendant certaines années dans la plupart des régions, alors vous devez nourrir vos abeilles. Le meilleur moment pour cela est tout simplement aussitôt que vous saurez qu'elles ont besoin de provisions pour l'hiver ; Disons en août ou en septembre. Le mois d'octobre convient bien également, cependant, et même si vous ne les avez pas nourries depuis décembre, mieux vaut donc les nourrir que de les laisser mourir de famine. — C.C. Miller, A Thousand Answers to Beekeeping Questions, 1917***

À mon sens, il existe plusieurs raisons justifiant le fait d'éviter le nourrissement si vous pouvez vous en passer. Cela déclenche le pillage. Le nourrissement attire les ravageurs (fourmis, guêpes, guêpes jaunes etc.), obstrue le nid à couvain et déclenche l'essaimage. Cela est également la cause de nombreuses noyades d'abeilles, sans parler de la quantité de travail que ça représente. Ensuite, si vous utilisez du sirop de sucre, il y l'effet du pH sur la culture microbienne de la ruche et la différence de valeur nutritive, en comparaison à ce qu'elles auraient emmagasiné elles-mêmes.

Certaines personnes nourrissent constamment un paquet pendant la première année. D'après mon expérience, il en résulte généralement que cela pousse les abeilles à essaimer alors qu'elles ne sont pas assez endurantes et cela entraîne le déclin de la ruche. Certaines personnes encore nourrissent au printemps, en automne et en temps de pénurie sans se soucier des réserves qu'ont fait les abeilles. D'autres personnes ne croient pas du tout aux valeurs du nourrissement. D'autres encore prennent tout le miel en automne et essaient de nourrir assez les abeilles en hiver.

Personnellement, je ne nourris pas s'il y a une miellée et si les abeilles ont des réserves operculées. Récolter le nectar est ce que les abeilles font. Elles devraient être encouragées à le faire. Je les nourris au printemps si elles sont à court de réserves, puisqu'elles ne peuvent pas élever du couvain sans réserves suffisantes. Je les nourris en automne si elles sont à court de réserves, mais j'essaie toujours de m'assurer de ne pas prendre du miel au point d'en priver les abeilles. Certaines années, cependant, la miellée d'automne échoue et les abeilles peuvent mourir de faim si je ne les nourris pas. Quand j'élève une reine pendant une pénurie, je dois quelquefois nourrir pour que les abeilles puissent bâtir des cellules et pour que les reines puissent effectuer leur vol nuptial. Alors même lorsque j'essaie d'éviter de les nourrir, je finis très souvent par le faire. Selon moi, il n'y a rien de mal à nourrir les abeilles si vous le faites pour de bonnes raisons, mais mon plan est d'essayer d'éviter cela et de laisser aux abeilles assez de réserves sur lesquelles vivre. Aussi, alors que je pense que le miel est le meilleur aliment pour eux, la récolte et le nourrissement des abeilles avec ensuite, représentent beaucoup de travail. Alors, lorsque je les nourris, c'est soit avec du sucre sec, soit avec du sirop de sucre, à moins d'avoir un peu de miel qui ne peut être vendu.

Si le nourrissement se fait au pollen, c'est généralement avant le premier pollen disponible au printemps. Ici (à Greenwood dans le Nebraska) ce premier pollen serait disponible aux environs de mi-février. Je n'ai pas eu la chance d'obtenir des abeilles qu'elles en consomment à un moment autre que lors d'une pénurie d'automne.

Nourrissement spéculatif.

Beaucoup d'écrits présenteront le nourrissement spéculatif comme une absolue nécessité pour obtenir une production de miel. Beaucoup de grands noms en apiculture ont décidé que cela n'est pas productif :

> ***« Le lecteur à partir de maintenant aura tiré la conclusion que le nourrissement spéculatif, indépendamment de l'obtention cires gaufrées étirées dans le corps de ruche, ne joue aucun rôle dans notre schéma d'apiculture. C'est en fait le cas. » — Beekeeping at Buckfast Abbey, Frère Adam***

> ***« De nombreuses personnes semblent en ce moment penser que l'élevage de couvain peut être plus accéléré en nourrissant les abeilles avec une tasse à thé de sucre fin chaque jour qu'avec n'importe quelle autre méthode ; mais d'après les nombreuses expériences faites dans ce sens durant les trente dernières années, je ne peux que penser qu'il s'agit d'une idée erronée, basée sur une théorie plutôt que sur une solution pratique du problème qu'on obtient en prenant un certain nombre de colonies dans un même rucher, en nourrissant une moitié tandis que l'autre moitié est laissée « riche » en réserve comme mentionné ci-dessus, mais sans nourrissement, et ensuite en comparant les « notes » concernant chaque moitié, pour ainsi déterminer quelle colonie a mieux fait sa récolte de miel... Les résultats montrent que le plan « millions of honey at our house » suivi de ce***

qui va venir, va dépasser de loin n'importe lequel des plans spéculatifs connus jusqu'ici dans la course des abeilles à temps pour la récolte. » — A Year's work in an Out Apiary, G.M. Doolittle.

« L'unique étape probablement la plus importante dans la gestion pour atteindre la force d'une colonie et l'une des plus négligées par les apiculteurs, est de s'assurer que les ruches pèsent lourd avec des réserves en automne, afin qu'elles émergent déjà fortes de l'hivernage au début du printemps. » — The How-To-Do-It book of Beekeeping, Richard Taylor

« Le nourrissement des abeilles pour stimuler l'élevage de couvain au début du printemps est maintenant considéré par beaucoup comme une méthode douteuse. En particulier, cela est particulièrement vrai dans les Etats du nord où les semaines de beau temps sont souvent suivies par le gel. L'apiculteur moyen dans une localité moyenne trouvera plus satisfaisant de nourrir libéralement en automne— assez, du moins, pour qu'il y ait des réserves suffisantes jusqu'à la récolte. Si les ruches sont bien protégées, et les abeilles bien approvisionnées avec une abondance de réserves operculées, l'élevage naturel de couvain se déroulera avec une rapidité suffisante au début du printemps sans aucun stimulus artificiel. Le seul moment où le nourrissement est recommandé est le moment où survient une pénurie de nectar après une miellée de printemps précoce et avant l'avènement de la

récolte principale. » — W.Z. Hutchinson, Advanced Bee Culture

---

Mes expériences avec le nourrissement spéculatif.

Au fil des années, j'ai essayé à peu près chaque combinaison et ma conclusion est que le climat a tout à voir avec le succès ou l'échec de n'importe quelle tentative de nourrissement spéculatif. Alors certaines années, cela semble aider certains, d'autres années, cela les égare à élever trop de couvain trop tôt alors qu'une forte gelée pourrait être désastreuse ou il pourrait y avoir trop d'humidité dans la ruche en ces temps précaires de fin d'hiver lorsqu'une forte gelée peut toujours survenir. De plus, les résultats impressionnants que vous obtenez, proviennent généralement du nourrissement d'une ruche en baisse de de réserves. Laisser plus de réserves semble toujours être une méthode plus fiable pour obtenir beaucoup de couvain précoce sous mon climat.

Ici dans le nord, non seulement le climat rend la chose difficile à faire, mais encore il fait varier les résultats de désastreux à remarquables. Le problème est que l'apiculture a assez de variables et je ne vois pas d'intérêt à en présenter plus.

Pour le moment, je vais laisser de côté les problèmes concernant ce avec quoi il faut nourrir, je vais les distiller avec mon expérience relative à la stimulation de la production de couvain et ignorer les problèmes relatifs au choix du miel vs le choix du sucre.

J'ai nourri avec du sirop très peu épais (1:2) peu épais (1:1) d'épaisseur moyenne (3:2) et épais (2:1) en toute saison excepté durant une miellée, mais une fois de plus pour simplifier la question de la stimulation de l'élevage du couvain, tenons-nous en au printemps.

Je ne vois aucune différence en ce qui concerne la stimulation du couvain peu importe les proportions utilisées. Les abeilles suceront le sirop si le temps est assez chaud (ce qui est rarement le cas ici au début du printemps ou à la fin de l'automne) et cela les poussera à commencer l'élevage du couvain alors que leur bon sens leur dictera qu'il est trop tôt pour le faire. Ainsi, pour simplifier encore plus, parlons simplement de nourrissement et non de nourrissement au sirop.

La difficulté d'obtenir des abeilles qu'elles consomment précocement du sirop sous les climats du nord :

Si sous mon climat, vous essayez de nourrir les abeilles avec n'importe quel genre de sirop à la fin de l'hiver ou au début du printemps, il en résulte généralement qu'elles refusent de le consommer. Ce qui justifie cela est que la température du sirop ne dépasse jamais les 10°C (50°F). La nuit, cette température se situe quelque part entre la gelée et moins zéro. En journée, la température ne dépasse généralement pas le point de gel ; en de rares occasions lorsqu'elle atteint 10°C (50°F) en journée, la température du sirop reste toujours en dessous de 0°C (32°F) à partir de la nuit d'avant. Alors avant tout, essayer de nourrir les abeilles avec du sirop à la fin de l'hiver et au début du printemps ne fonctionne généralement pas du tout— les abeilles ne le consommeront même pas.

Inconvénients de la réussite:

Ensuite, si vous êtes chanceux et qu'une vague de chaleur se produit à un certain moment, et que le climat reste assez chaud assez longtemps pour que le sirop se réchauffe assez afin que les abeilles le consomment, vous parvenez à obtenir d'elles qu'elles élèvent une énorme quantité de couvain, disons vers la fin du mois de février ou le début du mois de mars ; puis voilà qu'un grand froid avec des températures inférieures à zéro survient soudainement et dure une semaine, toutes les ruches qui avaient été induites à élever du couvain, vont mourir en essayant de maintenir ce couvain. Elles meurent car elles n'abandonneront pas le couvain et elles meurent car elles ne peuvent pas garder ce couvain au chaud, mais elles essaient quand même. Nous pourrions avoir une forte gelée (-12,2°C (10°F) ou moins) n'importe où à la fin du mois d'avril, et l'année dernière, nous en avons eu un vers mi-avril tout comme une grande partie du pays.

En février, notre plancher record ici dans la partie la plus chaude du Nebraska est -31,7°C (25°F). En mars, il est de -28,3°C (19°F). En avril, il est de 16°C (3°F). En mai, il est de -31°C (25°F). Avoir une gelée en mai est assez commun ici. J'ai vu des tempêtes de neige le premier mai. Alors je doute sérieusement, non seulement de l'efficacité du nourrissement au sirop, mais si vous arrivez à faire consommer le miel aux abeilles, de la sagesse de stimuler un élevage de couvain à l'avance de ce qui est normal pour les abeilles. Si vous y parvenez, vous avez à présent désynchronisé les abeilles avec leur environnement.

Issues variables:

Le résultat peut être entièrement différent d'une année à une autre. Certes, si vous réussissez votre pari et que vous obtenez des abeilles qu'elles couvent en mars, que vous parvenez à les empêcher d'essaimer en avril ou en mai (ce qui est incertain), que vous n'avez aucune forte gelée qui tuent certaines des ruches ; ou alors si les abeilles ont bâti plus qu'elles ne peuvent gérer au moment où ces gelées frappent et que vous parvenez à maintenir cette population maximale pour la miellée en mi-juin, peut-être que vous obtiendrez une récolte exceptionnelle. En revanche, si vous les amenez à élever du couvain massivement en mars, si vous avez une gelée avec des températures en-dessous de zéro qui dure une semaine et si la plupart de vos abeilles meurent, le résultat est très différent.

Sous un climat différent, cela pourrait être une entreprise totalement différente. Si vous vivez dans un endroit où vous n'avez jamais entendu parler de températures inférieures à zéro, et où les grappes ne restent pas collées au couvain à cause du froid et ne peuvent pas accéder aux réserves, alors les résultats du nourrissement spéculatif peuvent être plus prévisibles et possiblement plus positives. Encore là, les abeilles peuvent élever du couvain trop tôt et essaimer avant la miellée.

Sucre sec :

Ce n'est pas l'aliment idéal pour le printemps, sauf s'il s'agit de restes de l'hiver, mais selon mon expérience, cela a fait beaucoup de différence en hiver et au printemps suivant. La plupart des ruches ont consommé le sucre. Certaines ont consommé la plus grande partie du sucre. Les abeilles ont élevé du couvain alors qu'elles consommaient le sucre et elles pouvaient le sucer même par temps. Elles ne se précipitent ni sur le sucre, ni sur l'élevage de couvain, mais je vois ça comme une bonne chose. Un bâtissage modéré à partir de réserves qu'elles peuvent obtenir même par temps froid est un meilleur enjeu de survie qu'une énorme production par un temps où elles peuvent être prises dans une longue période de froid avec du sirop qu'elles ne seraient pas capable de consommer s'il est trop froid.

Type de nourrisseur:

Je dois admettre, que le type de nourrisseur a également un rôle à jouer. Un nourrisseur couvre-cadres au début du printemps est sans valeur ici. Le sirop n'est presque jamais assez chaud pour que les abeilles puissent le consommer. En revanche, pour ce qui est des sacs à nourrissement qu'on place au-dessus de la grappe, les abeilles semblent être capables de se débrouiller avec aussi bien qu'avec le sucre sec. Un nourrisseur cadre (autant que je ne les aime pas) près de la grappe est mieux accueilli qu'un nourrisseur couvre-cadres (mais pas aussi bien que les sacs à nourrissement). Sous mon climat, aucun nourrisseur placé très loin de la grappe, ne sera utilisé jusqu'à ce que les températures tournent invariablement autour des 10°C (50°F). Mais à ce moment-là, les arbres fruitiers et les pissenlits vont fleurir rendant donc hors de propos l'utilisation du nourrisseur cadre.

Vous pourriez fournir aux abeilles un peu de sirop à la fin du mois de mars ou au début du mois d'avril avec un sac à nourrissement ou un bocal ou encore un seau que vous placerez directement au-dessus de la grappe ou si vous réchauffez le sirop régulièrement, quand toute autre manipulation échoue.

Ensuite, avec quoi donc nourrissez-vous ?

Je préfère laisser du miel aux abeilles. Certaines personnes pensent qu'il ne faudrait nourrir les abeilles qu'avec du miel. D'un point de vue perfectionniste, j'aime cette idée. D'un point de vue pratique, cela est difficile pour moi. D'abord, le miel déclenche le pillage encore plus sûrement que le sirop. Ensuite, le miel s'altère beaucoup plus facilement si je l'arrose, et je déteste gâcher du miel. Enfin, le miel est très coûteux (si vous en achetez, ou simplement si vous n'en vendez pas) et nécessitent un travail intensif d'extraction. Il me semble inutile de se donner la peine d'extraire du miel seulement pour le redonner aux abeilles. Je préfère laisser assez de miel dans les ruches et en cas d'urgence, en prélever un peu d'une ruche forte pour approvisionner les ruches les plus faibles, plutôt que de nourrir. Mais si le nourrissement devient nécessaire, je nourris avec du vieux miel ou du miel cristallisé si j'en ai à disposition, autrement, je nourris avec du sirop de sucre.

Pollen

Une autre question relative au type d'aliment à utiliser, est celle bien sûr du pollen et du succédané. Les abeilles sont plus saines lorsqu'elles sont nourries au vrai pollen, mais le succédané de pollen est moins coûteux. J'ai essayé de ne nourrir mes abeilles qu'avec du pollen, mais parfois je ne peux pas me le permettre et j'opte alors pour du 50/50, moitié pollen, moitié succédané. En ne nourrissant qu'avec du succédané, vous obtiendrez des abeilles qui ne vivent pas longtemps. Je ne note aucune différence en faisant du 50/50, mais je continue de penser qu'une utilisation à 100% de vrai pollen est meilleure.

Et encore, avec quelle quantité nourrissez-vous ?

Il vaut mieux vérifier avec des apiculteurs de votre localité la quantité de réserves que les abeilles utilisent pour hiverner. Ici, avec une grande grappe d'Italiennes, je partirais sur une ruche pesant environ 45 à 68 kg. Avec des Carnioliennes, je dirais plus 23 à 34 kg. Il est toujours mieux d'en avoir trop que d'en avoir trop peu.

Enfin, comment nourrissez-vous ?

Il existe plus de schémas de nourrissement qu'il n'y a d'options dans n'importe quel autre aspect de l'apiculture. D'abord, j'ai une relation d'amour-haine avec le nourrissement alors, il n'est pas surprenant que j'aie cette même relation avec la plupart des méthodes de nourrissement.

Questions à se poser au moment de choisir le type de nourrisseur :

Quelle quantité de travail représente le nourrissement? Pour l'instant, dois-je porter une combinaison ? Ouvrir la ruche ? Enlever les couvercles ? Ôter les boîtes? Quelle quantité de sirop le nourrisseur peut-il contenir ? Combien de voyages devrais-je faire jusqu'au rucher éloigné pour préparer les abeilles pour l'hiver ? En d'autres termes, pour un nourrisseur d'une contenance de 19 litres (cinq gallons américains de sirop), je n'aurais simplement qu'à le remplir une fois. Si le nourrisseur ne peut contenir qu'un litre (une pinte ou un quart), je devrais le remplir de nombreuses fois.

Les abeilles se nourriront-elles s'il fait froid ? Si le temps est chaud, la plupart des nourrisseurs font l'affaire, mais seul un petit nombre convient aux températures précaires, cela s'applique pour des températures autour des 4°C (40°F) ou plus la nuit et 10°C (50°F) ou plus la journée et aucun nourrisseur ne convient lorsque le temps reste trop froid tout le temps.

Quel est le coût ? Certaines méthodes sont assez coûteuses (un bon nourrisseur couvre-cadres pourrait coûter entre 20 à 40 dollars par ruche) et d'autres sont relativement moins coûteuses (convertir un solide plateau en nourrisseur pourrait revenir à 25 centimes par ruche).

Le nourrisseur déclenche-t-il le pillage ? Les nourrisseurs Boardman, par exemple sont réputés pour le faire.

Le nourrisseur noie-t-il des abeilles ? Cela peut-il être atténué ? Les nourrisseurs cadres sont réputés pour le faire et la plupart des apiculteurs ont ajouté un flotteur ou une échelle ou encore les deux à la fois pour minimiser les risques. Les plateaux-nourrisseurs fonctionnent à peu près de la même manière que les nourrisseurs cadres.

Est-il difficile pour les abeilles d'entrer dans la ruche avec le nourrisseur en place ? Le nourrisseur est-il placé sur leur passage ? Par exemple un nourrisseur couvre-cadres doit être ôté pour avoir accès à la ruche et il déborde beaucoup.

Est-ce difficile de nettoyer le nourrisseur ? La nourriture peut pourrir et produire de la moisissure dans les nourrisseurs. Si les abeilles peuvent s'y noyer, ils doivent être nettoyés de temps en temps.

Principaux types de nourrisseurs

Le nourrisseur cadre

Cette forme varie beaucoup. Les très anciens modèles étaient en bois. Les moins anciens étaient en plastique lisse et causaient la noyade d'un grand nombre d'abeilles. Les plus récents le plus souvent sont une auge en plastique noir avec des aspérités tenant le rôle d'échelle sur les côtés. Si vous y placez un flotteur, cela fonctionne encore mieux, avec moins de noyade d'abeilles. Une échelle fait avec un grillage à mailles de dimension 3 mm fait aussi l'affaire. Un nourrisseur cadre occupe plus de place qu'un cadre, il occupe plutôt l'équivalent de l'espace qu'occuperait un cadre et demi. Par conséquent, il ne s'ajuste pas bien et est bombé en son milieu. Brushy Mt.

en proposait un fait à partir d'aggloméré avec un accès plus limité, un grillage-échelle incorporé, n'occupant l'espace que d'un cadre et ne bombant pas en son milieu. Betterbee a une version en plastique avec des caractéristiques similaires. Je n'en ai jamais possédé un, mais j'ai eu connaissance de plaintes selon lesquelles les épaulements seraient trop courts et que le nourrisseur ne tenait pas sur son support. Si vous le fabriquez correctement, alors le nourrisseur cadre peut prendre son autre nom qui est : « nourrisseur partition » ; mais pour que ce nom s'applique effectivement, le nourrisseur doit véritablement diviser la ruche en deux parties disposant chacune d'un accès distinct. Certaines personnes fabriquent eux-mêmes des « nourrisseurs partitions » et les utilisent pour transformer une ruche à dix cadres en deux ruchettes à quatre cadres avec un nourrisseur commun.

Le nourrisseur Boardman

On retrouve ce type de nourrisseurs dans tous les kits pour débutants. Ils se placent à l'entrée de la ruche et portent un bocal d'un litre (un quart) placé à l'envers. Pour ma part, je garderais le couvercle du bocal et je jetterais le nourrisseur. En effet, les nourrisseurs Boardman sont réputés pour déclencher des pillages. Ils sont simples à vérifier mais une fois qu'il est vide, il faut secouer les abeilles et ouvrir le bocal pour le remplir.

Le bocal nourrisseur

Récipient inversé. Ce genre de nourrisseur fonctionne selon le même principe qu'une fontaine d'eau fraîche ou autres conteneurs inversés où le liquide est retenu par un aspirateur (ou pour les esprits plus techniques d'entre nous, retenu par une pression aérienne extérieure y exerçant une poussée). Pour le nourrissement des abeilles, cela peut être un bocal d'un litre (comme celui du nourrisseur Boardman), une boîte de conserve peinte avec des orifices, un seau en plastique muni d'un couvercle, une bouteille d'un litre, etc.

Il doit simplement y avoir un moyen de le retenir au-dessus des abeilles et quelques petits trous pour la sortie du sirop. Les avantages varient selon la façon dont vous le mettez en place et sa grosseur. Si le nourrisseur contient environ 4 litres (un gallon américain) ou plus, vous n'aurez pas à le remplir très souvent. S'il ne contient qu'un seul litre, vous devrez le remplir souvent. Si le nourrisseur fuit ou que la température change beaucoup, il noie ou « congèle » les abeilles. Les nourrisseurs inversés sont généralement bon marché et généralement noient moins les abeilles que les nourrisseurs cadres, à moins qu'il y ait une fuite. Si le trou par lequel sort le sirop est recouvert d'un grillage à mailles de dimension 3 mm, vous n'aurez aucune abeille sur le conteneur lorsque vous devrez le remplir.

Le nourrisseur Miller

Baptisé ainsi d'après C.C. Miller. Il en existe plusieurs variantes. Toutes, se placent au-dessus de la ruche et nécessitent une fermeture étanche afin que les abeilles pillardes ne puissent pas y monter et se noyer dans le sirop. Certains modèles ont un accès ouvert à l'ensemble du nourrisseur pour les abeilles. D'autres ont un accès limité grillagé pour que les abeilles aient juste assez d'espace pour atteindre le sirop. Les nourrisseurs Miller sont dotés d'accès à des endroits variés—quelquefois l'accès est situé sur une extrémité, quelquefois sur les deux extrémités, d'autres fois au centre en parallèle avec les cadres et d'autres fois encore à travers les cadres. La raison est soit basée sur la facilité à fabriquer et à remplir seulement un compartiment (extrémités) ou un bon accès pour les abeilles (centre) ou encore un meilleur accès (à travers les cadres) afin que les abeilles puissent le trouver. Plus ces nourrisseurs sont grands, moins ils sont utilisés lorsqu'il fait froid, mais plus ils peuvent contenir de sirop. Certains peuvent contenir jusqu'à 19 litres (ce qui est idéal pour un rucher éloigné par temps chauds, mais pas pratique lorsqu'il fait froid la nuit). D'autres ne contiennent qu'un peu moins de deux litres. Par temps frais, les abeilles travailleront mieux un nourrisseur peu profond et qui a une entrée en son centre plutôt qu'un nourrisseur profond avec une entrée sur une extrémité. Le nourrisseur Rapid a un concept similaire mais est d'une forme ronde et se place au-dessus du trou du couvre-cadres. Le gros inconvénient est probablement qu'il faut ôter le nourrisseur pour accéder à la ruche, ce qui est assez difficile lorsqu'il est plein. Les grands avantages sont le volume de sirop qu'il peut contenir et (s'il est grillagé) le fait de pouvoir le remplir sans avoir besoin de porter une combinaison de protection ou de déranger les abeilles.

Le plateau-nourrisseur

Le plateau-nourrisseur Jay Smith

Il s'agit simplement d'un réservoir fait avec un bloc de bois 19 par 19 mm. Un écart d'environ 25 mm est situé sur la partie arrière du nourrisseur à partir de l'endroit où devrait se trouver l'avant de la ruche (environ 457 mm à partir de l'arrière de la ruche). Lorsque le nourrisseur est placé sous la ruche, l'écart doit dépasser vers l'arrière et c'est dans la partie qui dépasse que sera versé le miel. Une petite planche peut être utilisée pour obstruer l'ouverture à l'arrière. Les abeilles peuvent toujours sortir par l'avant de la ruche en descendant dans le réservoir. J'ai pris la photo en me tenant à l'arrière de la ruche, les bords du réservoir ont été mis en valeur et j'ai ajouté des descriptions pour une meilleure compréhension. Ce modèle de nourrisseur n'est pas pratique d'utilisation sur une ruche faible étant donné que le sirop est trop proche de l'entrée. Les abeilles s'y noient autant qu'elles se noient dans les nourrisseurs cadres.

Plateau-nourrisseur Jay Smith

Ma version du plateau-nourrisseur Jay Smith

Fond du nourrisseur. Le bloc de bois qui est placé en travers constitue une entrée réduite pour la ruche située en-dessous.

Vue de face du nourrisseur. Le réservoir à l'avant empêche le sirop de couler. Le bloc de support soutient le grillage à mailles de 3 mm afin qu'il ne s'affaisse pas. Ce grillage me permet de remplir le nourrisseur sans que les abeilles ne s'envolent. Le bouchon de vidange est placé de sorte que je puisse évacuer la condensation en hiver ou l'eau de pluie si elle s'infiltre. Le nourrisseur a été trempé dans de la cire et les fissures ont été comblées avec un tube coule cire. Vous pouvez également tout simplement faire fondre de la cire et la verser à l'intérieur du nourrisseur pour le sceller.

Nourrisseur avec une boîte par-dessus pour que vous puissiez voir la partie qui vous permet de le remplir. Si vous n'empilez pas les boîtes, la partie destinée au remplissage peut être placée aussi bien à l'avant qu'à l'arrière. Avec un empilage des boîtes du style « appartement », le remplisseur est situé à l'avant.

Empilage style appartement où vous pouvez voir l'entrée de la ruchette en-dessous du nourrisseur.

Empilage style appartement, les remplisseurs sont couverts avec des morceaux de contreplaqués d'une épaisseur de 13 mm, mais ils peuvent très bien être couverts avec autre chose. Jusqu'à maintenant, les contreplaqués n'ont pas été emportés par le vent.

Ma version du plateau-nourrisseur Jay Smith. J'ai simplement modifié le plateau d'origine pour faire une entrée supérieure et un plateau-nourrisseur. J'ai fabriqué ma version avec le plateau standard de chez Miller Bee Supply. L'espace sur la partie supérieure est de 19 mm et celui sur le fond est de 13 mm. C'est un espace pratique pour l'hivernage puisque je peux y placer du papier journal et le recouvrir de sucre, au alors je peux y glisser des galettes de pollen sans écraser les abeilles. Une de mes préoccupations a été l'eau issue de la condensation alors j'ai ajouté un bouchon de vidange. Ce bouchon peut être utilisé pour vidanger du mauvais sirop. Ce modèle permet également d'empiler les ruchettes et de toutes les nourrir sans avoir besoin de les ouvrir ou de les réarranger. Jusqu'à maintenant, j'ai enregistré à peu près le même nombre de noyades qu'avec un nourrisseur cadre standard. Vous devez y verser le sirop lentement et si les abeilles sont manifestement si nombreuses qu'elles sont partout au fond du nourrisseur, vous devez ajouter une boîte et atténuer la congestion. J'envisage d'y ajouter un morceau de contreplaqué d'une épaisseur de 6 mm pour servir de flotteur.

Le sac plastique à nourrissement

Il s'agit simplement d'un sac de conservation en plastique à fermeture zip d'environ quatre litres dans lequel sont versés environ trois litres de sirop, le sac est ensuite couché sur les barrettes supérieures et avec un rasoir, deux ou trois petites coupures y sont faites. Les abeilles sucent le sirop jusqu'à vider entièrement le sac. Une boîte quelconque est nécessaire pour faire de l'espace, un nourrisseur Miller placé à l'envers ou une cale 1 par 3 ou encore une hausse vide pourra convenir pour cet usage. Les avantages d'un sac plastique à nourrissement sont le coût (simplement le prix des sacs) et la possibilité pour les abeilles de s'y nourrir même par temps froids étant donné que la grappe gardera le sac au chaud. Un inconvénient est que vous dérangerez les abeilles chaque fois que vous devrez remplacer l'ancien sac abîmé par un neuf. Il y a également le risque que les abeilles bâtissent des rayons dans l'espace excédentaire que laisse le sac.

Le nourrisseur ouvert

Ce sont simplement de grands récipients pleins de sirop avec des flotteurs (« popcorn aux cacahuètes », paille, etc.). Ils sont généralement tenus loin à l'écart des ruches (100 m ou plus). Les avantages sont que vous pouvez nourrir rapidement puisque vous n'avez pas besoin de vous rendre à chaque ruche. Les désavantages sont que vous nourrissez les abeilles du voisinage. Cela déclenche parfois le pillage et quelquefois, dans la frénésie du nourrissement, beaucoup d'abeilles se noient.

Le plateau de sucre

Il s'agit d'une boîte une par trois munie d'un couvercle, dans laquelle est versé du sucre. La boîte est placée au-dessus de la ruche en hiver et les abeilles pourront l'utiliser si elles volent jusqu'au-dessus de la ruche et si elles ont besoin de nourriture. Ce genre de nourrisseur est très populaire dans ma région et semble bien fonctionner.

Le fondant

Le fondant peut être placé sur les barrettes supérieures. Encore que cela semble plus utile pour l'alimentation d'urgence. Les abeilles pourront se nourrir avec s'il n'y a rien d'autre à consommer. L'effet final est similaire à celui du plateau de sucre.

Le sucre sec

Les abeilles peuvent être nourries au sucre sec de diverses manières. Certaines personnes se contentent simplement d'en verser au fond de la ruche (ce qui n'est définitivement pas recommandé dans le cas de planchers grillagés puisque le sucre passe au-travers et se retrouve sur le sol). Certaines autres personnes en versent sur le couvre-cadres. D'autres placent un papier journal au-dessus des barrettes supérieures, ajoutent une boîte par-dessus et versent le sucre sur le papier (comme le montrent les photos qui suivent). D'autres personnes encore versent le sucre dans un nourrisseur cadre (la sorte d'auge en plastique noir). J'ai même retiré deux cadres vides d'une boîte à huit cadres et j'ai versé du sucre dans l'espace ainsi libéré (avec un plancher non grillagé bien évidemment). Dans le cas de planchers grillagés ou d'une petite ruche, il faut simplement un peu d'aide. Moi je retirerais quelques cadres vides, je placerais du papier journal sur lequel je vais verser le sucre que je vaporiserais ensuite avec un peu d'eau pour le tasser un peu afin ; j'ajouterais encore un peu plus de sucre jusqu'à remplir entièrement l'espace. Si vous ne vaporisez pas un d'eau pour tasser le sucre, il peut arriver que les jeunes abeilles affectées aux travaux intérieurs de la ruche, le considérant comme un déchet, transportent le sucre à l'extérieur de la ruche. Plus fin sera le sucre et mieux les abeilles le consommeront. Si vous pouvez vous procurer du sucre de la marque Baker's ou encore du sucre « Drivert », il sera mieux accepté que le sucre standard. Cependant, il est plus difficile à trouver et plus coûteux.

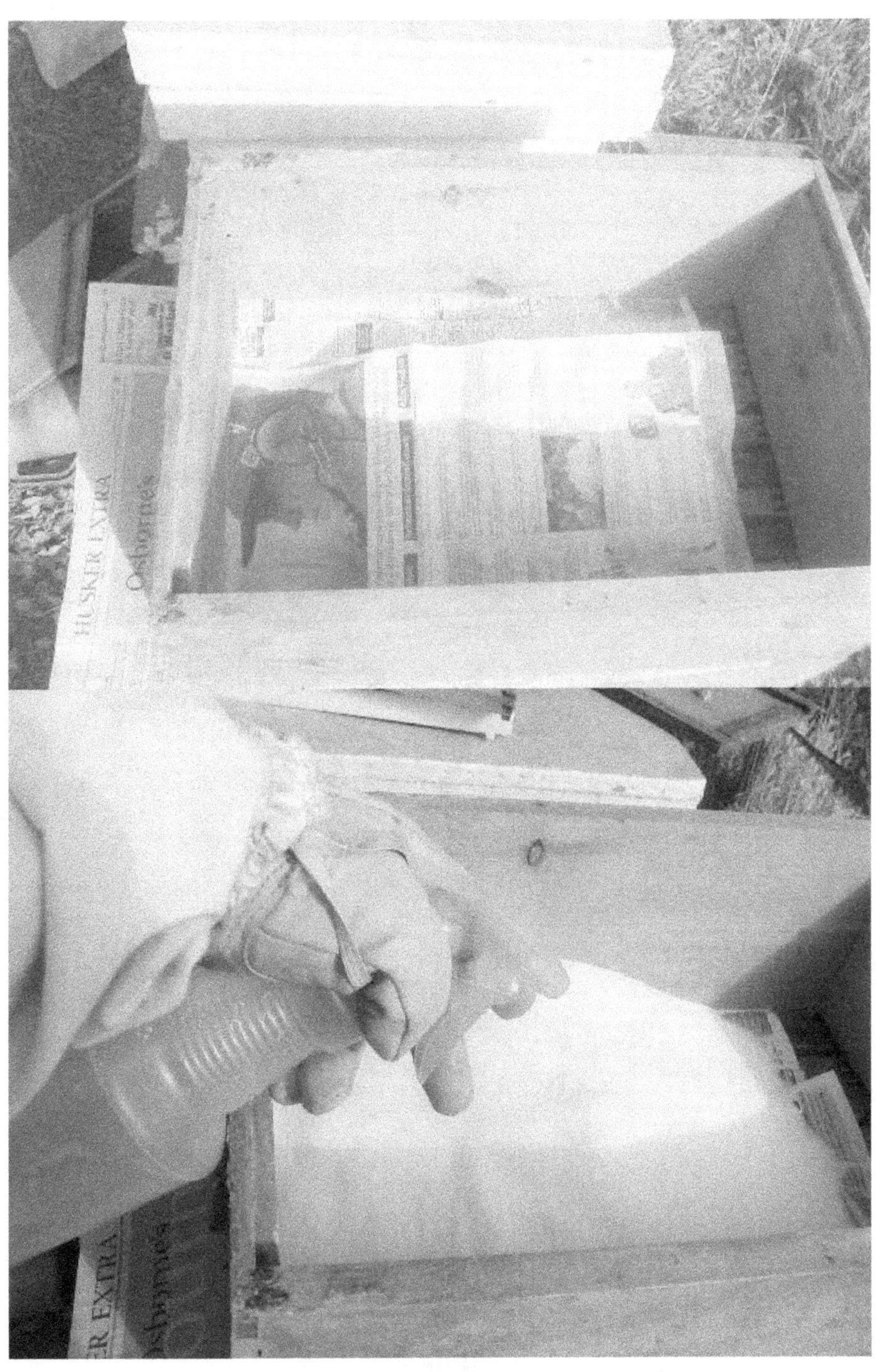
HUSKER EXTRA

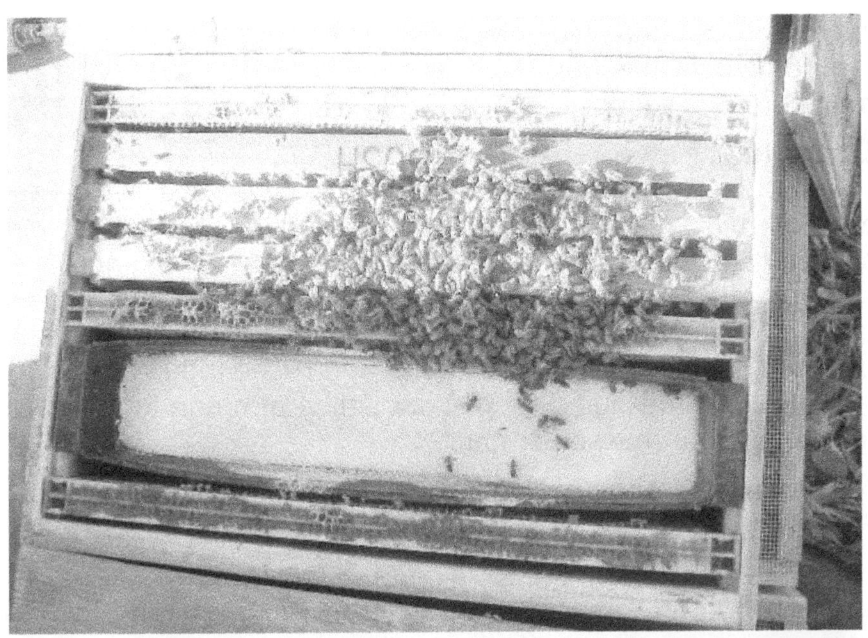

Quel genre de sucre ?

Cela importe peu que ce soit du sucre de betterave ou du sucre de canne. Cependant, cela fait une différence que ce soit du sucre blanc granulé ou quelque chose d'autre. Les sucres en poudre, roux, la mélasse et tout autre sucre non raffiné ne sont pas bon pour les abeilles. Elles ne peuvent pas manipuler les solides.

Le pollen

Utilisé pour le nourrissement, le pollen est fourni aux abeilles soit dans des nourrisseurs ouverts pour qu'elles puissent le ramasser, soit sous forme de galettes (mélangé à du sirop ou du miel pour former une pâte qui est ensuite pressée entre des feuilles de papier ciré). Généralement, je pratique un nourrissement sec ouvert dans une ruche vide sur un grillage placé au-dessus d'un plateau solide afin que le pollen ne forme pas une masse compacte.

Mesurer les proportions pour la préparation du sirop de sucre

Les mélanges standards sont 1:1 au printemps et 2:1 en automne (sucre : eau). Souvent, les gens utilisent d'autres proportions en fonction de leurs propres saisons. Certaines personnes utilisent 2:1 au printemps car il est plus simple de transporter le sirop ainsi préparé et il se conserve mieux. D'autres personnes utilisent 1:1 en automne car elles croient que cela stimule l'élevage de couvain et elles souhaitent s'assurer d'avoir de jeunes abeilles à l'approche de l'hiver. Les abeilles gèreront dans les deux cas. Moi j'utilise plutôt la proportion 5:3 tout le temps. Le sirop ainsi préparé se conserve mieux que le sirop 1:1 et est plus simple à diluer que le 2:1.

Poids ou volume?

L'argument suivant concerne le poids ou le volume. Si vous avez une bonne balance, vous pouvez le déterminer pour vos propres besoins, mais prenez un récipient de contenance 0,5 litre, tarez-le (pesez-le à vide) et remplissez-le avec de l'eau. Le poids de l'eau sera à peu près 0,5 kg. A présent, prenez un récipient sec de même contenance, tarez-le (pesez-le à vide) et remplissez-le avec du sucre blanc, ensuite pesez-le. Le poids obtenu sera d'à peu près 0,5 kg. Alors je vais présenter cela de manière très simple. Pour un bon mélange du sirop destiné au nourrissement des abeilles, cet argument n'a pas d'importance. Vous pouvez mélanger « un demi-litre pour un demi-kilogramme partout dans le monde » aussi longtemps qu'il s'agit d'un mélange sucre blanc sec et eau. Au moins jusqu'à ce que vous ayez mélangé le sirop. Si vous prenez donc cinq litres d'eau que vous faites bouillir, puis vous y ajoutez 10 kilogrammes de sucre, vous obtiendrez la même chose que si vous preniez cinq kilogrammes d'eau que vous faites bouillir avant d'ajouter 5 kilogrammes de sucre.

La confusion suivante semble concerner les proportions à utiliser pour faire telle ou telle quantité de sirop. Le volume de cinq litres d'eau et cinq kilogrammes de sucre donnera environ 7,5 et non 10 litres de sirop. Le sucre se dissout dans l'eau.

Comment mesurer

Ne faites pas de confusion dans votre manière de mesurer. Mesurez avant de mélanger. En d'autres termes, vous ne pouvez pas remplir un tiers de la contenance d'un récipient avec de l'eau et ajouter du sucre jusqu'à ce que deux tiers de la contenance du récipient soient remplis et obtenir du sirop 1:1, vous obtiendrez plutôt quelque chose comme du sirop 2:2. Cela s'applique également pour le mélange inverse : un tiers de sucre puis de l'eau jusqu'aux deux tiers. En procédant de la sorte, vous obtiendrez plus quelque chose comme du sirop 1:2. Vous devez mesurer chaque ingrédient séparément puis les mélanger pour obtenir une mesure précise. Je pense que la méthode la plus simple revient à mesurer l'eau en litre et le sucre en kilogramme étant donné que les mesures reportées sur les paquets de sucre sont déjà exprimées avec cette unité de mesure et qu'il est plus simple de mesurer le volume de l'eau. Alors, si vous savez que vous allez ajouter cinq kilogrammes de sucre et que ce que vous souhaitez obtenir c'est du sirop 1:1, commencez donc avec cinq litres d'eau bouillie dans lesquels vous allez ajouter cinq kilogrammes de sucre.

Comment faire du sirop

Je fais bouillir l'eau, j'ajoute le sucre et ensuite, lorsqu'il est entièrement dissous, j'éteins le feu. Pour du sirop 2:1, cela peut prendre plus de temps. Quoi qu'il en soit, le fait de bouillir l'eau permet de conserver le sirop plus longtemps, car cela élimine tous les micro-organismes qui pourraient se trouver dans le sucre ou l'eau.

Sirop moisi

Je ne me laisse pas inquiéter par un peu de moisissure, mais si l'odeur est trop bizarre ou qu'il y a trop de moisissures, je jette. Dans le cas où vous utilisez des huiles essentielles (et je ne le fais pas), elles ont tendance à empêcher le sirop de moisir. Certaines personnes ajoutent diverses choses pour contrôler la moisissure. Clorox, vinaigre distillé, vitamine C, jus de citron et d'autres choses sont utilisées par différentes personnes pour conserver le sirop encore plus longtemps. Toutes ces choses, à l'exception du Clorox, rendent le sirop plus acide et plus proche de l'acidité du miel (diminue le pH).

Entrées supérieures

Raisons pour utiliser des entrées supérieures

Vous pouvez très bien vous passer des entrées supérieures, mais elles éliminent les problèmes suivants : souris, putois d'Amérique, opossums, abeilles mortes bloquant la sortie en hiver, condensation sur le toit en hiver, neige bloquant la sortie en hiver, herbes bloquant la sortie le reste de l'année. Les entrées supérieures vous permettent aussi d'acquérir des trappes à pollen Sundance II peu couteuses et très pratiques.

> ***« J'ai eu un voisin qui utilisait une ruche commune ; il y avait un trou de deux pouces (51 mm) dans la partie supérieure qu'il laissait ouvert tout l'hiver ; les ruches étant placées sur des souches de pruche sans aucune protection, été comme hiver, à l'exception de quelque chose pour empêcher la pluie d'entrer et la neige de marteler le toit de la ruche. Il avait entièrement couvert toute la partie inférieure de sa ruche pour l'hiver. Ses abeilles hivernaient bien et chaque saison, essaimaient deux à trois semaines avant les miennes ; pratiquement aucune d'entre elles ne serait sortie dans la neige jusqu'à ce que le temps se réchauffe assez pour qu'elles puissent revenir à la ruche.***

> ***« Depuis lors, j'ai observé que chaque fois que j'ai trouvé un essaim dans les bois à un endroit où le creux se situait en-dessous de l'entrée, le rayon était toujours clair et propre, et les abeilles étaient toujours dans leur meilleure condition ; pas de cadavres***

d'abeilles au fond de la bûche ; et à l'inverse, lorsque je trouvais un arbre où l'entrée était en-dessous du creux, il y avait toujours plus ou moins des rayons moisis, des abeilles mortes, etc. »

« Une fois de plus, si vous voyez une boîte portant de haut en bas une fissure assez grande pour que vous puissiez y introduire un doigt, dans neuf cas sur dix, les abeilles se portent bien. La conclusion que j'ai tirée est la suivante, qu'avec une ventilation ascensionnelle sans aucun courant d'air provenant du fond de la ruche, vos abeilles hiverneront mieux… » — Elishia Gallup, The American Bee Journal 1867, Volume 3, numéro 8 page 153

Toits plats avec d'étroites cales pour faire des entrées supérieures avec l'ouverture tout le long.

Comment faire des entrées supérieures

Voici celles que j'ai actuellement. Ce sont des contreplaqués d'environ 19 mm d'épaisseur coupés à la taille de la boîte (pas de porte-à-faux ou de taquets) avec des cales pour faire de l'ouverture le chemin le plus court.

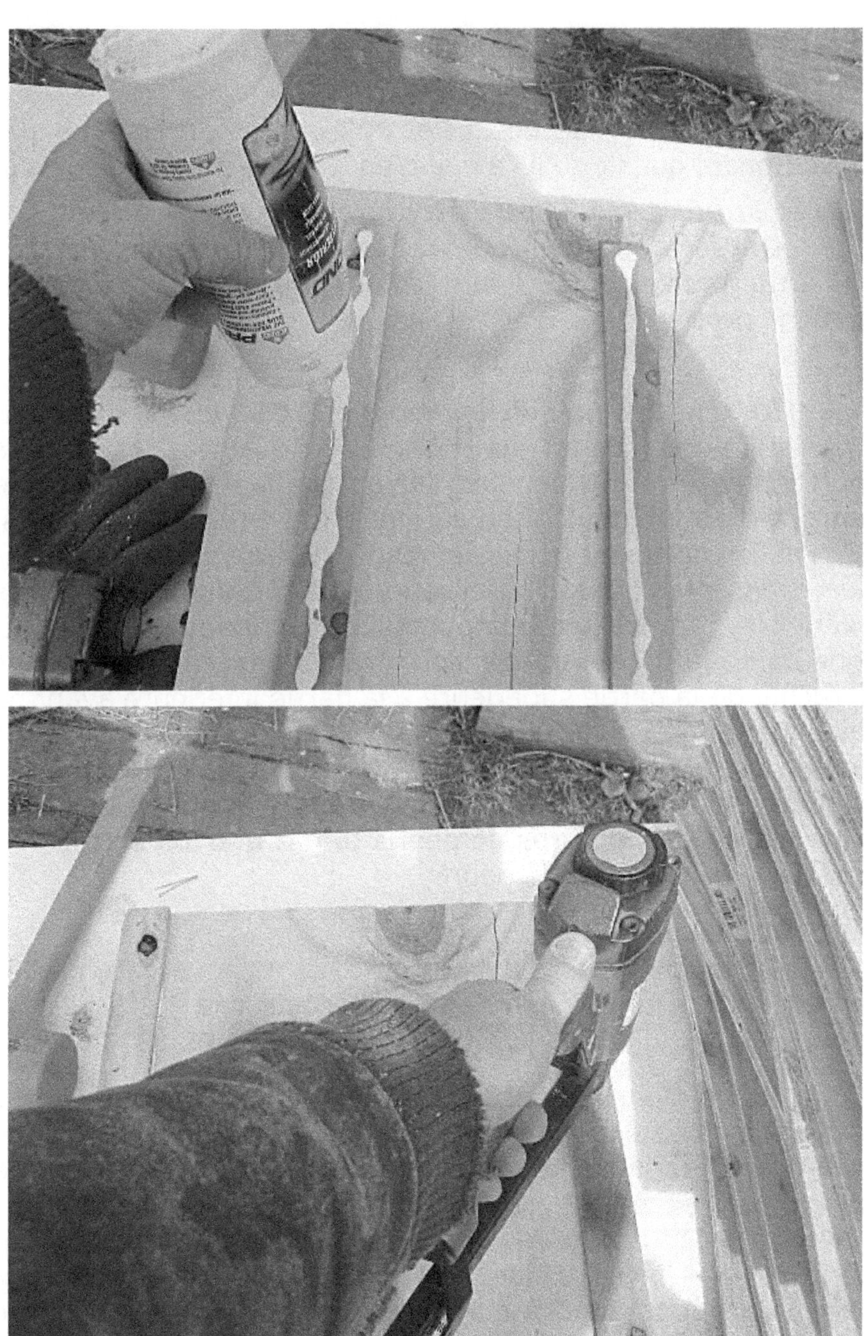

Fabrication des entrées supérieures.

J'ai récemment commencé à en fabriquer avec des contreplaqués de 13 mm d'épaisseur.

L'idée d'utiliser des cales m'avait été présentée par Lloyd Spears qui dit qu'il l'a eue d'un homme nommé Ludewig.

Entrée supérieure - Foire aux questions :

Q: sans entrée inférieure, les abeilles ne peinent-elles pas à transporter à l'extérieur les abeilles mortes et à garder la ruche propre ?

R: d'après mon observation, pas plus qu'avec une entrée inférieure. D'une manière ou d'une autre, les abeilles mortes s'accumulent pendant l'hiver. D'une manière ou d'une autre, elles s'accumulent en automne. De toutes les manières, les abeilles nettoient généralement la ruche au milieu de l'année. Dans ma ruche d'observation (qui possède une entrée inférieure), j'ai vu une jeune abeille affectée aux travaux intérieurs de la ruche, traîner des abeilles mortes partout dans la ruche, de la partie supérieure à la partie inférieure avant de finalement trouver l'entrée dans la partie inférieure. Je ne pense pas que ce soit important. D'après Elisha Gallup (voir la citation précédente), l'opposée est vraie. Il dit que les entrées supérieures sont propres de débris tandis que les entrées inférieures sont pleines de débris.

Q: les butineuses qui rentrent à la ruche, s'irritent-elles lorsque vous êtes en train de travailler la ruche ?

R: je n'ai noté aucune différence. Peu importe que ce soit une entrée supérieure ou une entrée inférieure, lorsque vous travaillez la ruche, vous perturbez les choses rien que par votre présence. Vous toujours, dans les deux cas, avez perturbé la circulation des abeilles et des entrées à la fois supérieures et inférieures leur permettent tout simplement rentrer à la ruche tandis que vous travaillez. Avec l'entrée supérieure, elles vont juste dans la partie supérieure.

Q: lorsque vous enlevez les hausses, les abeilles ne sont-elles pas confuses ?

R: la plus grande confusion survient lorsque vous n'en enlevez qu'une seule et que celle-ci se trouvait à proximité d'une ruche de même hauteur. Les abeilles sont donc confuses quant à reconnaître la ruche qui est la leur. Mais je pense que cela se produirait même avec une entrée inférieure pour la même raison excepté que vous ne le remarquez pas. Les abeilles utilisent la hauteur de la ruche comme un de leurs repères ; elles continueront donc à voler vers la grande ruche blanche la plus proche de l'endroit dont elles se souviennent au lieu d'aller vers la plus courte située à côté. Il suffit d'une journée pour que les choses reviennent à la normale.

Q: pourquoi certaines personnes recommandent de ne pas utiliser les entrées supérieures en ville à cause des abeilles qui deviennent confuses lors du travail de la ruche ?

R: réponse similaire à la précédente question. D'après mon expérience, toute ruche ayant été ouverte provoque de la confusion lors du retour des butineuses à cause de la hauteur de la ruche qui généralement a changé parce que des boîtes ont été enlevées et à cause de la présence de l'apiculteur qui brouille les points de repère. Je ne vois aucune augmentation de la confusion d'une ruche avec entrée supérieure seulement à une ruche avec entrée inférieure seulement. Pour ma part, le conseil disant que les entrées supérieures ne devraient pas être utilisées dans les zones urbaines est malvenu mais semble être souvent répété par des personnes n'ayant aucune expérience avec des entrées supérieures. L'hivernage sera bien plus amélioré avec une entrée supérieure sans compter qu'elle prévient les problèmes tels que le couvain plâtré et la surchauffe. Ces avantages ne devraient pas être sacrifiés seulement à cause d'une croyance concernant une perturbation de la ruche qui est fréquemment répétée.

Q: utilisez-vous un réducteur d'entrée ?

R: sur certaines d'entre elles oui et sur d'autres non. J'utilise un morceau de bois d'une épaisseur de 6 mm (un morceau de liteau fonctionne bien), je coupe 50 mm en-dessous de la largeur de l'ouverture avec un clou au centre pour servir de pivot afin que vous puissiez faire pivoter le réducteur pour ouvrir ou fermer l'ouverture.

Charrettes

Dans ma quête d'une apiculture plus simple, j'ai acheté et modifié ces charrettes.

J'ai modifié deux des charrettes d'apiculture que je possède. Voici celle de la marque Brushy Mt. J'ai ajouté sur l'avant des ridelles perforées pour que je puisse transporter six boîtes vides sans qu'elles ne glissent. J'ai également ajouté un verrou à l'arrêt pour pouvoir le déplacer à vide. Malheureusement je devrai percer un autre trou pour la cheville si je veux pouvoir transporter des boîtes à huit cadres avec.

Voici la ridelle sur la charrette Mann Lake. Encore une fois, de cette manière, je peux transporter six boîtes vides à travers les pâturages sans les faire tomber. La goupille dans le trou sur le dessus est utilisée aussi, pour empêcher les boîtes de dégringoler vers l'avant lorsque vous les prenez. J'ai dû abaisser l'essieu en ajoutant la cornière sur le dessus ici afin que ça puisse glisser en une moyenne et soulever sans se battre avec son basculement vers l'avant. J'ai également dû couper un peu la cornière par le dessous afin qu'elle ne soit pas prise dans l'herbe. Il me semble que j'utilise plus souvent cette dernière parce que je peux simplement la glisser sous une pile de boîtes pour la soulever.

Cette dernière, en fait, a été inventée par un apiculteur d'Arizona : Jerry Hosterman. J'ai vu quelques-uns de ses travaux qui sont manifestement plus anciens que ceux de Mann Lake.

Voici la charrette classique « Nose Truck » de chez Walter T. Kelley conçue pour des besoins apicoles. Elle nécessite un certain genre de plateau, de préférence avec quelques taquets à l'extrémité pour servir de palette. Cette charrette est robuste et pourra transporter six hausses PLEINES. Je n'ai fait aucune modification sur celle-là.

Contrôle de l'essaimage

Photo © Judy Lillie

On parle d'essaimage lorsqu'une vieille reine et un certain nombre d'abeilles partent d'une ruche pour commencer une nouvelle colonie. On parle de rejetons lorsqu'après le premier départ, le nombre d'abeilles qui sont restées étant encore trop élevé, quelques reines non fécondées quittent la ruche avec plus d'essaims. Il peut arriver qu'une colonie ait plusieurs rejetons.

Bien souvent l'essaimage est considéré comme une mauvaise chose parce que vous perdez généralement ces abeilles. Mais si vous attrapez des essaims, c'est un bonus car ils sont réputés pour bâtir rapidement. Les abeilles sont déjà concentrées sur cet objectif et c'est dans l'ordre naturel des choses. A l'époque des paniers et autres ruches traditionnelles, l'essaimage était considéré comme une bonne chose. C'était une chance d'accroissement.

Causes de l'essaimage

Il est bon de réaliser que l'essaimage est la réaction normale d'une ruche qui se porte bien. Cela signifie que les abeilles vont assez bien pour reproduire la ruche. C'est l'ordre naturel des choses. Toutefois, c'est inopportun pour l'apiculteur. Voyons donc ce qui peut pousser les abeilles à vouloir essaimer.

Tout d'abord, il existe deux principaux types d'essaims. Il y a les essaims de reproduction et les essaims de surpopulation. Les pressions qui poussent les abeilles à essaimer sont variées.

Essaim de surpopulation

Puisqu'il s'agit du plus simple et qu'il peut survenir à n'importe quel moment, examinons brièvement l'essaim de surpopulation. Les facteurs qui semblent y contribuer sont :

Manquer de place pour emmagasiner le nectar, alors il est stocké dans le nid à couvain. Prévention : ajoutez des hausses.

Le miel ou le pollen congestionne le nid à couvain, si bien que la reine n'a nulle part où pondre. Prévention : enlever des rayons de miel et ajoutez des cadres vides. Ainsi, les abeilles seront occupées à bâtir la cire, la reine aura de la place pour pondre et les abeilles auront plus de place pour se grouper dans le nid à couvain.

Absence d'endroit pour se grouper près du nid à couvain. Les abeilles aiment former leur grappe près de la reine (qui se trouve dans le nid à couvain), ce qui encombre le nid à couvain, le rendant surpeuplé. Prévention : des clayettes laissent plus de place pour la grappe sous le nid à couvain. Des partitions cadres à l'extérieur font de la place à la grappe sur les côtés du nid à couvain. Ce sont des barrettes supérieures large de 19 mm avec au milieu une plaque de contreplaqué, d'aggloméré ou d'un matériau similaire de la taille d'un cadre. Une partition cadre à chaque extrémité remplace un cadre dans le nid à couvain.

Trop de circulation engorge le nid à couvain. Prévention: une entrée supérieure donne aux butineuses un moyen de circuler sans passer à travers le nid à couvain.

Donc en gros, si vous veillez à ajouter des hausses et si vous fournissez la ventilation, vous pouvez prévenir un essaim de surpopulation.

Essaimage de reproduction

Les abeilles ont travaillé pour atteindre cet objectif depuis l'hiver dernier lorsqu'elles ont essayé d'hiverner avec une surabondance de réserves pour bâtir au printemps avant la miellée, assez pour causer un essaim qui aura ensuite la possibilité optimale de bâtir assez pour survivre l'hiver suivant.

La première erreur que les gens font lorsqu'il s'agit de prévenir l'essaimage est de penser qu'ils peuvent simplement jeter quelques hausses aux abeilles pour qu'elles n'essaiment pas. Mais, elles le feront. Oui, il est pratique pour elles d'avoir de l'espace pour stocker le miel, donc les hausses sont utiles, mais les abeilles sont destinées à essaimer et les hausses ne les dissuaderont pas de leur plan de faire leur essaim de reproduction.

Revenons à la séquence au printemps, les abeilles, durant l'hiver, élèvent quelques vagues de couvain. La reine pond un peu et elles commencent à élever ce lot. Cependant, elles ne commencent aucun couvain jusqu'à ce que ce dernier couvain n'émerge et elles prennent une pause. Ensuite, elles élèvent un autre petit lot. Lorsque le pollen commence à rentrer, les abeilles commencent à élever plus de couvain pour bâtir. Elles commencent aussi à utiliser le miel qu'elles ont emmagasiné, qui est utilisé pour nourrir le couvain et aussi cela fait de la place pour plus de couvain.

Lorsque les abeilles pensent qu'elles ont assez d'abeilles, elles commencent à remplir tout ce qui reste d'espace avec du miel, à la fois pour empêcher la reine de pondre, et pour avoir de bonnes réserves dans le cas où la miellée principale ne se passe pas bien. Puisque le nid à couvain est rempli, cela fait de plus en plus d'abeilles nourrices sans activité. Ces nourrices commencent à émettre un bourdonnement perçant qui est assez différent du bourdonnement typique harmonieux que vous entendez généralement – qui sonne plus comme un gazouillis. Une fois que le nid à couvain est presque plein de miel, les abeilles commencent les cellules d'essaimage. Le temps que ces cellules soient operculées, la vieille reine quitte la ruche avec un grand nombre d'abeilles. Même si vous récoltez l'essaim, la ruche a déjà arrêté la production de couvain et a perdu (à l'essaimage) beaucoup d'abeilles. Il est douteux que cette ruche puisse produire du miel. S'il y a toujours beaucoup d'abeilles, la ruche rejettera des rejetons avec des reines vierges à leur tête.

Si je ne les rattrape pas à temps, une fois qu'elles prennent une décision, je fais toujours des divisions parce que pas grand-chose ne pourra les dissuader. Détruire les cellules royales, au mieux ne fait que différer l'inévitable, et très probablement laissera les abeilles sans reine. Mon point de vue est que la plupart des gens détruisent les cellules royales *après* que la ruche ait essaimé sans le réaliser.

Si vous les surprenez alors qu'elles essaient d'essaimer entre environ deux semaines et juste avant la miellée principale, une division avec l'ancienne reine et tout à l'exception d'un cadre de couvain ouvert dans un nouvel emplacement est une méthode de prévention de l'essaimage assez pratique. Laissez l'ancienne ruche avec tout le couvain operculé, un cadre d'œufs/couvain ouvert, aucune reine et des hausses vides. Généralement, l'ancienne ruche n'essaimera pas parce que les abeilles n'ont pas de reine et pratiquement aucun couvain ouvert. Habituellement, la nouvelle ruche n'essaiment pas parce qu'il n'y a pas de butineuses. La méthode est mieux pratiquée juste avant la principale miellée.

Souvent, je place simplement chaque cadre qui a quelques cellules royales avec un cadre de miel dans une ruchette à deux cadres pour obtenir de bonnes reines.

Mais, bien sûr, l'objectif réel est d'éviter l'essaimage et la division (à moins que vous ne planifiez de faire la division) afin que vous puissiez avoir une ruche plus grande et plus forte qui produira plus de miel.

Prévenir l'essaimage

J'aime attraper des essaims, mais qui a le temps d'observer les ruches tout le temps pour en attraper ? Et si vous avez tout ce temps, alors vous avez tout le temps de prévenir les essaimages.

Ouvrir le nid à couvain

C'est, bien sûr, ce que nous voulons faire. Ce que nous devons faire est d'interrompre la chaîne des événements. Le moyen le plus simple est de garder le nid à couvain ouvert. Si vous empêcher le remplissage du nid à couvain et si vous occupez toutes ces abeilles nourrices inactives, alors vous pouvez changer leur décision. Dans le cas où vous attrapez l'essaim avant que les abeilles ne commencent les cellules royales, vous pouvez placer quelques cadres vides dans le nid à couvain. Oui, des cadres vides. Pas de cire gaufrée. Rien. Simplement un cadre vide. Juste un, ici et là avec deux cadres de couvain entre. En d'autres termes, vous pouvez faire quelque chose du genre CCVCCVCCVC où C est le couvain et V est un cadre vide. Le nombre que vous insérez dépend de la force de la grappe. Les abeilles doivent remplir ces vides avec d'autres abeilles. Les vides remplis sont remplis avec les abeilles inactives qui commencent à festonner et à bâtir un rayon. La reine trouvera le nouveau rayon et le temps que ce rayon atteigne environ 6,35 mm de profondeur, la reine pourra y pondre. Vous avez maintenant « ouvert le nid à couvain ». En une seule étape, vous avez occupé les abeilles qui se préparaient à essaimer avec la production de cire suivie du nursage, vous avez élargi le nid à couvain, et vous avez fourni à la reine de la place pour pondre. Si vous n'avez pas d'espace où placer les rayons vides, alors ajoutez une autre boîte à couvain et déplacez quelques rayons dans cette boîte afin de faire de la place pour ajouter quelques rayons vides dans le nid à couvain. En d'autres termes alors, la boîte supérieure serait probablement quelque chose du genre VVVCCCVVVV et la boîte d'en dessous serait CCVCCV CCVC. L'autre avantage est que j'obtiens un bon rayon à couvain de taille naturel.

Une ruche qui n'essaime pas produira beaucoup plus de miel qu'une ruche qui essaime.

Checkerboarding alias gestion du nectar

Le checkerboarding est une technique créée par Walt Wright qui implique d'intercaler miel bâti et miel operculé par-dessus le nid à couvain. Cela n'implique en rien le nid à couvain lui-même. Si vous souhaitez en savoir plus à propos de cette technique et *beaucoup* plus de détails sur la préparation à l'essaimage et ce qui se passe dans une ruche à tout moment lors du bâtissage, contactez Walt Wright. C'est une méthode qui leurre également les abeilles en leur faisant croire qu'il n'est pas encore temps d'essaimer. Cela fonctionne sans déranger le nid à couvain. Fondamentalement, il s'agit de placer alternativement des cadres de rayon bâti vide et de miel operculé directement au-dessus du nid à couvain. Les écrits de Walt sont ici: http://beesource.com/point-of-view/walt-wright/

Divisions

Quel est le résultat désiré ?

Je choisis ma méthode pour faire une division en fonction de ce que je souhaite comme résultat.

Raisons de faire une division:

_Pour avoir plus de ruches.
_Pour remplacer la reine.
_Pour obtenir plus de production.
_Pour obtenir moins de production (pour les gens qui ne veulent pas avoir trop de ruches ou trop d'abeilles).
_Pour élever des reines.
_Pour éviter les essaims.

Calendrier de division :

Aussitôt que les reines commerciales sont disponibles, ou dès que les faux-bourdons prennent leur envol, cela dépend si vous souhaitez achetez ou élever des reines, vous pouvez faire une division. Cela dépend une fois de plus de ce que vous souhaitez comme résultat.

Il y a une variété infinie de méthodes pour faire une division. Grand nombre de ces méthodes existent à cause du résultat désiré (éviter l'essaimage, maximiser la productivité, maximiser les abeilles etc.) Certaines de ces variations sont aussi dues à l'achat des reines ou au fait de laisser les abeilles élever les reines.

La version simple est de vous assurer que vous avez quelques œufs dans chacune des boîtes profondes et de les placer en direction de l'ancien emplacement. En d'autres termes, placez un plateau sur la gauche face au côté gauche de la ruche et un autre sur la droite face au côté droit de la ruche et placez une boîte profonde sur chaque et peut-être une profonde vide au-dessus de ça. Placez les couvercles et laissez le tout.

Il y a un nombre infini de variations de cela.

Les concepts de divisions sont :

Vous devez vous assurer que les deux colonies résultantes, ont chacune une reine ou les ressources nécessaires pour en élever une (œufs ou larves sortant tout juste de l'œuf, faux-bourdons volants, pollen et miel, beaucoup d'abeilles nourrices).

Vous devez vous assurer que les deux colonies résultantes obtiennent une réserve suffisante de miel et de pollen pour nourrir le couvain et les autres abeilles.

Vous devez être sûr de prendre en compte l'égarement vers le site d'origine et vous assurer que les deux ruches résultantes ont une population suffisante d'abeilles pour prendre soin du couvain et de la ruche qu'elles ont.

Vous devez respecter la structure naturelle du nid à couvain. En d'autres termes, les rayons à couvains sont placés ensemble. Le couvain de mâles va sur le côté extérieur du nid à couvain, le pollen et le miel sont placés à l'extérieur du couvain de mâles.

Vous devez allouer aux abeilles assez de temps à la fin de la saison pour qu'elles bâtissent pour développer la colonie pour l'hiver dans votre région.

Le vieil adage dit : vous pouvez essayer d'élever plus d'abeilles ou plus de miel. Si vous voulez les deux, alors vous pouvez essayer de maximiser la production de miel sur l'ancien emplacement et la production d'abeilles dans la nouvelle division. Autrement la plupart des divisions sont soit une petite ruchette avec juste assez d'éléments pour démarrer, soit une division paire.

La taille impacte grandement la vitesse de développement de la colonie. Vous pouvez faire une division aussi petite qu'un cadre de couvain et un cadre de miel. Mais vous ne pouvez pas espérer que de cette petite division soit élevée une reine bien nourrie. Vous ne pouvez aussi pas espérer que cette petite ruchette se développera en ruche en hiver. Mais elle constitue une bonne ruchette de fécondation ou un bon endroit pour garder une reine pour un moment. En revanche vous pouvez faire une division constituée au minimum de 10 cadres profonds d'abeilles, de couvain et de miel ou de 16 cadres moyens d'abeilles, de couvain et de miel. Cette division se développera rapidement parce qu'elle a assez de ressources et d'ouvrières pour couvrir les charges et générer un bon profit. Les abeilles sont à la « masse critique » et peuvent réellement s'accroître rapidement plutôt que de batailler pour ce résultat. C'est plus productif et ça se développera plus vite pour devenir une forte division, laissez les deux doubler en taille et faites une autre division forte plutôt que de faire quatre divisions faibles et d'attendre que ces divisions se développent.

Types de divisions

La division paire

Vous prenez la moitié de tout et vous faites la division. C'est une division paire. Je placerais les deux nouvelles ruches face à face aux côtés de l'ancienne ruche de telle manière que les abeilles retournant à la ruche ne se soient pas sûres de la ruche dans laquelle elles doivent retourner. Dans une semaine ou deux, échanger les emplacements pour égaliser les égarements vers la ruche possédant une reine.

Division « abandon »

Généralement, ce terme réfère au fait de ne pas fournir de reine aux abeilles, procéder juste à une division par n'importe quelle méthode, partir et laisser les abeilles régler les choses. Revenez quatre semaines plus tard et voyez si la reine est en train de pondre. Mais cela peut aussi être une division paire.

Division de contrôle d'essaimage

Dans un monde idéal, vous voudriez empêcher l'essaimage et ne pas avoir à diviser. Mais s'il y a des cellules royales, je place généralement chaque cadre avec quelques cellules royales dans sa propre ruchette avec un cadre de miel, et je laisse les abeilles élever une reine. Cela généralement, enlève la pression de l'essaimage et me procure de très belles reines. Mais encore mieux, placez la vieille reine dans une ruchette avec un cadre de couvain et un cadre de miel, et laissez un cadre avec des cellules royales dans l'ancienne ruche pour simuler un essaimage. Un grand nombre d'abeilles sont maintenant parties, ainsi que la vieille reine. Certaines personnes procèdent à d'autres genres de divisions (paire, abandon, etc.) dans le but d'éviter l'essaimage. Je pense qu'il est meilleur de juste garder le nid à couvain ouvert.

Division de réduction

Concepts d'une réduction :

Les concepts d'une division sont que vous libérez les abeilles pour qu'elles aillent butiner parce qu'il n'y a pas de couvain qu'elles doivent entretenir, et vous entassez les abeilles dans les hausses pour maximiser leur construction de rayons et le butinage. Ceci est particulièrement utile pour la production de miel en rayon et tellement plus pour la production de cassettes de miel en rayon, mais pourra produire plus de miel sans tenir compte du genre de miel que vous souhaitez produire.

La programmation est très critique. Cela doit être fait peu avant la miellée principale. Une programmation de deux semaines avant la miellée principale serait idéale. Le but est de maximiser la population butineuse tout en minimisant l'essaimage et l'entassement des abeilles dans les hausses. Il y a des variations sur cela, mais l'idée principale est de placer presque tout le couvain ouvert, le miel, le pollen et la reine dans une nouvelle ruche tout en laissant tout le couvain operculé, une partie du miel et un cadre d'œufs dans l'ancienne ruche avec moins de boîtes à couvain et plus de hausses. La nouvelle ruche n'essaimera pas parce qu'elle n'a pas l'effectif nécessaire (qui revient entièrement à l'ancienne ruche). L'ancienne ruche n'essaimera pas parce qu'elle ne possède ni reine, ni couvain ouvert. Il faudra au moins six semaines ou plus pour que les abeilles puissent élever une reine et obtenir un nid à couvain décent qui fonctionne. Entre-temps, vous continuez à obtenir une grosse production (probablement une *beaucoup plus grosse* production) de l'ancienne ruche parce que les abeilles ne sont pas accaparées par l'entretien du couvain. Vous obtenez le remplacement de la reine dans l'ancienne ruche et vous obtenez une division. Une autre variation est de laisser la reine dans l'ancienne ruche et de sortir tout le couvain ouvert. Les abeilles n'essaimeront sur l'heure parce que tout le couvain a été retiré. Mais je pense que cette variation est la plus risquée en ce qui concerne l'essaimage pour peupler une ruche possédant une reine.

Confiner la reine

Une autre variation sur cela est de simplement confiner la reine deux semaines avant la miellée, ainsi il y a moins de couvain à entretenir et de libérer les abeilles nourrices pour qu'elles butinent. Cela aide aussi avec le Varroa puisque cela saute un cycle de couvain ou deux. C'est un bon choix si vous ne souhaitez pas avoir plus de ruches et que vous vous aimez la reine. Vous pouvez la placer dans une cage régulière ou encore la placer dans une cage d'introduction en grillage à mailles de dimension 5 mm pour limiter l'espace où elle peut pondre. Les abeilles mâcheront éventuellement en-dessous de la cage d'introduction, mais cela pourrait la retarder pendant un moment.

Division de réduction/association

C'est une manière d'obtenir le même nombre de ruches, de nouvelles reines et une bonne récolte. Vous placez deux ruches l'une juste à côté de l'autre au début du printemps (il serait bon que ces deux ruches se touchent). Deux semaines avant la miellée principale, vous enlevez tout le couvain ouvert et la plupart des réserves des deux ruches et la reine d'une des ruches que vous allez placer dans une ruche dans un endroit différent (sur le même terrain, c'est bon mais dans un endroit différent). Ensuite, vous combinez tout le couvain operculé, l'autre reine, ou une nouvelle reine (encagée), ou alors aucune reine et un cadre avec quelques œufs et du couvain ouvert (afin que les abeilles puissent élever une nouvelle robe) dans une ruche au milieu des anciens emplacements ainsi, toutes les abeilles butineuses reviennent à une seule ruche.

Questions fréquemment posées sur les divisions

A quel moment dois-je procéder à une division ?

Il est difficile pour une division de bâtir à moins d'avoir le nombre adéquat d'abeilles pour garder le couvain au chaud et pour atteindre la masse critique d'ouvrières pour gérer la charge d'une ruche. Pour les boîtes profondes, il y a généralement dix cadres profonds d'abeilles avec six de ces cadres portant du couvain et les quatre autres portant du miel/pollen dans chaque partie de la division. Pour les boîtes moyennes, il s'agit généralement de 16 cadres moyens d'abeilles avec dix de ces cadres portant du couvain et les six autres portant du miel/pollen. Je dirais que vous pouvez diviser aussitôt que vous pouvez placer ensemble des ruchettes qui ont cette force. La moitié de cette taille peut fonctionner mais une division plus forte décollera mieux. Plus tard dans l'année, lorsque qu'il ne gèle pas occasionnellement la nuit, vous pourriez parvenir avec un peu moins, mais vous obtiendrez mieux avec cette part.

Combien de fois puis-je diviser ?

Dans certaine ruches, vous ne pouvez faire aucune division puisque ces ruches sont faibles et ne se redressent jamais. Certaines ruches sont tellement prolifiques que vous pouvez les diviser cinq fois dans l'année, quoique vous n'aurez pas de récolte de miel.

L'objectif ne devrait pas être le nombre de divisions que vous pouvez faire, mais de garder toutes les divisions que vous effectuez à la masse critique. Le masse critique est ce point où les abeilles ne vivent plus au jour le jour et ont assez de réserves, d'ouvrières, de nourrices et de couvain pour avoir un surplus. Pensez à cela comme des économies. Si vous avez tout juste à peine de quoi régler vos facture (ou encore si vous croulez sous vos dettes), vous êtes en difficulté. Lorsque vous atteignez le point où vous pouvez payer vos factures, vous êtes en train de progresser. Lorsque vous atteignez le point où vous avez de l'argent en banque et où vous avez un supplément de cash, alors la vie devient beaucoup plus simple. La prospérité tend à conduire à plus de prospérité puisque vous pouvez faire les choses immédiatement au lieu de les remettre à plus tard. Voyons ça d'une autre manière. Si vous ouvrez un magasin, vous n'êtes pas gagnant jusqu'à ce que vous ne couvriez vos frais généraux.

Une ruche nécessite une certaine quantité d'ouvrières pour nourrir le couvain (il faut un grand nombre de nourrices pour entretenir une reine prolifique), transporter l'eau, le pollen, la propolis et le nectar pour nourrir le couvain, bâtir le rayon, garder le nid des fourmis et des petits coléoptères des ruches, garder l'entrée des putois, des souris et des frelons etc.

Une fois que ce niveau est atteint, les abeilles peuvent commencer à travailler sur le surplus. Si vos divisions sont assez fortes pour couvrir cet objectif, elles peuvent alors se développer rapidement. Si elles ont à peine les ressources et les ouvrières pour survivre, elles seront en difficulté et il faudra longtemps avant qu'elles ne comment réellement à se développer.

Si vous faites des divisions fortes et si vous n'affaiblissez pas trop vos ruches, vous avez de fortes chances d'obtenir plus de divisions parce qu'elles se développent rapidement et plus efficacement. Aussi si vous n'affaiblissez pas vos ruches principales, vous avez plus d'abeilles en supplément pour produire un surplus de récolte.

Si vous ne prenez qu'un cadre de couvain dans chacune de vos ruches fortes chaque semaine, elles ont tendance à combler la différence très rapidement avec à peine une accalmie perceptible. Un cadre de couvain et un cadre de miel de chaque ruche mis ensemble pour remplir une boîte de dix cadres a de bonnes chances de se développer rapidement contrairement à seulement un petit nombre de cadres d'abeilles.

Quand au plus tard puis-je diviser ?

Ce que vous devez vraiment vous demander est « quelle est la meilleure période pour faire une division ? ». En prenant l'exemple des abeilles qui est un certain temps avant la miellée principale afin qu'elles aient une miellée sur laquelle s'établir. Toutefois cela a tendance à entamer votre récolte, alors vous pouvez faire les divisions juste après la miellée et elles auront probablement encore du temps pour bâtir pour l'automne, si vous faites des divisions assez fortes et que vous leur fournissez une reine fécondé. Evidemment cela dépend de la miellée typique de votre région. Si ordinairement vous avez une pénurie après la miellée, vous devriez nourrir les abeilles si vous faites des divisions.

Je vis à Greenwood, dans le Nebraska. En une année avec une bonne miellée d'automne, je peux faire une division le premier jour du mois d'Août qui bâtira assez pour passer l'hiver dans une ou deux boîtes moyennes de huit cadres. Mais si la miellée d'automne échoue, elles ne bâtiront pas du tout.

Quelle distance ?

La question semble revenir souvent, à quelle distance placer la division? Les miennes se touchent. Vous devez tenir compte de la dérive si la distance est moins de 3,2 km. Je pratique l'apiculture depuis 1974 et je n'ai jamais placé une division à une distance de 3 km à moins que ce ne soit l'endroit où j'allais les placer de toute manière. Je fais simplement la division et j'y secoue quelques abeilles supplémentaires ou je fais la division et je place face à face les deux ruches à l'ancien emplacement. En d'autres termes, l'endroit où l'ancienne ruche était placée, est l'endroit où les nouvelles ruches sont placées face à face. Les abeilles qui retournent à la ruche sont obligées de choisir. Quelquefois, je les fais changer de place après quelques jours si l'une des ruches est beaucoup plus forte. Généralement, celle avec la reine est la plus forte.

Je dis tout ceci surtout parce que c'est la « bonne chose à faire », mais réellement depuis que je suis revenu à l'utilisation de boîtes moyennes de huit cadres et depuis que j'ai étendu mon rucher à 200 ruches, je divise juste par boîte et je ne fais rien pour la dérive. Je place deux plateaux de fond partout où il y a de la place et je « distribue » les boîtes comme des cartes. « Une pour vous et une pour vous ». J'ajoute autant de places vides que j'ai de boîtes pleines d'abeilles (en d'autres termes, j'ai doublé leur espace actuel). Alors s'il y a trois boîtes pleines d'abeilles sur chaque position, j'ajoute trois hausses vides avec des cadres. Mais ce sont des divisions fortes venant de ruches prolifiques avec au moins deux boîtes moyennes de huit cadres pleines d'abeilles dans chaque ruche résultante.

Taille naturelle de cellule

Et ses implications dans l'apiculture et en ce qui concerne les acariens Varroa

> *« Tout s'arrange si vous laissez faire » — -- James "Big Boy" Medlin*

On a beaucoup parlé et écrit à propos de la petite cellule et de la cellule naturelle ces derniers temps et de la relation de la petite cellule au varroa. Clarifions quelques points concernant la taille naturelle des cellules.

Petite cellule = cellule naturelle ?

La petite cellule a été présentée par quelqu'un comme une aide au contrôle d'acariens Varroa. La petite cellule est une cellule de 4,9 mm. La cire gaufrée standard a des cellules de 5,4 mm. Quelle est la taille naturelle d'une cellule ?

Baudoux 1893

Faire des abeilles plus grandes en utilisant des cellules plus larges. Pinchot, Gontarski et d'autres ont agrandi la taille à aussi large que 5,74 mm. Mais la première cire gaufrée AI Root était de cinq cellules par pouce, ce qui fait 5,08 mm. Plus tard, il a commencé à en faire de 4,83 cellules par pouce. Ceci est équivalent à 5,26 mm. (ABC XYZ of beekeeping édition de 1945 page 125 - 126).

Loi de Sevareide

> *« Les solutions sont la cause principale du problème. » — Eric Sevareide*

La cire gaufrée aujourd’hui

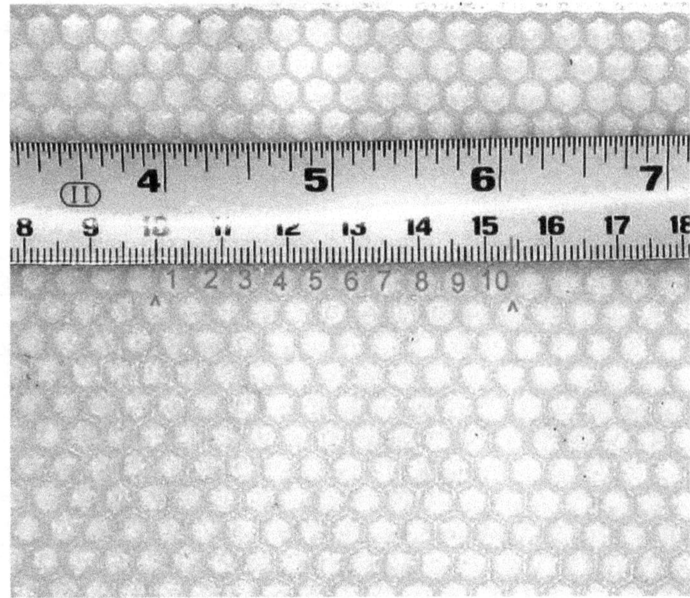

Rite Cell® 5,4 mm

Couvain normal Dadant 5,4 mm

Feuille moyenne Pierco 5,2mm

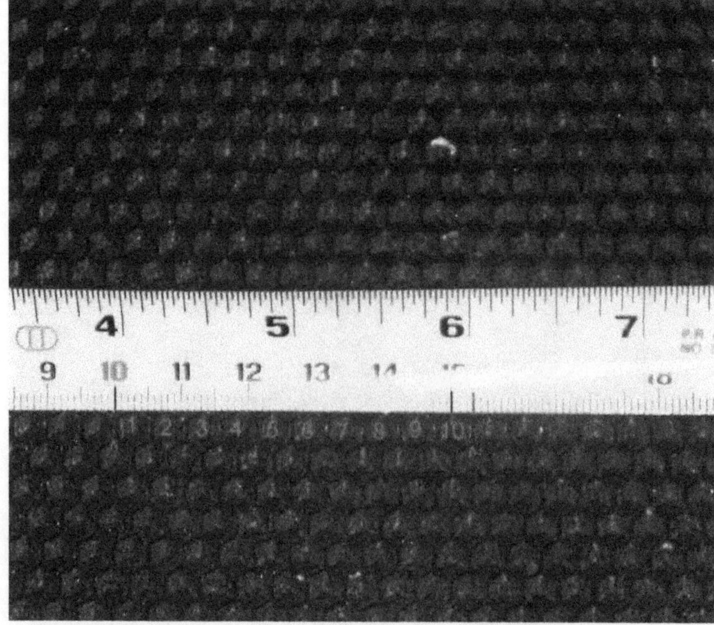

Cadre profond Pierco 5,25mm

Cadre moyen Mann Lake PF120

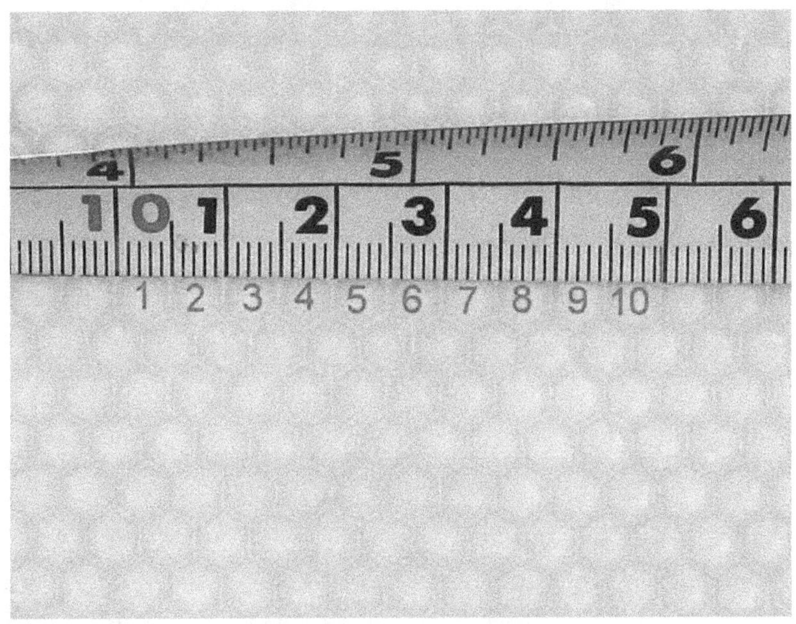

Cadre moyen Mann Lake PF120

NOTE: les Mann Lake PF100 et PF120 ne sont pas de la même taille que les cadres Mann Lake PF500 et PF520 avec des cellules qui mesurent 5,4 mm.

Dadant de 4,9mm

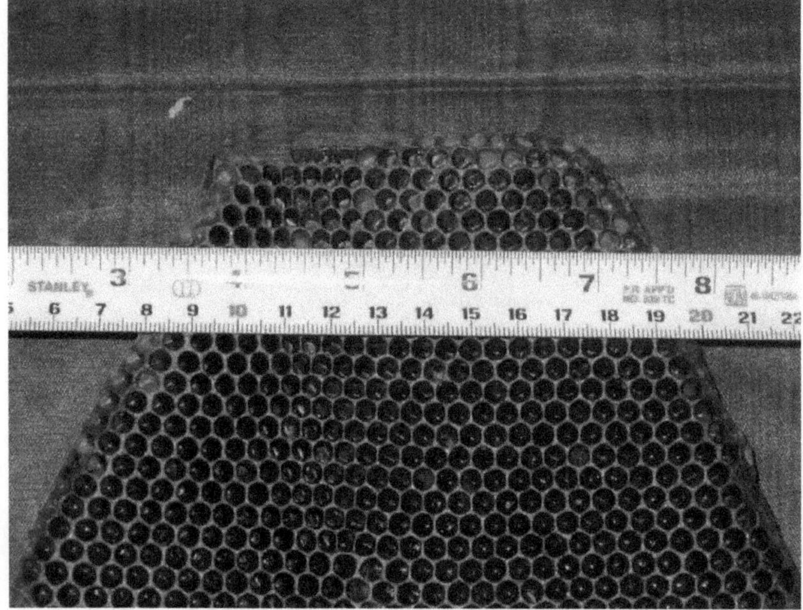

Rayon naturel 4,7mm

Volume de rayon 4,7mm

Tableau de tailles de cellules

Rayon naturel d'ouvrières	4,6 mm à 5,1 mm
Lusby	4,83mm moyen
Petite cellule Dadant 4.9mm	4,9mm
Honey Super Cell	4,9 mm
Mann Lake PF100 & PF120	4,95 mm
Cire gaufrée 19th century	5,05 mm
PermaComb	5,05 mm
Dadant petite cellule 5,1mm	5,1mm
Cire gaufrée Pierco	5,2 mm
Cadres profonds Pierco	5,25 mm
Cadres moyens Pierco	5,35 mm
RiteCell	5,4 mm
7/11	5,6 mm

Cadres moyens HSC	6,0 mm
Faux-bourdons	6,4 à 6,6 mm

Note: Le cadre en plastique entièrement bâti (PermaComb et Honey Super Cell) est toujours d'1 mm plus grand à l'embouchure qu'au fond et vous devez allouer pour la paroi de cellules la plus épaisse, un équivalent. Alors, l'équivalent actuel est à peu près le diamètre intérieur de l'embouchure.

Ce que j'ai fait pour obtenir des rayons naturels

Ruches à barrettes supérieures

Cadres sans cire gaufrée

Des bandes amorces à vide

Des rayons de forme libre

Cadre vide entre des cadres bâtis

Quelle est la différence entre naturel et « normal » ? Gardez à l'esprit que la cire gaufrée « normale » mesure 5,4 mm et la cellule naturelle mesure entre 4,6 mm et 5,0 mm.

Volume des cellules

Selon Baudoux:

Largeur d'une cellule	Volume d'une cellule
5,555 mm	301 mm³
5,375 mm	277 mm³
5,210 mm	256 mm³
5,060 mm	237 mm³
4,925 mm	222 mm³
4,805 mm	206 mm³
4,700 mm	192 mm³

Tiré de « ABC XYZ of Bee Culture » édition de 1945 page 126

Les choses qui affectent la taille des cellules

L'intention des ouvrières pour le rayon au moment où il a été bâti:

Couvain de faux-bourdons

Couvain d'ouvrières

Emmagasinage de miel

La taille des abeilles qui bâtissent le rayon

L'espacement des barrettes supérieures

Qu'est-ce que la régression ?

Les grandes abeilles, issues des grandes cellules, ne peuvent pas bâtir des cellules de taille naturelle. Elles construisent quelque chose approchant. La plupart construiront des cellules de couvain d'ouvrières de 5,1 mm.

Le prochain cycle de couvain bâtira des cellules de l'échelle de 4,9 mm.

La seule complication avec la reconversion à la cellule naturelle ou à la petite cellule est ce besoin de régression.

Comment puis-je faire régresser les abeilles ?

Pour la régression, retirez des rayons de couvain et laisser les abeilles bâtir à leur manière (ou alors fournissez-leur de la cire gaufrée de 4,9 mm).

Une fois le couvain élevé, répétez le processus. Continuez de retirer les grands rayons.

Comment devez-vous retirer les rayons les plus grands ? Gardez à l'esprit qu'il s'agit de la procédure normale pour prendre aux abeilles du miel. Ce sont les cadres de couvain qui nous intéressent ici. Les abeilles essaient de garder le nid à couvain assemblé et ont à l'esprit une taille maximum.

Si vous continuez à placer des cadres vides au centre du nid à couvain, veillez bien à les placer entre des rayons rectilignes pour obtenir d'autres rayons rectilignes. Les abeilles bâtiront des rayons qu'elles rempliront d'œufs pour combler les cadres vides. Chaque fois qu'un cadre est plein, vous pouvez en ajouter un autre vide. Le nid à couvain se développe parce que vous continuez à y placer des cadres. Lorsque les cadres portant des rayons à grandes cellules sont suffisamment éloignés du centre (généralement placés sur les côtés extérieurs de la ruche) ou lorsque les abeilles réduisent le nid à couvain en automne, elles les rempliront avec du miel que vous pourrez récolter après l'émergence du couvain. Vous allez devoir aussi déplacer le rayon à grandes cellules operculées de couvain au-dessus d'une grille à reine et attendre que les abeilles émergent, pour ensuite retirer le cadre.

S'il vous plaît, ne confondez pas ce problème de régression. Il me semble qu'il y a des questions qui sont fréquemment posées, de savoir s'il faut installer un paquet sur de la cire gaufrée de 5,4 mm d'abord, puisque les abeilles ne peuvent pas bien bâtir la cire gaufrée de 4,9 mm. Si vous souhaitez revenir à la cellule naturelle ou à la petite taille de cellule, ce n'est **jamais** à votre avantage d'utiliser la cire gaufrée déjà trop large qu'elles utilisent déjà. Cela ne vous conduira tout simplement nulle part. Avec un paquet, si vous procédez de cette manière, vous aurez manqué l'opportunité d'obtenir une étape entière de régression. La méthode de Dee Lusby est de faire des secousses (secouer toutes les abeilles de tous les rayons) sur de la cire gaufrée de 4,9 mm et ensuite une autre secousse sur 4,9 mm pour terminer la régression principale et ensuite retirez le grand rayon jusqu'à ce que les cadres aient tous 4,9 mm dans le nid à couvain. Les secousses sont la méthode la plus rapide mais aussi la méthode la plus stressante et lorsque vous achetez un paquet, vous avez déjà une secousse. Il faut en tirer profit. Si vous avez l'intention de revenir à la cellule naturelle alors cessez toute utilisation de cire gaufrée à grandes cellules. Le défi principal est de retirer tous les rayons à grandes cellules de la ruche, alors ne rendez pas la situation plus difficile en en ajoutant encore plus.

Une autre idée fausse semble être qu'il y a de grandes pertes lors de la régression. Dee Lusby en était arrivée au sevrage brutal, aucun traitement et n'a fait que des secousses. Elle a perdu beaucoup d'abeilles dans le processus. Plusieurs personnes qui ont essayé, ont aussi perdu des abeilles. Mais cela n'est pas nécessaire.

Avant tout, il n'y a aucun stress à laisser les abeilles bâtir leurs propres rayons. C'est ce qu'elles ont toujours fait. Ensuite, il n'est pas nécessaire de secouer, c'est simplement plus rapide. Enfin, vous n'avez pas à sevrer brutalement au niveau des traitements. Vous pouvez contrôler les acariens (et je le fais) jusqu'à ce que les choses soient stables. Pendant ce temps, vous pouvez utiliser quelques traitements non contaminés si le nombre d'acarien devient trop élevé. Je n'ai vu aucune perte due au varroa dans la régression de cette manière et aucune augmentation dans les pertes pour accentuer les problèmes relatifs et je n'ai aucun besoin d'autres traitements.

Observations sur la taille naturelle de cellule

D'abord, il n'y a pas une seule taille de cellules ou encore une seule taille de cellules du couvain d'ouvrières dans une ruche. Les observations d'Huber sur les plus gros faux-bourdons issus des plus grandes cellules étaient directement à cause de cela et a conduit à ses expériences sur la taille des cellules. Malheureusement, puisqu'il ne pouvait pas avoir de cire gaufrée du tout, sans parler des différentes tailles, ces expériences, qui impliquaient seulement de placer des œufs d'ouvrières dans des cellules de faux-bourdons, ont bien entendu échoué. Les abeilles bâtissent une variété de tailles de cellules qui créent une variété de tailles d'abeilles. Peut-être que ces différentes sous-castes servent les fins de la ruche avec une plus grande diversité de capacités.

Le premier « roulement » d'abeilles issu d'une ruche type (abeilles artificiellement agrandies) généralement, bâtit des cellules d'environ 5,1 mm pour le couvain d'ouvrières. Cela varie beaucoup, mais généralement c'est le centre du nid à couvain. Certaines abeilles régresseront plus rapidement.

La prochaine génération d'abeilles étant donné l'opportunité de bâtir les rayons, bâtira des rayons de couvain d'ouvrières de l'ordre de 4,9 mm à 5,1 mm avec quelques-unes plus petites et d'autres plus grandes. L'espacement, si laissé à ces abeilles « régressées » est généralement 32 mm au centre du nid à couvain. Les générations subséquentes seront légèrement plus petites.

Observations sur l'espacement naturel des cadres

L'espacement de 32 mm concorde avec les observations d'Huber

> ***«La ruche en livre ou en feuillets consiste en douze cadres verticaux... et leur largeur de quinze lignes (une ligne = $^1/_{12}$ d'un pouce (25,4 mm). 15 lignes =31,75 mm). Il est nécessaire que cette dernière mesure soit précise. » François Huber 1789***

Largeur de rayon (épaisseur) par taille de cellule

Selon Baudoux (Remarquez qu'il s'agit de l'épaisseur même du rayon et non de l'espacement aux centres du rayon)

Taille de cellule	Largeur du rayon
5,555 mm	22,60 mm
5,375 mm	22,20 mm
5,210 mm	21,80 mm
5,060 mm	21,40 mm
4,925 mm	21,00 mm
4,805 mm	20,60 mm
4,700 mm	20,20 mm

ABC XYZ of Bee Culture edition de 1945 Page 126

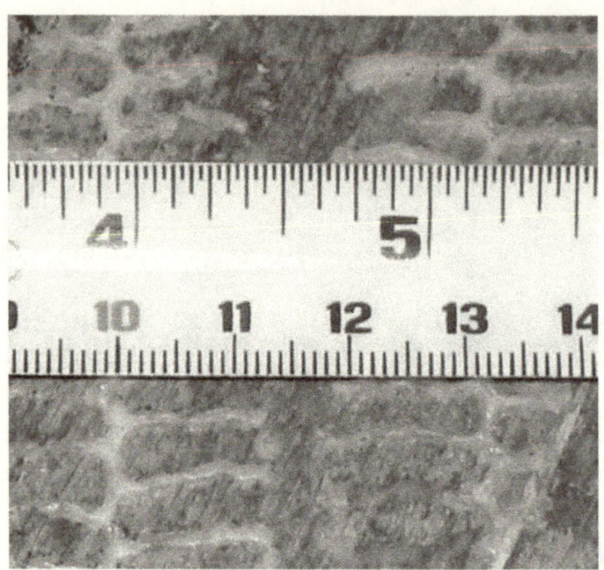

Rayon sauvage dans un nourrisseur couvre-cadres
Espacement de rayon

Espacement de rayon de 30 mm

Voici un nid à couvain qui a été déplacé dans un nourrisseur couvre-cadres, alors même qu'il y a beaucoup d'espace dans les boîtes et le couvercle interne après avoir retiré le rayon. L'espacement sur un rayon à couvain naturellement bâti est quelquefois aussi petit que 30 mm mais généralement de 32 mm.

Pré et post périodes d'operculation et Varroa

Un temps d'operculation de 8 heures plus court réduit de moitié le nombre d'acariens Varroa qui infestent une cellule de couvain.

Un temps de post operculation de 8 heures plus court réduit de moitié le nombre de progénitures d'un varroa dans une cellule de couvain.

Les jours acceptés pour l'operculation et la post operculation (basé sur l'observation d'abeilles sur un rayon de 5,4 mm)

Operculé 9 jours après la ponte de l'œuf

Emerge 21 jours après la ponte de l'œuf

Les observations d'Huber

Les observations d'Huber sur l'operculation et l'émergence sur un rayon naturel.

Gardez à l'esprit que lors du 1er jour, aucun temps ne s'est écoulé et lors du 20ème jour, 19 jours se sont écoulés. Si vous avez des doutes concernant les ajouts sur le temps écoulé dont il parle. Le total fait 18 jours et demi.

> ***« Le ver d'ouvrières passe trois jours dans l'œuf, cinq à l'état vermiculaire, et ensuite les abeilles ferment sa cellule avec un revêtement en cire. Le ver commence à présent la filature de son cocon, opération dans laquelle trente-six heures sont consumées. En trois jours, le ver se change en nymphe, et passe six jours sous cette forme. C'est seulement au vingtième jour de son existence, à compter à partir du moment où l'œuf est pondu, qu'il atteint son état de mouche. » — François Huber 4 septembre 1791.***

Mes Observations

Mes observations concernant l'operculation et l'émergence sur un rayon de 4,95 mm.

J'ai observé chez des abeilles carnioliennes du commerce et des abeilles italiennes du commerce, une période de pré-operculation plus courte de 24 heures et une période de post-operculation plus courte de 24 heures sur des cellules de 4,95 mm dans une ruche d'observation.

Mes observations sur une cellule de 4,95 mm de taille.

Operculée 8 jours après la ponte

Emergée 19 jours après la ponte

Pourquoi voudrais-je avoir des cellules de taille naturelle ?

Moins de varroas parce que:

Les périodes d'operculation plus courtes de 24 heures ce qui donne moins de varroas dans la cellule lorsqu'elle est operculée.

Les périodes de post-operculation plus courtes par 24 heures, ce qui donne moins de varroas atteignant la maturité et s'accouplant lors de l'émergence

Plus de mâchement de varroas

Comment obtenir des cellules de taille naturelle

Ruche à barrettes supérieures

Fabriquez des barrettes de 32 mm pour la partie couvain

Fabriquez des barrettes de 38 mm pour la partie miel

Cadres dépourvus de cire gaufrée.

Faites un « rayon guide » comme Langstroth l'a fait (voir « La ruche et l'abeille » de Langstroth)

Il est aussi utile de réduire les barrettes d'extrémité à 32 mm ou

Fabriquez des bandes amorces à vide

Utilisez un plateau imprégné d'eau salée et trempez-le dans de la cire pour fabriquer des feuilles à vide. Découpez ces feuilles en bandes larges de 19 mm et placez les bandes dans les cadres.

Comment obtenir des petites cellules

Utilisez de la cire gaufrée de 4,9 mm ou

Utilisez des bandes amorces de 4,9 mm.

Alors, que sont les cellules de taille naturelle ?

J'ai mesuré beaucoup de rayons naturellement bâtis. J'ai vu un couvain d'ouvrières de l'ordre de 4,6 mm à 5,1 mm avec la plupart 4,7 à 4,8 mm. Je n'ai vu aucun large espace de cellules de 5,4 mm. Alors je voudrais dire :

Conclusions:

Basées sur mes mesures du rayon naturel de couvain d'ouvrières :

Il n'y a rien d'anormal concernant des cellules d'ouvrières de 4,9 mm.

Les cellules d'ouvrières de 5,4 mm ne sont pas la norme dans un nid à couvain.

La petite cellule et la cellule naturelle ont été adéquates et m'ont permis d'avoir des ruches qui sont stables contre les acariens Varroa sans traitement.

Foire aux questions :

Q: Ne faudrait-il pas plus longtemps aux abeilles pour bâtir leurs propres rayons ?

R: Je ne trouve pas que cette affirmation soit vraie ; Lors de mes observations (et d'autres qui ont essayé), les abeilles semblent bâtir le plastique avec la plus grande hésitation, la cire avec moins d'hésitation et leur propre rayon avec le plus grand enthousiasme. Lors de mes observations, et quelques autres incluant Jay Smith, la reine préfère aussi pondre dans le rayon naturellement bâti.

Q: Si la taille de cellule naturelle/petite peut contrôler le varroa, pourquoi toutes les abeilles sauvages meurent-elles ?

R: Le problème est que cette question vient généralement avec plusieurs hypothèses.

La première hypothèse est que les abeilles sauvages ont presque toutes disparu. Je trouve que cette assertion n'est pas vraie. Je vois beaucoup d'abeilles sauvages et j'en vois plus chaque année.

La seconde hypothèse est que lorsque certaines abeilles sauvages meurent effectivement, elles sont toutes mortes d'acariens Varroa. Un grand nombre de choses arrivent aux abeilles dans ce pays, dont les acariens trachéaux, et les virus. Je suis sûr que pour certaines des abeilles survivantes à certaines de ces causes, il s'agit plus d'une affaire de sélection. Les abeilles qui ne peuvent pas résister à ces causes meurent.

La troisième hypothèse est que l'énorme nombre d'acariens s'accrochant à des pillardes, ne peut submerger une ruche, peu importe la façon dont les abeilles supportent les varroas. Des tonnes de ruches domestiques défaillantes ont été obligées de rendre des mesures. Même si vous avez une population locale stable et équitablement petite de varroas, un énorme afflux de l'extérieur pourra submerger une ruche.

La quatrième hypothèse est qu'un essaim récemment échappé pourra bâtir des petites cellules. Les abeilles bâtiront quelque chose entre deux. Pendant plusieurs années, la plupart des abeilles sauvages ont été de récentes échappées. La population d'abeilles sauvages a été maintenue par beaucoup d'abeilles échappées et dans le passé, ces échappées ont toujours survécu. Ce n'est que récemment que j'ai vu une modification dans la population, qui s'avère être des abeilles noires plutôt que des italiennes qui semblent être récentes. Les grandes abeilles (abeilles issues de la cire gaufrée de 5,4 mm) bâtissent un rayon entre deux tailles, généralement autour de 5,1 mm. Alors ces abeilles domestiques récemment essaimées ne sont pas totalement régressées et meurent souvent lors de la première ou deuxième année.

La cinquième hypothèse est que les apiculteurs travaillant avec des petites cellules ne croient pas que qu'il y a aussi un composant génétique à la survie des abeilles avec des varroas. Evidemment, il y a des abeilles qui sont plus ou moins hygiéniques et plus ou moins capables de gérer de nombreuses maladies et de nombreux acariens. Chaque fois qu'une nouvelle maladie ou qu'un nouvel acarien fait son apparition, les abeilles sauvages doivent survivre sans aucune aide.

La sixième hypothèse est que les abeilles sauvages meurent soudainement. Le nombre d'abeilles s'est amenuisé pendant les cinquante dernières années assez progressivement cause de la mauvaise utilisation de pesticides, la perte d'habitat et de source de miellée, et plus récemment à cause d'une certaine paranoïa. Les gens entendent parler des abeilles africanisées et éliminent chaque essaim qu'ils voient. De nombreux états ont eu pour politique officielle d'éliminer toutes les abeilles sauvages.

Q: Si les abeilles sont naturellement plus petites, pourquoi personne ne l'a remarqué ? Aussi, pourquoi les scientifiques disent-ils que les abeilles sont grandes ?

R: Je ne sais pas pourquoi les scientifiques disent qu'elles sont grandes, peut-être que certains d'entre eux reviennent sur la question de la régression. Si vous prenez des abeilles issues d'un rayon à larges cellules et que vous les laissez bâtir à leur guise, que vont-elles bâtir ? Serait-ce la même chose qu'un rayon naturel ? Quelquefois, nous avons simplement des différences dans les observations parce que divers facteurs sont impliqués.

Je ne pense vraiment pas qu'il soit difficile d'accepter que les abeilles sont naturellement petites puisqu'il y a eu un grand nombre de mesures qui ont été effectuées au cours des siècles. Les écrits de Dee Lusby (disponibles sur www.beesource.com) ont des références à de nombreux articles et discussions sur la taille des abeilles et du rayon, et la notion d'agrandissement. Nous avons beaucoup de facilités pour trouver la preuve que les abeilles sont généralement petites.

Trouvez les ouvrages « ABC & XYZ of Bee Culture » et consultez le chapitre *Taille des cellules*.

Voici quelques citations tirées de ces livres :

« ABC & XYZ of Bee Culture » 38eme édition droits d'auteur 1980 page 134

> ***« Si on demandait à l'apiculteur moyen combien il y a de cellules au pouce (25,4 mm) dans les rayons d'ouvrières et de faux-bourdons, il répondrait indubitablement cinq et quatre, respectivement. En effet certains manuels sur les abeilles reportent ce ratio. Approximativement, cela est correct, particulièrement pour la reine. Les dimensions doivent être exactes ou il y a contestation. En 1876 lorsque A. I. Root, l'auteur d'origine de ce livre a construit sa première machine à gaufrer la cire, il avait les surfaces d'outils coupées pour cinq cellules d'ouvrières au pouce (25,4 mm). Pendant que les abeilles bâtissaient de beaux rayons à partir de cette cire gaufrée, et que la reine pondait dans les cellules, toutefois, si on leur laisse le choix, il semblerait qu'elles préfèrent leur propre rayon naturel non construit à partir de la cire gaufrée. En suspectant la raison, M. Root a alors commencé à mesurer beaucoup de pièces du rayon naturel lorsqu'il a découvert que les cellules initiales, cinq par pouce (25,4 mm), de sa première machine étaient légèrement trop petites. Le résultat de ses mesures du rayon naturel, a montré un peu plus de 19 cellules d'ouvrières pour la mesure linéaire de quatre pouces (102 mm) ou 4,83 cellules pour un pouce (25,4 mm). »***

En gros, la même information est dans l'édition 1974 de l'« ABC and XYZ of Bee Culture » en page 136; l'édition de 1945 en page 125 ; l'édition de 1877 en page 147 dit :

> ***« Les meilleurs spécimens de vrai rayon d'ouvrières, contient généralement 5 cellules incluant l'espace d'un pouce (25,4 mm), et par conséquent cette mesure a été adoptée pour la cire gaufrée. »***

Toutes les références historiques suivantes répertorient cette même mesure, 5 cellules par pouce (25,4 mm) et peuvent être passées en revue dans la collection en ligne « Hive and the Honey Bee » de l'université de Cornell :

Beekeeping par Evertt Franklin Phillips page 46

Rational Beekeeping, Dzierzon page 8 et encore page 27

British Bee-keeper's Guide Book, T.W. Cowan page 11

The Hive and the Honey Bee, L.L. Langstroth page 74 de la quatrième édition, mais est aussi dans toutes les éditions

Ces 5 cellules par pouce (25,4 mm) » de l' « ABC XYZ » sont suivies dans l'ensemble sauf dans la version de 1877 avec une section sur « les cellules plus grandes peuvent-elles développer des abeilles plus grandes » et des informations sur les recherches de Baudoux.

Faisons donc quelques calculs:

Cinq cellules par pouce (25,4 mm), la taille standard de la cire gaufrée dans les années 1800 et la mesure la plus communément acceptée de cette ère, est cinq cellules pour 25,4 mm, ce qui revient à dix cellules pour 50,8 mm, ce qui représente évidemment 5,08 mm par cellule. Cela est de 3,2 mm plus petite que ce qu'est la cire gaufrée actuellement.

La mesure d'A. I. Root de 4,83 cellules par pouce (25,4 mm) est 5,25 mm ce qui est de 1,5 mm plus petit que la cire gaufrée standard. Bien sûr, si vous mesurez plusieurs rayons, vous obtiendrez beaucoup de variances en ce qui concerne la taille de la cellule, ce qui rend plus difficile la détermination de la taille du rayon naturel. Mais j'ai mesuré (et photographié) un rayon de 4,7 mm issu de carnioliennes du commerce, et j'ai des photographies de rayons issus d'abeilles elles-mêmes issues d'un rayon naturel en Pennsylvanie, qui mesuraient 4,4 mm. Généralement, il existe un grand nombre de variances avec le cœur du nid à couvain étant plus le plus petit et les bords étant les plus larges. Vous pouvez trouver beaucoup de rayons mesurant de 4,8 à 5,2 mm avec la plupart mesurant 4,8 mm au centre, les rayons de 4,9 mm, 5,0 mm et 5,1 mm en s'éloignant du centre, les rayons de 5,2 mm tout aux bords du nid à couvain.

> ***« Jusqu'à la fin des années 1800, les abeilles domestiques en Grande-Bretagne et en Irlande ont été élevées dans des cellules de couvain d'environ 5,0 mm de largeur. Dans les années 1920, cette mesure avait augmenté jusqu'à environ 5,5 mm. » — The influence of small-cell brood combs on the morphometry of honeybees (Apis mellifera), John B. McMullan and Mark J.F. Brown***

Huber a dit dans le volume II des *Observations d'Huber sur les abeilles* que les cellules d'ouvrières mesurent 2-$^{2}/_{5}$ lignes, ce qui équivaut à 5,08 mm, qui sont identiques à la mesure du premier « ABC XYZ of Bee Culture ».

La 41ème édition du « ABC XYZ of Bee Culture » à la page 160 (dans la partie Taille des cellules) dit :

> ***« La taille des cellules naturellement bâties a été un sujet d'apiculteur et une curiosité scientifique depuis que Swammerdam a effectué des mesures dans les années 1600. De nombreux rapports subséquents de toutes les parties du monde indiquent que le diamètre***

des cellules naturellement bâties varie de 4,8 à 5,4 mm. Le diamètre d'une cellule varie ne fonction des zones géographiques, mais l'écart global n'a pas changé depuis les années 1600 jusqu'à maintenant. »

Et un peu plus bas :

« La taille de cellule reportée pour les abeilles africanisées atteint une moyenne de 4,5 – 5,1 mm. »

Marla Spivak et Eric Erickson dans «Do measurements of worker cell size reliably distinguish Africanized from European honey bees (Apis mellifera L.)? » — American Bee Journal v. Avril 1992, p. 252-255 disent :

« ... un écart continu de procédés et de mesures de la taille d'une cellule a été constaté entre les colonies considérées comme « fortement européennes » et « fortement africanisées » ».

« En raison du degré élevé de variation au sein et entre les populations sauvages et les populations contrôlées d'abeilles africanisées, il convient de souligner que la solution la plus effective au « problème » des abeilles africanisées dans les zones où ces abeilles africanisées ont établies des populations permanentes, est de sélectionner systématiquement les colonies les plus douces et productives parmi la population d'abeilles domestiques existante » — Identification and relative success of Africanized and European honey bees in Costa Rica. Spivak, M, Do

measurements of worker cell size reliably distinguish Africanized from European honey bees (Apis mellifera L.)?. Spivak, M; Erickson, E.H., Jr.

Dans mon observation, il y a aussi une variation dans la manière dont vous espacez les cadres, ou une variation dans la manière dont les abeilles espacent les rayons. Les rayons de 38 mm produiront des cellules plus grandes que les rayons de 35 mm qui seront plus grands que ceux de 32 mm. Dans un rayon naturellement espacé, les abeilles pourront quelquefois entasser les rayons jusqu'à 30 mm dans des endroits avec 32 mm plus commun en rayon de couvain et 35 mm plus commun où il y a des faux-bourdons sur le rayon.

Alors quel est l'espacement naturel des rayons ? Il s'agit du même problème que celui de dire la taille exacte d'une cellule naturelle. La réponse varie.

Mais dans mes observations, si vous laissez les abeilles faire selon leur volonté, pendant quelques roulements de rayons, vous pouvez trouver l'écart et la norme. La norme n'était (et n'est) pas la taille standard de cire gaufrée avec des cellules de 5,4 mm et ce n'est pas l'espacement standard de rayon qui est de 35 mm.

Méthodes pour obtenir des petites cellules

Comment obtenir des cellules de taille naturelle

Ruches à barrettes supérieures.

Fabriquez des barrettes de 32 mm pour la partie couvain

Fabriquez des barrettes de 38 mm pour le magasin à miel

Cadres sans cire gaufrée.

Fabriquez un « guide de rayon » comme Langstroth l'a fait (consulter l'ouvrage « la ruche de Langstroth et l'abeille domestique »).

Aussi utile pour réduire les barrettes d'extrémité à 32 mm

Fabriquez des bandes amorces vides

Utilisez un carton imbibé de saumure et trempez-le dans de la cire pour fabriquer des amorces vides. Coupez ces feuilles en bandes larges de 19 mm et placez les bandes dans des cadres.

Comment obtenir des petites cellules

Utilisez de la cire gaufrée de 4,9 mm ou Honey Super Cell (visiter www.honeysupercell.com) PermaComb ou PermaPlus (cellule de 5,0 mm) Mann Lake PF100 ou PF120 (cellule de 4,95 mm).

Rationalisations sur le succès de la petite cellule

Ce chapitre *ne parlera pas* de mes théories sur la raison pour laquelle la petite cellule fonctionne ou des théories d'autres qui travaillent avec la petite cellule, mais des théories de personnes voulant expliquer le succès des apiculteurs utilisant la petite cellule avec des théories qui sont plus en phase avec leur modèle du monde. Il semble y avoir de nombreuses théories de ceux qui ne travaillent pas avec la petite cellule et qui souhaitent expliquer le succès des apiculteurs étant revenus à la petite cellule dans un autre cadre de référence qui a plus de sens pour eux. Je vais aborder quelques-unes de ces théories ici.

Abeilles africanisées

Une explication, qui est conforme à d'autres croyances de ces individus, est que les apiculteurs utilisant la petite cellule, doivent avoir des abeilles africanisées. Puisqu'ils pensent que ces abeilles africanisées bâtissent des cellules plus petites que les abeilles européanisées, dans leur modèle du monde, ce qui explique à la fois la taille des cellules et le succès avec les varroas de même que l'émergence précoce et d'autres problèmes en lien avec les varroas. Le problème avec cette théorie est que grand nombre d'entre nous pratiquons l'apiculture dans des climats nordiques où lesdites abeilles africanisées ne pourraient survivre. Nous vendons régulièrement nos abeilles à d'autres qui nous dissent à quel point elles sont douces, nos abeilles sont régulièrement inspectées sans aucune plainte d'agressivité ou suspicion d'abeilles africanisées de la part des inspecteurs, et évidemment la plupart d'entre nous collectons un stock local de survivants lorsque nous le pouvons, qui ne pourrait soi-disant pas survivre dans le nord s'il s'agissait d'abeilles africanisées. Et j'ai eu des échantillons testés à la demande de quelqu'un effectuant une étude sur la génétique des abeilles, qui confirme qu'elles ne sont pas africanisées. Le fait est que qu'au moins ceux d'entre nous, n'évoluant pas dans la zone des abeilles africanisées, ne les élevons pas et ne souhaitons pas le faire. Le fait que Dee Lusby ou d'autres dans la zone des abeilles africanisées finissent par avoir ou non quelques gènes d'abeilles africanisées, est une discussion différente, mais ne relève pas du fait que la plupart d'entre nous, apiculteurs utilisant la petite cellule, ne vivons pas dans la zone des abeilles africanisées et ne sommes pas intéressés par l'élevage des abeilles africanisées. Cependant nos abeilles survivent.

Stock survivant

S'il est vrai que bon nombre d'apiculteurs travaillant avec la petite cellule et la cellule naturelle, essaient d'élever à partir de survivants, il s'agit simplement de la chose logique à faire. Vous élevez des abeilles qui peuvent survivre dans votre région. Beaucoup de personnes font cela même si elles ne travaillent pas avec la petite et même s'il n'y a pas de problèmes de varroas, mais simplement des problèmes d'hivernage. Généralement, les personnes utilisant cet argument, citent les pertes que les Lusby ont eues pendant la régression comme une preuve qu'ils élevaient juste un stock qui pouvait survivre aux varroas. Cela semble plausible si les Lusby étaient le seul exemple, mais je n'ai pas eu de grandes pertes lors de la régression et j'ai commencé avec un stock commercial et lorsque j'ai fait la même chose sur la grande cellule, j'ai perdu toutes mes abeilles à cause des varroas de nombreuses fois. En recommençant avec un nouveau stock commercial sur la petite cellule, je n'ai perdu aucune abeille à cause des varroas. En considérant combien de personnes travaillent si diligemment pour essayer d'élever un stock résistant, je pense que c'est outre la crédibilité que beaucoup d'entre nous, apiculteurs travaillant avec la petite cellule, nous lançons simplement dans un stock résistant aux varroas avec si peu d'effort. Si ces personnes croient réellement que la génétique est la cause de notre succès alors elles devraient nous supplier de leur vendre des reines d'élevage. Puisqu'ils ne le font pas, je ne pense pas qu'ils le croient vraiment. Je n'y crois certainement pas, même si j'aimerais. Cela pourrait grandement augmenter la valeur de mes reines. Puisque j'ai régressé et puisque que mes problèmes de varroas sont partis, j'ai alors j'ai commencé l'élevage à partir de stock survivant que j'ai pu trouver aux alentours, parce que je souhaite avoir des abeilles acclimatées à mon environnement. Mes abeilles ont mieux passé l'hiver lorsque j'ai procédé de la sorte. Je n'ai vu aucun changement dans les problèmes de varroas en faisant cela puisque les problèmes de varroas avaient déjà disparu.

Foi aveugle

Ce n'est pas tellement une raison étant donné que cela fonctionne, autant que l'actualisation que cela fonctionne et en essayant de trouver une raison pour laquelle les gens *pensent* que cela fonctionne. Il semble que beaucoup de détracteurs de la petite cellule pensent que l'ensemble des apiculteurs travaillant avec la petite cellule, sont des partisans fanatiques religieux suivant Dee Lusby et souffrant d'une hystérie collective. Le sous-entendu est que nous sommes amenés à croire que cela fonctionne alors que cela ne fonctionne pas. Toute personne qui participe à l'une des nombreuses réunions d'apiculture organique où Dee Lusby, Dean Stiglitz, Ramona Herboldsheimer, Sam Comfort, Erik Osterlund, moi et d'autres personnes intervenons, verrait l'absurdité de cette affirmation. Tout autant que quelqu'un qui participe au groupe Yahoo d'apiculteurs organiques. Nous avons souvent diverses observations, et souvent nous ne sommes pas d'accord les uns avec les autres, comme le sont tous les apiculteurs honnêtes. Si nous suivions tous la même ligne de parti, alors la préoccupation serait légitime, mais alors que nous sommes tous en accord concernant les concepts basiques, nous sommes souvent en désaccord sur les détails et nous avons tous eu différentes expériences probablement à cause de nos régions et climats respectifs ou simplement la chance. Bien que j'ai un très grand respect pour tous les orateurs listés ci-dessus et particulièrement pour Dee, puisqu'elle et son défunt mari Ed sont des pionniers de cette sorte d'apiculture, je n'ai jamais été entièrement en accord avec elle ou le reste.

Les quatre choses sur lesquelles je pense que nous sommes en accord sont : aucun traitement, des cellules de petite taille ou de taille naturelle, un stock local adapté et éviter une alimentation artificielle. Mais alors que Sam et moi sommes assez heureux avec l'absence de cire gaufrée, Dee est plus concentrée sur l'actuelle taille spécifique des cellules. Pendant que Dee nourrit ses abeilles avec des barils de miel, je n'ai ni le temps, ni le miel nécessaire pour cela, et je nourrirai mes abeilles avec du sucre si elles sont confrontées au manque de miel pour les stocks d'hiver. Alors que Dean et Ramona aiment le rayon naturel, leur expérience a été qu'ils ont dû forcer les abeilles avec quelques Honey Super cell d'abord pour les faire régresser, tandis que j'ai toujours eu la bonne fortune de faire rapidement régresser les miennes sans cire gaufrée. Ceci est peut-être en lien avec la génétique ou la taille des cellules dans les ruches qui sont la source de mes paquets et de leurs paquets. Ceci est difficile à dire. Le fait est qu'il n'y a pas de « ligne de parti ».

Résistance

Personnellement, je n'ai jamais été en mesure de déterminer la résistance au concept de la petite cellule ou du rayon naturel. Alors que les apiculteurs travaillant avec la grande cellule sont obsédés par les varroas, je me contente juste de prendre soin de mes abeilles. Pendant que les apiculteurs travaillant avec la grande cellule continuent de chercher une solution au varroa, je travaille sur mon élevage de reines et j'ai trouvé des moyens plus faciles pour travailler moins. Puisque laisser les abeilles bâtir les rayons, est plus facile, et puisque ceux d'entre nous faisant cela, n'ont pas de problèmes de varroas, je pense qu'il y aurait un grand intérêt à faire de même. Le cri de guerre des détracteurs, évidemment, soit qu'il n'y a aucune étude pour prouver que cela fonctionne, ou qu'il y a des études qui montrent que cela ne fonctionne pas. Tout ceci est bien sûr hors de propos pour moi puisque je n'ai plus de problèmes de varroas dorénavant. J'ai entendu de tels arguments à propos des choses non prouvées scientifiquement toute ma vie et néanmoins, j'ai vécu pour voir bon nombre de ces choses prouvées finalement. A la fin, il s'agit de ce qui marche, non de ce qui a été prouvé. A la fin il ne s'agit pas de compter les acariens, même si mon chiffre a chuté à presque rien au fil du temps, il s'agit de survie. Personne ne semble vouloir compter les ruches vivantes au lieu des acariens, mais il est une chose beaucoup plus facile de compter et beaucoup plus significative. Si vous régresser un rucher à la petite cellule et que vous laissez un autre à la grande cellule, alors il semble que « le dernier homme debout » serait un moyen facile de décider. Si un rucher meurt et que l'autre se porte très bien, cela semblerait un bien meilleur moyen de décider que le comptage d'acariens.

Etudes sur la petite cellule

Il y a peu d'études positives sur la petite cellule, mais aussi un grand nombre d'études qui montrent les plus hauts chiffres d'acariens sur la petite cellule et les gens se demandent pourquoi. Je ne sais pas pour vous, car cela est incompatible avec mon expérience, mais nous allons regarder cela. Supposons une étude à court terme (ce qu'elles ont toutes été) durant la période d'élevage de faux-bourdons de l'année (où elles ont été toutes menées) et faisons la supposition pour le moment que la théorie de Dee Lusby du « pseudo faux-bourdon » est vraie, ce qui signifie qu'avec la grande cellule, les varroas confondent souvent les grandes cellules d'ouvrières à des cellules de faux-bourdons et les infestent encore plus. Les varroas dans les ruches à grandes cellules durant cette période auraient moins de succès à se reproduire, mais causent plus de dégâts, parce qu'ils sont dans les mauvaises cellules (ouvrières). Les varroas, durant cette période auront plus de succès à se reproduire mais causeront moins de dégâts aux ouvrières sur la petite cellule parce qu'ils seront dans les cellules de faux-bourdons. Mais un peu plus tard dans l'année, cela changerait dramatiquement, lorsque tout d'abord, les ouvrières de petites cellules n'ont subi aucun dommage des varroas, qu'ensuite tout l'élevage de faux-bourdons s'écroule et qu'enfin les acariens à la recherche des cellules de faux-bourdons (ou des cellules de « pseudo faux-bourdons ») n'ont nulle part où aller.

A la fin, comme le dit Dann Purvis, « il n'est pas question de comptage d'acariens. Il s'agit de survie ». Personne ne semble s'intéresser à cette mesure. Ce que je sais, c'est qu'après quelques années, le nombre d'acariens chute à presque rien avec la petite cellule. Mais cela ne se produit pas dans les trois premiers mois.

Non-utilisation de cire gaufrée

Pourquoi quelqu'un voudrait-il ne pas utiliser de cire gaufrée ?

Que diriez-vous de la non-contamination des rayons par des produits chimiques et du contrôle naturel des varroas à partir de la taille naturelle des cellules ? En ce qui concerne la contamination, certaines de mes reines sont âgées de trois ans et pondent bien. Je ne pense pas que vous trouveriez qui que ce soit qui utilise des produits chimiques dans ses ruches avec ce genre de longévité et de santé chez les reines. Vous pouvez aussi obtenir des rayons de cire saine avec des cellules naturelles dans une ruche à barrettes supérieures.

Rayon sur une bande amorce vide. Les cellules mesurent 4,5mm. Les cadres sont espacées de 32 mm

Comment passez-vous à la non-utilisation de cire gaufrée ?

Les abeilles ont besoin d'un genre de guide pour bâtir des rayons droits. Tout apiculteur les a vues éviter la cire gaufrée et bâtir des rayons entre ou en dehors de la face du rayon, alors nous savons que quelquefois, elles ignorent ces indices. Mais une simple astuce comme une barrette supérieure biseautée ou une bande de cire ou de bois, ou même un rayon bâti de chaque côté d'un cadre vide fonctionnera la plupart du temps. Vous pouvez simplement retirer le jambage, le coller ou le clouer sur un côté du cadre pour en faire un guide. Ou alors placez des bâtonnets de bois ou des bâtonnets peints dans la rainure. Ou encore découpez simplement l'ancien rayon dans le rayon bâti et laissez un rang dans la partie supérieure ou tout autour du cadre.

Cadre sans cire gaufrée

J'ai fabriqué ces cadres à partir de cadres de chez Walter T. Kelley sans rainures dans la partie supérieure et des barrettes inférieurs, en découpant les barrettes supérieures à un angle de 45° sur les deux côtés. Ils sont disponibles maintenant chez Kelley déjà montés et avec le biseau. Les abeilles ont tendance à suivre la barrette supérieure inclinée.

Cadre sans cire gaufrée

Cadre bâti sans cire gaufrée

Remarquez la photographie du *cadre bâti sans cire gaufrée*, vous pouvez voir que les coins sont souvent ouverts, la partie inférieure semble être la dernière à être fixée, mais ceci est attaché sur les quatre côtés et prêt à être désoperculé et extrait.

Cadre profond Dadant sans cire gaufrée (286 mm)

Voici un cadre Dadant profond avec un guide-rayon tout autour et une tige d'acier comme support horizontal au centre. Cela permet le découpage de six pièces miel en rayon de 101 par 101 mm sans se battre avec des fils de fer. Langstroth a aussi utilisé les guides sur les côtés de cette manière.

Cadre à barrette supérieure biseautée

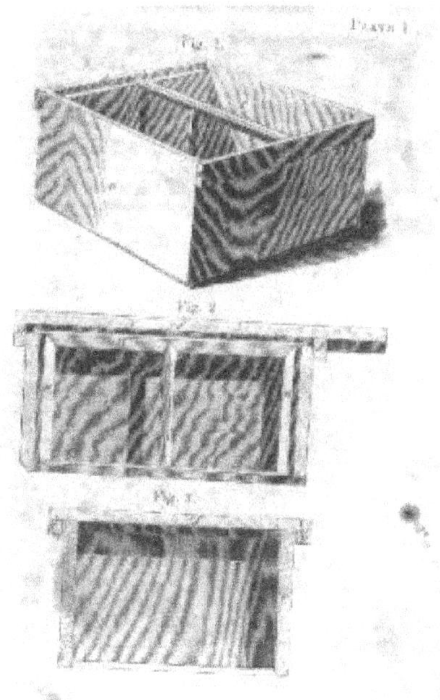

Cadre sans cire gaufrée de Langstroth

L. L. Langstroth a des images de ce modèle dans la version originale de « L'abeille et la ruche » que vous pouvez encore acheter comme une réimpression.

Cadres sans cire gaufrée

Dans mon expérience, les abeilles bâtiront leur propre rayon plus vite qu'elles ne bâtiront la cire gaufrée. Je ne suis pas le seul à observer que les abeilles ne sont pas attirées par la cire gaufrée.

> ***« La cire gaufrée, même composée de cire d'abeille pure, n'est intrinsèquement pas avenante pour les abeilles. Les abeilles essaimantes ayant l'opportunité de se regrouper sur de la cire gaufrée ou une branche, ne montrent aucune préférence pour la cire gaufrée. » — The How-To-Do-It book of Beekeeping, Richard Taylor***

Références historiques

La plupart de ces références peuvent être trouvées en ligne dans la collection « Cornell's Hive and the Honey Bee ».

> ***« Comment obtenir des rayons droits. "Le plein avantage du principe du rayon amovible est uniquement garanti par l'obtention de tous les rayons bâtis droits dans les cadres. Lors de la première introduction des cadres mobiles, les apiculteurs ont fréquemment échoué dans l'obtention de rayons droits malgré tout le soin et l'attention qui étaient donnés. M. Langstroth pour un temps, a utilisé comme guides, des bandes de rayons attachés sur la face inférieure de la barrette supérieure du cadre. Ceci est une très bonne pratique, lorsque le rayon peut être obtenu,***

puisque cela assure généralement l'objet en plus de donner aux abeilles, un démarrage pour le rayon d'ouvrières. Ensuite a suivi le guide-rayon triangulaire, consistant en une pièce triangulaire de bois clouée sur la face inférieure de la barrette supérieure, laissant un angle aigu saillant vers le bas. Cela représente une aide précieuse et est maintenant universellement adopté. » — FACTS IN BEE KEEPING par N.H. et H.A. King 1864, page 97

« Si certains des cadres pleins sont déplacés, et des cadres vides placés à la place, aussitôt que les abeilles commencent à bâtir de la bonne manière, il n'y a pas besoin d'avoir des guides-rayons sur les cadres vides et le travail sera toujours exécuté avec la plus belle régularité. » — L'abeille et la ruche par Révérend L.L. Langstroth 1853, page 227

« Barrette améliorée. —M. Woodbury dit que ce petit artifice s'est avéré être très efficace pour la garantie de rayons droits lorsque les guides-rayons ne sont pas disponibles. Les angles inférieurs sont arrondis tandis qu'une nervure centrale d'environ $^1/_8$ d'un pouce (3,175 mm) de diamètre et de profondeur, est ajoutée. Cette nervure centrale se prolonge jusqu'à $^1/_2$ pouce (12,7 mm) de chaque extrémité, où elle est retirée pour permettre à la barrette d'être ajustée à l'encoche habituelle. Tout ce qui est nécessaire pour assurer la formation régulière des rayons est l'enrobement de la surface en-dessous de la nervure centrale avec de la cire fondue. M. Woodbury, plus loin dit « ma méthode est d'utiliser des

barrettes lisses à chaque fois que l'utilisation des guides-rayons est possible, puisqu'ils peuvent être fixés plus aisément sur une barrette lisse que sur une barrette côtelée ; mais à chaque fois que je place une barrette sans guide-rayon, j'utilise toujours une des barrettes améliorées. Avec cette méthode, les rayons tordus et irréguliers sont complètement inconnus dans mon rucher. » La plupart de nos barrettes viennent avec la rainure. Mais peut être que certains de nos clients préféreraient des barrettes lisses, nous en gardons une petite quantité pour répondre à leurs exigences. » — Alfred Neighbour, The apiary, or, Bees, bee hives, and bee culture page 39

« Les barrettes supérieures ont été fabriquées par certains fabricants d'un quart de pouce (6,35 mm) à des bandes de trois huitièmes de pouce (9,5 mm), quelque peu renforcées par une bande très fine placée de côté par-dessous comme un guide-rayon. Mais de telles barrettes sont beaucoup trop légères et pourraient s'affaisser lorsqu'elles sont chargées avec du miel ou du couvain et du miel...»—Frank Benton, The honey bee: a manual of instruction in apiculture page 42

« Guide-rayon. — Généralement des arêtes en bois ou une bande de rayon ou de cire gaufrée dans la partie supérieure d'un cadre ou d'une boîte sur lequel un rayon doit être bâti... Comme le guide-rayon est de 9-16, et la coupe dans la barrette d'extrémité $^{3}/_{4}$, nous avons 3-16 en reste pour tout le bois dans la

barrette supérieure, comme à A, et la table doit être placée comme pour laisser juste cette quantité de bois non coupé. Même si la cire gaufrée est fixée dans les cadres avec de la cire fondue comme beaucoup d'apiculteurs le font, je voudrais avoir un tel guide-rayon car il ajoute beaucoup à la force du cadre et évite l'obligation d'avoir une barrette supérieure très lourde. Les abeilles pourront en temps bâtir leurs rayons réguliers dessus comme sur un guide-rayon, et utiliser les cellules au-dessus du couvain pour le miel. » — A.I. Root, ABC of Bee Culture, édition de 1879 page 251

« Un guide-rayon convenable est un contour net ou un coin dans le cadre dont le rayon est appelé à dépendre, les abeilles choisissent généralement de suivre ce bord plutôt que de dériver sur une autre surface ; des portions de rayons sont quelquefois utilisées dans le même but. » — J.S. Harbison, The bee-keeper's directory, note en bas des pages 280 et 281

Foire aux questions (FAQ)

Une boîte de cadres vides ?

Q: Vous voulez dire que je peux simplement placer une boîte de cadres vides sur la ruche ?

R: Non. Les abeilles ont besoin d'une sorte de guide.

Qu'est-ce qu'un guide ?

Q: Qu'est-ce qu'un guide-rayon?

R: Il peut s'agir de plusieurs choses. Vous pouvez utiliser un cadre vide sans aucun ajout de couvain peut agir comme un guide. Vous pouvez placer des bâtonnets en bois dans la rainure pour en faire une sorte de bande de bois, ou coupez une pièce de bois pour fabriquer une bande amorce en bois. Vous pouvez acheter un chanfrein de montage et le découper pour l'adapter et le placer en-dessous de la barrette supérieure. Vous pouvez couper les barrettes supérieures sur un biseau. Vous pouvez fabriquer une feuille vide de cire, la découper en larges bandes de 19 mm et la coller à la cire dans la rainure de la barrette supérieure ou les clouer avec le taquet. Si le cadre porte déjà un rayon, vous pouvez simplement laisser la rangée supérieure de cellules sur la barrette supérieure comme guide. Chacun de ces ouvrages fonctionne très bien.

Meilleur guide?

Q: Quel guide-rayon préférez-vous ?

R: Je les apprécie tous, mais je préfère la durabilité de la barrette supérieure biseauté et je pense que le rayon y est attaché un peu mieux. Ensuite, je pencherais probablement pour la bande de bois. Et en dernière position, je choisirais les bandes amorces puisque parfois elles s'échauffent et s'écroulent alors que les abeilles ne les ont pas encore utilisées. Mais j'ai aussi introduit des cadres vides dans les nids à couvain tout le temps puisque je dispose d'un grand nombre d'anciens cadres inusités. En conclusion, je fais ce qui est le plus simple au moment donné. Le pire guide-rayon consiste à remplir une rainure avec juste une perle de cire. La cire dans la rainure n'est guère qu'une suggestion et pas du tout un bon guide. Vous avez besoin de quelque chose qui dépasse de manière significative. 6,35 mm est bien.

Extraire ?

Q: Puis-je les extraire ?

R: Oui. Je les extrais tout le temps. Assurez-vous simplement que les rayons soient attachés à tous les quatre côtés et que la cire n'est pas si nouvelle qu'elle est encore molle comme du mastic. Une fois que la cire est mature et que le rayon est attaché sur, au moins une partie des quatre côtés, vous pouvez très bien extraire. Bien sûr, vous devrez toujours être délicats avec tous les genres de rayons de cire (armées ou non) lors de l'extraction.

Armer la cire gaufrée ?

Q: Dois-je armer la cire ?

R: Je n'utilise pas de fils métalliques mais je n'utilise pas de cadres profonds non plus.

Q: Puis-je utiliser du fil métallique dans ma cire ?

R: Bien sûr. Les abeilles incorporeront le fil métallique dans le rayon bâti. Evidemment, vous aurez besoin de consolider la ruche de toute manière, mais ceci devient plus évident avec le fil métallique dans le rayon. Le fil métallique est probablement plus utile lorsque vous travaillez avec des cadres profonds plutôt que des moyens. Je ne travaille qu'avec des cadres moyens.

Cirer ?

Q: Dois-je les cirer ?

R: Je trouve la cire contre-productive. Elle représente plus de travail. La cire s'écroule souvent et n'est jamais attachée à la barrette supérieure aussi bien que les abeilles n'attachent leurs propres rayons. Je ne recommande pas seulement que vous n'ajoutiez pas de cire, je recommande que vous n'en ajoutiez plus du tout.

La boîte entière ?

Q: Puis-je placer une boîte entière de cadres sans cire gaufrée sur une ruche ?

R: Supposons que nous parlions ici de cadres avec des guides-rayons, oui vous pouvez. Généralement cela fonctionne bien. Parfois à cause du manque d'un rayon à utiliser comme « échelle » pour atteindre les barrettes supérieures, les abeilles commencent à bâtir le rayon à partir de la barrette inférieure. Pour cette raison, je préfère avoir un cadre de rayon bâti ou une pleine feuille de cire gaufrée dans une hausse ajoutée. Ce n'est pas un problème lors de l'installation d'un paquet. Une autre raison pour la présence d'un premier rayon est qu'il s'agit d'une bonne assurance pour obtenir des rayons évoluant dans la bonne direction. Une autre solution pour les abeilles essayant de bâtir un rayon, est de placer la boîte vide sous la boîte actuelle afin qu'elles puissent travailler vers le bas.

Vont-t-elles faire des dégâts?

Q: Les abeilles ne feront-elles pas des dégâts sans cire gaufrée ?

R: Quelquefois. Mais elles font des dégâts parfois même avec de la cire et encore plus souvent avec de la cire gaufrée en plastique. J'ai plus vu de mauvais rayons lorsque je travaillais avec de la cire gaufrée en plastique qu'avec l'absence de cire. Quelquefois cela semble être génétique puisque certaines ruches bâtissent de bons rayons même lorsque vous faites tout de travers, tandis que d'autres bâtissent des rayons irréguliers même lorsque vous avez les bonnes méthodes et ne font que répéter les mêmes erreurs lorsque vous enlevez les rayons mal bâtis.

Je l'ai déjà dit auparavant mais il faut le répéter. La chose la plus importante à comprendre avec toute ruche à rayons naturelles est la suivante : parce que les abeilles bâtissent le prochain rayon en parallèle au rayon précédemment bâti, un bon rayon en conduit à un autre de la même manière qu'un mauvais rayon conduit à un autre mauvais rayon. Vous ne pouvez pas vous permettre de ne pas prêter attention à la manière dont les abeilles commencent les rayons. La cause la plus commune de l'irrégularité d'un rayon est le fait de laisser la cage de la reine à l'intérieur de la ruche, puisque les abeilles commencent toujours le premier rayon à partir de là et c'est de là que part le désordre. C'est incroyable à quel point de nombreuses personnes veulent jouer la sécurité et suspendent la cage à reine dans la ruche. Elles ne peuvent évidemment pas comprendre qu'il s'agisse là d'une quasi-garantie d'échec d'obtenir le premier rayon bâti de la bonne manière, qui sans aucune intervention, représente la garantie que tous les rayons de la ruche seront irréguliers. Une fois que vous constatez les dégâts, la chose la plus importante à faire, est de vous assurer que le *dernier* rayon soit droit puisqu'il est toujours le guide pour le rayon suivant. Vous pouvez être optimiste et espérer que les abeilles reviendront sur la bonne voie. Elles ne le feront pas. C'est vous qui devez les ramener sur le droit chemin.

Ce fait n'a rien à voir avec la présence ou non de fils métalliques, avec la présence ou de cadres. Cela, a tout à voir avec le dernier rayon rectiligne.

Plus lent ?

Q: Le fait d'avoir à construire leurs propres rayons, ne ralentit-il pas les abeilles ?

R: D'après mon expérience, et celles de beaucoup d'autres apiculteurs qui ont essayé également, les abeilles bâtissent leurs propres rayons beaucoup plus rapidement qu'elles ne bâtissent sur la cire gaufrée. En utilisant la cire gaufrée, vous les ralentissez de plusieurs manières. D'abord, elles bâtissent la cire gaufrée plus lentement. Ensuite la cire gaufrée est toute contaminée par le fluvalinate et le coumaphos. Enfin, à moins que vous n'utilisiez de la cire gaufrée à petites cellules, vous leur fournissez des cellules qui sont beaucoup plus grandes que ce qu'elles souhaitent et vous donnez un avantage au varroa.

Débutants

Q: Est-ce une bonne idée pour un débutant de ne pas utiliser de la cire gaufrée ?

R: Pour moi, il est plus facile pour un débutant qui n'a encore acquis aucune habitude de s'ajuster à l'absence de cire gaufrée. Il est beaucoup plus ardu pour un apiculteur expérimenté de prendre l'habitude de garder parfaitement les ruches à niveau, de ne pas disposer le rayon de manière, de ne pas secouer les abeilles vigoureusement d'un rayon encore jeun et qui n'est pas encore bien attaché etc. Les débutants pourront toujours briser un rayon et en tirer une leçon. Les apiculteurs retomberont toujours dans leurs vieilles habitudes et briseront rayon sur rayon jusqu'à ce que finalement ce soit ancré comme une nouvelle habitude.

Et si tous les rayons sont gâchés ?

Q: Que faire si tous les rayons sont gâchés ?

R: J'en doute mais il est possible que cela se produise. J'ai vu cela arriver lorsqu'une boîte remplie de cadres portant de la cire gaufrée, s'est effondrée sous l'effet de la chaleur. Je suppose que cela semble très effrayant pour quiconque n'ayant jamais procédé à une découpe. Si vous avez déjà découpé tous les rayons d'une ruche sauvage, si vous les avez fixés dans des cadres, alors vous savez déjà comment procéder. Vous découpez les rayons sauvages et vous les placez dans des cadres vides. Ensuite, vous utilisez des bandes de caoutchouc ou de la ficelle pour les maintenir dans les cadres. Les abeilles prendront soin du reste. Elles bâtissent des rayons irréguliers le plus souvent en présence de cire gaufrée en plastique, et cela est très souvent plus difficile à réparer.

Dimensions

Q: Si je fabrique mes cadres moi-même, quelles seraient leurs dimensions ?

R: Vous pouvez utiliser les mêmes dimensions que les cadres standards, moi je les préfère avec des barrettes d'extrémité plus petites et des barrettes supérieures légèrement plus petites. Voir le chapitre *Cadres étroits.*

Cadres étroits

Observations sur l'espacement naturel des cadres

L'espacement de 32 mm concorde avec les observations d'Huber

> ***« La ruche en livre ou en feuillets consiste en douze cadres verticaux... et leur largeur de quinze lignes (une ligne = $^1/_{12}$ d'un pouce (25,4 mm). 15 lignes =31,75 mm). Il est nécessaire que cette dernière mesure soit précise.» François Huber 1806***

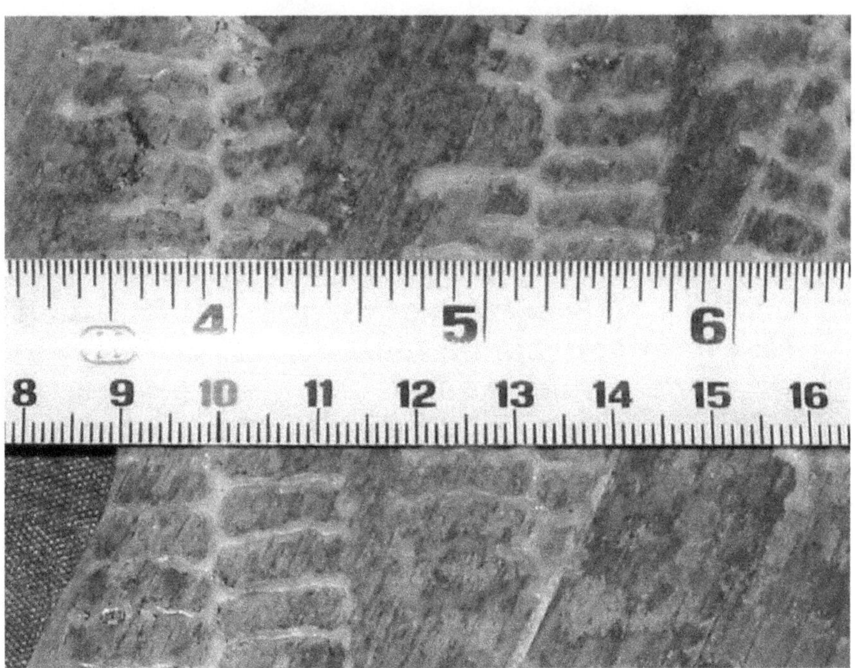

Le nid à couvain qui a été déplacé dans un nourrisseur couvre-cadres. Le couvercle interne après l'enlèvement du rayon. L'espacement sur un rayon de couvain bâti naturellement est quelquefois aussi petit que 30 mm mais est généralement de 32mm.

La largeur du rayon par la taille de la cellule

Selon Baudoux (notez que ceci est l'épaisseur du rayon lui-même et non l'espacement du rayon aux centres)

Taille de la cellule	Largeur du rayon
5,555 mm	22,60 mm
5,375 mm	22,20 mm
5,210 mm	21,80 mm
5,060 mm	21,40 mm
4,925 mm	21,00 mm
4,805 mm	20,60 mm
4,700 mm	20,20 mm

« ABC XYZ of Bee Culture » édition de 1945 Page 126

Références historiques sur l'espacement des cadres étroits

« ...sont placés à la distance habituelle, afin que les cadres soient à 37 mm de centre à centre ; mais si l'on veut empêcher la production d'un couvain de faux-bourdons, les extrémités de chaque cadre sont glissées vers l'arrière comme illustré en B, et la distance de 32 mm de centre à centre peut être maintenue. » — T.W. Cowan, British bee-keeper's Guide Book page 44

« En mesurant les rayons dans une ruche qui ont été régulièrement bâtis, j'ai trouvé le résultat suivant, à savoir : cinq rayons d'ouvrières ont occupé un espacement de cinq pouces et demi (139,7 mm), l'espace entre

chaque rayon étant de trois huitièmes d'un pouce (9,5 mm) et permettant pour la même largeur sur chaque côté externe, égale à six pouces et quart (158,75 mm), comme le diamètre adéquat d'une boîte dans laquelle cinq rayons d'ouvrières pourraient être bâtis... Le diamètre des rayons d'ouvrières représentaient en moyenne quatre cinquièmes d'un pouce (20,32 mm); et celui de rayons de faux-bourdons, un et un huitième d'un pouce (28,5 mm). » — T.B. Miner, The American bee keeper's manual, page 325

Si vous enlevez le supplément de 9,5 mm sur le dernier, cela fait 149 mm pour cinq rayons divisés par cinq qui donne 1,1875 pouce ou 30 mm au centre pour chaque rayon.

« Cadre. —Comme mentionné auparavant, chaque ruche en stock contient dix de ces cadres, chacun mesurant 330 mm de long sur 184 mm de haut avec une projection de 16 mm vers l'avant ou l'arrière. La largeur à la fois de la barrette et du cadre est de 22 mm ; ce qui fait moins de 6,35 mm que la barrette recommandée par les apiculteurs plus âgés. M. Woodbury, dont l'autorité sur les plans modernes d'apiculture est d'une grande importance, — trouve que les 22 mm sont une amélioration, parce que qu'avec cela, les rayons sont plus rapprochés, et nécessitent moins d'abeilles pour couvrir le couvain. Puis aussi, dans le même espacement que huit barrettes désuètes occupaient, avec des cadres plus

étroits, une barrette supplémentaire peut être ajoutée de sorte qu'en utilisant cela, une accommodation améliorée est fournie pour l'élevage et le stockage du miel. » — Alfred Neighbour, The Apiary, or, Bees, Bee Hives, and Bee Culture...

« J'ai trouvé juste la conclusion en théorie que l'expérience prouve un fait dans la pratique, à savoir : avec des cadres de 22 mm de large, séparés juste d'un espacement abeille, les abeilles rempliront toutes les cellules du sommet au fond avec du couvain, des cellules plus profondes ou un espacement plus large est utilisé dans l'espace de stockage. Ceci n'est pas une conjecture ou une théorie. Dans les expériences étendues sur plusieurs années, j'ai trouvé les mêmes résultats, sans variation, dans tous les cas. Le fait étant, qu'est-ce qui suit ? En réponse, je dirai que le couvain est invariablement élevé dans le corps de ruche — le surplus est emmagasiné, et en même temps, où cela devrait être, et pas de fausses constructions, et pas seulement cela, mais l'élevage de faux-bourdons est bien maîtrisé. L'excès d'essaimage est facilement empêché et en fait, toute la question du travail d'apiculture est réduite au minimum, tout le nécessaire étant de commencer avec des feuilles de rayons juste épais de 22 mm, et tellement espacés que les abeilles ne peuvent pas bâtir profondément. Je suis convaincu que je me suis fait comprendre ; je sais que si le plan indiqué est suivi, l'apiculture ne sera pas simplement un travail plus facile mais de rapides progrès seront fait à

partir de maintenant. » — « Which are Better, the Wide or Narrow Frames? » par J.E. Pond, American Bee Journal: Volume 26, numéro 9 du 1er mars 1890. Page 141

Note: 22 mm plus 9,5 mm (espacement maximal) font 31,5 mm. 22 mm plus 6,35 mm (espacement minimal) font 28,35 mm.

« Mais ceux qui ont accordé une attention particulière à la question, en essayant les deux espacements, conviennent presqu'uniformément que la distance convenable est 35 mm, ou, si quelque chose, une petite vétille, et si certains utilisent avec succès un espacement de32 mm pouce. » — ABC and XYZ of Bee Culture par Ernest Rob Root Copyright 1917, Page 669

« Avec tant de débutants souhaitant avoir des connaissances sur onze cadres profonds dans un corps de ruche Langstroth profond de 10 cadres, je vais devoir aller plus loin dans les détails. Mais d'abord, cette lettre d'Anchorage, Alaska. C'est aussi loin dans le nord que vous pouvez entretenir des abeilles. Il écrit, je suis un nouvel apiculteur ayant une saison d'expérience avec deux ruches. Un bon ami est dans le même bateau, il a lu un de vos articles sur le « resserrement » des abeilles et a essayé une de ses ruches de cette manière, ce qui a résulté en une ruche pleine d'abeilles et de miel. Cette année, nous aurons huit ruches avec onze cadres dans le corps de ruche. »

« Si vous aussi, souhaitez avoir onze cadres dans le corps de ruche, procédez comme ceci. En assemblant vos cadres, au lieu de clous, utilisez de la colle. C'est une affaire permanente de toute manière. Assurez-vous que vos cadres soient le genre avec des barrettes supérieures et inférieures rainurées. Après l'assemblement des cadres, rabotez les barrettes d'extrémité afin qu'elles soient de la même largeur que la barrette supérieure. Maintenant, plantez les agrafes. Comme je l'ai mentionné antérieurement, fabriquez ces agrafes en coupant des trombones en deux. Ils coûtent peu cher et ne fendent pas le bois. Enfoncez les agrafes dans le bois jusqu'à environ un quart de pouce. Les agrafes devraient toutes être sur un seul côté. Cela vous empêche de tourner le cadre dans le nid à couvain. Il s'agit d'une mauvaise pratique et cela chamboule l'arrangement du nid à couvain. Cela se fait, mais ça conduit au refroidissement du couvain et bouleverse le cycle de ponte de la reine. Je m'adresse aux débutants, mais même les seniors ne devraient pas procéder de la sorte. Comme pour la cire gaufrée, si vous utilisez de la cire gaufrée moulée en plastique, fixez là simplement dans le cadre et vous êtes prêt à commencer. » — Charles Koover, Bee Culture, April 1979, From the West Column.

La largeur standard de cadre sur les cadres Hoffman est de 35 mm. Cela signifie que de centre à centre, les rayons sont espacés de 35 mm. Cela donne un rayon d'environ 25 mm d'épaisseur et l'espacement entre les rayons d'environ 9,5 mm. Cet espacement fonctionne assez bien comme un excellent espacement et pourtant les apiculteurs généralement espacent d'avantage les cadres dans les hausses, 38 mm ou plus. La mesure 35 mm était déjà un compromis entre le stockage du miel, le rayon à couvain de mâles et le rayon à couvain d'ouvrières. Le rayon naturel à couvain d'ouvrières est espacé de 32 mm alors que le rayon naturel à couvain de mâles l'est plus comme 35 mm et le rayon de stockage de miel est généralement d'environ 38 mm ou plus.

L'espacement des cadres de 32 mm a des avantages

Dont notamment :

Moins de rayons de mâles

Plus de cadres de couvain dans une boîte

Plus de cadres de couvain peuvent être couverts avec des abeilles pour les garder au chaud puisque la couche d'abeilles est seulement d'une abeille profonde au lieu de deux.

Selon certaines recherches effectuées en Russie dans les années 70, il y aurait moins de Nosema.

Il y a plus d'espacement naturel pour les plus petites cellules.

Cela incite les abeilles à bâtir des petites cellules. Le plus petit espacement contribue efficacement à faire voir aux abeilles le rayon dessus comme un rayon d'ouvrière.

Idées erronées courantes :

Cette mesure de 32mm est seulement appropriée aux abeilles africanisées. J'ai laissé des abeilles européennes bâtir leurs propres rayons et elles ont espacé leurs rayons à couvain de mâles d'un peu plus de 30 mm mais généralement de 32mm pour le centre du nid à couvain. La mesure est plus large sur les bords extérieurs lorsqu'elles veulent des faux-bourdons et encore plus large pour le stockage du miel.

Vos cadres ne seront pas interchangeables avec des cadres de 9,5 mm. J'alterne mes cadres régulièrement. Grand nombre des références historiques citées plus haut montrent que les gens espacent souvent plus étroitement au centre et plus largement sur les bords extérieurs. Il n'y a rien qui vous empêche de placer un cadre de 35 mm parmi des cadres de 32mm ou vice versa.

Cela n'importe simplement pas. Eh bien cela n'importe probablement pas beaucoup mais voyez plutôt les avantages ci-dessus.

Moyens d'obtenir des cadres étroits

En supposant qu'il n'y ait pas de clous à l'extérieur des barrettes d'extrémités, vous pouvez raboter les barrettes des cadres réguliers jusqu'à ce qu'elles soient larges de 32mm. Si vous faites cela avant l'assemblage des cadres, vous pouvez aussi réduire la barrette supérieure à 25 mm de large sur une table à scie.

Vous pouvez fabriquer ou acheter des cadres bâtis à partir de rien. Soit en ajustant les dimensions et en bâtissant des cadres Hoffman ou en bâtissant des cadres de style Killion et en changeant simplement l'espacement (voir «Honey in the Comb » par Carl Killion ou les éditions ultérieures par Eugene Killion).

Vous pouvez alterner PermaComb (qui n'a pas d'écarteurs) avec des rayons réguliers Hoffman et ensuite espacez-les un peu plus manuellement.

Vous pouvez bâtir des cadres Koover (voir les anciens Gleanings des années 70 dans les articles de Bee Culture ou des plans sur nordykebeefarm.com)

Foire aux questions (FAQ)

Q: Les barrettes supérieures ne seront-elles pas trop proches si je rabote les barrettes d'extrémités ?

R: Un peu, mais cela peut faire l'affaire. Cela les serre à environ 5 mm entre les barrettes supérieures, mais les abeilles peuvent passer au travers d'un trou de 4 mm. Je préfère avoir plus d'espace mais pas assez pour couper les barrettes supérieures sur des cadres réguliers. Je les préfère assez pour les faire plus petits lorsque je fabrique des cadres ou lorsque je les commande plus petits si je trouve quelqu'un pour me les fabriquer.

Q: Pourquoi ne pas placer neuf cadres dans un corps de ruche d'une boîte de dix cadres ? Cela ne reviendrait-il pas au même (puisque je vaux avoir neuf cadres dans mes hausses) et ne fournirait-il pas aux abeilles plus d'espace afin qu'elles n'essaiment pas, et afin que je ne les écrase pas en retirant les cadres ?

R: D'après mon expérience, vous roulez plus d'abeilles avec cet arrangement (9 dans une boîte de 10 cadres) car la surface du rayon sera très irrégulière à cause de l'épaisseur conséquente du couvain alors l'épaisseur du stockage à miel varie. Ceci signifie que le cadre espacé, neuf dans une boîte de dix cadres, a une surface irrégulière. Cette surface irrégulière a plus tendance à attraper les abeilles entre deux parties saillantes et à les rouler qu'une surface régulière. Il faut aussi beaucoup plus d'abeilles pour couvrir et garder au chaud la même quantité de couvain lorsque vous avez neuf cadres au lieu de dix ou onze.

> ***« ...Si l'espace est insuffisant, les abeilles raccourcissent les cellules sur le côté d'un rayon, rendant ainsi ce côté inutile ; et si placé plus que la largeur habituelle, il faut une plus grande quantité d'abeilles pour couvrir le couvain, ainsi que pour élever la température au degré convenable pour la construction du rayon. Ensuite, lorsque les rayons sont trop largement espacés, les abeilles en les remplissant avec des réserves, agrandissent les cellules, rendant ainsi le rayon épais et irrégulier—L'application du couteau est alors le seul remède pour réduire le rayon à une épaisseur appropriée. » — J.S. Harbison, The beekeeper's directory page 32***

Cycles annuels

L'apiculture, comme toute exploitation, évolue au rythme des saisons. L'apiculture est de nature cyclique et le cycle le plus grand est l'année. Les cycles plus minimes sont composés de 21 jours de cycles de couvain d'ouvrières etc. mais le cycle le plus grand reste l'année.

De mon point de vue, l'année de l'apiculteur commence, comme celle des abeilles, par la préparation de la colonie pour l'hiver. Une colonie ayant de bonnes bases pour affronter l'hiver et prospérer au début du printemps, commence l'année de la bonne manière.

Mon point de vue, bien sûr est teinté par mes expériences sous un climat nordique. Vous pourriez avoir besoin d'ajuster les choses à votre climat.

Hiver

Du point de vue de l'apiculteur, l'hiver débute au premier grand froid. A partir de ce moment, les abeilles n'auront plus de ressources entrantes. Pas de nectar, pas de pollen. Avant que cela n'arrive, elles doivent être en assez bonne forme. Certains hivers surviennent tôt et il n'y a pas d'autres opportunités pour se préparer.

Abeilles

Pour l'hiver, les ruches nécessitent fondamentalement une quantité suffisante d'abeilles. En l'absence de la bonne quantité, les abeilles doivent soit être maternées d'une certaine manière (difficile au mieux) ou combinées avec une autre ruche faible pour constituer une ruche assez forte pour passer l'hiver. Cela pourra varier par race d'abeille et par climat. Ici, avec des Italiennes, je voudrais au moins une grappe de la taille d'un ballon de basketball. Avec des Carnioliennes, une grappe de la taille d'un ballon de football et avec des abeilles sauvages, une grappe d'une taille variant entre un ballon de football et de softball.

Réserves

Elles devraient avoir assez de nourriture pour passer tout l'hiver. J'essaie de leur en laisser assez, mais quelquefois avec une pénurie ou une faible miellée d'automne, elles peuvent se trouver à court. Ici à Greenwood dans le Nebraska, avec des Italiennes, vous aurez besoin qu'une ruche pèse environ 68 kg. Avec des abeilles sauvages, il s'agit plutôt d'une ruche pesant 41 kg. Une ruche légère peut être nourrie avec du sirop ou alors vous pouvez mettre du sucre sur un papier journal placé sur les barrettes supérieures pour combler le déficit. Certaines personnes nourrissent au pollen ou au succédané à la fin de l'automne également. Le sirop d'automne est généralement de 2:1 (sucre : eau).

Dispositions pour l'hiver

Les ruches ne doivent pas être équipées de grille à reine et si elles possèdent une entrée inférieure, elles doivent être équipées d'une protection anti-souris. Une entrée réduite est utile pour prévenir le pillage. Elles doivent avoir un certain genre d'entrée supérieure.

Printemps

Le printemps pour l'apiculteur commence à la floraison des érables. Là où je vis, cette floraison se produit fin février ou début mars. C'est lorsque les abeilles commence sérieusement l'élevage de couvain. Il est important à partir de ce moment que la provision de pollen et les réserves ne sont pas interrompues puisque cela peut interrompre l'élevage de couvain. Les galettes de pollen sont une solution courante pour cela. Mélangez le pollen avec du miel jusqu'à obtenir une pâte et roulez cette pâte dans du papier ciré pour faire des galettes. Nourrissez les abeilles avec 1:1 ou 2:1 de sirop si elles se retrouvent à court de réserves. Par une journée chaude, procédez à une inspection complète et vérifiez la présence d'œufs et de couvain. Marquez les ruches orphelines pour pouvoir remplacer la reine ou les combiner. Nettoyez les plateaux inférieurs et inspectez-les à la recherche d'acariens Varroa morts. Si vous utilisez la méthode de gestion du nectar de Walt Wright, il est temps de procéder au checkerboarding. Si non, vous devez surveiller les ruches pour prévenir des essaimages précoces. Lorsque le climat commence à se réchauffer assez, ouvrez le nid à couvain en plaçant quelques cadres vides au milieu du nid à couvain. S'il s'agit d'une ruche en pleine expansion avec beaucoup d'abeilles, deux ou trois cadres. Dans le cas d'une ruche modérée, un cadre. S'il s'agit d'une ruche faible, laissez-la telle quelle. N'ajoutez pas beaucoup d'espace puisque le temps est toujours très froid et trop d'espace reste quand même assez stressant. La ruche essaie de bâtir assez pour essaimer avant la miellée principale. L'élevage de couvain a débuté. L'élevage de faux-bourdons débutera bientôt.

Eté

L'été du point de vue des apiculteurs, est marqué par la saison des essaimages ou juste quelques semaines avant la miellée. La miellée se produit lorsque vous constatez la présence de cire blanche et un nouveau rayon. Il est donc temps d'être à l'affut des préparations à l'essaimage (remplissage du nid à couvain) et de garder le nid à couvain ouvert. Si les préparations à l'essaimage ont progressé vers des cellules d'essaimage, faites des divisions pour séparer les reines. Ajoutez des hausses pour le stockage de miel. A ce stade, trop d'espace ne pose pas de problème, alors empilez les hausses sur les ruches fortes. Si vous souhaitez faire des divisions de réduction, confiner une reine pour une meilleure récolte ou aider avec les varroas, cela serait le moment. Deux semaines avant la miellée principale seraient presque le parfait timing.

Automne

L'automne, du point de vue des apiculteurs, commence lorsque la miellée d'été prend fin et il est temps de récolter le miel. Les fleurs avec un nectar plus sombre, plus fort et plus gouteux fleuriront bientôt—Verge d'or, renouée, asters, tournesol, pois perdrix et chicorée. C'est le bon moment pour remplacer la reine puisque les reines sont mieux fécondées et plus disponibles. C'est aussi un bon moment pour élever les reines, à moins qu'il n'y ait une mauvaise sécheresse. Vers la fin de l'automne, c'est le moment où vous devez installer les abeilles pour l'hiver. Placez des protections anti-souris. Enlevez les grilles à reine. Enlevez les boîtes vides. Réduisez les entrées. Egalisez les réserves ou la nourriture. En d'autres termes, nous en sommes à nouveau aux dispositions pour l'hiver.

L'hivernage des abeilles

J'ai hésité à écrire sur l'hivernage des abeilles et j'ai résisté si longtemps à la tentation parce que l'hivernage est tellement lié à la localité. Mais il s'agit d'un problème crucial, je reçois des questions à ce propos en permanence et je tiens à dire mon point de vue sur la plupart de ces questions. S'il vous plaît, lisez ceci en gardant le mot *localité* à l'esprit. J'essaierai de couvrir ce que je fais dans ma localité (Nebraska du sud-est) en détail et pourquoi je procède de cette manière, mais cela ne doit pas signifier qu'il s'agisse du mieux pour votre localité ou que certaines méthodes ne peuvent pas fonctionner dans d'autres ou même dans ma localité.

Je vais décomposer ceci en sujets ou manipulations qui sont communément discutés sur le fait que je les fasse ou non.

Une autre chose qui entre en ligne de compte est la race ou l'élevage. Les miennes sont toutes métisses, mais elles varient du brun au noir et proviennent d'un stock de survivants élevés dans le nord.

Je décomposerai cela par éléments et par actions :

Protections anti-souris

Les questions générales concernent quoi utiliser et quand. Je n'ai que des entrées supérieures alors les protections anti-souris ne sont plus un problème pour moi. A l'époque où j'avais des entrées inférieures, j'utilisais du grillage de 6,35 mm comme protection anti-souris, mais j'aurais pu envisager, si j'avais continué à utiliser des entrées inférieures, un dispositif populaire ici dans le sud-est du Nebraska. Le dispositif est une pièce large de 76 mm à 102 mm d'un contreplaqué d'une épaisseur de 9,5 mm découpé pour être adapté à la largeur de l'entrée et trois lattes d'une épaisseur de de 9,5 mm découpées à la largeur 76 mm ou 102 mm du contreplaqué. Ces barrettes dans l'entrée la réduisent à 9,5 mm et forment un déflecteur de manière à ce que le vent n'y souffle pas. Les gens qui l'utilisent disent qu'il n'y a aucun problème avec les souris puisque l'écart de 9,5 mm étant long de plusieurs millimètres semble dissuader les souris. Ils les laissent en place toute l'année.

En ce qui concerne la période, j'essaie de les obtenir dès le premier gel ou peu de temps après. Ici, nous avons quelques jours chauds après le premier gel, alors les souris généralement n'entrent pas dans la ruche tant que le temps est froid pendant plusieurs jours. Vous devez anticiper ou alors les souris se retrouveront peut-être déjà dans la ruche. L'autre fait pratique concernant le réducteur d'entrée / la protection anti-souris de type « déflecteur » est que vous pouvez les laisser en place tout au long de l'année et vous n'avez plus à vous rappeler de placer les protections anti-souris.

Grilles à reine

Je n'utilise pas de grilles à reine, mais lorsque je le faisais, je les ôtais avant l'hiver puisque la reine peut y rester coincée lorsque les abeilles se déplacent. La grille à reine n'empêchera pas les abeilles de se déplacer, mais pourra empêcher la reine de les rejoindre. Vous pouvez garder la grille à reine au-dessus du couvercle interne ou sur le toit de la ruche si vous le souhaitez, mais ne la laissez pas entre les boîtes.

Plateaux grillagés

Je dispose de plateaux grillagés sur environ la moitié de mes ruches. Si le support est assez court et qu'une quantité suffisante d'herbes bloque le vent, j'enlève quelquefois le plateau, mais généralement je garde le plateau. Certaines personnes dans certaines régions semblent penser qu'il est bon de laisser les ruches ouvertes toute l'année, mais je ne pense pas que cela fonctionne aussi bien sous un climat froid et venteux comme celui de ma région. Aussi, je ne pense pas le plateau grillagé soit d'un grand secours avec le varroa, mais cela aide beaucoup pour la ventilation en été et garde le plateau inférieur sec en hiver. D'un autre côté, un plateau inférieur solide peut servir à la fois de nourrisseur et de couvercle.

Emballage

Je n'emballe pas mes ruches. J'ai essayé une fois, mais il m'a semblé avoir enfermé à l'intérieur toute l'humidité, avec pour résultat des ruches détrempées tout l'hiver, alors j'ai cessé de la faire. Si je voulais essayer une fois de plus, ce que je ne ferais probablement pas, je placerais quelques morceaux de bois dans les angles pour créer un espace d'air entre le bois et l'emballage.

Regrouper toutes les ruches

J'ai placé mes ruches sur des supports sur lesquels peuvent tenir deux rangées de sept ruches (à huit cadres). De manière basique, les supports sont fabriqués avec du bois de charpente traité 89 x 89 mm d'une longueur de 2438 mm avec des extrémités mesurant 1219 mm de sorte que chaque support mesure intégralement 2515 mm de long à cause des extrémités. Les rails (les pièces de 2438 mm de long) sont tels que les pièces extérieures soient à 508 mm du centre et les pièces intérieures sont à 508 mm de l'extérieur. Cela permet aux ruches (qui mesurent 505 mm) d'être sur le meilleur chemin à suivre pendant l'été afin de maximiser le confort lors de la manipulation, et sur le chemin du retour en hiver pour minimiser la zone exposée. Alors, durant l'hiver, 10 des ruches se touchent sur trois côtés et les quatre sur les extrémités extérieures se touchent sur deux côtés. Cela minimise les parois exposées. C'est comme les rassembler pour la chaleur.

Nourrir les abeilles

Contrairement à la croyance populaire, le nourrissement au miel en hiver ou au sirop ne fonctionnent pas sous des climats nordiques. Si le sirop n'atteint pas une température au-dessus de 10°C (50°F) durant la journée (et cela prend du temps pour se réchauffer après une nuit froide) les abeilles n'y toucheront pas de toute manière. Le temps de les nourrir si besoin se présente est septembre, si nécessaire et si vous êtes chanceux, vous pourrez continuer jusqu'en octobre pendant quelques années. Les questions semblent toujours porter sur la concentration et la quantité.

Lors du nourrissement au miel, je ne dilue pas du tout. Le fait de diluer fait pourrir le miel rapidement et je ne me vois pas gaspiller du miel. Lors du nourrissement avec du sirop (parce que vous n'avez pas de miel ou que vous ne voulez pas les nourrir avec ce que vous avez déjà récolté) la concentration ne devrait ni être en-dessous de 5:3, ni au-dessus de 2:1. Le plus épais est le mieux puisque cela nécessitera moins d'évaporation, mais j'ai eu du mal à dissoudre 2:1.

« La quantité » n'est pas la bonne question. La bonne question est « quel est le poids cible ? » Pour une grande grappe dans quatre boîtes moyennes de huit cadres (ou deux boîtes profondes de dix cadres) le poids cible devrait se situer entre 45,4 et 68 kg. En d'autres termes, si la ruche pèse 45,4 kg, je peux ou ne pas nourrir, mais si elle pèse 68 kg, je ne pourrais pas. Si la ruche pèse 34 kg, j'essaierai de nourrir avec 34 kg de miel ou de sirop. Une fois que le poids cible est atteint, j'arrête le nourrissement.

Mon plan de gestion est de laisser aux abeilles assez de miel et de dérober le miel operculé d'autres ruches si elles sont faibles. Mais pendant quelques années, lorsque la miellée d'automne flanche, je suis obligé de nourrir. J'aime attendre que le temps devienne froid avant de récolter puisque cela résout de nombreux problèmes. 1) Pas de fausse teigne dont il faut s'inquiéter. 2) les abeilles sont groupées en bas alors il n'y a pas d'abeilles à enlever des hausses. 3) Je peux mieux évaluer ce qu'il faut laisser et ce que je dois prendre puisque la miellée d'automne a ou n'a pas eu lieu. Une autre option pour une ruche faible si elle n'est pas trop légère, est le nourrissement avec du sucre sec. L'inconvénient est que le sucre ne se conserve pas comme du sirop, alors il s'agit plus d'une ration d'urgence. L'avantage est que vous n'avez plus à fabriquer du sirop, à acheter des nourrisseurs, etc. Mais le fait de ne pas être stocké est aussi un avantage. Si les abeilles n'en ont pas besoin, vous n'avez pas de sirop stocké dans vos rayons. Vous mettez simplement une boîte vide sur la ruche, du papier journal sur les barrettes supérieures et vous versez du sucre sur le papier journal. Je mouille un peu le sucre pour le tasser ainsi que les bords pour faire voir aux abeilles qu'il y a de la nourriture. Si la ruche est seulement peu légère, cela est une belle assurance. Mais si la ruche est très légère, je pense que les abeilles ont besoin d'avoir une certaine quantité de réserves operculés et je les nourris avec du miel et du sirop.

Un plateau inférieur solide peut être converti en nourrisseur. Cela me paraît sensé parce que le nourrissement ne représente pas mon plan de gestion normal, l'action de laisser aux abeilles du miel l'est. Pourquoi acheter des nourrisseurs pour toutes vos ruches si le nourrissement n'est pas une pratique normale ? Il ne s'agit pas du meilleur nourrisseur, mais du moins coûteux (généralement gratuit). Lorsque j'ai besoin de nourrir, je n'ai plus à acheter un nourrisseur pour chaque ruche. Elles tiennent environ tout autant qu'un nourrisseur cadre.

Par ici, les plateaux de sucre sont populaires, mais l'utilisation du sucre sec par-dessus la ruche est plus simple puisque vous n'avez à fabriquer ni le plateau, ni le sucre. Vous utilisez vos boîtes standards et du sucre. J'ai aussi été appelé à vaporiser du sirop dans des rayons bâtis pour obtenir une ruche légère.

Isolation

Quelquefois, j'isole la partie supérieure et d'autres fois je ne le fais pas. J'ai renoncé à isoler quoi que ce soit d'autre. Je pense que c'est une bonne idée d'isoler le toit, mais je ne le fais pas toujours. Comme j'utilise un simple couvercle avec une entrée supérieure, lorsque j'isole, il s'agit simplement d'une pièce de polystyrène par-dessus le toit avec une brique posée sur le tout. Cela réduira la condensation sur le couvercle, à l'instar de l'entrée supérieure. N'importe quelle épaisseur du polystyrène fera l'affaire. Le principal problème est la condensation sur le couvercle. Lorsque j'ai essayé d'isoler la ruche intégralement, l'humidité entre l'isolation et la ruche est devenu un problème.

Entrées supérieures

Je pense qu'il est essential de réduire la condensation sous mon climat. Cela n'était pas nécessaire pour lorsque j'étais dans l'ouest du Nebraska où le climat est beaucoup plus sec. Point n'est nécessaire d'avoir une grande entrée supérieure, une petite fera très bien l'affaire. L'encoche faite sur les couvercles internes à encoches est très bien. Cela fournit aussi aux abeilles un moyen de sortir pour les vols de propreté lors des journées enneigées chaudes lorsque l'entrée inférieure (que je n'ai pas) est bloqué par la neige. Je n'ai que des entrées supérieures, pas d'entrées inférieures.

L'emplacement de la grappe

Par ici, la grappe est habituellement placée dans la partie supérieure de la ruche, entrant et sortant en hiver, avec ou sans entrée supérieure. Parfois ça ne l'est pas, mais il semble que ce soit la norme, malgré ce que tous les livres semblent dire. Je laisse les abeilles où elles sont et je n'essaie pas de les faire aller où je pense qu'elles devraient être. Généralement, elles passent tout l'hiver au même endroit. Cependant, je les déplacerais d'une extrémité à l'autre dans une ruche horizontale pour qu'elles ne meurent pas de faim lorsque les réserves se trouvent à une extrémité opposée.

Quelle force ?

Cette question revient très souvent. Je combine généralement les ruches faibles et je perds rarement une ruche durant l'hiver. Néanmoins, depuis que j'ai commencé à essayer de faire hiverner des ruchettes, j'ai réalisé à quel point une petite ruche se développe si elle arrive à passer l'hiver. Donc, je fais passer l'hiver à beaucoup plus de plus petites grappes. Aussi, si vous avez des reines locales, au lieu de reines du sud, elles font mieux, aussi bien que les abeilles sombres passent mieux l'hiver dans des petites grappes que les abeilles moins colorées. Alors, tandis que je n'ai jamais vu une grappe de la taille d'une balle de softball d'un paquet d'italiennes du sud passer l'hiver, j'ai vu cette taille d'un stock de survivants sauvages, carnioliennes et même d'abeilles italiennes élevées dans le nord le faire. Cela se passe généralement en hiver lors d'une journée froide (grappe serrée). Il y a une certaine attrition pendant en automne, et si elles sont de cette taille en septembre, qu'il n'y a pas de miellée et qu'elles n'élèvent pas de couvain, elles ne le feront probablement pas. Pour une forte ruche italienne passant l'hiver, la grappe serait de la taille d'un ballon de basket ou plus, alors que les carnioliennes ou les Buckfast sont généralement plus de la taille d'un ballon de football ou plus petites, et les survivantes sauvages tendent à être encore plus petites.

Réducteurs d'entrée

J'aime en avoir sur toutes les ruches. Sur les ruches fortes, ils créent un bouchon en cas d'une frénésie de pillage qui ralentiraient les choses, et sur une ruche faible, ils créent un plus petit espace à garder. Sur toutes les ruches, ils créent moins de brouillon qu'une large entrée ouverte. En fait, lorsque j'oublie d'ouvrir les réducteurs au printemps, même les ruches fortes avec des bouchons à cause des réducteurs semblent mieux faire que celles qui sont largement ouvertes. J'essaie de me rappeler de les ouvrir sur les ruches fortes pour la miellée principale.

Pollen

J'ai au cours des dernières années, commencé à nourrir au pollen à l'automne durant une disette, alors les abeilles ont des réserves de pollen pour passer l'hiver et ainsi elles ont une tournée supplémentaire de couvain avant que l'hiver s'installe. Il n'y a aucun intérêt à faire ceci alors que le vrai pollen est à venir. Je les nourris au vrai pollen quand j'en ai assez. Quelquefois, je mélange à moitié avec du succédané ou de la farine de soja lorsque je suis désespéré et que je n'en ai pas assez. Je n'ai jamais fait un mélange avec moins de 50% de vrai pollen. Vous pouvez récolter le pollen vous-même ou l'acheter chez un fournisseur comme Brushy Mt. Je mets le pollen à l'air libre. Je le place sur un plateau grillagé sur un plateau solide dans une ruche vide. Je fais cela en septembre généralement.

Coupe-vent

Certaines personnes utilisent des ballots de paille en guise de coupe-vent. Je déteste les souris, et les ballots de paille semblent être des nids de souris en devenir, alors je ne les utilise pas. Mais si vous trouvez un moyen de les contenir, peut être que cela pourrait fonctionner. Je suppose que quelqu'un pourrait utiliser un crib à maïs ou une barrière à neige en guise de coupe-vent aussi bien que n'importe quel genre de clôture. Mel Disselkoen utilises un anneau en feuille métallique autour des quatre ruches pour leur faire un coupe-vent. Cela me semble être une bonne configuration mais nécessite l'achat de la feuille métallique et son stockage durant le reste de l'année et son installation une fois l'automne revenue.

Boîtes à huit cadres

Je trouve que les boîtes hivernent mieux que les boîtes à dix cadres. La largeur est plus de la taille d'un arbre et la taille d'une grappe, alors il y a moins de nourriture délaissées. Cela ne signifie pas que vous ne pouvez pas faire hiverner vos abeilles dans des boîtes à dix cadres, simplement qu'elles semblent être légèrement mieux dans des boîtes à huit cadres.

Boîtes moyennes

J'estime que les boîtes moyennes hivernent mieux que les profondes puisqu'il y a une meilleur communication entre les cadres à cause du vide entre les boîtes. Si vous représentez ce qu'il y a à l'intérieur d'une ruche lorsque les abeilles se regroupent en hiver, il y a des rayons constituant des murs entre des parties de la grappe. Avec une soudaine vague de froid, un groupe d'abeilles se fait souvent piégé de l'autre côté d'un cadre profond lorsque la grappe se resserre car elles ne peuvent pas atteindre la partie supérieure ou la partie inférieure et plus, où dans la boîte moyenne la grappe s'étend dans l'écart entre les boîtes, assurant la communication entre les cadres partout dans la ruche. De nouveau, il ne s'agit pas ici de dire que vous ne pouvez pas faire hiberner les abeilles dans des cadres profonds, mais seulement elles un peu plus à leur aise dans des boîtes moyennes.

Cadres étroits

J'estime que les abeilles hivernent mieux dans des cadres étroits (32 mm au centre au lieu de la norme 35 mm au centre ou un arrangement de neuf cadres dans une boîte de dix cadres qui est environ à 38 mm au centre) parce qu'il faut moins d'abeilles à la fin de l'hiver pour couvrir et garder le couvain chaud mieux qu'avec des écarts plus grands. De nouveau, il ne s'agit pas de dire ici que vous ne pouvez pas faire hiverner vos abeilles dans des cadres de 35 mm, seulement qu'elles semblent un peu plus à leur aise. Elles bâtissent plus tôt, ont moins de couvain refroidi et moins de couvain calcifié sur les cadres étroits.

Ruchettes hivernantes

J'ai essayé de faire hiverner des ruches chaque hiver depuis 2004. Je ne peux pas prétendre être bon à cette activité, mais lorsque je réussis à le faire, ces ruchettes deviennent mes meilleures ruches l'année suivante. J'ai procédé à de nombreuses tentatives de l'emballage au resserrage, en passant par le chauffage, le nourrissement au sirop etc. J'en suis arrivé aux conclusions qui suivent. D'abord, l'emballage rend juste les ruches humides, le nourrissement au sirop tout l'hiver aussi. L'isolation de la partie supérieure et de la partie inférieure et le resserrage étaient utiles. Un appareil de chauffage s'il n'est pas trop chaud, placé au milieu de cet arrangement a été utile, sauf que chaque année, quelqu'un débranche l'appareil pendant la période la plus froide alors ce n'est pas réellement d'une grande utilité. Mes ruchettes sont un peu en retard par rapport à la plupart puisque les miennes sont une association de ruchettes plutôt que de divisions issues de mes ruches fortes ou le remplacement de la reine et des divisions issues de mes ruches faibles. J'en ai conclu qu'une erreur que je fais est que j'ai besoin de les combiner assez tôt pour permettre aux abeilles de se réorganiser comme leur propre colonie avant que le temps froid ne s'installe, ce qui signifie environ à la fin du mois de juillet ou début Août. Cela permet aussi aux abeilles de s'organiser à leur façon et d'avoir quelques réserves stockées. Mais en supposant que vous fassiez des divisions de vos ruches faibles et que vous remplaciez la reine, le même raisonnement demeure vrai. Vous souhaitez que les abeilles aient le temps de s'organiser comme une colonie. J'apprécie de plus en plus le sucre sur la ruche, puisque le nourrissement au sirop de sucre provoque l'humidité. Mais si vous nourrissez en avance, cela n'est pas vraiment problématique. Plutôt que de passer beaucoup de temps à fabriquer un équipement spécial pour l'hivernage des ruches, je pense qu'il est beaucoup plus pratique de chercher à comprendre comment faire passer l'hiver aux abeilles dans un équipement standard. Certes, cela semble plus logique lorsque votre boîte type est de la taille d'une ruchette profonde de cinq cadres (mes boîtes moyennes de huit cadres font exactement ce volume), mais je déteste avoir beaucoup d'instruments spécialisés alors que je peux avoir un équipement multitâche. Mes plateaux nourrisseurs fonctionnent bien pour l'hivernage des ruchettes puisque je peux empiler les ruchettes et voir si les abeilles doivent être nourries, et nourrir chacune des ruchettes sans les désempiler.

Stockage de reines

J'ai essayé de faire hiverner une banque de reines. Ça n'a pas été réellement un grand succès mais ce sont des choses qui peuvent aider. Vous devez garder la banque assez au chaud pour empêcher les abeilles de former une grappe ou alors elles se resserreront à tel point qu'un grand nombre des reines vont mourir. Le meilleur procédé que j'ai trouvé a été de placer un chauffage pour terrarium sous la banque. Vous devez aussi repeupler la ruche une fois la moitié de l'hiver écoulée. Cela signifie que soit vous sacrifiez une de vos ruchettes, soit vous volez quelques abeilles à une ruche réellement forte. Si vous retirez un cadre qui est entièrement recouvert d'abeilles, mais pas trop proche du centre, vous aurez une plus grande chance qu'il n'y ait pas la reine et ensuite, vous ajoutez ce cadre à la banque de reines. Si vous réussissez à faire hiverner la moitié de vos reines, je pense qu'il s'agit là d'une belle réussite. En cas de cette réussite, vous obtenez une bonne quantité de reines l'été venu pour les ruches orphelines, les divisions et la vente au moment où la demande est forte.

Hivernage intérieur

Je n'ai rien essayé d'autre que la ruche d'observation que je fais hiverner. J'ai correspondu avec un grand nombre de personnes qui ont essayé et c'est beaucoup ardu qu'on pourrait le penser. Les abeilles ont besoin d'un vol de propreté, en conséquence elles doivent être libres de voler. Elles ont besoin d'une température autour de -1 à 4°C (30 à 40°F) pour être inactives afin qu'elles ne consomment pas toutes les réserves et cessent leurs activités (les abeilles inactives vivent plus longtemps que les abeilles actives). La ventilation et le fait de garder les abeilles assez au frais semblent être de plus grands problèmes que de les garder au chaud.

Hivernage des ruches d'observation

J'ai fait hiverner des ruches d'observation de nombreuses fois. Les précautions à prendre sont les suivantes: vous assurer que les abeilles sont assez fortes pour hiverner, avoir un moyen de les nourrir au sirop, avoir un moyen de les nourrir au pollen. Ne les suralimentez pas avec le pollen. Assurez-vous que les abeilles soient libres de voler (vérifiez le tube pour vous assurer qu'il n'est pas obstrué par des abeilles mortes et du pollen). Non, elles ne s'échapperont pas et mourront parce qu'elles sont au chaud et confuses au sujet de la météo extérieure. Certaines le pourront quoiqu'il arrive, mais cela est tout simplement normal. Elles sont tout à fait conscientes de la température extérieure. Si elles deviennent trop faibles au printemps, vous pourrez les booster avec quelques abeilles. Une poignée ou deux d'abeilles dans une boîte vide connectée au tube aura généralement pour résultat que ces abeilles se déplaceront dans la ruche sans que vous ayez à la sortir et à l'ouvrir.

Gestion au printemps

Lié au climat

Après l'hivernage, il semble que ce soit le prochain plus grand sujet de discussion. Et, suivant l'hivernage, il semble que cela soit le plus lié au climat. Je ne peux réellement partager avec certitude que ce que j'ai vraiment expérimenté sous mon climat. La plupart des endroits où j'ai possédé des abeilles sont similaires (hivers froids etc.) mais certains étaient un peu plus froids (Laramie) et d'autres, un peu plus secs (Laramie, Brighton et Mitchell). Mais tout dans la plupart de mes expériences se déroule soit dans le panhandle du Nebraska ou le sud du Nebraska. Alors, gardez cela à l'esprit.

Nourrissement des abeilles

Le printemps est une période très volatile et imprévisible ici. Nous pouvons avoir un climat de vol chaud et ensoleillé et du pollen d'arbres précoce vers la fin du mois de Février, mais quelquefois le temps reste froid jusqu'en Avril. Les arbres fruitiers précoces quelque part entre début et fin avril, mi-avril probablement sont notre première disponibilité réelle de nectar de n'importe quelle taille. La chose qui semble déclencher le bâtissage de printemps est le pollen. Le nourrissement au sirop est incertain au mieux. Si vous nourrissez au sirop en février ou mars (s'il fait assez chaud pour le faire), que les abeilles décident d'élever beaucoup de couvain et que nous avons une forte gelée (des températures au-dessous de zéro ne seraient pas inhabituelles par ici) alors elles pourraient mourir en essayant de garder le couvain chaud. En revanche, si elles ne se mettent pas au travail avant la première miellée de mi-avril, elles ne bâtiront pas assez pour faire une bonne récolte. Je voudrais simplement m'assurer qu'elles aient du pollen et des réserves. Le sucre sec peut permettre de faire face à la famine. Si le climat reste assez chaud et que les ruches sont assez légères, j'essaierai le sirop. Je tiendrais encore avec 2:1 ou 5:3 et non 1:1. 1:1 c'est juste trop d'humidité dans la ruche et cela ne se conserve pas bien. Alors ma principale gestion au printemps jusqu'aux premières floraisons, est de m'assurer que les ruches aient du pollen et qu'elles ne mourront pas de faim à cause du manque de miel. Une fois que la miellée précoce débute, il n'y a pas réellement besoin de nourrir, mais si le temps reste pluvieux pendant de longues périodes, cela pourrait payer. Mes plateaux nourrisseurs sont assez faciles à nourrir à la volée comme cela. Placez simplement les bouchons et remplissez avec du sirop même s'il pleut. Il est utile d'avoir un couvercle pour empêcher qu'il pleuve dans le sirop en cas de pluie à verse, mais si ce n'est que du crachin, 2:1 fonctionnera très bien et même si le sirop est arrosé, les abeilles semblent assez intéressées puisqu'il est dilué jusqu'à 1:2 ou plus.

Contrôle de l'essaimage

La précaution suivante à prendre durant le printemps est la prévention de l'essaimage. Evidemment, vous conservez assez de hausses en place afin que les abeilles ne manquent pas d'espace. Mais d'après mon expérience, cela seul ne suffit pas à empêcher l'essaimage. Vous devez d'une certaine manière convaincre les abeilles que la préparation à l'essaimage n'a pas lieu. Si mes abeilles ont un surplus de miel, comme Walt Wright dans le Tennessee, il semble, alors je serais enclin à penser que je fais du checkerboarding / de la gestion du nectar. Mais étant donné que mes abeilles sont pratiquement toujours dans la boîte supérieure et que je n'ai pas de miel operculé pour le checkerboarding, j'essaie simplement de garder le nid à couvain ouvert. En Avril, elles sont généralement trop petites pour essaimer, mais si elles venaient à beaucoup croître, j'ajouterais plus de boîtes. Elles semblent n'essaimer qu'en Avril si la ruche est surpeuplée. Mai est la période pendant laquelle je dois gérer la prévention de l'essaimage dans ma région. L'idéal est d'empêcher les abeilles d'essaimer sans division de manière à avoir assez de main d'œuvre pour la fabrication du miel. Afin d'y arriver, je recommande de garder le nid à couvain. Le checkerboarding est une bonne méthode pour cela, mais comme je le dit, il ne me semble pas réunir les conditions qui se prêtent bien à cela. Donc, si une ruche croît vraiment et gagne en force aux environs de début mai, j'ouvre le nid à couvain. Je le fais avec des cadres vides. Je les place au milieu du nid à couvain et les abeilles y bâtissent rapidement et les remplissent avec du couvain. Ce qui dépendra beaucoup de la force de la ruche. Mais si les nuits ne sont plus froides et que les abeilles peuvent aisément remplir le vide dans lequel j'ai l'intention de placer mes cadres vides en festonnant, alors j'en place un autre. Le maximum, qui devrait n'être fait qu'avec une ruche vraiment forte, est un cadre vide pour chaque autre cadre. Le minimum, autre que rien du tout, est un cadre.

Pour plus d'informations sur la prévention de l'essaimage, consultez le chapitre *Contrôle de l'essaimage*.

Divisions

Si vous souhaitez avoir un très grand nombre d'abeilles et que le miel n'est pas votre préoccupation première, alors procédez à des divisions. Quelquefois, lors des jours chauds en avril, j'essaie de dégager le plateau inférieur pour le nettoyer, tout en recherchant dans la ruche du couvain, des œufs, etc. pour m'assurer que tout est en ordre. En dehors de ça, j'évalue simplement la force et le taux de croissance de la population de la ruche. Jusqu'à ce que vous soyez vraiment bon pour ce qui en est de juger au coup d'œil, je vous recommande de rechercher les cellules d'essaimage. Généralement, vous pouvez incliner une boîte et les trouver suspendues dans le fond des cadres. A la longue, cela vous donnera une idée de la masse critique qu'il faut pour les faire essaimer et vous pouvez mieux juger de la quantité qu'il vous pour intervenir. Si malgré tout vous avez des cellules d'essaimage, vous avez donc déjà manqué l'opportunité d'une grande récolte et vous devez à ce moment, penser à procéder à des divisions.

Ajout de hausses

Bien sûr vous devez ajouter des hausses. Vous ne souhaitez pas faire cela lorsque la ruche est encore faible et que et que le temps est froid, mais une fois que les abeilles bâtissent, vous devez les ajouter. Mon but est de doubler l'espace dans la ruche. Si elles en sont à deux boîtes pleines, alors j'ajoute deux autres boîtes. Si elles en sont à quatre boîtes pleines, alors j'ajoute quatre boîtes. Bien sûr vous pourrez éventuellement, lors d'une année de récolte exceptionnelle, monter si haut que vous ne pourriez ajouter plus, mais c'est un bon moyen de ne pas faire manquer aux abeilles d'espace sans pour autant leur fournir plus d'espace qu'elles ne peuvent gérer.

Ouvrières pondeuses

Cause

Lorsque la ruche se retrouve sans reine, et par conséquence sans couvain pendant plusieurs semaines, quelquefois certaines ouvrières développent la capacité de pondre des œufs. Ceci n'est pas une conséquence de l'absence de reine, mais plutôt du manque de couvain. Mais le manque de couvain est causé par l'absence de reine. Ces œufs pondus sont généralement haploïdes (infertiles avec un demi jeu de chromosomes) et se développeront tous en faux-bourdons.

Symptômes

Les ouvrières pondeuses pondent des œufs dans des cellules d'ouvrières, en plus des cellules de faux-bourdons et généralement en pondent un grand nombre dans chaque cellule. Les œufs d'ouvrières pondeuses sont généralement sur le côté des cellules au lieu du fond sauf dans les cellules de faux-bourdons. Une ruche avec beaucoup de faux-bourdons est symptomatique d'ouvrières pondeuses comme le sont des multiples œufs dans une cellule ou des œufs par-dessus le pollen.

Quelquefois lorsqu'une reine commence à pondre après un temps où elle n'a pas pondu du tout, elle pond un petit nombre d'œufs doubles, mais elle arrête généralement au bout d'un jour ou deux. Les ouvrières pondeuses pondent trois, quatre ou plus par cellule dans presque chaque cellule. La difficulté est que les abeilles pensent qu'elles ont une reine (les ouvrières pondeuses) et n'en accepteront pas une. Les ouvrières pondeuses sont presque impossibles à trouver. J'en ai trouvé une dans une ruchette de deux cadres en observant chaque abeille jusqu'à ce que j'en repère une qui ponde, mais cela ne peut se faire dans une ruche pleine grandeur puisqu'il y aura beaucoup trop d'abeilles et beaucoup trop d'ouvrières pondeuses.

Solutions

Le plus simple, moins de voyages vers le rucher Secouez et oubliez

Pour moi, il n'y a que deux solutions concrètes. Si vous avez un grand nombre de ruches et spécialement si le chemin jusqu'à la ruche de l'ouvrière pondeuse représente un long trajet, la solution la plus simple est de secouer toutes les abeilles devant diverses autres ruches et partagez les cadres entre les autres ruches. Cette méthode est ma préférée pour un rucher éloigné ou une petite ruche. Vous ne perdrez pas votre temps et votre argent à remplacer la reine d'une ruche qui la rejettera de toutes les manières. Il s'agit là de la méthode du minimum de temps sur des interventions avec un résultat prévisible.

Dans le cas où vous souhaitez avoir autant de ruches, vous pouvez placer quelques cadres quelques semaines après avoir secoué et diviser avec du couvain issu de toutes ou de plusieurs de vos ruches. Un cadre de couvain ouvert, de couvain émergent et du pollen de chaque, et vous obtenez une belle division.

Avec plus de succès mais nécessitant plus de voyages vers le rucher Donnez aux abeilles du couvain ouvert

La seule autre méthode donnant réellement des résultats, selon moi, est d'ajouter un cadre de couvain ouvert chaque semaine jusqu'à ce que les abeilles élèvent une nouvelle reine. Généralement au bout du second ou du troisième cadre de couvain ouvert, elles commenceront les cellules royales. Cela est assez simple lorsque la ruche est dans votre cour. Ça l'est moins lorsqu'elle est située dans un rucher 60 km plus loin.

Autres méthodes avec peu de succès ou plus fastidieuses

Personnellement j'utilise une des méthodes ci-dessus, mais si vous souhaitez connaître toutes les méthodes que j'ai essayées, voici les choses que j'ai faites qui ont fonctionné quelquefois. Notez que certaines semblent être et sont des variations du même thème.

1) Si vous avez plusieurs ruches faibles d'ouvrières pondeuses et au moins une ruche forte qui possède une reine. La confusion résultante entre plusieurs ruches se calme généralement en présence d'une ruche possédant une reine.

2) Toute configuration où la ruche possédant une reine est placée de l'autre côté d'un double écran afin que les phéromones du couvain parviennent aux ouvrières pondeuses pendant deux ou trois semaines, fonctionnera pour les supprimer. Ensuite, n'importe quelle méthode d'introduction fera l'affaire pour remplacer la reine.

3) Placez dans la ruche une cellule royale (soit un cadre issu d'une ruche essayant de remplacer la reine ou d'essaimer ; soit un cadre que vous avez obtenu par des techniques d'élevage de reines). Certaines fois, les abeilles laisseront la reine émerger, d'autres fois, elles la détruiront.

4) Placez une reine vierge dans la ruche. Enfumez-la massivement et déposez-y la reine. Quelquefois les abeilles, quelquefois elles la rejetteront.

Plus de détails sur les ouvrières pondeuses

Phéromones du couvain

Ce sont les phéromones issues du couvain ouvert qui jugulent le développement des ouvrières pondeuses, comme le font certaines phéromones de toute manière. Il ne s'agit pas de la phéromone royale comme le suggèrent les anciens ouvrages.

Voir la page 11 de « La sagesse de la ruche » :

> ***« Les phéromones royales ne sont ni nécessaires, ni suffisantes pour l'inhibition des ovaires des ouvrières. Au lieu de cela, elles empêchent fortement les ouvrières d'élever des reines subsidiaires. Il est maintenant clair***

que les phéromones qui provoquent un stimulus immédiat chez les ouvrières et inhibent la ponte des œufs, proviennent principalement du couvain, non de la reine (revue dans Seeling 1985 ; voir aussi Willis, Winston et Slessor 1990). »

Il y a toujours de multiples ouvrières pondeuses, même dans une ruche possédant une reine.

« Les abeilles anarchistes » sont toujours présentes en assez petit nombre pour ne pas causer de problèmes. Elles sont simplement contrôlées par les ouvrières jusqu'à ce qu'il y ait un besoin de faux-bourdons dans la ruche. Le nombre est toujours petit aussi longtemps que le développement des ovaires est supprimé.

Voir la page 9 de « La sagesse de la ruche »

« Toutes les études à cette date, rapportent que beaucoup moins d'1% d'ouvrières possèdent des ovaires suffisamment développées pour pondre des œufs (revue dans Ratnieks 1993 ; voir aussi Visscher 1995a). Par exemple, Ratnieks a disséqué 10634 abeilles ouvrières issues de 21 colonies et a observé que seulement 7 d'entre elles ont modérément développé un œuf (faisant la moitié de la taille d'un œuf complet) et que juste une seule abeille a pleinement développé l'œuf dans son corps. »

Si vous faites le calcul, dans une ruche normale de 100 000 abeilles, florissante, possédant une reine, il y a 70 ouvrières pondeuses. Dans une ruche bourdonneuse, le nombre est plus élevé.

Plus que des abeilles

Une colonie d'abeilles mellifères est plus que des abeilles tout simplement. Il y a une écologie entière, du microscopique au moyennement grand, il y a beaucoup plus que quelques relations symbiotiques bénignes dans l'écologie d'une colonie d'abeilles. Même ces relations bénignes encombrent les organismes pathogènes.

Macro and Microfaune

Par exemple, il y a plus de 32 types d'acariens qui vivent en harmonie avec les abeilles. Lorsque ceux-ci sont autorisés à vivre (au lieu d'être éliminés par des acaricides) il y a des insectes dans la ruche qui les mangent, à l'exemple des pseudoscorpions qui mangent aussi les acariens malveillants.

Un examen des colonies sauvages montre simplement dans l'arène macroscopique que la colonie est pleine de formes de vie aussi diverses que des acariens, des coléoptères, des larves de teignes, des fourmis et des cafards.

Microflore

Il y a plusieurs microflores qui vivent parmi les abeilles et dans la colonie. Cela va des champignons, aux levures en passant par les bactéries. Nombreuses sont nécessaires à la digestion du pollen ou à la maintenance d'un appareil digestif sain en évinçant les agents pathogènes qui autrement, auraient pris le contrôle. Même celles apparemment bénignes et quelquefois même les agents légèrement pathogènes servent souvent un but bénéfique en supplantant les agents mortels.

Un grand nombre de lactobacilles sont nécessaires pour une digestion correcte du pollen et un grand nombre de bifidobactéries et Gluconacetobacter genus sont bénéfiques étant donné qu'ils étouffent la Nosema et d'autres agents pathogènes et contribuent probablement à la digestion également.

Agents pathogènes ?

Même certains organismes apparemment pathogènes tels que l'Aspergillus fumigatus qui cause le couvain pétrifié, supplante les pires agents pathogènes, dans ce cas, la Nosema. Ou l'Ascosphaera apis qui cause le couvain calcifié mais prévient la loque européenne.

Rupture d'équilibre

A quel point bouleversons-nous l'équilibre de ce riche écosystème lorsque nous utilisons des antibactériens tels que le tylan ou la terramycine et des antifongiques tels que le Fumidil ? Les huiles essentielles et les acides organiques ont des effets antibactériens et antifongiques. Alors, nous éliminons beaucoup d'acariens et d'insectes avec les acaricides.

Après avoir totalement rompu l'équilibre de cette société complexe de divers organismes, sans considérer les avantages et contaminer la cire que nous réutilisons et plaçons dans les ruches comme fondation, nous sommes surpris de voir que les abeilles faiblissent. Dans de telles circonstances, je serais surpris de les trouver florissantes

Pour en savoir plus

Essayer de faire des recherches internet avec les phrases suivantes et lisez les résultats :

Microflore des abeilles (10 900 résultats)

Acariens symbiotiques des abeilles (30 résultats)

Bactérie symbiotique des abeilles (25 000 résultats)

Voici quelques-uns des groupes et des races spécifiques sur lesquels vous souhaiteriez peut-être faire de plus amples recherches :

Bifidobacterium animalis

Bifidobacterium asteroides

Bifidobacterium coryneforme

Bifidobacterium cuniculi

Bifidobacterium globosum

Lactobacillus plantarum

Bartonella sp.

Gluconacetobacter sp.

Simonsiella sp.

Mathématique

Tous les nombres relatifs au cycle de vie des abeilles peuvent ne pas sembler pertinents, alors plaçons-les dans un tableau et parlons de leur utilité.

Caste	Jours Eclosion	Operculation	Emergence	
Reine	$3^1/_2$	8 +-1	16 +-1	Ponte 28 +-5
Ouvrière	$3^1/_2$	9 +-1	20 +-1	Butinage 42 +-7
Faux-bourdon	$3^1/_2$	10 +-1	24 +-1	Envol vers le LRM 38 +-5

Si vous trouvez des œufs, mais pas de reine, combien de temps pensez-vous qu'il se soit écoulé depuis la dernière fois qu'il y en ait eu une ? Il y en avait une au moins trois jours auparavant et il est possible qu'il y en ait une au moment où vous observez la ruche. Si vous trouvez simplement des larves écloses et du couvain ouvert mais pas d'œufs, quand y a-t-il eu une reine pour la dernière fois ? Quatre jours auparavant.

Lorsque vous placez une grille à reine entre deux boîtes, que vous revenez quatre jours plus tard et que vous trouvez des œufs dans l'une des boîtes et pas dans l'autre, qu'en déduisez-vous ? Que la reine est dans la boîte contenant les œufs.

Si vous trouvez une cellule royale operculée, combien de temps s'écoule-t-il exactement avant qu'elle n'émerge ? Neufs jours, mais probablement huit.

Si vous trouvez une cellule royale operculée, combien de temps s'écoule-t-il avant que vous ne voyiez les œufs pondus par la nouvelle reine ? 20 à 27 jours.

Si vous tuez ou perdez une reine, combien de temps avant que vous n'ayez de nouveau une reine pondeuse ? 24 à 31 jours car les abeilles commenceront simplement qu'à partir de larves écloses.

Si vous commencez à partir de larves et de greffons, combien de temps avant que n'ayez besoin de transférer les larves dans une ruchette de fécondation ? 10 jours. (Jour 14)

Si vous confinez la reine pour obtenir des larves, combien de temps avant que vous ne commenciez à greffer ? Quatre jours car certaines larves ne seront pas écloses au début pour le jour 3.

Si vous confinez la reine pour obtenir des larves, combien de jours avant que vous n'ayez une reine pondeuse ? 28 à 35 jours.

Si une reine est tuée et que les abeilles en élèvent une nouvelle, quelle quantité de couvain restera-t-il dans la ruche juste avant que la nouvelle reine ne commence à pondre ? Aucun couvain. Il faudra 24 à 31 jours pour que la nouvelle reine (élevée à partir d'une vieille de quatre jours) soit fécondée ; en 21 jours, toutes les ouvrières auront émergé et en 24 jours, tous les faux-bourdons auront émergé.

Si les reines comment à pondre maintenant, combien de temps avant que ce couvain ne commence à butiner pour la fabrication du miel ? Environ 42 jours.

Vous pouvez voir comment le fait de connaître le temps que dure les choses vous aide à dire où elles ont été et à prédire la direction qu'elles prendront.

Quelquefois, vous devez simplement déterminer le meilleur et le pire des cas. Par exemple, une cellule royale non operculée avec une larve à l'intérieur a entre quatre et huit jours d'âge (à partir de l'œuf). Une cellule royale operculée a entre huit et seize jours d'âge. En regardant le bout de la cellule, vous pouvez distinguer une cellule qui vient d'être operculée (doux et blanc) d'une cellule sur le point d'émerger (marron, à texture de papier et souvent nettoyé jusqu'au cocon par les ouvrières). Une douce cellule royale blanche a entre huit et douze jours d'âge. Une cellule royale qui a la texture du papier a entre treize et seize jours d'âge. La reine émergera au seizième jour (quinzième s'il fait chaud dehors). Après vingt-huit jours généralement, elle commencera à pondre.

Si vous n'êtes pas sûr de la présence d'une reine, consultez le chapitre *Commençons par conclure* du premier volume de cet ouvrage.

Les races d'abeilles

Italienne

Apis mellifera ligustica. Ce sont les abeilles les plus populaires d'Amérique du nord. Celles-ci comme toutes les abeilles commerciales, sont douces et de bonnes productrices. Elles utilisent moins de propolis que les abeilles plus sombres. Elles ont généralement des bandes allant du marron au jaune sur leur abdomen. Leur plus grande faiblesse est qu'elles ont tendance à piller et à s'égarer. La plupart de ces abeilles (comme toutes les reines) sont engendrées et élevées dans le sud, mais vous pouvez trouver quelques éleveurs dans le nord.

Starline

Ce sont simplement des hybrides d'italiennes. Deux souches d'italiennes et leur hybridation donne la reine Starline. Elles se multiplient rapidement et sont très productives, mais les reines subséquentes (supercédure, urgence et essaims) sont décevantes. Si vous achetez des Starline chaque année pour remplacer les reines, elles vous fourniront un bon service. Malheureusement je n'en connais plus de disponibles. Elles viennent habituellement de York et avant ça de Dadant.

Cordovan

C'est une sous-catégorie des Italiennes. En théorie vous pouvez avoir une Cordovan dans n'importe quel élevage, puisque techniquement il s'agit simplement d'une couleur, mais celles commerciales que j'ai vues en Amérique du Nord sont des Italiennes. Elles sont légèrement moins douces, légèrement plus enclines au pillage et assez saisissantes à observer. Il n'y a pas de noir sur elles et elles semblent très jaunes à première vue. En observant de près, vous observez qu'à l'endroit où les Italiennes ont normalement des pattes noires et une tête noire, elles ont des pattes et une tête brun-violacé.

Caucasienne

Apis mellifera caucasica. Elles sont d'une couleur allant du brun foncé au gris argenté. Elles fabriquent beaucoup de propolis. Il s'agit d'une propolis plus visqueuse que dure. Elles bâtissent un peu plus lentement que les Italiennes au printemps et une tendance moins prononcée au pillage. En théorie, elles sont moins productives que les Italiennes. Je pense qu'en moyenne, elles sont tout aussi productives que les Italiennes, mais puisqu'elles volent moins, vous obtenez moins que les ruches en plein essor qui ont pillé toutes leurs voisines.

Carniolienne

Apis mellifera carnica. Elles sont d'une couleur allant de brun foncé à noir. Elles volent par temps légèrement plus frais et en théorie sont mieux sous des climats nordiques. Pour certains, elles sont réputées pour être moins productives que les Italiennes, mais je n'ai pas eu cette expérience. Celles que j'ai eues étaient très productives et très économes pendant l'hiver. Elles hivernent en petites grappes et cessent l'élevage de couvain lorsqu'il y a des pénuries.

Midnite

Ce sont en quelque sorte aux Caucasiennes, ce que les Starline sont aux Italiennes. Au début, elles étaient deux lignées de caucasiennes qui étaient utilisées pour faire un croisement F1. Ensuite lorsque les lignées ont été difficiles à entretenir, il y a eu la lignée Carniolienne croisée avec la lignée Caucasienne. Elles ont cette vigueur hybride qui disparaît avec la prochaine génération de reines. York en vendait et avant lui, Dadant. Je ne sais plus où en trouver actuellement.

Russe

Apis mellifera acervorum ou carpatica ou caucasica ou carnica. Certains disent même qu'elles sont croisées avec des Apis ceranae (très incertain). Elles proviennent de la région de Primorsky en Russie. Elles étaient utilisée pour l'élevage d'une résistance aux acariens parce qu'elles avaient déjà survécu aux acariens. Elles sont défensives, mais de manière étrange. Elles ont beaucoup tendance à donner des coups de tête sans nécessairement piquer. Tout premier croisement de n'importe quelle race peut se révéler vicieux et il n'y a pas d'exception. Elles sont des gardiennes vigilantes, mais généralement pas « courantes » (tendance à courir autour des rayons où vous pouvez trouver la reine ou bien travailler avec elles). L'essaimage et la productivité sont un peu plus imprévisibles. Les spécificités ne sont pas bien fixées. La frugalité est semblable à celle des Carnioliennes. Elles ont été amenées aux Etats-Unis par le Département américain de l'agriculture en juin 1997, étudiées sur une île en Louisiane et des tests sur le terrain ont été effectués dans d'autres états en 1999. Elles ont été mises en vente au grand public en 2000.

Buckfast

Il s'agit d'un mélange d'abeilles développées par Frère Adam de l'abbaye de Buckfast. Je les ai eues pendant des années. Elles étaient douces. Elles bâtissaient rapidement au printemps, produisaient d'impressionnantes récoltes et diminuaient en population en automne. Elles sont comme les Italiennes en ce qui concerne le pillage. Elles résistent aux acariens trachéaux. Elles sont plus frugales que les Italiennes, mais pas autant que les Carnioliennes.

Abeilles d'origine allemande ou anglaise

Apis mellifera mellifera. Ce sont des abeilles originaires d'Angleterre ou d'Allemagne. Elles ont certaines caractéristiques similaires à celles des autres abeilles noires. Elles vivent bien sous des climats froids et humides. Elles ont tendance à être « courantes » et quelque peu essaimeuses, mais elles semblent être bien adaptées aux climats nordiques. Certaines de celles qui étaient aux Etats Unis ont été très ingérables du point de vue tempérament, probablement en raison des croisements avec les italiennes.

LUS

Des petites abeilles noires similaires aux carnioliennes ou aux italiennes en ce qui concerne la production et le tempérament, par contre elles résistent aux acariens et ont la capacité d'une ouvrière pondeuse à élever une reine. Cette capacité est dite thélytoque. De nombreuses études ont été faites sur elles par l'USDA dans les années 80 et 90.

Abeilles africanisées (AHB)

J'ai entendu cette race se faire appeler Apis mellifera scutelata mais Scutelata désigne en fait les abeilles africaines issues du Cap. Le docteur Kerr, qui a les a élevées a pensé qu'elles étaient des Adansonii. Les AHB sont un mélange d'abeilles africaines (Scutelata) et italiennes. Elles ont été créées dans une tentative d'augmenter la production d'abeilles. L'USDA les a élevées à Bâton Rouge à partir d'un stock obtenu du Dr Kerr de juillet 1942 jusqu'en 1961. Selon les rapports que j'ai lus, il semble que l'USDA ait expédié ces reines pendant une année, de juillet 1949 à juillet 1961. Les Brésiliennes aussi ont été expérimentées avec elles et la migration de ces abeilles a été suivie dans l'actualité pendant un certain temps. Ce sont des abeilles extrêmement productives et extrêmement défensives. Si vous avez une ruche assez coléreuse et que vous pensez que ce sont des AHB, il vous faudra remplacer la reine. Avoir des abeilles coléreuses dans un endroit où elles peuvent blesser quelqu'un est irresponsable. Vous devriez essayer de remplacer la reine afin que personne, (y compris vous) ne soit blessé.

Déplacer les abeilles

Déplacer des ruches de quelques centimètres

Si vous souhaitez déplacer une ruche de quelques centimètres, enlevez simplement boîte après boîte et placez chaque boîte sur un genre de plateau (supérieure, inférieur etc.) et empilez-les de nouveau sue le nouvel emplacement. Enlever chaque boîte et les empiler de nouveau vous permet de garder vos boîtes dans le bon ordre.

Déplacer des ruches à trois kilomètres

Si vous souhaitez déplacer une ruche sur une distance de 3 km ou plus, vous aurez besoin d'attacher les éléments de la ruche ensemble et de la charger. Etant donné qu'habituellement je le fais moi-même, je donnerai des instructions de ce point de vue.

Je procède lorsque les abeilles s'envolent. D'abord je place mon moyen de transport aussi près de la ruche que possible. Directement par-derrière serait la meilleure position. J'ai une petite remorque que j'utilise souvent mais un pickup ferait tout autant l'affaire. Je place un plateau dans la remorque à l'endroit où je pense que la ruche devrait être. Je place une sangle sous la ruche de manière à pouvoir l'attacher. Vous pouvez acheter de petites sangles dans une quincaillerie mais vous pouvez aussi en trouver dans des commerces vendant du matériel apicole. J'empile les boîtes sur le plateau au fur et à mesure que je les enlève. De cette façon, la ruche est placée en sens inverse de son sens d'origine. Cela rend la reconstitution facile lorsque vous déchargez. Une fois que toutes les boîtes sont chargées, vous devrez clouer les boîtes ensembles d'une façon ou d'une autre. Il y a dans le commerce des agrafes larges de 51 mm que vous pouvez utiliser, ou vous pouvez découper des carrés de contreplaqué (64 mm) et les clouer entre les parties des ruches pour les attacher tous ensemble. Coupez une pièce de grillage à mailles de dimension 3 mm de la même longueur que l'entrée et pliez-la sur 90 degrés. Elle devrait s'ajuster assez étroitement pour empêcher les abeilles de sortir. Laissez l'entrée ouvert jusqu'à ce que vous soyez prêt à partir.

Sanglez solidement la ruche et attachez-la au besoin, ou calez-la avec des boîtes vides afin de maintenir la ruche en place ou de l'empêcher de basculer dans un virage ou lors d'un arrêt brusque.

La prochaine étape consiste à tenir compte de votre situation. Si vous avez d'autres ruches à cet emplacement et que la ruche que vous êtes en train de déplacer peut perdre quelques butineuses sans trop leur faire de mal, fermez juste la ruche et continuez.

Lorsque vous arrivez au nouvel emplacement, s'il fait déjà jour, déchargez simplement la ruche après y avoir placé un plateau. Enlevez les agrafes ou les contreplaqués et empilez les boîtes sur le plateau. Si c'est de nuit, attendez la levée du jour et procédez de même.

Placez une branche devant l'entrée afin que toute abeille sortant de la ruche la remarque. Une jeune pousse verte avec quelques feuilles ferait l'affaire de sorte qu'elles doivent voler au milieu. Cela les pousse à s'arrêter, à observer et à se réorienter. Cela est utile sur n'importe quelle distance de déplacement.

D'autres variations de cette méthode sont un plateau (comme mentionné par Dadant dans L'abeille et la ruche) ou de l'herbe bouchant l'entrée comme mentionné à plusieurs autres endroits.

« Les abeilles qui sont déplacées sur moins d'un mille (environ 2 km) ont tendance à retourner en masses à leur ancien emplacement. Cela peut être atténué en plaçant de l'herbe ou de la paille par-dessus leurs entrées pour les forcer à prendre en compte le changement lorsqu'elles émergent pour la première fois de la ruche sur son nouvel emplacement » — The How-To-Do-It book of Beekeeping, Richard Taylor

La règle de « 2 pieds ou 2 milles »

Il s'agit d'un sujet apparemment plein de controverses. Selon un vieil adage, vous ne pouvez déplacer une ruche que de 2 mètres ou de deux kilomètres. J'ai souvent besoin de les déplacer de plus ou moins 91 m. Je n'ai jamais constaté que c'était un problème. Je déplace mes ruches aussi rarement que possible parce qu'à chaque fois que je le fais, même sur une distance de quelques centimètres, cela perturbe la ruche toute la journée. Mais si le besoin se présente, je les déplace. Je n'ai pas inventé tous les concepts ici, mais j'en ai adapté certains à mes besoins. Voici ma technique.

Je pense que beaucoup de détails qui me semblent intuitivement évidents peuvent ne pas l'être pour un débutant. Alors voici une description de la manière dont généralement je déplace seul mes ruches, en supposant que la ruche est trop lourde pour que je puisse la bouger en une pièce ou que je n'aie pas l'aide nécessaire pour la bouger. Mais cela fonctionne si bien que je ne pense même pas à recourir à d'autres méthodes. Dans le cas où vous avez de l'aide pour le soulèvement, vous pouvez bloquer l'entrée, déplacer la ruche de nuit en une fois et placer une branche devant. Je sais que chaque fois que je parle d'une quelconque version de cette méthode, quelqu'un cite la règle du « 2 pieds ou 2 milles » dit que vous ne pouvez pas le faire et que vous ne pouvez déplacer vos ruches que de deux pieds (61 cm) ou vous perdrez toutes vos abeilles. J'ai pratiqué cette méthode de nombreuses fois sans perte notable de l'effectif et sans grappes d'abeilles à l'ancien emplacement lors de la seconde nuit.

Déplacer vous-même les ruches de 91 mètres ou moins.

Concepts

Réorientation

Lorsque les abeilles sortent de la ruche, normalement, elles ne prêtent pas attention à l'endroit où elles sont. Elles connaissent l'endroit où elles vivent et ne le regardent même plus en sortant. Lorsqu'elles rentrent à la ruche, elles recherchent des repères familiers et les suivent. Lorsqu'elles quittent pour la première fois la ruche, elles s'orientent comme une jeune abeille, mais seulement certaines conditions les poussent à se réorienter après ça. L'une de ces conditions est le confinement. Tout confinement les amène à se réorienter. Un confinement de 72 heures entraîne une réorientation maximale. Sur une durée plus longue que cela, il est difficile de dire une différence. Un blocage de la sortie entraîne la réorientation. Les gens entravent quelquefois l'entrée avec de l'herbe. Elle associe l'action d'enlèvement, qui déclenche la réorientation, à un certain confinement, qui cause une certaine réorientation. Une obstruction évidente qui les pousse à s'écarter de leur sortie normale, provoquera la réorientation. Une branche ou un plateau devant l'entrée autour duquel elles sont obligées de voler, les poussera à prêter attention à l'endroit où elles se trouvent. Certaines personnes vieux-jeu voudraient simplement bien cogner sur la ruche pour indiquer aux abeilles que quelque chose se passe et qu'elles doivent y prêter attention.

Pilotage automatique

Lorsqu'une abeille retourne à sa ruche, elle tend à être en « pilotage automatique ». C'est comme vous faisant le trajet entre votre lieu de travail et votre domicile. Vous ne pensez plus aux virages, vous ne faites que les aborder. Si les abeilles ne se réorientent pas, elles verront les anciens points de repères, retourneront à l'emplacement de l'ancienne ruche et n'auront aucune idée d'un endroit où aller. Lorsqu'elles sont réorientées, elles voleront encore vers l'ancien emplacement, mais lorsqu'elles verront que la ruche n'est plus là, elles repenseront à leur point de départ et se rappelleront.

Trouver la nouvelle ruche

En supposant qu'elles n'aient pas été réorientées et qu'elles doivent retrouver l'endroit où la nouvelle ruche se trouve, elles font alors des spirales de tailles croissantes jusqu'à ce qu'elles sentent la ruche. Il y a de fortes chances qu'elles rentrent dans la première ruche à leur portée. Le temps qu'il leur faut pour trouver le nouvel emplacement est exponentiel à la distance. En d'autres termes, s'il est deux fois plus éloigné, il leur faudra quatre fois plus de temps pour le retrouver.

Climat

Gardez à l'esprit que le froid peut compliquer les choses de manière bizarrement contradictoire. D'une part si elles ont été confinées pendant 72 heures et que vous les déplacez, elles auront plus tendance à se réorienter. D'autre part, si elles retournent vers l'ancien emplacement, elles doivent retrouver la ruche de nouveau avant qu'elles n'attrapent trop froid ou alors elles mourront.

Laisser une boîte

Laisser une boîte à l'ancien emplacement est une autre chose compliquée. Dans le cas où vous en laissez une, elles y retourneront toutes et y resteront simplement. Si vous ne laissez rien, elles se mettront à la recherche du nouvel emplacement, mais certaines resteront attachées à l'ancien emplacement. Si vous attendez jusqu'à juste avant la tombée de la nuit pour mettre la boîte, vous les motiverez à trouver le nouvel emplacement tout en leur laissant un endroit où aller. Vous pouvez déplacer la boîte vers le nouvel emplacement, et par temps chaud, placez-la simplement à côté de la ruche. Par temps froid, vous pourriez avoir besoin de placer cette boîte par-dessus la ruche, mais ceci n'est pas une chose plaisante à faire dans le noir.

Matériel :

Un second plateau. Si vous n'en avez pas, une planche assez grande sur laquelle peuvent tenir les ruches, fera l'affaire.

Un troisième plateau.

Une couverture est utile, mais pas nécessaire. Si vous n'en avez pas une, une planche assez grande sur laquelle peuvent tenir les ruches, fera l'affaire.

Un second couvercle. Si vous n'en avez pas, une planche assez grande pour recouvrir la partie supérieure de la ruche, fera l'affaire.

Un enfumoir

Un enfumoir

Une voile

Des gants (optionnels mais pratiques)

Une combinaison (optionnelle mais pratique)

Une branche bien posée qui interrompra le vol des abeilles quittant la ruche.

Méthode

Adaptez-la à votre niveau de confort. Pour rappel, nous ne manipulerons pas de cadres alors les gants ne sont pas un grand désavantage.

Généralement, je souffle une bouffée de fumée dans l'entrée, j'enlève le couvercle et enfume l'intérieur du couvre-cadres (à moins que vous n'ayez pas de couvre-cadres).

Ensuite je souffle quatre ou cinq grandes bouffées de fumée dans l'entrée et j'attends une minute. Je souffle encore quatre ou cinq bouffées et j'attends une minute de plus. Je procède de la sorte jusqu'à ce que je voie de la fumée s'échapper de la partie supérieure de la ruche. Cela représente une plus grande quantité de fumée que ce que j'utilise habituellement, mais la ruche doit être réarrangée deux fois et j'ai besoin que tout soit calme tout au long de l'opération. Si les abeilles s'irritent ou si vous déplacez une ruche particulièrement grande et forte et que cela prend du temps, n'hésitez pas enfumer un peu plus de temps en temps.

Patientez environ trois minutes avant l'ouverture de la ruche.

Placez un second plateau à proximité de la ruche. Ôtez la boîte supérieure, le couvercle et tout le reste et placez-les sur le plateau. Retirez le couvercle et déplacez chaque boîte jusqu'à la dernière de l'ancien vers le nouvel emplacement. Vous n'avez pas besoin de rempiler la dernière boîte parce que vous la déplacez en première position. Vous devez alors inverser l'ordre des boîtes de manière à les placer dans l'ordre correct une fois le nouvel emplacement atteint.

Placez le second couvercle sur l'empilement de boîtes pour garder les abeilles calmes et l'autre couvercle sur la dernière boîte de couvain afin que les abeilles ne vous sautent pas à la figure. Portez cette dernière boîte de couvain, avec le couvercle et le plateau au nouvel emplacement.

Placez la branche devant l'entrée de manière à ce que les abeilles soient obligées de voler à travers celle-ci. La branche ne doit pas nécessairement être trop épaisse au point que les abeilles aient des difficultés à s'y déplacer. Elle doit l'être juste assez pour qu'elles la remarque en sortant de la ruche. Cela amène les abeilles à se réorienter lorsqu'elles quittent la ruche. Si vous les observez, vous allez les voir commencer à faire des petits cercles autour de la ruche, puis des cercles de plus en plus grands jusqu'à ce qu'elles aient la ruche dans la carte mentale de leur monde. Puisque vous avez déplacé la ruche et que le nouvel emplacement se trouve dans les limites de leur monde connu, elles se réorientent assez rapidement.

Ôtez le couvercle, si vous souhaitez utiliser une couverture, placez-la sur la boîte à couvain. Cela aidera les abeilles à se calmer, mais vous devrez ensuite l'enlever alors que vous avez aussi une boîte une boîte dans les mains lorsque vous revenez. C'est pourquoi je préfère un tissu au lieu de la couverture. Rapportez le couvercle à l'ancien emplacement. Prenez la boîte supérieure, enlevez son couvercle et placez-le sur le troisième plateau. Placez le couvercle que vous avez rapporté sur la pile de boîtes. Une fois de plus, il doit toujours y avoir un couvercle sur la pile de boîtes et un autre couvercle sur la boîte que vous déplacez. Cela aide à calmer les abeilles. Vous devez penser que le fond de la boîte est exposé lorsque vous la transportez. Oui, mais les abeilles ne se déplacent pas vers le bas lorsqu'elles sont bousculées, elles se déplacent vers le haut. Ce n'est pas pour autant que je porterais une culotte courte lors du déplacement des boîtes.

Portez la seconde boîte sur le nouvel emplacement et attrapez le tissu (si vous en utilisez un) avec un doigt pendant que vous tenez encore la boîte, enlevez le tissu et posez la boîte. Enlevez le couvercle et remplacez-le avec le tissu.

Retournez à l'ancien emplacement avec le couvercle et répétez l'opération jusqu'à ce que vous ayez transporté toutes les boîtes au nouvel emplacement.

Veillez à ne rien laisser à l'ancien emplacement qui rappelle la ruche. A la tombée de la nuit, un peu avant que l'obscurité ne s'installe, amenez la dernière boîte à l'ancien emplacement avec son propre couvercle et son plateau.

Après la tombée de la nuit, bloquez l'entrée, ou retirez le bâton et portez la boîte au nouvel emplacement avec son plateau en place. Placez-la juste à côté la ruche avec les branches devant son entrée. Ouvrez l'entrée ou remplacez le bâton. *N'essayez pas de placez cette dernière boîte sur la ruche dans le noir à moins qu'il ne fasse froid* ! Si vous n'avez jamais ouvert une ruche dans le noir, considérez-vous comme sage ou chanceux et ne le faites pas. Les abeilles sont *très* défensives une fois la nuit tombée. Elles vous attaqueront, s'agrifferont et ramperont sur vous à la recherche d'une manière de vous piquer.

Le matin suivant, vous pouvez placer la dernière boîte sur la ruche. Enlevez tout équipement restant de l'ancien site afin que les abeilles ne s'y regroupent pas.

Certaines butineuses retourneront à l'ancien emplacement. Si elles sont réorientées et si elles font attention, elles se rappelleront alors de l'endroit où se trouve la ruche et y retourneront. Dans le cas contraire, elles feront des cercles jusqu'à ce qu'elles trouvent le nouvel emplacement de la ruche. Après cela, elles n'auront plus aucun problème de repérage.

Vous pouvez vérifier dans la soirée juste avant la tombée de la nuit si les abeilles n'ont pas formé de grappes à l'ancien emplacement. Si cela s'est produit, vous les déplacerez une fois la nuit tombée. Mais je n'ai jamais eu de grappes à cet endroit le jour suivant et rarement, je n'en ai eu aucun.

Traitements inefficaces contre le varroa

Beaucoup d'entre vous utilise des traitements, malgré tout, la diminution du nombre d'acariens n'est pas significative et vous supposez que vous n'éliminez pas les acariens. Alors voyons juste quelques nombres.

Indépendamment de *la nature* du traitement, voici simplement une idée approximative de ce qui se passe. Ce sont des chiffres ronds et probablement sous-évalués en ce qui concerne la reproduction des acariens et surévalués pour ce qui est du nombre entretenu par les abeilles.

Dans l'hypothèse de traiter chaque semaine et d'un traitement efficace à 100% sur les acariens phorétiques. Si vous supposez que la moitié des varroas se trouvent dans les cellules et que vous avez une population totale de 32 000 ; et si nous supposons que la moitié des acariens phorétiques retournera dans les cellules et qu'en une semaine, la moitié des acariens présents dans les cellules aura une progéniture et émergera, alors les nombres ressembleront à ceci :

100%						
Semaine	Phorétiques	Operculées	Eliminés	Reproduits	Emergés	Retournés
1	16000	16000	16000	8000	16000*	8000
2	8000	16000	8000	8000	16000	8000
3	8000	16000	8000	8000	16000	8000
4	8000	16000	8000	8000	16000	8000

* la moitié des 16000 plus 8000 descendants

Operculés signifie cellules operculées. Retournés fait référence au nombre d'acariens qui sont retournés dans les cellules et ont été operculés.

Maintenant, dans l'hypothèse de traiter chaque semaine et d'une efficacité de 50% sur les acariens phorétiques avec toutes les autres hypothèses :

50%						
Semaine	Phorétiques	Operculées	Eliminés	Reproduits	Emergés	Retournés
1	16000	16000	8000	8000	16000	12000
2	12000	20000	6000	10000	20000	13000
3	13000	23000	6500	11500	23000	14750
4	14750	26250	7375	13125	26250	16813

Maintenant dans l'hypothèse de traiter chaque semaine et d'une efficacité de 50% sans couvain dans la ruche :

50%	Pas de couvain					
Semaine	Phorétiques	Operculées	Eliminés	Reproduits	Emergés	Retournés
1	32000	N/A	16000	N/A	N/A	N/A
2	16000	N/A	8000	N/A	N/A	N/A
3	8000	N/A	4000	N/A	N/A	N/A
4	4000	N/A	2000	N/A	N/A	N/A

Ensuite bien sûr il y a une efficacité de 100% sans couvain :

100%	Pas de couvain					
Semaine	Phorétiques	Operculées	Eliminés	Reproduits	Emergés	Retournés
1	32000	N/A	32000	N/A	N/A	N/A
2	N/A	N/A	N/A	N/A	N/A	N/A
3	N/A	N/A	N/A	N/A	N/A	N/A
4	N/A	N/A	N/A	N/A	N/A	N/A

Et les résultats sans traitement ressembleraient à ça :

0%						
Semaine	Phorétiques	Operculées	Eliminés	Reproduits	Emergés	Retournés
1	16000	16000	N/A	8000	16000	16000
2	16000	24000	N/A	12000	24000	20000
3	20000	32000	N/A	16000	32000	26000
4	26000	42000	N/A	21000	42000	34000

Un réel modèle mathématique, bien évidemment, prendrait en compte beaucoup de choses dont la dérive, le pillage, les habitudes hygiéniques (mâchement), l'entretien, le temps de l'année etc. J'espérais simplement traduire l'idée du principe général de ce qui arrive lorsque vous traitez.

Peu de bonnes reines

Un simple élevage de reines pour un amateur

Cette question m'a été posée de nombreuses fois, alors simplifions cela autant que possible tout en maximisant la qualité des reines autant que possible.

Labeur et ressources

La qualité d'une reine est directement liée à la qualité de son nourrissement qui est lié à la main d'œuvre disponible pour nourrir les larves (densité d'abeilles) et de la nourriture disponible.

Qualité des reines de sauveté

Parlons d'abord des reines de sauveté et de leur qualité. Il y a eu beaucoup de spéculations au fil des années sur cette question et après avoir lu les avis de plusieurs éleveurs de reines sur ce sujet, je suis convaincu que la théorie dominante sur les abeilles qui commence des larves trop anciennes n'est pas vraie. Je pense que pour obtenir des reines de qualité issues des cellules de sauveté, il faut simplement s'assurer qu'elles puissent détruire les parois cellulaires et qu'elles aient assez de ressources, en matière de nourriture et de main d'œuvre pour prendre convenablement soin de la reine. Cela signifie une bonne densité (pour la main d'œuvre), des cadres de pollen et de miel (pour les ressources), et du nectar ou du sirop que vous leur fournirez (pour les convaincre qu'elles ont des ressources à épargner).

Alors si vous ajoutez un rayon nouvellement bâti ou de la cire gaufrée non armée ou même des cadres vides au nid à couvain durant une période de l'année, les abeilles s'inquiètent d'élever des reines (à partir du mois après les premières floraisons jusqu'à la fin de la miellée principale), elles bâtissent rapidement ce rayon et y pondent beaucoup d'œufs. Donc, quatre à cinq jours après l'ajout, il devrait y avoir des cadres de larves sur la cire nouvellement bâtie sans cocons pour interférer avec la destruction des parois cellulaires pour bâtir des cellules royales. Si l'on devait faire cela dans une ruche forte et à ce point enlever la reine sur un cadre de couvain et un cadre de miel, et la placer sur le côté dans une ruchette, les abeilles commenceront à bâtir un grand nombre de cellules royales.

Les experts sur les reines de sauveté :

Jay Smith, de Better Queens

> ***« Il a été indiqué par un certain nombre d'apiculteurs (y compris moi-même) qui devraient savoir que les abeilles sont tellement pressées d'élever une reine qu'elles choisissent des larves trop anciennes pour de meilleurs résultats. Une dernière observation a démontré la fausseté de cette affirmation et m'a convaincu que les abeilles font de leur mieux dans les circonstances existantes.***
>
> ***« Les reines inférieures causées par l'utilisation de la méthode de sauveté existent parce que les abeilles ne peuvent pas détruire les cellules dures dans les anciens rayons recouverts de cocons. Le résultat est que les abeilles remplissent les cellules des ouvrières avec du lait des abeilles dans lequel flottent les larves à l'ouverture des cellules, puis elles bâtissent une petite cellule royale pointant vers le bas. Les larves ne peuvent pas consommer le lait des abeilles dans le fond des cellules, de sorte que qu'elles ne sont pas bien nourries. Toutefois, si la colonie est forte en abeilles, si elle est bien nourrie et dispose de nouveaux rayons, les abeilles peuvent élever de meilleures reines. Et notez s'il vous***

plaît— Elles ne feront jamais une bévue pareille étant donné le choix d'anciennes larves. » — Jay Smith

---

Le point de vue de C.C. Miller sur les reines de sauveté

« Si cela était vrai, comme selon la croyance de jadis qui voulait que les abeilles orphelines soient dans une telle hâte d'élever une reine, qu'elles pourraient choisir une larve trop vieille, pour servir cet objectif, alors cela attendrait difficilement, même neuf jours. Une reine est élevée pendant quinze jours à partir du moment où l'œuf est pondu et est nourrie durant sa vie de larve avec le même aliment que celui servant à nourrir les larves d'ouvrières durant les trois premiers jours de leur existence en tant que larve. Alors une larve d'ouvrières vieille de plus de trois jours, ou de plus de six jours comptés à partir du jour de la ponte de l'œuf, serait trop ancienne pour faire une bonne reine. Si maintenant, les abeilles doivent choisir une larve vieille de plus de trois jours, la reine devrait émerger dans moins de neuf jours. Je crois que personne n'a jamais vu ça se produire. La préférence des abeilles ne va pas aux vieilles larves. De fait, les abeilles ne se servent pas de ce mauvais jugement pour sélectionner des larves trop anciennes alors que des larves suffisamment jeunes sont présentes, comme je l'ai prouvé par une expérimentation directe et de nombreuses observations. » — Fifty Years Among the Bees, C.C. Miller

---

Equipement

Ensuite parlons de l'équipement. On peut placer des ruchettes dans des boîtes standards avec des plateaux pleins (ou des planches de partition) mais seulement si vous avez des boîtes supplémentaires ou des planches de partition. L'avantage est que vous développez cela pendant que la ruche s'accroît dans le cas où vous n'utilisez pas de reine. Vous pouvez aussi bâtir deux boîtes de cadres ou diviser des boîtes plus grandes en deux boîtes de cadres (communément vendues comme des châteaux de reines). Elles doivent être de la même profondeur que vos cadres de couvain.

Méthode:

Assurez-vous que les abeilles soient bien nourries

Nourrissez-les pendant quelques jours avant que vous ne commenciez à moins qu'il n'y ait une forte miellée au même moment.

Enlevez la reine

Donc, si vous souhaitez avoir une ruche d'ouvrières (Faites ce que vous souhaitez pour ce qui est d'avoir de nouvelles ruches ou pas) neuf jours la production d'ouvrières, elles seront presque matures, operculées et à trois jours de l'émergence.

Fabriquez des ruchettes

A ce stade, à moins que vous n'ayez l'intention d'utiliser les cellules pour remplacer les reines de vos ruches, vous aurez besoin de fabriquer des ruchettes de fécondation. Les « châteaux de reines » ou les boîtes à quatre voies qui peuvent contenir vos cadres standards de couvain et constituer des ruchettes de fécondation de quatre ou deux cadres dans une boîte, convient bien pour cela, mais les plateaux pleins et les boîtes régulières peuvent fonctionner aussi. Dans mon opération, ce sont des ruchettes de deux cadres de profondeur moyenne. La reine que vous avez enlevée plus tôt va aussi bien dans une de ces ruchettes. Nous voulons maintenant un cadre de couvain et un cadre de miel dans chacune de ces ruchettes de fécondation.

Transférez les cellules royales

Le jour suivant (dix jours après avoir fait la ruche d'ouvrières) découpez avec (avec un couteau bien aiguisé) les cellules royales des nouveaux rayons que vous avez placés. Si vous utilisez de la cire gaufrée non-armée (ou pas de cire gaufrée du tout) elles devraient être faciles à découper sans rencontrer d'obstacles (comme vous le pourrez avec de la cire gaufrée armée et de la cire gaufrée en plastique) et vous pouvez placer chacune des cellules dans une ruchette de fécondation. Vous pouvez simplement appuyer sur une entaille avec votre pouce et introduire doucement la cellule dans l'entaille. Si vous souhaitez, vous pouvez aussi placer simplement chaque cadre qui possède des cellules dans une ruchette de fécondation et sacrifier les cellules supplémentaires (étant donné que la première reine qui émerge les détruira). Cela s'avère utile si vous avez de la cire gaufrée en plastique ou si vous ne souhaitez juste pas vous embarrasser du découpage des cellules.

Vérifiez s'il y a des œufs

Deux semaines plus tard, vous devriez vérifier s'il y a des œufs dans les ruchettes de fécondation. Dans le cas contraire, encore trois semaines plus tard, vous trouverez des œufs. Laissez la reine pondre dans la ruchette avant de la déplacer dans une reine ou encagez-la et conservez-la pour plus tard.

A la prochaine étape, rendez les ruchettes orphelines une fois de plus le jour avant l'ajout des cellules.

Maintenant que ces ruchettes sont bien peuplées par le couvain que la reine a pondu, nous pouvons élever plus de reines en fabriquant simplement une ruchette de fécondation forte et les abeilles élèveront plus de reines. Une fois de plus, c'est la densité des abeilles et l'approvisionnement en nourriture qui posent problème. Vous pouvez aussi, si elles disposent de rayons, découper les cellules et utiliser aussi bien les nombreuses cellules dans d'autres ruchettes de fécondation. Dans ce cas, soit vous mettez en place les ruchettes le jour d'avant, soit vous enlevez la reine le jour d'avant.

Et c'est tout ce qu'il faut pour élever quelques reines.

Tome III Expert

Génétique

La nécessité de la diversité génétique

Dans toutes les espèces ayant une reproduction sexuée, la diversité génétique est essentielle pour la réussite globale et la santé des espèces. Une lacune de cette diversité laisse la population vulnérable à tout nouveau parasite, toute nouvelle maladie ou tout nouveau problème qui se présente. La diversité génétique augmente beaucoup les chances d'avoir les traits nécessaires pour survivre à de tels problèmes. Ce besoin semble en contradiction avec le concept d'élevage sélectif, et dans une certaine mesure, ça l'est. L'élevage sélectif est juste comme son nom l'indique, sélectif. Ce qui signifie que vous n'élevez pas les traits qui ne vous plaisent pas. Bien sûr, cela restreint le pool génétique, d'une manière espérons-le positive, mais encore cela limite la variété puisque vous sélectionnez à partir de moins en moins d'ancêtres. Si vous croyez en l'existence d'un Créateur ou en l'évolution comme origine de la nature, la reproduction sexuée a son but évident, la diversité. La reine s'accouple, pas simplement avec un mais plusieurs faux-bourdons. Les ruches élèvent de nombreux faux-bourdons pour la conservation de leur patrimoine génétique, et même une ruche vouée à mourir à cause d'un manque de reine, élèvera des faux-bourdons pour essayer de préserver le patrimoine génétique. Chaque maladie réduit le pool aux seuls gènes qui peuvent survivre aux parasites. Nous les apiculteurs, limitons encore plus ce pool en sélectionnant une reine et en élevant un millier de reines à partir d'elle, quelque chose qui n'arrive jamais dans la nature. En achetant également des reines à un petit nombre d'éleveurs, qui pratiquent ce procédé et qui se partagent les stocks, nous réduisons encore plus le pool. Plus nous réduisons le patrimoine génétique, moins il est probable que les gènes restants soient assez suffisantes pour survivre à la prochaine attaque de maladies et de parasites. Il s'agit d'une perspective effrayante. Et tout ceci faisant fi du contrôle avec la méthode des abeilles de contrôle des genres étant les allèles sexuels qui limitent le succès des abeilles consanguines. Une lignée consanguine d'abeilles a plusieurs œufs (fécondés) de faux-bourdons diploïdes (parce que les allèles sexuels similaires s'alignent) dont le développement ne sera pas permis par les abeilles.

Le maintien du patrimoine génétique par les abeilles sauvages

La profondeur du pool génétique, pendant de nombreuses années, a été maintenue par le grand patrimoine des abeilles sauvages. Ces dernières années cependant, ce patrimoine a diminué de manière significative à cause de l'afflux de maladies et de parasites, sans oublier de mentionner la perte de leur habitat, l'utilisation de pesticides et la peur des abeilles africanisées.

Que pouvons-nous faire ?

Nous ne pouvons pas propager des abeilles possédant un bagage génétique restreint, en attendant d'elles qu'elles survivent, et encore moins qu'elles prospèrent. Alors, que pouvons-nous faire pour promouvoir la diversité génétique tout en continuant à améliorer les races des abeilles que nous élevons ? Nous pouvons changer notre point de vue avec la sélection de la seule meilleure reine comme mère et la sélection des meilleures reines suivantes pour la production de faux-bourdons, au lieu d'éliminer systématiquement toutes celles qui ne correspondent pas aux critères. En d'autres termes, si une reine a de mauvaises caractéristiques dont nous ne voulons pas, telles que des ouvrières au caractère colérique, alors vous les supprimez. Mais si elles possèdent de bonnes caractéristiques, nous n'allons pas essayer de les remplacer avec seulement les gènes de notre meilleure reine, mais plutôt essayer de conserver cette lignée en faisant des divisions, en élevant des reines ou en utilisant des faux-bourdons des autres lignées. N'utilisez pas la même reine pour chaque lot de reines. Ne remplacez pas la reine des colonies sauvages que vous enlevez ou des essaims sauvages que vous capturez.

Si une ruche est agressive, mais possède malgré tout de bonnes caractéristiques, essayez d'élever une fille et voyez si elle perd ce caractère d'agressivité au lieu d'anéantir purement et simplement toute la lignée de la reine. Elevez vos propres abeilles à partir de survivantes locales au lieu de d'acheter des reines. Elevez vos propres abeilles même à partir de reines commerciales, pour cela, elles devront être fécondées par des survivants sauvages. Soutenez les petits éleveurs de reines locaux de manière à ce que plus de stocks génétiques puissent être conservés. Faites plus de divisions et laissez les abeilles élever leurs propres reines au lien d'en acheter. Ainsi, chaque colonie peut perpétuer sa lignée.

Abeilles sauvages

On parle beaucoup des abeilles sauvages qui sont mortes. D'après mes observations, il y a un sérieux changement dans ce que je trouve en attrapant des abeilles sauvages. Avant je trouvais des abeilles ressemblant aux italiennes. Maintenant je trouve plus d'abeilles de couleur noire mélangée à un peu de brun. J'élève ces survivantes pour mon rucher et pour la vente.

Généralement on me demande comment sais-je que ce sont des survivantes sauvages plutôt que des rescapées récentes. D'abord, elles agissent différemment des abeilles domestiques. Simplement des petites choses pour la plupart, mais aussi elles hivernent en petites grappes et sont très frugales. Elles sont très variables pour ce qui est des différentes raisons pour lesquelles elles sont ordinairement élevées, comme la propolis ou le fait d'être courantes. Aussi elles sont généralement plus petites lorsqu'elles sont issues de rayons de taille naturelle.

Les essaims

... sont le meilleur moyen pour obtenir des abeilles sauvages. Cependant beaucoup d'essaims sont et beaucoup d'autres ne sont pas constitués d'abeilles sauvages. Je prends tous les essaims de toute façon, mais si vous êtes à la recherche d'abeilles sauvages survivantes pour élever des reines alors recherchez les abeilles de plus petites tailles. Les essaims composés de petites abeilles sont probablement des essaims d'abeilles sauvages survivantes. Les essaims composés de grandes abeilles sont probablement des essaims venant de la ruche d'un apiculteur. Pour obtenir des essaims, avisez la police locale, les services de sauvetage et l'office agricole. Si vous souhaitez attraper un grand nombre d'essaims, passez une annonce concernant l'enlèvement d'essaims dans les pages jaunes.

Capturer un essaim

Beaucoup d'ouvrages ont été rédigés et chaque situation est à la fois similaire à une autre et unique. Un essaim est un groupe d'abeilles et une reine sans logis. Elles peuvent déjà avoir décidé de l'endroit où elles pensent qu'elles souhaitent aller, ou elles ont toujours des éclaireurs à la recherche du meilleur emplacement. Les essaims se produisent habituellement le matin et ils partent généralement en début d'après-midi, mais les abeilles peuvent se produire l'après-midi et partir quelques minutes ou quelques jours plus tard. Si vous chassez des essaims, vous arriverez souvent trop tard et souvent vous arriverez à temps. Les deux se produiront. Il est mieux d'avoir tous vos instruments avec vous tout le temps. Si vous devez repartir prendre votre équipement, vous arriverez probablement trop tard. Prévoyez une boîte munie d'un fond grillagé. Cela peut être fixé par des clous de petits carrés de contreplaqué à la fois dans la boîte et le fond ou avec de grandes agrafes de 51 mm qui sont vendus par des fournisseurs de matériel apicole servant à déplacer des ruches. Vous avez besoin d'un couvercle. J'ai une préférence pour le couvercle de transhumance à cause de sa simplicité. Moins de parties mobiles. Je préfère aussi avoir un grillage à mailles de dimension 3 mm découpé et plié à 90 degrés pour bloquer la porte (mais pas encore fixé). Une agrafeuse convient pour la fixation du grillage à la porte et également pour la fixation du couvercle à la ruche. Les meilleures sont celles étiquetées comme légères au lieu de celles à forte épaisseur. Les agrafes pénètrent mieux et tiennent mieux en place. Je ne sais pas pourquoi. Les agrafeuses fonctionnant avec des agrafes T50 ne sont pas celles qu'il faut, cependant si vous en avez déjà une, vous pouvez l'utiliser. Les agrafeuses qui fonctionnent avec des agrafes J21 sont plus simples à utiliser. Vous aurez au minimum besoin d'un voile, mais une veste ou une combinaison. Des gants et une brosse sont également utiles. Vous pouvez fabriquer ou acheter une plateforme avec un seau de cinq gallons pour renverser l'essaim. L'idée est que vous ajoutiez des tubes électriques métalliques (TEM) au seau pour faire un manche avec lequel vous frapperez la base de l'essaim pour la faire tomber dans le seau. Ensuite, vous tirez la corde pour placer le couvercle et descendre le dispositif pour reverser les abeilles dans une boîte. La plus grande astuce avec les essaims est d'obtenir la reine. Si vous pouvez atteindre l'essaim pour l'observer, essayez de retrouver la reine. Si vous la voyez et que vous pouvez vous assurer de la mettre dans la boîte, fermez alors la boîte, brossez les abeilles qui restent et laissez le tout. Si vous n'êtes pas sûr, alors laissez-les s'installer. Cela peut aider si la boîte sent l'huile essentielle de citronnelle. Soit vous placez quelques gouttes d'huile essentielle de citronnelle dans la boîte (l'odeur reste plus longtemps), quelques appâts à essaim (coûtent plus cher mais fonctionnent mieux) ou alors vaporisez un peu d'aérosol Pledge à l'huile de citron dans la boîte avant d'y placer l'essaim (ne coûte pas cher, est facile à trouver, mais l'odeur ne dure pas longtemps). Si vous faites attention lorsque vous achetez un paquet ou lorsque vous enruchez un essaim, vous remarquerez que les abeilles sentent de cette manière. Quelquefois vous les abeilles s'installeront dans la boîte. D'autres fois vous n'aurez pas la reine ou alors elle préfère la branche sur laquelle elle s'est posée, et les abeilles commencent toutes à s'accumuler sur la branche une fois de plus. Moi je continue à les secouer jusqu'à ce qu'elles restent. Cela fonctionne d'ordinaire. Selon mes observations, le miel, le couvain etc. ne sont d'aucune aide dans l'enruchage d'un essaim, mais peuvent être utiles une fois que les abeilles ont décidé de s'installer. Elles ne partent pas à la recherche d'un habitat occupé, elles recherchent une maison vide ou abandonnée. Un vieux rayon vide est parfois utile. Un peu de couvain pourrait les aider à se fixer. Il est également utile d'avoir de la phéromone mandibulaire royale (QMP). Vous pouvez choisir de conserver vos vieilles reines dans un pot d'alcool ou acheter du Bee Boost (la dernière fois que j'ai vérifié, il y en avait de disponibles chez Mann Lake).

Portez toujours un équipement de protection. Les essaims, la plupart du temps, ne deviennent pas agressifs, mais peuvent être imprévisibles. Aussi, faites attention aux lignes électriques et aux chutes d'échelles. Cela semble redondant, mais lorsqu'un grand nombre d'abeilles bourdonnent autour de vous, et surtout si l'une d'entre elles entre dans votre bonnet, il est difficile de garder son calme. Mais cela est impératif lorsque vous êtes tout en haut d'une échelle.

Ma méthode favorite actuelle pour capturer un essaim est d'éviter les échelles de toute manière. Prenez assez de boîtes pour obtenir une bonne taille (une profonde et deux moyennes), choisissez de préférence des boîtes qui ont déjà servi, quelques vieux rayons si vous en avez, de la phéromone mandibulaire royale (un quart de tige de Bee Boost ou l'extrémité d'un coton-tige trempé dans du jus de reine) et de l'huile essentielle de citronnelle. Trempez l'autre extrémité du coton-tige dans l'huile essentielle de citronnelle. Jetez-le dans la ruche, remettez le couvercle en place, placez la boîte à proximité de l'essaim et revenez après la tombée de la nuit. Les abeilles se seront probablement déjà déplacées dans la boîte. Agrafez le grillage sur l'entrée et ramenez-les chez vous.

Enlèvement

Parfois appelé « découpe ». Ce n'est pas la manière la plus simple pour avoir des abeilles. Cela est excitant et amusant, mais nécessite quelquefois des compétences en construction et beaucoup de courage. L'idée consiste à enlever toutes les abeilles et tous les rayons de l'arbre, de la maison, de tout endroit où elles vivent. Cela implique le démolissage de sections de murs et quelqu'un pour les réparer ensuite. Cela n'en vaut pas la peine financièrement à moins que vous n'ayez été payé pour les enlever ou alors vous avez beaucoup de temps libre.

Chaque enlèvement est une situation particulière. Quelquefois les abeilles se trouvent dans un vieil bâtiment abandonné et ça ne gêne pas le propriétaire que vous détruisiez les plaques de plâtres ou que vous déchiriez les revêtements. Généralement cela importe et vous ne pouvez pas simplement tout détruire, vous devrez remettre tout en place une fois que vous aurez terminé ou alors vous devrez bien vous entendre avec le propriétaire sur le fait d'engager un charpentier pour faire le travail. Laissons de côté pour le moment les contraintes de construction, si vous arrivez à avoir les rayons, peu importe qu'ils viennent d'un arbre ou d'une maison, vous devez découper le couvain pour l'adapter aux cadres et fixez-les dans les cadres. Cela ne fonctionne pas bien pour le miel, en particulier dans de nouveaux rayons, parce que le miel est trop lourd, alors enlevez le miel. Mettez-le dans un seau de cinq gallons avec un couvercle pour empêcher les abeilles d'essayer de nettoyer le miel renversé. Essayez de placer le couvain dans une ruche vide et continuez à y brosser ou à y secouer les abeilles. Si vous voyez la reine, alors attrapez-la avec une épingle à cheveux ou placez-la dans une cage et mettez-la dans la ruche. Si vous obtenez du couvain et la reine dans une ruche, le reste des abeilles suivra éventuellement. Dans le cas où vous ne voyez pas la reine, alors continuez simplement à placer les abeilles dans la boîte, ainsi qu'à y mettre des rayons de couvain encadrés et le miel du seau jusqu'à ce que tous les rayons soient encadrés. Prenez le seau et si vous le pouvez, partez pour quelques heures et laissez les abeilles retrouver l'endroit où sont la reine et les autres abeilles. Elles s'installeront toutes dans la nouvelle boîte. Une fois la nuit tombée, elles devraient déjà toutes être rentrées. Vous pouvez alors fermer la boîte et la ramener chez vous.

Méthode du cône

Cette méthode est utilisée lorsqu'il est impossible de détruire une ruche pour en extraire des rayons ou lorsqu'il y a un si grand nombre d'abeilles que vous ne souhaitez pas les affronter toutes à la fois. Il s'agit d'une méthode où un cône de grillage est placé par-dessus l'entrée principale de la ruche. Toutes les autres entrées sont bloquées avec du grillage agrafés par-dessus. A l'extrémité du cône placez des fils effilochés de sorte que les abeilles puissent les pousser assez pour sortir (ainsi que les faux-bourdons et les reines) mais ne puissent pas les pousser pour rentrer dans la ruche. Ajustez le cône et cela contribuera quelque peu à empêcher les abeilles de trouver l'entrée. Maintenant placez une ruche qui possède juste un cadre de couvain, quelques cadres de couvain émergent et un peu de miel/pollen, juste à côté de l'autre ruche. Vous aurez besoin de bâtir un présentoir ou quelque chose à placer à proximité de l'endroit où les abeilles butineuses sont agglutinées sur le cône. Quelquefois elles iront dans la boîte avec le rayon à couvain. D'autres fois elles s'accrocheront simplement au cône. Le plus grand problème que j'ai eu est qu'à cause du cône, un plus grand nombre d'abeilles cherche un moyen d'entrer dans la ruche et se retrouvent à tourner en rond dans les airs. Les voisins en viennent à s'impatienter et aspergent alors les abeilles d'insecticide parce qu'ils sont effrayés. Si vous pensez que cela peut se produire, alors *ne placez surtout pas* la boîte contenant le couvain à cet endroit, mais plutôt dans votre rucher, qui se trouve espérons-le à au moins 3 km (2 milles) de là. Ensuite vous aspirerez ou brosserez les abeilles dans une boîte chaque nuit et vous les reverserez dans la boîte contenant le couvain, vous allez finir par dépeupler la ruche. Si vous arrivez à le faire jusqu'à ce qu'il n'y ait plus beaucoup d'abeilles entrant dans la ruche, vous pouvez utiliser un peu de soufre dans un enfumoir pour éliminer les abeilles (la fumée de soufre est fatale mais ne laisse pas de résidu toxique) ou un peu de répulsif à abeilles pour chasser le reste des abeilles de la ruche (de la maison ou de n'importe quel endroit où elles se sont posées). Et si vous utilisez un répulsif, vous pouvez même faire sortir la reine. Si vous y arrivez, attrapez-la avec une pince à reine, placez-la dans une boîte et laissez les abeilles s'installer dans cette boîte. Puisque le cône est encore posé sur l'entrée, elles ne peuvent pas retourner à l'ancienne ruche. Je laisse les choses en état pendant quelques jours, ensuite je place une ruche forte à proximité de l'ancienne ruche. Retirez le cône et mettez un peu de miel sur l'entrée pour attirer les abeilles. Cela est plus efficace durant une pénurie. Le milieu de l'été et la fin de l'automne sont ordinairement des périodes de pénurie. Une fois que les abeilles commencent à voler le miel, elles voleront toute la ruche. Cela est particulièrement important si vous retirez les abeilles d'une maison, de sorte que la cire ne fonde pas, que le miel ne se répande partout ou attire des souris et autres nuisibles. Maintenant, vous pouvez sceller la ruche du mieux que vous pouvez. De la mousse expansive polyuréthane en bombe que vous pouvez acheter en quincaillerie, convient assez pour sceller l'ouverture. La mousse s'incrustera, gonflera et constituera une assez bonne barrière. Joe Waggle a présenté cette option, si vous pouvez bien observer lorsque les abeilles essaiment, mettez en place le cône. Alors la reine vierge partira pour s'accoupler, ne sera pas capable de rentrer et vous pouvez obtenir un essaim avec une reine.

Aspirateur à abeilles

Je commencerais en disant que je n'aime pas les aspirateurs à abeilles. Ces engins tuent beaucoup d'abeilles, rendent la reine difficile à repérer et sont susceptibles de la tuer. Je ne les utilise presque jamais. Ils sont pratiques pour ce qui est de retirer les retardataires d'une colonie, mais je préfère utiliser un vaporisateur d'eau pour empêcher les abeilles de voler et les brosser ou les secouer pour les enlever. Pour moi, un aspirateur à abeilles remplace la finesse et l'habileté. Puisqu'ils sont occasionnellement utiles, parlons-en.

Brushy Mt. Bee Farm en fabriquent, mais vous pouvez modifier un aspirateur d'atelier pas cher pour en fabriquer un. Les problèmes les plus importants sont les suivants :

S'il y a trop d'aspiration, cela tuera un très grand nombre d'abeilles. Si vous convertissez un aspirateur d'atelier, découpez une ouverture dans la partie supérieure ou utilisez une perceuse et percez-y un trou. Vous devrez arranger cela pour que ce soit adapté à la manière dont l'aspirateur est conçu, mais s'il y a de l'espace, vous pourriez simplement percer une ouverture de trois pouces. Sinon, vous pouvez percer et scier pour faire un trou plus grand. L'idée est que vous pourriez prendre une pièce de bois ou de plastique et en faire un volet en plaçant une vis sur un coin pour faire pivoter la pièce afin d'agrandir ou rétrécir l'ouverture. Ce trou est couvert de l'intérieur par du grillage. Collez-le simplement à l'intérieur avec de l'époxy. Maintenant, lorsque vous ajustez le volet de manière à élargir l'ouverture, il y a moins d'aspiration. Lorsque vous l'ajuster pour réduire le trou, il y a plus d'aspiration.

Si les abeilles cognent trop fort le fond de l'aspirateur, elles mourront ou seront blessées. La solution à ce problème est de placer un morceau de mousse de caoutchouc au fond. Ou alors froissez du papier journal et rembourrez le fond avec — ou tout ce qui pourra amortir leur atterrissage de manière à ce qu'elles ne frappent pas le fond dur en plastique.

Les abeilles sont éventrées lorsqu'elles sont frappées par les ondulations du tube. Si vous avez un tuyau d'aspiration doux, les ondulations seront moins fortes. Avec des ondulations plus faibles, vous aurez moins ce problème.

Si vous utilisez l'aspirateur trop longtemps, les abeilles à l'intérieur auront trop chaud, elles régurgiteront leur miel et mourront. Si cela se produit, vous remarquerez qu'elles sont dans un amas gluant. N'utilisez pas votre aspirateur trop longtemps.

Ajustez soigneusement l'aspirateur. Ce que vous souhaitez, c'est simplement enlever les abeilles du rayon, pas plus. Trop de puissance et vous obtiendrez une boîte pleine d'abeilles écrabouillées.

Cet outil peut être utilisé pour l'enlèvement des abeilles. Retirer les abeilles des rayons et pas à l'air libre est très utile. Soyez prudent. J'ai eu beaucoup de chance en utilisant l'aspirateur, mais j'ai aussi tué beaucoup d'abeilles alors que je ne voulais pas le faire.

Transplantation d'abeilles

Déplacer des abeilles d'une « ruche » vers une autre. (Arbres, anciennes ruches ou d'autres habitats d'abeilles)

Les gens souvent ont des abeilles dans une vieille ruche moisie, qui tombe en pièces et avec des rayons tellement entremêlés qu'ils ne peuvent plus les manipuler. Ou alors ils ont une ruche dans un tronc, une ruche (sans cadre), un panier, un morceau d'arbre qui s'est écroulé ou un quelconque équipement désuet qu'ils souhaitent retirer ou encore qu'ils souhaitent déplacer de cadres profonds vers des cadres moyens etc. Si vous voulez que les abeilles abandonnent un habitat qu'elles ont choisi et organisé, voici quelques méthodes que j'ai l'habitude d'utiliser, et quelques variations que je n'utilise pas mais qui pourraient fonctionner.

J'ai appliqué la méthode suivante sur des ruches en boîtes et des ruches en tronc. Vous souhaitez voir les abeilles abandonner leur ancienne habitation sans pour autant sacrifier tout le couvain. Vous souhaitez faire sortir le plus grand nombre d'abeilles ainsi que la reine de l'ancienne ruche pour les mettre dans une boîte qui est connectée à l'ancienne ruche. En d'autres termes, il doit exister une connexion entre les deux.

Une pièce de contreplaqué aussi large que la plus grande dimension dans l'une ou l'autre des deux directions, dans laquelle un trou peut être percé au milieu. En plaçant ce contreplaqué entre le corps de la nouvelle ruche et l'ancienne ruche, vous connectez les deux.

La prochaine décision concerne l'utilisation d'un répulsif, l'enfumage, le tambourinage ou simplement la patience.

Cela peut aider si la nouvelle ruche possède quelques rayons bâtis et, encore mieux, un cadre de couvain.

Si vous souhaitez utiliser des répulsifs alors posez l'ancienne ruche dans la partie supérieure et le nouveau corps de ruche dans la partie inférieure. Gardez sous la main une grille à reine. Utilisez un chiffon imbibé de répulsif que vous placez aussi près que possible du haut de l'ancienne ruche. Cela permettra de repousser les abeilles vers le bas dans le nouveau corps de ruche. Lorsque cette boîte semble assez pleine et que l'ancienne ruche semble presque vide, placez la grille à reine entre les deux. Si vous pouvez aisément le faire, placez l'ancienne ruche de sorte que les rayons soient à l'envers du sens dans lequel ils sont d'ordinaire. De cette façon, les abeilles seront plus tentées d'abandonner cette ancienne ruche car le miel s'échappe des cellules et les rayons ne sont pas dans le bon sens pour le couvain.

Si vous souhaitez enfumer et faire du bruit, alors placez l'ancienne ruche en-dessous de la nouvelle. Enfumez massivement l'ancienne ruche et tapez sur les côtés avec un couteau de poche ou un bâton. Vous ne devez pas battre la ruche comme une grosse caisse, juste des petites tapes. Il est utile d'enfumer massivement. Comme avec l'utilisation de répulsifs, lorsqu'il semble que le plus grand nombre d'abeilles se trouve dans la nouvelle ruche, placez une grille à reine entre les deux ruches. Là, l'orientation des rayons importe peu, mais ce peut être utile qu'ils soient à l'envers. La reine devrait être dans la partie supérieure, les abeilles termineront le couvain dans la partie inférieure et le retravailleront ensuite pour le miel ou l'abandonneront.

Dans le cas où vous décidez d'user de patience, placez simplement la nouvelle ruche sur le dessus et attendez que les abeilles s'y installent. Cela peut ou peut ne pas parfois fonctionner car la reine décide de rester dans le corps de ruche.

Ruches appâts

Les ruches appâts sont des boîtes vides qui sont conçues de manière à attirer les essaims. Ces boîtes ne pousseront pas les abeilles d'une ruche à essaimer, mais elles peuvent constituer un bel habitat pour une ruche sur le point d'essaimer. J'utilise de l'essence de citronnelle et quelquefois de la phéromone royale. Vous pouvez acheter Bee Boost. Il s'agit de petites pièces tubulaires en plastique imprégnées de l'odeur de la phéromone mandibulaire royale. Lorsque je les utilise en guise d'appât, je les découpe en quatre morceaux égaux. J'utilise chaque morceau et un peu d'essence de citronnelle ou de l'attire-essaim. La phéromone royale mandibulaire et l'attire-essaim sont disponibles chez les distributeurs de fournitures apicoles. Vous pouvez fabriquer votre propre phéromone mandibulaire royale en plaçant vos vieilles reines que vous avez déjà remplacées et toutes les reines vierges que vous n'utilisez pas dans un bocal d'alcool. Mettez quelques gouttes de ce mélange dans la ruche appât. Les vieux rayons vides peuvent aussi faire l'affaire et l'utilisation de boîtes ayant déjà contenu des abeilles peut aider. J'ai utilisé environ sept ruches appâts l'année dernière et j'ai capturé un essaim. Ce n'est pas grand-chose, mais j'ai quand même eu quelques belles abeilles sauvages. Il y a des aspects qui ont été étudiés pour augmenter vos chances telles que la taille de la boîte, la taille de l'ouverture et la hauteur de la boîte dans l'arbre. Il semble cependant y avoir beaucoup d'exceptions. Jusqu'à présent ma meilleure chance a été une boîte de la taille d'une ruchette de cinq cadres profonds ou d'une boîte moyenne de huit cadres avec une sorte d'appât (fait maison ou autre), monté à 4 mètres (12 pieds) ou plus dans un arbre, avec environ l'équivalent d'un trou de 25 mm servant d'entrée, et des cadres sans cire gaufrée (des cadres avec un guide-rayon, voir le chapitre *Cadres sans cire gaufrée*). Les problèmes que j'ai rencontrés ont été les guêpes et les pinsons qui s'introduisaient dans la boîte, les fausses teignes qui mangeaient les vieux rayons et les enfants qui faisaient tomber la boîte à coups de cailloux et les détruisaient. Essayez de placer des clous dans le trou de manière à former un « X » pour empêcher le passage des pinsons ou alors couvrez le trou avec du grillage à mailles de dimension 6,35 mm. Peignez la boîte en marron ou de la même couleur qu'un arbre pour éviter que les enfants ne la voient. Utilisez des bandes amorces ou nettoyez les vieux rayons afin que les fausses teignes ne s'y installent pas ou vaporisez du Certan sur les vieux rayons. Rappelez-vous, cela est comme la pêche. Je n'y compterais pas pour ce qui est de commencer un élevage d'abeilles. Vous pourrez capturer un essaim la première année tout comme vous pourrez ne pas en capturer du tout pendant plusieurs années. Dans le meilleur des cas, vous en capturez un grand nombre. Encore une fois, cela est comme la pêche, si vous voulez du poisson au dîner, vous ferez peut être mieux d'en acheter un.

Elevage de reines

Pour une présentation en direct par l'auteur, effectuez une recherche de vidéos en ligne avec les termes suivants : « Michael Bush élevage de reines ».

Pourquoi élever vos propres reines ?

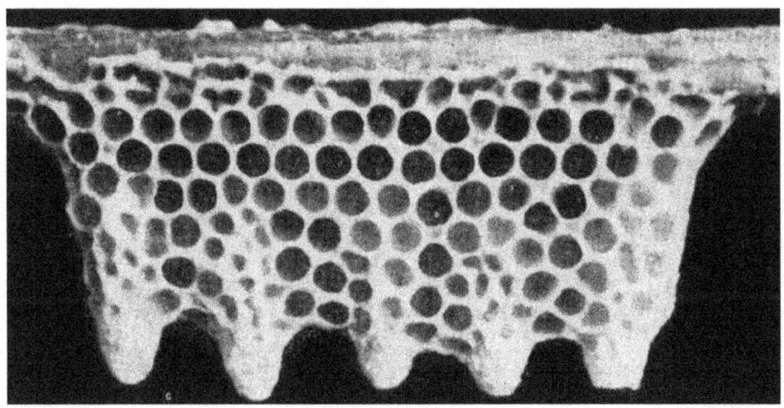

Coût

Une reine ordinaire coûte à l'apiculteur 20$ et plus en comptant l'expédition et peut coûter considérablement plus.

Temps

Vous commandez dans l'urgence une reine et cela dure plusieurs jours pour faire des arrangements et avoir la reine. Souvent, vous avez besoin d'une reine dans de très brefs délais. Si vous en avez en stock dans des ruchettes de fécondation, prêtes à être utilisées, alors vous avez déjà une reine.

Disponibilité

Souvent, lorsque vous avez besoin d'une reine, il n'y en a aucune disponible chez les fournisseurs. Une fois de plus si vous en avez prêtes à servir, la disponibilité n'est pas un problème.

Abeilles africanisées

Les reines élevées dans le sud sont de plus en plus issues des zones des abeilles africanisées. Pour éviter que ces abeilles africanisées se répandent dans le nord, il faudrait cesser d'importer des reines issues de ces zones.

Abeilles acclimatées

Il est déraisonnable d'attendre d'abeilles élevées dans le sud profond qu'elles hibernent bien dans le grand nord. Le stock sauvage local est acclimaté à notre climat local. Même avec un élevage provenant d'un stock commercial, vous pouvez choisir d'en élever à partir d'abeilles ayant bien passé l'hiver dans votre région.

Acarien et résistance à la maladie

La résistance aux acariens trachéaux est un trait facile à élever. Ne traitez tout simplement pas vos abeilles et vous obtiendrez des abeilles résistantes. Les comportements hygiéniques, qui sont utiles pour éviter la loque américaine et autres maladies du couvain, ainsi que les problèmes dus aux acariens Varroa.

Et pourtant la plupart des éleveurs de reines traitent leurs abeilles et ne sont pas sélectifs, que ce soit à dessein ou par défaut en ce qui concerne ces caractères. La génétique de nos reines est beaucoup trop importante pour être laissée entre les mains de personnes qui ne sont pas touchées directement par son succès. Les gens qui vendent des reines et des abeilles font effectivement plus de bénéfice en vendant des reines de remplacement et des abeilles lorsque les abeilles des ruchers sont en difficulté. Maintenant je n'affirme pas que ces éleveurs essaient délibérément d'élever des reines défaillantes, mais je dis qu'ils n'ont aucune motivation financière à produire des reines qui ne le sont pas. Cela ne signifie pourtant pas que quelques éleveurs de reines consciencieux n'agissent pas de la bonne façon, mais la plupart des éleveurs ne sont pas aussi consciencieux. En bref, pour rentabiliser l'absence de traitement, vous devez élever vos propres reines.

Qualité

Rien ne contribue plus au succès d'un élevage apicole que la reine. La qualité de vos reines peut souvent surpasser celle d'un éleveur de reines. Vous disposez du temps nécessaire pour faire des choses qu'un éleveur commercial ne peut pas se permettre de faire. Par exemple, les recherches ont montré qu'une reine à qui il n'est pas permis d'être fécondée avant qu'elle ne soit âgée de 21 jours, sera une meilleure reine avec des ovarioles mieux développées qu'une reine qui a été mise en banque beaucoup plus tôt. Une attente plus longue aidera encore plus, mais ces 21 premiers jours sont plus critiques. Un producteur de reines pour le commerce commence à chercher les œufs à déjà deux semaines et s'il en trouve, ils sont entreposés et éventuellement expédiés. Vous pouvez prendre plus de temps et laisser vos œufs mieux poursuivre leur développement

Concepts de l'élevage de reines

Raisons pour élever des reines

Les abeilles élèvent des reines pour une des raisons suivantes :

Urgence

Il n'y a soudainement plus de reine, alors une nouvelle reine est élevée à partir de larves d'ouvrières existantes.

Supercédure

Les abeilles pensent que la reine est défaillante alors elles en élèvent une nouvelle.

Essaimage de reproduction

Les abeilles décident qu'il y a assez d'abeilles, assez de réserves et qu'elles sont assez avancées dans la saison pour lâcher un essaim qui a de bonnes chances de bâtir assez pour passer l'hiver sans mettre à mal la survie de la colonie.

Essaimage de surpopulation

Les abeilles décident que la population de la ruche est trop nombreuse et qu'il n'y a plus assez d'espace et assez de réserves pour continuer avec les conditions actuelles, alors elles lâchent un essaim pour contrôler la population. Cet essaim n'a pas les meilleures chances de survie mais les abeilles pensent que cela augmente les chances de survie de la colonie.

Nous avons le plus grand nombre de cellules et le meilleur nourrissement pour les reines lorsque nous simulons à la fois les situations d'urgence et de surpopulation.

Un apiculteur peut aisément obtenir une reine en faisant simplement une division orpheline avec des larves d'âge appropriée. Alors pourquoi voudrions-nous nous lancer dans l'élevage de reines ?

Le plus grand nombre de reines avec le moins de ressources

Le concept fondamental de l'élevage de reines consiste à obtenir le plus grand nombre de reines à partir d'un minimum de ressources de la génétique choisie pour les caractéristiques que vous souhaitez obtenir.

Pour illustrer le problème de ressource, nous allons examiner les extrêmes. Si nous rendons une ruche forte orpheline, les abeilles pourraient, durant les 24 jours d'absence de reine pondeuse, avoir élevé un roulement entier de couvain. La reine pourrait avoir pondu plusieurs milliers d'œufs par jour et une ruche forte pourrait aisément élever ces milliers d'œufs. Alors nous avons perdu le potentiel d'environ 30 000 ou plus d'ouvrières en rendant cette ruche orpheline, tout ça pour n'obtenir qu'une seule reine. Et en fait, la ruche bâtit de nombreuses cellules royales, mais elles sont toutes détruites par la première reine qui émerge.

Si nous fabriquons une petite ruchette, nous n'aurons qu'environ un millier d'abeilles orphelines qui élèvent un grand nombre de cellules royales et ce millier d'abeilles pourraient seulement avoir élevé une petite centaine d'ouvrières pendant ce temps. Mais une fois de plus les abeilles bâtissent de nombreuses cellules royales et le résultat est toujours l'obtention d'une seule reine.

Dans la plupart des scenarii d'élevage de reines, nous rendons le moins d'abeilles orphelines pour une durée minimum et avec pour résultat le plus grand nombre de reines pondeuses lorsque tout est terminé.

La provenance des abeilles

Une reine est élevée à partir d'un œuf fertilisé, exactement le même œuf qu'une ouvrière. C'est le nourrissement qui diffère et qui est seulement différent à partir du quatrième jour. Alors, lorsque vous prenez un œuf d'ouvrière nouvellement éclos, et que vous la placez dans une cellule royale (ou dans un endroit qui passe pour une cellule royale auprès des abeilles) dans une ruche ayant besoin d'une reine (essaimante ou orpheline), elles en feront une reine.

Méthodes pour obtenir des larves dans des cupules

Il existe de nombreuses méthodes. Les ouvrages originaux pour la plupart de ces méthodes sont disponibles ici :

http://bushfarms.com/beesoldbooks.htm

Voici quelques-unes de ces méthodes :

La méthode Doolittle

La méthode à l'origine publiée par G.M. Doolittle, est de greffer les larves d'âge approprié dans des cupules de cire fait maison. Cela nécessite un minimum de dextérité et une bonne vue, mais c'est la méthode la plus populaire. Aujourd'hui, les cupules en plastique sont très souvent utilisées à la place de la cire. La reine est quelquefois confinée pour obtenir les larves ayant le bon âge toutes au même endroit pour faciliter la sélection. Le grillage à mailles de dimension 5 mm fonctionne bien pour cela puisque les ouvrières peuvent passer à travers les mailles alors que la reine ne peut pas le faire. Le grillage est généralement placé sur de vieux rayons de couvain sombres pour permettre de repérer facilement les larves et rendre le fond des cellules plus solides pour le greffage. Une fois que vous avez le coup d'œil pour repérer les larves d'âge approprié, l'opération est moins critique et peut être réalisée en retrouvant simplement les larves ayant le bon âge. A partir du quatorzième jour, les larves sont généralement placées dans des ruchettes de fécondation.

La méthode Jenter

De nombreuses variations de cette méthode existent sur le marché sous divers noms. Le concept est le suivant : la reine pond des œufs dans une boîte de confinement qui ressemble à des cellules d'ouvrières. Chaque autre fond de cellule de chaque autre rangée a un bouchon dans le fond. Lorsque les œufs éclosent, le bouchon est retiré et placé par-dessus une cupule. Cela reste le même travail qu'avec la méthode Doolittle sans autant de dextérité et la bonne vue. Le quatorzième jour, les larves sont généralement placées dans des ruchettes de fécondation.

Avant d'une boîte de Jenter

Arrière d'une boîte de Jenter

Haut d'une boîte de Jenter

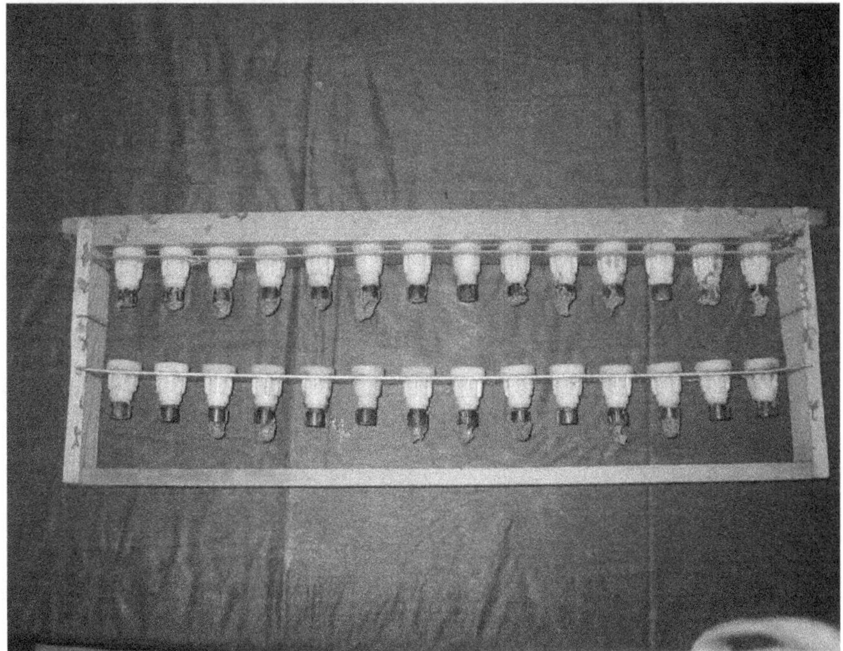

Cellules royales ratées ayant conduit à la mort des reines

Photographies du système Jenter d'élevage de reines. Avant, arrière et sommet de la boîte à reines. Ensuite, une photographie d'une barrette de cellules royales ratées. Les abeilles ont bâti dans le bâtisseur de cellules. 17 reines mortes.

Avantages de la méthode Jenter

Si vous êtes novice, vous arrivez à voir exactement à quoi ressemblent les larves d'âge approprié puisque vous savez quand elles ont été pondues.

Si votre vue n'est pas assez bonne, vous n'êtes pas obligé d'être capable de voir les larves (la mienne n'est pas fameuse)

Si vous n'êtes pas très coordonné (et je ne le suis pas) vous n'avez pas à saisir quelque chose de très petite taille, qui se trouve au fond d'une cellule sans l'abîmer. Vous déplacez juste les bouchons.

Avantages du greffage

Si la reine ne pond pas dans la cage de Jenter et que vous avez des délais à tenir, vous n'avez aucune larve ayant le bon âge à moins que vous n'en trouviez quelques-unes et que vous les greffiez (ou alors appliquez la méthode des meilleures reines).

Si vous êtes trop occupé pour confiner la reine quatre jours avant, vous pouvez simplement greffer.

Si la reine mère est dans un rucher éloigné, vous n'avez pas à faire deux voyages, un premier pour la confiner, et un second voyage pour transférer les larves.

Vous n'avez pas à acquérir un kit d'élevage de reines.

La méthode Hopkins

Cage de confinement des reines grillage à mailles 5 mm

Dans ma version, la reine est confinée avec du grillage à mailles de dimension 5 mm pour la faire pondre dans le nouveau rayon. De cette manière, nous connaissons l'âge des larves (comme dans la méthode Doolittle mais la ponte se fait sur un nouveau rayon au lieu d'un ancien). Le rayon devrait être en cire, de préférence non armé pour que vous puissiez aisément découper les cellules, bien qu'Hopkins dise que vous devriez armer le rayon pour ne pas qu'il s'affaisse. Si vous utilisez un rayon armé, assurez-vous de travailler autour des fils métalliques lorsque vous enlever les larves. Relâcher la reine le jour suivant. Vous pouvez aussi simplement placer le nouveau rayon au centre du nid à couvain et vérifier chaque jour pour voir si la reine y a pondu des œufs, pour juger de l'âge des larves.

Au quatrième jour (à partir du moment où la reine a été confinée ou du moment où elle a pondu dans le rayon) les larves vont éclore. Dans chaque autre rangée de cellules, toutes les larves sont détruites en les piquant avec un clou émoussé, une tête d'allumette ou un instrument similaire. Ensuite, les larves de chaque autre cellule des rangées restantes sont détruites de la même manière (ou deux cellules détruites sur trois) pour laisser aux larves assez d'espace entre elles. Le rayon est ensuite suspendu à l'horizontal par-dessus une ruche orpheline. Un simple écarteur est un cadre vide sous le cadre avec des cellules et une hausse par-dessus. Cela nécessitera d'orienter quelque peu les cadres et de poser une pièce de tissu par-dessus. Les abeilles percevront tout cela comme des cellules royales à cause de l'orientation, et bâtiront des cadres en dehors d'eux. Ils devront être assez espacés pour en permettre le découpage lors du quatorzième jour et la distribution dans les ruches dont la reine doit être remplacée (des ruches rendues orphelines le jour précédent) ou dans des ruchettes de fécondation.

Cale Hopkins maintenant le cadre au-dessus de la boîte.

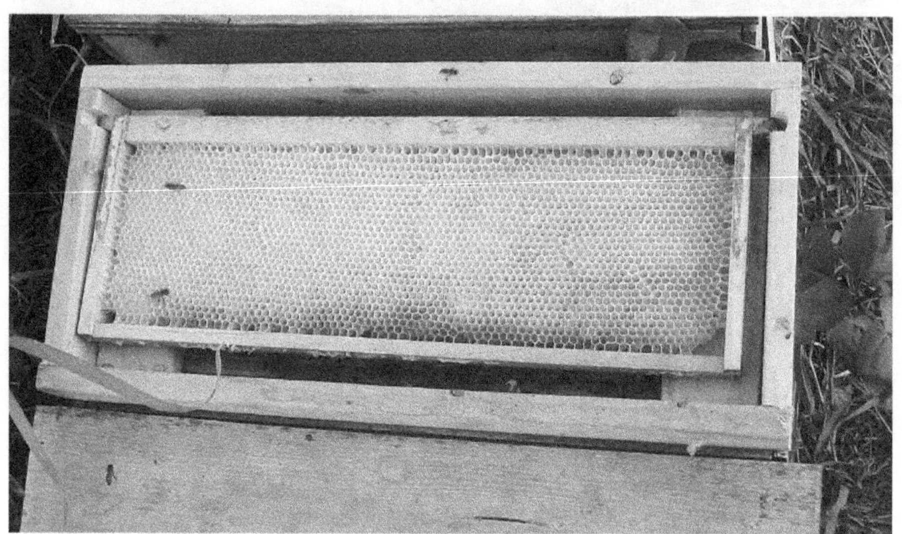

Cadre de larves dans la cale Hopkins.

Démarreur de cellules

Pour moi, la chose la plus difficile à comprendre, le fait essentiel à propos de l'élevage de reines, autres que les questions liées au timing, concernait le starter. La chose la plus importante à savoir au sujet du starter est le débordement d'abeilles. L'absence de reine est utile aussi, mais je devais choisir entre l'absence de reine et le trop-plein d'abeilles, j'ai choisi les abeilles. Vous souhaitez avoir une grande densité d'abeilles. Que ce soit dans une petite boîte ou une grande ruche, c'est la densité qui est le problème, pas le nombre total. Il y a plusieurs schémas différents pour en arriver à une ruche surpeuplée d'abeilles qui souhaitent bâtir des cellules, mais ne vous attendez pas non plus à une bonne quantité de cellules à partir d'un starter qui n'est rien de moins qu'un débordement d'abeilles.

La prochaine question la plus importante avec le starter est qu'il doit être bien nourri. Dans le cas où il y a absence de miellée, vous devrez nourrir pour vous assurer que les larves soient bien nourries.

La plupart du reste de la complexité des nombreux systèmes d'élevage de reines, qui semblent souvent en désaccord l'un avec l'autre, sont des astuces pour obtenir des résultats consistants quelles que soient les circonstances. En d'autres termes, les starters ont de l'importance pour tout éleveur qui a besoin d'une provision conséquente de reines du début du printemps jusqu'en automne sans tenir compte de la miellée et du climat. Pour les éleveurs de reines amateurs, ils ne sont probablement pas aussi importants que l'est le timing de vos essais. L'élevage de reines durant la saison du premier essaimage, juste avant ou durant la miellée est assez simple. L'élevage de reines durant une pénurie ou plus tôt ou plus tard avant la saison de premier essaimage nécessitera plus d' « astuces » et plus de travail. En ce qui concerne les starters, je laisserai de côté ces « ajouts » et je les adopterai au fur et à mesure que j'en verrai l'utilité.

Un plateau Cloake (starter finisseur) est une méthode utile. Vous pouvez réaménager les de manière que cette partie de la ruche soit orpheline durant la période starter et en possession d'une reine comme un finisseur sans beaucoup de perturbations dans la ruche. Mais cela n'est pas nécessaire.

Le moyen le plus simple dont j'ai connaissance est de retirer la reine d'une colonie forte un jour à l'avance et réduire la ruche à un minimum d'espace (enlevez tous les cadres vides de sorte que vous puissiez ôter quelques boîtes et, s'il y a des hausses plaines, ôtez-les). Cela pourrait même inciter les abeilles à essaimer, mais cela donnera un grand nombre de cellules royales. Assurez-vous qu'il n'y ait aucune cellule royale lorsque vous commencez et si vous les utilisez pour plus d'un lot, soyez bien sûr qu'il n'y a plus de cellules royales supplémentaires dans la ruche puisque celles-ci émergeront et détruiront votre prochain lot de cellules.

Une autre méthode consiste à secouer beaucoup d'abeilles dans une boîte d'essaimage aussi connue sous le nom de ruche starter et de fournir à ces abeilles quelques cadres de miel, quelques cadres de pollen et un cadre de cellules.

Mathématique

Caste	Jours Eclosion	Operculation	Emergence	
Reine	$3^1/_2$	8 +-1	16 +-1	Ponte 28 +-5
Ouvrière	$3^1/_2$	9 +-1	20 +-1	Butinage 42 +-7
Faux-bourdon	$3^1/_2$	10 +-1	24 +-1	Envol vers le LRM 38 +-5

Calendrier d'élevage de reines :

En utilisant le jour où l'œuf a été pondu comme le point 0 (pas de temps écoulé)

Les éléments en gras exigent l'intervention de l'apiculteur.

Jour, action, concept

-4 Placez une cage Jenter dans la ruche, Laissez les abeilles s'y habituer, cirez-la et couvrez-là de l'odeur des abeilles

0 Confinez la reine — ainsi, la reine pondra des œufs d'âge connu dans la boîte Jenter ou la cage en grillage à mailles 5 mm

1 Relâchez la reine — ainsi, elle ne pond pas trop d'œufs dans chaque cellule, elle a besoin d'être relâchée après 24 heures

3 Installez le starter. Rendez les abeilles orphelines et assurez-vous qu'il y ait une très grande densité d'abeilles. — Ces abeilles voudront des reines et il y aura un très grand nombre d'abeilles pour s'en occuper. Assurez-vous aussi que les abeilles disposent d'une grande quantité de pollen et de nectar. Nourrissez le starter pour une meilleure acceptation.

$3^1/_2$ Les œufs éclosent

4 Transférez les larves et placez des cellules royales dans le starter. Nourrissez le starter pour une meilleure acceptation

8 Les cellules royales sont operculées

13 Installez des ruchettes de fécondation. Faites des ruchettes de fécondation ou des ruches dont la reine doit être remplacée — Ainsi, elles seront orphelines et voudront une cellule royale. Nourrissez les ruchettes de fécondation pour une meilleure acceptation.

14 Transférez des cellules royales dans les ruchettes de fécondation. — Le quatorzième jour, les cellules sont dans leur moment le plus complexe et par temps chaud, elles peuvent émerger le quinzième jour, alors elles doivent être dans les ruchettes de fécondation ou les ruches orphelines si vous préférez, de sorte que la première reine ne tue pas le reste.
15-17 les reines émergent (par temps chaud, cela est plus probable lors du quinzième jour. Par temps froid, cela est plus probable lors du dix-septième jour. En général, Cela se produit le seizième jour.)

17-21 Les reines mûrissent

21-24 Vols d'orientation

21-28 Vols de fécondation

25-35 La reine commence à pondre

28 Si vous avez l'intention de remplacer les reines de vos ruches, recherchez les reines pondeuses dans les ruches de fécondation. Une fois que vous les avez trouvées, retirez les reines des ruches où elles doivent être remplacées.

29 Transférez la reine pondeuse dans la ruche orpheline.

Ruchettes de fécondation

Ruchettes de fécondation deux par quatre

Division d'une boîte de dix cadres en quatre ruchettes de deux cadres chacune. Remarquez le tissu bleu qui dépasse. Ce sont des couvercles internes en toile me permettant d'ouvrir une ruchette à la fois sans que celle-ci ne déborde dans la prochaine ruchette. Remarquez également les calendriers avec les dates de maturation des ruchettes sur les côtés.

Note sur les ruchettes de fécondation

Selon moi, il est plus logique d'utiliser des cadres standards pour vos ruchettes de fécondation. Voici quelques apiculteurs qui partagent le même point de vue :

> ***« Quelques éleveurs de reines utilisent une très petite ruche avec des cadres encore plus petits que leurs cadres habituels dans lesquels ils entretiennent leurs reines jusqu'à ce qu'elles soient fécondées, mais pour différentes raisons je considère au moins un cadre à la fois dans les ruches d'élevage de reines et les ruches ordinaires. En premier lieu, une colonie nucleus peut être formée en quelques minutes à partir de n'importe quelle ruche en transférant simplement deux ou trois cadres et les abeilles qui y adhèrent dans la ruche nucleus. De nouveau, une colonie nucleus peut être bâtie à n'importe quel moment ou unie avec une autre dans laquelle les cadres sont tous pareils, avec quelques petits problèmes. Et pour finir, nous n'avons que des cadres de la même taille à fabriquer. J'ai toujours utilisé une ruche nucleus telle que je viens de décrire et je ne voudrais pas en utiliser d'autres. » — Isaac Hopkins, The Australasian Bee Manual***

« Pour le producteur de miel, il semble ne pas y avoir de grand avantage à utiliser des mini ruchettes. Il a généralement besoin de faire quelques agrandissements, et il lui convient mieux d'utiliser des ruchettes de 2 ou 3 cadres pour l'élevage de reines, puis de les rassembler en colonies complètes… J'utilise une ruche entière pour chaque ruchette, en plaçant simplement 3 ou 4 cadres dans un seul côté de la ruche, avec à côté d'eux un cadre plein. Certes, cela nécessite plus d'abeilles que lorsqu'il s'agit de trois ruchettes dans une ruche, mais cela est un peu plus pratique pour développer en colonie entière, une ruchette qui a la ruche entière à sa disposition. » — C.C. Miller, Fifty Years Among the Bees

---

« La mini ruchette à nucléus a longtemps été très utilisée, mais maintenant n'est généralement considéré que comme un simple effet de mode. Elle est si petite que les abeilles sont placées en condition non naturelle, et travaillent par conséquent de manière non naturelle. Je recommande fortement une ruchette à nucléus qui pourra contenir le cadre à couvain régulier qui est utilisé dans vos ruches. Celle que j'utilise est une ruche jumelle, chaque compartiment assez large pour contenir deux cadres jumbo et une partition. » — Smith, Queen Rearing Simplified

« J'étais convaincu que la meilleure ruchette que j'avais possiblement pu avoir, était un ou

deux cadres dans une ruche ordinaire. De cette manière, tout le travail accompli par la ruchette était aisément disponible pour utilisation par toute colonie... Prenez un cadre de couvain et un cadre de miel, ensemble avec toutes les abeilles adhérentes, faites attention à ne pas prendre l'ancienne reine, et placez les cadres dans une ruche à l'endroit où vous souhaitez mettre la ruchette... Placez la partition de manière à pouvoir ajuster la ruche à la taille de la colonie. » — G. M. Doolittle, Scientific Queen-Rearing

---

Couleurs de marquage des reines :

Pour les années finissant par :

1 ou 6 – Blanc

2 ou 7 – Jaune

3 ou 8 – Rouge

4 ou 9 – Vert

5 ou 0 - Bleu

Capture et marquage de la reine

Jusqu'à ce que vous n'ayez le coup de main, il existe toujours un risque que vous blessiez la reine. Mais apprendre à le faire se révèle être une entreprise rentable. Il convient d'acheter une pince à reine, un tube à piston et des stylos marqueurs. Entraînez-vous sur quelques faux-bourdons avec une couleur des années précédentes, ou encore mieux avec la couleur de l'année qui suivra. De cette façon, vous ne confondrez pas les faux-bourdons avec la reine. Utilisez la couleur de l'année en cours pour les reines.

Ma méthode favorite est d'acheter une pince à reine, un manchon à reine (Brushy Mt.), un tube à piston et un stylo marqueur. Capturez délicatement la reine avec la pince. La pince est assez espacée pour ne pas blesser la reine, mais soyez toujours prudent. Si vous mettez cela, le tube à piston et le stylo marqueur (après l'avoir secoué et commencé) dans le manchon à reine alors, la reine ne pourra pas s'envoler pendant l'opération. Prenez le tube et faites glisser le piston. Si vous vous éloignez de la ruche, vous pouvez perdre quelques abeilles qui se trouvent à l'intérieur ou au-dessus de la pince. Ne secouez pas tandis que vous tenez une partie de la pince ou alors vous secouerez la reine. Si vous procédez à l'opération dans une salle de bain avec une fenêtre et que vous éteignez les lumières, vous pourrez être plus sûr que la reine ne s'envolera pas. Ou alors faites l'acquisition d'un manchon à reine de chez Brushy Mountain. Utilisez une brosse ou une plume pour brosser les ouvrières lorsqu'elles sortent et essayez ensuite de guider la reine dans le tube. Elle a tendance à remonter et à être attirée vers la lumière, alors ouvrez la pince afin qu'elle puisse aller dans le tube. Si elle ne le fait pas et qu'elle se pose sur votre main ou votre gant, ne paniquez pas. Déposez simplement la pince et délicatement mais rapidement, placez le tube par-dessus la reine. Couvrez le tube avec votre main pour bloquer la lumière et l'empêcher de cette manière de sortir du tube. Mettez en place le piston. Soyez rapide mais pas trop pressé. Doucement, poussez la reine en haut du tube à piston et peignez un petit point au milieu de l'arrière de son thorax, juste entre ses ailes (utilisez le marqueur en premier lieu sur un bout de bois ou du papier afin qu'il y ait déjà de la peinture sur la pointe). Si le point ne vous semble pas assez grand, laissez-le simplement tel quel. Vous devez la maintenir coincée dans la partie supérieure du tube pendant quelques secondes tandis que vous soufflez sur la peinture pour la faire sécher. Ne la laissez pas sortir trop tôt ou alors la peinture s'étalera dans les articulations entre les parties de son corps, cela peut la paralyser ou la tuer. Une fois la peinture sèche (20 secondes ou plus), tirez de moitié le piston en arrière afin que la reine puisse bouger. Retirez le piston et pointez l'extrémité ouverte vers les barrettes supérieures et la reine ira tout droit dans la ruche.

Jay Smith

Quelques citations de Jay Smith (célèbre éleveur de reines et apiculteur qui a probablement élevé plus de reines que quiconque ayant vécu)

Longévité de la reine :

De « Better Queens » page 18:

> ***« Dans l'Indiana, nous avions une reine que nous avons nommé Alice qui a vécu jusqu'à l'âge avancé de huit ans et deux mois et qui a accompli un excellent travail dans sa septième année. Il ne peut y avoir aucun doute***

en ce qui concerne l'authenticité de cette déclaration. Nous avons vendu Alice à John Chapel d'Oakland City, Indiana, et elle était la seule reine dans son rucher avec les ailes coupées. Ceci, cependant, est une rare exception. A l'époque, je faisais des expériences avec des rayons artificiels possédant des cellules en bois dans lesquelles la reine avait pondu. » — Jay Smith

---

Je voudrais souligner ce que Jay dit : « Ceci, cependant est une rare exception ».

Je pense que trois années ont toujours été caractéristiques de la durée de vie utile d'une reine.

Reines de sauveté :

« Il a été dit par un certain nombre d'apiculteurs qui devraient savoir mieux (moi inclus) que les abeilles sont tellement pressées d'élever une reine qu'elles choisissent des larves trop âgées pour de meilleures résultats. Les dernières observations ont montré la fausseté de cette affirmation et m'a convaincu que les abeilles font du mieux qui puisse être fait dans les circonstances actuelles.

« Les reines inférieures causées par l'utilisation de la méthode de sauveté, viennent du fait que les abeilles ne peuvent pas déchirer les cellules dures dans les vieux rayons bordés de cocons. Il en résulte que les abeilles remplissent les cellules d'ouvrières avec du lait d'abeilles, ce qui fait flotter les larves jusqu'à l'ouverture des cellules. Ensuite, les abeilles bâtissent une petite cellule royale qui

pointe vers le bas. Les larves ne peuvent pas se nourrir de lait d'abeilles dans le fond des cellules, ce qui fait qu'elles ne sont pas bien nourries. Toutefois, si la colonie est forte, si les abeilles sont bien nourries et disposent de nouveaux rayons, elles peuvent élever de meilleures reines. Et veuillez noter s'il vous plait — les abeilles ne commettront jamais la sottise de choisir des larves trop vieilles. » — Jay Smith

---

C.C. Miller

Point de vue de C.C. Miller sur les reines de sauveté

« S'il était vrai, comme cela était cru jadis, que les abeilles orphelines sont dans une telle hâte d'élever une reine qu'elles choisiront une larve trop vieille à cette fin, ensuite il faudrait encore attendre neuf jours. Une reine mûrit en quinze jours à partir du moment où l'œuf a été pondu, et est nourrie pendant les trois premiers jours de sa vie larvaire avec le même aliment que celui utilisé pour nourrir une larve d'ouvrière. Une larve d'ouvrière âgée de plus de trois jours, ou de plus de six jours à partir de la ponte de l'œuf, serait trop vieille pour devenir une bonne reine. Si toutefois les abeilles venaient à choisir une larve âgée de plus de trois ans, la reine émergerait en moins de neuf jours. Je pense bien que personne n'a jamais vu cela se produire. Les abeilles n'ont aucune préférence pour les larves trop âgées. D'ailleurs, les abeilles ne font pas preuve d'un aussi piètre jugement que de choisir des larves trop vieilles lorsque

des larves suffisamment jeunes sont présentes, comme je l'ai prouvé à partir d'expériences directes et de nombreuses observations. » — Fifty Years Among the Bees, C.C. Miller

---

Banques de reines

Un apiculteur peut conserver un certain nombre de reines dans une ruche si les abeilles qui y sont, sont d'humeur à accepter une reine (ruche orpheline durant une nuit ou un mélange d'abeilles secouées de plusieurs ruches) et les reines sont dans des cages de sorte qu'elles ne s'entretuent pas. J'ai fait ces derniers avec une cale de 19 mm sur la partie supérieure d'une ruchette à nucléus ou un cadre avec des barrettes en plastique auxquelles sont accrochées des cages JZBZ. J'y ai périodiquement ajouté un cadre de couvain pour empêcher les abeilles de développer des ouvrières pondeuses ou d'être à court de jeunes abeilles pour nourrir les reines.

Système starter finisseur

(Système starter finisseur alias plateau Cloake). Utilisé pour permettre la conversion d'une boîte supérieure en ruche d'élevage de reines, pour passer d'un starter de cellules orphelin à un bâtisseur de cellules possédant une reine ou finisseur. Celui-ci est fait avec des pièces de bois 19 x 19 mm portant des rainures 9,5 x 9,5 mm. Accrochez-la à 19 mm ou plus vers l'avant et mettez une pièce à travers la façade sous les côtés pour faire une planche d'atterrissage. Coupez une pièce de contreplaqué Meranti pour en faire un fond amovible que vous pouvez faire glisser. Couvrez les bords de vaseline pour empêcher les abeilles de s'y engluer. De gauche à droite : Le cadre sur une ruche avec le plateau de séparation retiré. Insérer le plateau de séparation. Le système starter finisseur avec le plateau de séparation en place.

Ruchettes de fécondation

Espace optimal

Je crois fermement qu'il faut simplement fournir aux abeilles tout l'espace dont elles ont besoin jusqu'à la miellée principale. L'élevage de couvain et la fabrication de cire nécessite de la chaleur. Les boîtes de ruchettes vous permettent de limiter l'espace dont a besoin un petit nombre d'abeilles et le couvain dont elles doivent prendre soin pendant qu'elles s'installent ou pendant leur hivernage. Voici quelques photographies de mes ruchettes et de mes dispositions pour l'hiver.

Ruchettes de tailles variées

Ruchettes de fécondation deux cadres par quatre

Ruchettes de largeur assortie

Sur la gauche se trouvent des ruchettes de fécondation *deux par quatre*. Quatre ruchettes avec deux cadres chacun dans une boîte de dix cadres. Remarquez le tissu bleu qui dépasse. Il y a des couvercles internes en toile me permettant d'ouvrir une ruchette sans qu'elle ne se déverse dans la ruchette suivante. Remarquez aussi les calendriers avec les dates de maturation des ruchettes sur les côtés. Sur la droite se trouvent des ruchettes assorties de profondeur moyenne. De gauche à droite, le nombre de cadres 2, 3, 4, 5, 8, 10. Je préfère les ruchettes de deux cadres en guise de ruchettes de fécondation. Les boîtes moyennes de huit cadres font une bonne ruchette puisqu'elles sont du même volume qu'une boîte profonde de 5 cadres.

Ruchettes d'hivernage

Selon une étude sur la survie par temps froid, un groupe d'au moins 2000 abeilles est nécessaire (Southwick 1984). Je ne sais pas jusqu'à quel point ce petit groupe est supposé survivre par temps froid, mais mes ruchettes qui ont cette taille, survivent généralement bien sous une vague de froid avec une température en-dessous de zéro. Mais elles ne survivent généralement pas très longtemps. J'opte pour une boîte moyenne de huit cadres qui est moyennement pleine d'abeilles qui hivernent.

Voici quelques procédés que j'ai essayés pour faire hiverner les ruchettes pendant les deux dernières années. Il y a 14 ruchettes de huit cadres et 20 ruchettes de cinq cadres. La base est faite de huit feuilles de contreplaqué d'épaisseur 19 mm avec une feuille de contreplaqué Meranti d'épaisseur 6,35 mm par-dessus le tout. Les ruchettes sont en ligne sur cette base. Le fond est fait de contreplaqué Meranti d'épaisseur 6,35 mm avec un conduit à l'arrière. Le haut est aussi fait de contreplaqué Meranti avec un trou pour un bocal nourrisseur d'un quart (avec en-dessous un grillage à mailles de dimension 3 mm) et un autre conduit en haut. L'entrée est d'environ 25 mm de large sur 9,5 mm de haut sur les ruchettes de cinq cadres et d'environ 64 mm de large sur les ruchettes de huit cadres. J'avais dû les réduire avec du grillage à mailles de dimension 3 mm pour mettre un terme au pillage. Toutes les entrées mesurent maintenant environ 9,5 x 9,5 mm. Deux ont été pillées et sont mortes mais le reste semble bien se porter. Une de ces ruchettes contenait une banque à reines et par-dessous un chauffage pour terrarium. La partie supérieure est une grande boîte faite avec des planches 19 x 184 mm et une feuille de polystyrène expansé (pour chaque section) par-dessus pour la fermer. Il y a un radiateur électrique thermostatique réglé à 21°C (70°F) à l'intérieur. Les plus grands problèmes que j'ai eus ont été les nourrisseurs qui fuient et l'entretien des abeilles dans la banque de reines à partir du regroupement en grappe et laisser de côté les reines. Un chauffage pour terrarium par-dessous a aidé avec la banque de reines. Le nourrissement semble causer la plupart des problèmes. Le sirop cause beaucoup d'humidité et quelquefois les bocaux fuient et le contenu coule sur les abeilles.

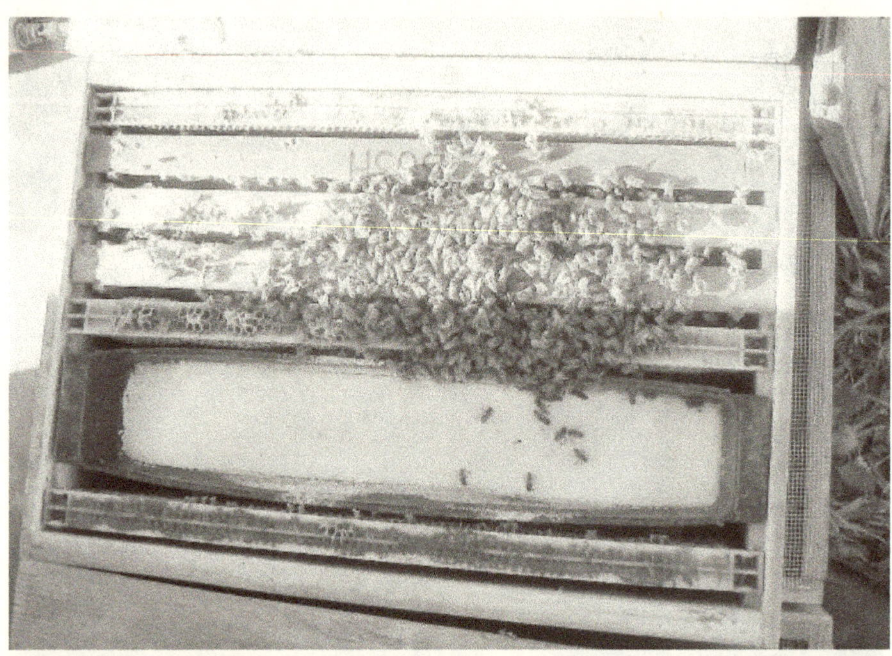

Nourrissement au sucre sec

Les ruchettes sur les deux premières photographies sont nourries au sucre sec, c'est ce que j'ai fait pour les ruchettes cette année. La photographie suivante représente un nourrisseur cadre rempli de sucre sec. La photographie qui suit montre le nourrissement sur le côté sans utiliser un nourrisseur cadre, en enlevant simplement quelques cadres. Sur les deux dernières photographies, vous pouvez voir les dispositions pour l'hivernage cette année. Il y a un trou au centre avec un petit radiateur réglé à 16°C (60°F). Le polystyrène expansé recouvre les trois côtés du groupe de ruchettes. Les doubles ont un fond supplémentaire sur le dessus pour remplir l'espace et les ruchettes simples ont par-dessus chacune d'entre elles leur propre plateau. Les plateaux sont des nourrisseurs de sorte que le sirop ne soit pas versé sur le fond au printemps ou durant les périodes chaudes pour le nourrissement. Cela a bien fonctionné pour moi.

Je recommande aux débutants d'avoir au moins deux ruchettes. Elles sont tellement utiles pour commencer les ruches, l'élevage de reines et pour garder à l'écart une reine. Puisque j'ai recommandé des boîtes moyennes pour tout, je ferais remarquer que vous pouvez acquérir des ruchettes moyennes de cinq cadres chez Brushy Mt Bee Farm. Vous pouvez aussi acheter des boîtes de huit cadres qui font de bonnes ruchettes de taille intermédiaire, qui ont les mêmes dimensions qu'une ruchette profonde de cinq cadres. Je crois que vous pouvez trouver des ruchettes moyennes chez Miller Bee Supply, comme chez Rossman et possiblement chez certains autres fournisseurs. Une ruchette profonde peut également être divisée. Vous pouvez fabriquer votre propre ruchette si vous êtes habile avec le bois. Je trouve qu'un plateau attaché et un couvercle de transhumance sont adéquats pour une ruchette. J'ai fait des ruchettes de deux cadres (utilisés surtout pour tenir une reine à l'écart ou en guise de ruchettes de fécondation), trois cadres, quatre cadres ou cinq cadres. Puisque je travaille avec des ruchettes moyennes, je suppose qu'une boîte de huit cadres est l'équivalent d'une ruchette profonde de cinq cadres. J'utilise aussi des boîtes de huit cadres en guise de ruchettes. J'ai tendance à les utiliser pour donner à une colonie une taille minimum pour démarrer. Chaque espace en trop représente une plus grande quantité de travail pour une petite colonie.

Les ruchettes sont pratiques pour :

Les divisions

Vous pouvez prendre un cadre de couvain avec des œufs, un cadre de couvain émergent, deux cadres de miel et de pollen et les placer dans une ruchette. Vous y secouer deux autres cadres d'abeilles issues d'un couvain, elles élèveront une reine et vous aurez une nouvelle ruche. Lorsqu'elles remplissent la ruchette, déplacez-les dans une boîte standard.

Essaimage artificiel

Dans le cas où les abeilles essaient d'essaimer, faites comme il est indiqué ci-haut, excepté que vous ajoutez l'ancienne reine à la ruchette et enlevez tout à l'exception d'une ou deux des cellules d'essaimage de la ruche.

Fabriquer des reines à partir de cellules d'essaimage

Comme décrit ci-haut, vous pouvez diviser pour amener les abeilles à élever une reine. Mais aussi lorsqu'elles essaient d'essaimer, vous pouvez diviser et placer une cellule royale dans chaque ruchette avec du couvain, du miel et des abeilles. Les abeilles élèveront des reines que vous pourrez utiliser pour effectuer des remplacements, vous pourrez aussi les vendre ou en faire ce que vous voulez. Bien sûr vous pouvez aussi élever des reines pour obtenir des cellules royales à prélever, dans le cas où vous avez un grand nombre de cellules royales, et à placer ensuite dans des ruchettes.

Garder une reine de secours

Lorsque vous procédez à un remplacement de reine, prenez quelques-unes de ces anciennes reines et placez-les dans des ruchettes avec un cadre de couvain et un cadre de miel. De cette manière, si la nouvelle reine est rejetée, vous en aurez toujours une de secours. Aussi, si vous gardez simplement une ruchette contenant une reine de secours, vous pouvez remplacer la reine de la ruche avec celle de secours. Pour que la ruchette reste faible, continuez de prélever du couvain operculé que vous intégrerez à d'autres ruches.

Remplacement infaillible de reine

Si vous procédez comme dit plus haut (divisions) et que vous introduisez une reine en cage, les abeilles nourrices l'accepteront rapidement. Une fois que la reine a pondu, vous pouvez l'éliminer, rendre la ruche orpheline et utiliser la méthode du papier journal pour faire une combinaison. Les abeilles acceptent volontiers une reine pondeuse.

Banque de reines.

J'ai bâti une cale de la taille d'une ruchette mais épais de 19 mm et j'ai placé des cages à reine avec du fil métallique pour les garder pendant plusieurs jours ou plusieurs semaines avant de les introduire.

Construction de rayons.

Cela est particulièrement bien avec des abeilles régressées. Puisque le problème avec la cire gaufrée de 4,9 mm n'est pas d'obtenir des abeilles qu'elles utilisent les cellules, le problème est d'amener les grandes abeilles non naturelles à bâtir les cellules. Si vous commencez une ruchette avec de petites abeilles comme avec les divisions, et après que la ruchette se soit établie, placez les cadres portant la cire gaufrée de 4,9 mm dans les positions 1, 2, 4 et 5. Nourrissez bien la ruchette et ôtez quelques cadres bâtis chaque jour. S'il y a des œufs, placez-les dans une autre colonie pour les laisser émerger. Vous enlèverez ensuite le cadre. Gardez 1 ou 2 kg d'abeilles dans la ruchette.

Capture d'essaims.

Les ruchettes sont très pratiques pour l'enruchage de petits essaims.

Ruches appâts.

Les ruches peuvent bien servir de ruches appâts pour essaims. Vous pourriez utiliser une boîte de 10 cadres et cela est une bonne taille aussi, mais elle reste difficile à attacher dans un arbre et pour de meilleures résultats, les ruches appâts doivent être placées à 3 mètres (10 pieds) ou plus dans un arbre.

Essaims secoués

Vous pouvez placer un fond grillage sur la ruchette et secouer les abeilles des cadres de couvain de diverses ruches (soyez attentif à ne pas prendre une reine) et vous avez une grappe d'abeilles orphelines et sans domicile. Ces abeilles peuvent être placées dans une ruche avec du couvain de sorte qu'elles puissent élever une reine ou alors les abeilles peuvent être ajoutées dans une ruchette contenant une reine encagée.

Transport du miel

Les ruchettes, par rapport à une boîte de dix cadres, sont pratiques et légères même avec cinq cadres de miel. Elles sont pratiques pour introduire des cadres puisque vous brossez les abeilles pour les récolter. Elles sont pratiques également à transporter.

Un équipement plus léger

Des boîtes moyennes au lieu de boîtes profondes

Mon premier pas dans la direction des instruments apicoles plus légers a été d'essayer les ruches horizontales, que j'ai beaucoup aimées. Mais je possède toujours beaucoup d'anciens instruments, j'ai donc commencé à transformer les instruments profonds en moyens et j'ai cessé d'utiliser des profondes et des hausses. Ensuite, j'ai transformé les boîtes de dix cadres en boîtes de huit cadres. Si vous souhaitez comprendre pourquoi : une boîte profonde de dix cadres pleines de miel pèse 41 kg ; une boîte moyenne de dix cadres pèse environ 27 kg ; une boîte moyenne de huit cadres pèse environ 22 kg.

A gauche sur la photo, une installation apicole « typique » comme recommandée dans les livres. De bas en haut, il y a : un plateau, deux boîtes profondes pour le couvain, une grille à reine, deux hausses, un couvercle interne et un couvercle télescopique. Une boîte profonde pleine de miel pèse 41 kg. Une boîte moyenne pleine de miel pèse 27 kg. Une boîte moyenne de huit cadres pleine de miel pèse 22 kg. A droite sur la photographie, il y a une de mes ruches verticales. Celle-là est composée de quatre boîtes moyennes pour le miel et le couvain (pas de grille à reine) et un couvercle de transhumance avec une cale sur les deux côtés pour faire une entrée supérieure et pas d'entrée inférieure. L'utilisation de cadres de même taille simplifie grandement la gestion apicole puisque tout le miel peut être utilisé pour le nourrissement d'hiver et tout le couvain trouvé dans les hausses peut être déplacé vers le bas étant donné que les cadres sont tous interchangeables. Le fait de laisser la grille à reine en place aide à prévenir la congestion du nid à couvain et n'empêche pas les abeilles de travailles les hausses. Cela vous épargne le fait d'avoir une entrée inférieure parce que les faux bourdons peuvent sortir par l'entrée supérieure (aucune grille à reine ne les en empêche).

Huit cadres au lieu de dix cadres

Je suis toujours épuisé par les instruments d'apiculture lourds, j'ai donc commencé à acheter des boîtes de huit cadres. Mais je possède toujours un grand nombre de boîtes de dix cadres. Voici quelques boîtes de dix cadres pour le fond suivies par des boîtes de huit cadres sur le dessus. Le plateau sur le côté couvre le vide. La photographie suivante montre une ruche de dix cadres entre deux ruches de huit cadres. La dernière fois que j'ai parcouru mes ruches, je n'ai soulevé aucune boîte parce que toutes les grappes étaient groupées dans la partie supérieure et je ne pouvais pas comprendre pourquoi mon dos me faisait mal une fois que je l'ai fait. Ensuite je me suis souvenu des blocs de béton. J'ai commencé à fabriquer des agrafes avec du fil métallique de diamètre 2,588 mm pour maintenir en place les couvercles. Je me suis ainsi débarrassé des blocs de béton. (Voir le chapitre *Equipements variés*). Mais les vents d'une force de 97 km/h ont tendance à renverser les couvercles en absence des blocs de béton et renversent même quelquefois les ruches en présence des blocs de béton.

Des hausses de huit cadres sur un nid à couvain de dix cadres

Une ruche de huit cadres à côté d'une ruche de dix cadres

Je réduis toutes mes boîtes et tous mes cadres profonds. La photographie de gauche représente ce que j'ai fait avec de solides barrettes inférieures. La photographie de droite est ce que j'ai fait avec des barrettes inférieures brisées et j'ai divisé des barrettes inférieures. J'ai fabriqué cette nouvelle barrette inférieure avec du bois de 19 mm d'épaisseur en équerre.

Cadre profond transformé en cadre moyen

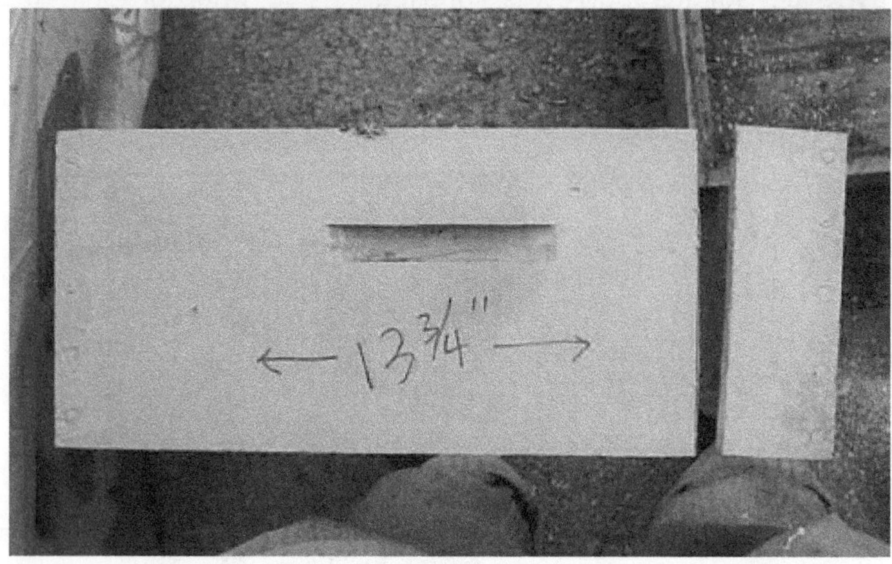
← 13¾" →

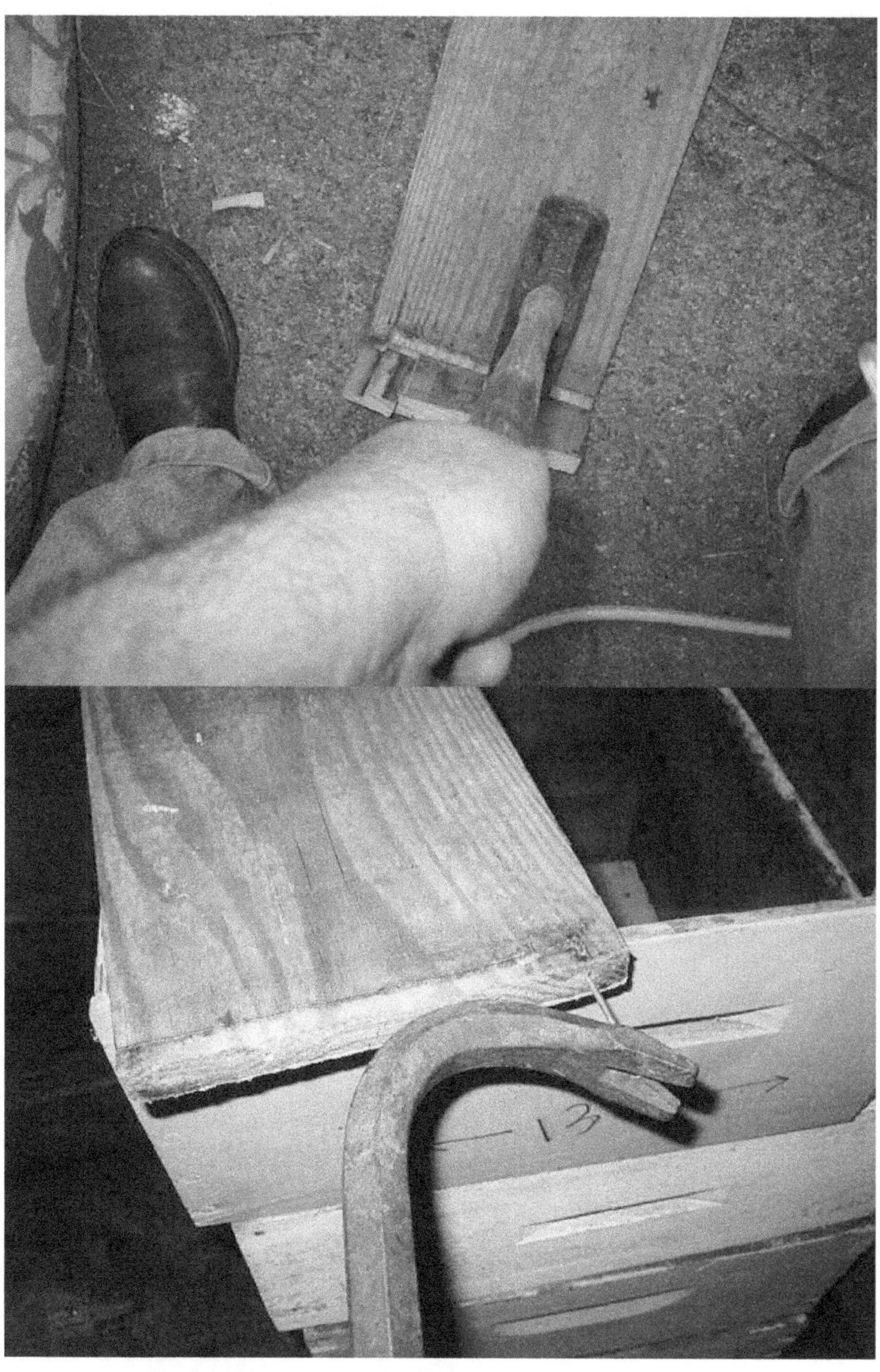
13

Réduction de boîtes de dix cadres et de plateaux en boîtes de huit cadres

Dorénavant, je réduis toutes mes boîtes moyennes de dix cadres et mes plateaux. Voici illustrées ci-dessus toutes les étapes pour réduire des boîtes de dix cadres et des plateaux grillagés de chez Brushy Mountain en boîtes de huit cadres. Le découpage à la scie à main est la finition pour la coupe au carré car la courbe de la lame permet de faire les petites oreilles sur les extrémités.

Trempage d'équipement

Etant en train d'élargir mon activité apicole, j'ai acheté un grand nombre d'instruments. J'ai décidé d'essayer de tremper ces instruments dans de la cire et de la colophane pour les conserver. J'ai emprunté un bac à tremper chez un ami qui en avait fabriqué un sur mesure. Cela aurait été mieux que ce soit plus grand mais tout a bien fonctionné. D'ailleurs, je n'avais ni le temps ni les fonds nécessaires pour en acquérir un plus adapté. La méthode standard consiste à mélanger 2 parts de paraffine pour 1 part de colophane. Moi, j'ai mélangé 2 parts de cire d'abeille et 1 part de colophane. La colophane que j'ai utilisée vient de chez Mann Lake. J'ai chauffé et fait fondre le mélange cire/colophane entre 110 et 121°C (230° et 250°F). A 121°C (250°F), les boîtes cuisent très bien (comme si elles étaient dans une friteuse) pendant environ 10 à 12 minutes. Vous ne pouvez pas laisser le dispositif sans surveillance et sans contrôle (et vous avez besoin d'un thermomètre) puisque le risque d'incendie est très grand. Gardez un extincteur à portée de main. J'utilise un minuteur pour éviter le risque de la perte de la notion du temps. Ce n'est pas comme si vous laissiez vos haricots brûler. Gardez à l'esprit que si le mélange venait à brûler, vous vous retrouverez quand même avec une bonne cinquantaine de kilogrammes d'hydrocarbures en combustion.

Plateaux dans le bac à tremper

Quelques boîtes en train de mijoter.

Les boîtes supplémentaires sont là pour empêcher la flottaison des boîtes trempées dans le bac.

Boîtes et plateaux après le trempage. L'équipement sent bon, a une très belle apparence et l'eau y perle.

Les abeilles semblent penser que le mélange colophane/cire est de la propolis. Voici une abeille qui en récolte sur mes gants.

Décisions de la colonie

J'ai beaucoup réfléchi à ce sujet pendant quelques temps, mais une présentation de Tom Seeley sur la manière dont les essaims trouvent un habitat lors d'une réunion de l'association des producteurs de miel du Kansas et deux jours (et une nuit blanche) de conversation avec Walt Wright plus tard, ont cristallisé certaines de ces pensées.

D'après mes observations, l'une des causes du ralentissement des abeilles est la prise de décision de la colonie. Cela peut concerner des sujets aussi simples que la manière dont la grappe d'hiver souhaite trouver quelques provisions ou si elles doivent commencer à bâtir sur de la cire gaufrée en plastique ou se déplacer à travers une grille à reine ou encore se déplacer dans les sections de rayons de miel. Dans beaucoup de situations, des stratégies opposées venant de l'apiculteur peuvent avoir les mêmes résultats car la décision indiquée était claire, où quelque chose plus modérée peut avoir de piètres résultats à cause de l'indécision.

Prenez l'exemple de quelque chose que la plupart des gens ont vues, comme essayer de faire passer les abeilles à travers une grille à reine. Si les abeilles disposent d'assez d'espace dans la partie inférieure, elles ne semblent pas vouloir traverser la grille. Mais si vous obstruez l'espace libre, les abeilles n'auront pas d'autre choix que de passer à travers la grille à reine sans vraiment y penser.

J'ai vu le Dr Thomas Seeley faire une présentation sur la façon dont les abeilles décident du lieu où elles veulent aller lorsqu'elles essaiment. Il est beaucoup plus question d'arriver à un consensus et cela prend du temps.

Un autre exemple est celui des boîtes profondes, des Dadant profondes et des moyennes. Avec les moyennes, les abeilles semblent hésiter à se déplacer vers le haut ou vers le bas dans la boîte lorsqu'elles ont besoin d'espace. Avec des profondes, elles se retrouvent souvent coincées dans une boîte et ne souhaitent plus se déplacer vers le haut ou vers le bas. Avec des Dadant profondes, elles disposent d'assez d'espace, alors elles n'ont *plus besoin* de se déplacer vers le haut ou vers le bas. Je trouve que j'ai de meilleurs résultats soit avec les profondes Dadant, où les abeilles n'ont pas besoin de décider ou alors, les moyennes où la décision est quelque peu requise.

Je pense que ceci est la cause de l'enthousiasme (et de la vitesse) avec laquelle les abeilles bâtissent leur propre rayon en comparaison au bâtissage de n'importe quel type de cire gaufrée, spécialement la cire gaufrée en plastique. Elles connaissent ce qu'elles souhaitent bâtir mais elles doivent composer avec la prise de décision comme quoi faire avec cette feuille de cire gaufrée.

Je pense que c'est pourquoi les gens font des choses opposées et obtiennent des résultats similaires. Une fois que les abeilles ont pris leur décision, elles font les choses plus rapidement. Lorsqu'elles doivent en arriver à un consensus, cela prend du temps. Une grappe dans une ruche longue moyenne n'a qu'une direction à emprunter, oblique. Une grappe dans une ruche verticale de huit cadres n'a qu'une direction à emprunter, lorsqu'elles sont dans le fond, elles ne peuvent aller que vers le haut. Lorsqu'elles sont dans la partie supérieure, elles vont vers le bas.

Je pense que les apiculteurs donnent souvent aux abeilles un trop grand nombre d'alternatives entres lesquelles choisir. Combien de fois avez-vous vu une grappe au milieu des réserves avec un vide tout autour d'elles qui ne se déplacent pas vers les réserves ? Je pense que c'est simplement parce qu'elles ne peuvent pas décider.

L'indécision représente beaucoup d'énergie et du temps perdu pour les abeilles. Quelquefois cela les fait reculer et d'autre fois, cela les conduit à leur mort. Etant apiculteurs, nous devons être conscients de ce fait et l'utiliser à notre avantage pour éviter de travailler au détriment des abeilles.

Ruches à deux reines

Je préfacerais cette partie en mettant l'accent sur le fait que j'ai pratiqué cette méthode et je pense qu'il est ordinairement plus facile de simplement gérer deux ruches ne possédant chacune qu'une seule reine. Le plus grand problème pour moi est d'avoir une formidable ruche avec des hausses empilées si haut qu'elles se perdent dans les nuages, des abeilles partout et ne rien avec les reines qui puisse nécessiter un déplacement et d'incommoder chaque boîte. Toutes ces abeilles peuvent être très intimidantes, particulièrement pour un débutant. Pour des raisons pratiques, je pense qu'il faut un système qui ne nécessite pas de déplacer les boîtes pour atteindre la reine.

Cela dit, le concept est que deux reines pondront deux fois plus d'œufs et les abeilles bâtiront deux fois plus vite au printemps. Plus d'ouvrières, plus de miel.

Il existe quelques différentes tactiques que vous pouvez mettre en œuvre pour parvenir au résultat ci-dessus. Une d'entre elles serait un équipement inférieur, un travail inférieur, la méthode la moins fiable d'élever simplement des cellules royales et de les placer dans la boîte supérieure pour l'émergence. Cela a souvent pour résultat, mais pas toujours, une ruche à deux reines en déployant un minimum d'effort. Vous pouvez augmenter les chances en plaçant une grille à reine quelque part au milieu des boîtes. Evidemment pour les deux méthodes, vous devez prévoir une issue de sortie pour les faux-bourdons et la reine vierge. Cela fonctionne souvent mais dans le pire des cas, les abeilles remplacent la reine et dans le meilleur des cas, elles finissent avec deux reines pondeuses. J'ai obtenu ce résultat accidentellement à de nombreuses occasions lors de l'élevage de reines. Pour plus de détails sur la manière dont la reine doit être fécondée, consultez l'ouvrage de Doolittle : « Scientific Queen Rearing ».

Un genre de méthode Demarée fonctionne aussi assez bien pour aboutir à une ruche pourvue de deux reines. Bâtissez simplement un double séparateur perforé (ou deux différents séparateurs perforés) et placez une boîte de couvain par-dessus l'écran perforé. Les abeilles élèvent une nouvelle reine dans la partie orpheline (quelle qu'elle soit) et lorsque le temps de la miellée principale approche, vous pouvez effectuer une combinaison en utilisant la méthode du papier journal avec ou sans grille à reine.

Si vous souhaitez avoir des résultats plus fiables, voici mon modèle de gestion d'une ruche à deux reines. J'installe une ruche horizontale longue de trois boîtes. (1238 mm) avec les entrées sur le long côté. Faites le de manière à pouvoir ouvrir ou fermer une entrée sur un tiers de la boîte ou sur un des deux côtés longs.

La boîte nécessite deux rainures dans lesquelles des morceaux de grilles à reine s'insèrent pour la diviser en trois. Cela donne une ruche avec une reine à chaque extrémité et des hausses au milieu.

Vous pouvez utiliser n'importe laquelle des différentes méthodes pour obtenir d'une ruche qu'elle accepte deux reines, mais elles sont assez séparées pour ne pas se battre et vous obtenez deux nids à couvain et un tas de hausses au centre. Vous pouvez acheter des reines, laisser la ruche orpheline pendant 24 heures et diviser le nid à couvain en deux boîtes de couvain avec une reine encagée dans chacune des boîtes et essayer une introduction simultanée.

Si vous élevez vos propres reines, vous pourriez placer une reine vierge à chaque extrémité et espérer qu'elles volent vers la bonne ruche une fois qu'elles sont fécondées.

Le meilleur moment pour obtenir deux reines pondeuses est le début du printemps. Le plus tôt est le mieux. Durant la miellée, vous feriez peut être mieux de diviser la ruche, de placer tout le couvain ouvert dans une des divisions et la plupart des abeilles dans l'autre pour augmenter la production dans cette ruche car un important élevage de couvain *durant* une miellée n'aide pas la production.

Snelgrove avait un plan pour l'utilisation d'une ruche pour stocker les autres, ce qui est assez ingénieux, en manipulant les entrées supérieures et inférieures, un double séparateur perforé et peut être une certaine manière devrait être trouvée pour faire cela dans une configuration plus horizontal.

Tout l'intérêt d'une ruche à deux reines est d'obtenir une « super ruche » avec une énorme population d'abeilles. Un autre moyen d'accomplir cela est la « réduction division / combinaison ». Voir le chapitre sur les divisions pour plus de détails.

Ruches à barrettes

Ruche kenyane à barrettes supérieures

Construction d'une ruche à barrettes du style kenyan.

Côtés : planches 19 x 286 mm longueur : 1181 mm

Fond : planche 19 x 140 mm longueur : 1181 mm

Extrémités : planches 19 x 286 mm longueur : 381 mm

Aucune des planches n'est fendue ou biseautée. Elles sont simplement coupées dans le sens de la longueur et clouées ensemble.

Les côtés et les extrémités sont assemblés, cloués et vissés avec des vis à tête plate. J'ai fini par utiliser des vis sur les extrémités car en voulant prélever les barrettes, je finissais par défaire les extrémités.

Ruche installée. Les barrettes sont des planches coupées en long mesurant 381 mm où sont collées et clouées des guides. Celles du nid à couvain mesurent 32 mm de large et celles pour le miel 38 mm. En haut à droite sur la photo, vous pouvez voir une barrette.

Rayon d'une ruche kenyane. Voyez-vous la reine ?

Vue rapprochée de la reine sur le rayon d'une ruche kenyane à barrettes.

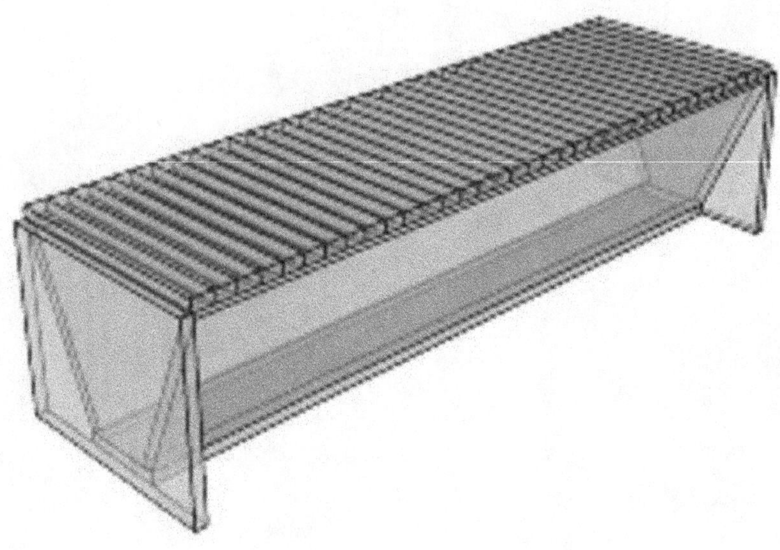

Voir à travers le bâtissage (merci à Chris Somerlot).

L'objectif d'une ruche à barrettes supérieures (TBH) est la facilité et le coût moindre de construction, la facilité de travail et l'opportunité d'avoir des cellules de taille naturelle. Le style Kenya (côtés inclinés) est conçu de sorte que les rayons soient naturellement plus forts et moins susceptibles de se briser et de s'effondrer lorsqu'ils sont pleins de miel. Cette ruche a parfaitement fonctionné sans effondrement de rayons. Les petits rayons sont faciles à manipuler et ne sont presque pas aussi fragiles et aussi larges que les rayons accrochés librement. Sur les photographies de gauche à droite :

L'entrée de la ruche kenyane à barrettes supérieures est juste la barrette frontale en allant vers l'arrière, d'au moins 9,5 mm. Le sommet est défini à partir de 19 mm de la barrette supérieure afin que l'entrée soit haute de 19 mm, large de 9,5 mm et soit juste l'écart devant la première barrette.

Listes des parties :

2- planches 19 x 286 mm 1181 mm

2- planches 19 x 286 mm 381 mm

1- planche 19 x 140 mm 1181 mm

Tout type de couvercle de 381 x 1219 mm

16- barrettes 381 x 32 x 19 mm

18- barrettes 382 x 38 x 19 mm

34- Guide-rayons triangulaires découpés sur des liteaux triangulaires ou dans l'angle d'une planche 19 x 19 x 25,4 x 330 mm

2- bois de charpente en cèdre ou traité long de 406 mm en guise de support

Toutes les coupes sont à l'équerre à moins que vous ne découpiez votre propre chanfrein dans une planche de 19 mm d'épaisseur.

Une des difficultés semble être la communication de la conception de l'entrée. Je pense que c'est parce que vous n'avez pas à bâtir une entrée pour en avoir une. Laissez simplement la barrette frontale (puisqu'il vous reste toujours de l'espace de toute manière). Les barrettes soulèvent les couvercles et l'épaisseur des barrettes laisse une entrée.

Entrée (Photo © Theresa Cassidy)

Entrée avec un couvercle supérieur repoussé (Photo © Theresa Cassidy)

Ruche tanzanienne à barrettes supérieures

Ruche tanzanienne à barrettes supérieures

Ruche tanzanienne à barrettes (TTBH) ouverte

Rayon d'une ruche tanzanienne à barrettes

Voici une ruche longue de profondeur moyenne. Celle-ci possède des barrettes supérieures au lieu de cadres. L'entrée est simplement un couvercle de transhumance supporté par des étais et la barrette frontale à 9,5 mm de l'avant. L'avantage de cette ruche est que les cadres standards s'y adaptent de sorte que si un besoin de ressources d'une autre de mes ruches survient, je peux prélever un cadre de couvain adapté. Aussi, je peux en commencer avec quelques cadres provenant d'une de mes autres ruches (qui sont toutes de taille moyenne). Je n'ai vu aucun attachement de plus avec cette ruche que les côtés inclinés.

Listes des parties :

2- planches 19 x 184 mm long de 1181 mm avec une feuillure 9,5 x 19 mm pour le reste du cadre.

2- planches 19 x 184 long de 505 mm

1- plateau (contreplaqué, coroplaste ou autre) 1219 x 505 mm

Toute type de couvercle 505 x 1219 mm (contreplaqué, coroplaste ou toiture en tôle) ou trois toits plats.

16- barrettes 483 par 32 par 9,5 mm

18- barrettes 483 par 38 par 9,5 mm

34-guides rayons triangulaires découpés sur des liteaux triangulaires ou dans l'angle d'une planche 19 x 19 x 445 mm

2- bois de charpente en cèdre ou traité long de 406 mm

Dimensions des rayons

Rayon mesurant 4,7 mm

Simplement pour montrer quelques dimensions de cellules. Voici un rayon issu de ma ruche kenyane à barrettes supérieures. Pour mesurer, commencer à partir de 10 mm et comptez 10 cellules. Il me semble que la mesure de 10 cellules est 4,7 cm. Une cellule mesure donc 4,7 mm. Il est bien de noter ici que j'ai commencé à partir de 10 cm car il est difficile de dire précisément où se trouve le zéro.

Foire Aux Questions

Hivernage

Q: Certaines personnes disent que les ruches tanzaniennes à barrettes supérieures n'hivernent pas bien sous les climats nordiques. Est-ce vrai ?

R: J'en possède ici dans le Nebraska et d'autres apiculteurs en ont dans des endroits aussi froids que Casper dans le Wyoming. J'ai rarement entendu les apiculteurs possédant cette sorte de ruche, affirmer qu'elles n'hivernent pas bien sous des climats froids. J'entends souvent cette affirmation de personnes qui n'ont jamais essayé d'utiliser ce genre de ruche. Un bon plan est de faire tenir la grappe à une extrémité de la ruche au début de l'hiver de sorte que les abeilles puissent continuer à travailler comme à l'accoutumée à l'autre extrémité tout au long de l'hiver. Si elles sont au milieu de la ruche, elles peuvent travailler à leur manière sur une extrémité et mourir de faim alors qu'il y a des réserves dans l'autre extrémité. Le plus grand problème est de posséder des ruches à barrettes supérieures sous des climats très chauds et là encore, des apiculteurs semblent très bien le faire. J'ai plus de problèmes les jours où il fait plus de cent degrés Fahrenheit lorsque j'ai des rayons qui s'effondrent.

Tropical?

Q: Les ruches à barrettes supérieures ont été développées en Afrique. Alors, sont-elles des ruches tropicales ?

R: En fait, les ruches à barrettes supérieures ont été développées en Grèce il y a des milliers d'années et ont ensuite été utilisées dans de nombreux autres endroits. Mais la préoccupation réelle semble être cette croyance selon laquelle les abeilles ne se déplacent pas horizontalement. Cela n'est évidemment pas vrai. J'ai vu des ruches dans des branches horizontales creuses, j'en ai vu sur des planchers, et j'ai fait hiverner des abeilles dans des ruches horizontales, tant dans des ruches à barrettes supérieures que des ruches Langstroth à cadres. Les abeilles ont tendance à ne se déplacer que dans une seule direction lorsqu'elles sont en grappe et ont des difficultés à changer de direction dans une grappe par temps froid. Mais elles ne semblent guère se soucier de l'horizontalité ou de la verticalité de la direction à prendre. Les ruches de travers (les ruches organisées horizontalement plutôt que verticalement, ou toute autre ruche à laquelle vous souhaitez donner le nom de ruche horizontale) ont été travaillées dans les pays scandinaves pendant des siècles. Selon Eva Crane, la plupart des ruches dans le monde aujourd'hui et à travers l'histoire ont été des ruches horizontales dans chaque zone allant du grand nord aux tropiques.

Grille à reine ?

Q: Sans grille à reine, comment tenir la reine éloignée du miel ?

R: Je n'utilise pas de grille à reine sur des ruches régulières. La reine ne semble pas pondre dans tous les sens. Lorsque vous finissez par obtenir du couvain dans des hausses de miel dans une ruche Langstroth, c'est parce qu'une de ces choses est arrivée : soit la reine recherchait un endroit pour pondre un peu de couvain de faux-bourdons, ce que vous ne permettez pas dans le nid à couvain parce que vous l'avez comblé ou parce que vous n'utilisez que de la cire gaufrée d'ouvrière ; soit la reine souhaitait agrandir le nid à couvain ou essaimer. Préféreriez-vous qu'elles essaiment ? Les abeilles souhaitent un nid à couvain consolidé. Elles ne veulent pas avoir du couvain partout. Certaines personnes essaient d'avoir un peu de miel operculé en guise de « grille à reine ». Je fais le contraire. J'essaie d'obtenir des abeilles qu'elles agrandissent le nid à couvain autant que possible pour les empêcher d'essaimer et obtenir une plus grande force pour la récolte du miel. Pour cela, j'ajoute des barrettes vides dans le nid à couvain durant la principale saison d'essaimage.

Récolte

Q: Comment récoltez-vous le miel dans une ruche à barrettes supérieures ?

R: Vous pouvez soit écraser et filtrer ; soit découper des rayons à miel. Si vous le souhaitez vraiment, Swienty propose un extracteur qui fonctionne avec des ruches à barrettes supérieures. Mais si vous n'avez que peu de ruches, un extracteur vaut rarement la dépense

Entrée supérieure ?

Q: Certaines personnes disent qu'une entrée supérieure laisse échapper la chaleur. Comment faites-vous vos entrées ?

R: Dans toute ruche (à barrettes supérieures ou autres), je pense qu'une entrée supérieure en hiver est toujours un bon plan. Une entrée de ce genre laisse sortir l'humidité et réduit la condensation. La chaleur est rarement un problème, la condensation est le problème en hiver. Une entrée supérieure laissera sortir la condensation. Mes entrées sont toutes des entrées supérieures. Les putois d'Amérique ont été la raison qui a motivé mon choix. Ma première ruche à barrettes supérieures possédait une entrée inférieure et les putois constituaient un sérieux problème. Après avoir opté pour des entrées supérieures, ils ont cessé d'être un problème. Mes entrées sont simplement l'écart entre la première barrette et la paroi frontale de l'avant de la ruche. Aucun trou à percer.

Côtés inclinés ?

Q: Une ruche kenyane a-t-elle moins d'attachements qu'une ruche tanzanienne ?

R: Dans mon expérience, non. Je ne connais qu'un apiculteur travaillant avec des ruches à barrettes supérieures qui semblent effectivement le penser. La plupart des apiculteurs a eu la même expérience que moi qui est qu'ils font un petit attachement d'une manière ou d'une autre.

Varroa ?

Q: Comment traitez-vous le varroa dans une ruche à barrettes supérieures ?

R: Je ne traite pas. Je compte sur la plus petite taille naturelle des cellules. Mais vous pouvez creuser un trou et utiliser de la vapeur d'acide oxalique ou alors utiliser du sucre en poudre.

Nourrissement ?

Q: Comment nourrissez-vous une ruche à barrettes supérieures ?

R: Puisqu'habituellement, je ne nourris 'en cas d'urgence, le sucre sec sur le plateau (s'il n'est pas grillagé) fonctionne très bien. Aspergez un peu d'eau sur le sucre pour obtenir une masse compacte que les jeunes abeilles chargées des travaux intérieurs de la ruche, ne pourront pas jeter et pour que les abeilles s'y intéressent. Vous pouvez utiliser un sac à nourrissement sur le plateau ou, dans le cas où vous avez conçu votre ruche de sorte qu'elle puisse prendre des cadres Langstroth, vous pouvez placer un nourrisseur cadre. Dans le cas contraire, vous pouvez en construire une adaptée. Les longs cadres moyens, j'en utilise la plupart qui peut être utilisés dans une ruche normale. Dans une ruche longue moyenne, j'utilise généralement des nourrisseurs cadres dans lesquels il y a des flotteurs.

Gestion ?

Q: Quelle différence de gestion y a-t-il entre une ruche à barrettes supérieures et celle d'une ruche longue ?

R:

La chose la plus importante à retenir est que les abeilles bâtissent des rayons parallèles. En conséquence, un bon rayon conduit à un autre bon rayon de la même manière qu'un mauvais rayon conduit à un autre mauvais rayon. Vous ne pouvez donc pas vous permettre d'être inattentif à la manière dont les abeilles commencent leurs rayons. La cause la plus commune de rayons désordonnés est le fait de laisser la cage à reine à l'intérieur de la ruche, puisque les abeilles vont toujours commencer le premier rayon à partir de là. Et c'est ainsi que commence le désordre. Il est incroyable de constater le grand nombre de personnes qui en voulant jouer la carte de la sécurité, suspendent la cage à reine dans la ruche. Ces personnes ne comprennent évidemment pas qu'il s'agit presque là d'une garantie d'échec à obtenir un premier rayon commencé de la bonne manière. Sans aucune intervention, ceci est la garantie de voir chaque rayon de la ruche aller dans le mauvais sens. Une fois qu'il y a le désordre dans la ruche, la chose la plus importante à faire est de vous assurer que le *dernier* rayon soit droit puisque celui-ci sert toujours de guide pour le *prochain* rayon. Vous ne pouvez pas vous permettre d'adopter un point de vue « optimiste » selon lequel les abeilles reviendront sur le droit chemin. Elles ne le feront pas. Vous devez les ramener sur ce droit chemin. Cela n'a rien à voir avec le fait d'armer ou non la cire, rien à voir avec la présence ou l'absence de cadres. Cela a tout à voir avec le dernier rayon droit.

Le fréquent besoin de récolte pour garder de l'espace dans la zone à miel ouverte.

Le besoin de barrettes vides dans le nid à couvain durant la saison du premier essaim « reproductif » pour élargir plus le nid à couvain et prévenir l'essaimage.

Le besoin d'avoir la grappe à une extrémité de la ruche au début de l'hiver (du moins sous les climats nordiques) afin que les abeilles ne travaillent pas que vers une seule extrémité de la ruche pour mourir de faim par la suite alors qu'elles ont laissé des réserves à l'extrémité opposé par cause d'indécision. Cela peut être aisément fait en déplaçant simplement les barrettes portant la grappe vers une extrémité et en plaçant les barrettes qu'elles remplacent à l'autre extrémité. Puisque le nid à couvain est généralement près de l'entrée, avoir l'entrée située à une extrémité de la ruche, permet d'éviter ce problème. L'avoir au centre cause ce problème.

Le besoin de manipuler avec plus de soin les rayons. Vous devez connaître l'angle que le rayon forme avec la terre. A chaque fois que vous vous retrouvez à plat avec un rayon qui est très lourd, celui-ci est susceptible de se briser. Gardez les rayons « suspendus » en harmonie avec la gravité. Vous pouvez les retourner, mais vous devez les tourner avec le plat du rayon vertical et non l'horizontal. Vous devez aussi vérifier les fixations aux parois, au plancher et aux autres rayons avant de retirer un rayon. Coupez ces fixations, s'il y en a.

Production?

Q: Qu'est-ce qui produit plus de miel ? Une ruche à barrettes supérieures ou une ruche Langstroth ?

R: Cela se résume aux différences de gestion. Si vous avez des ruches à barrettes supérieures à un emplacement où vous pouvez vous rendre aisément, où vous pouvez vérifier hebdomadairement vos ruches durant une miellée massive et gérer l'espace en récoltant fréquemment, je pense que cela peut fonctionner. Si la ruche à barrettes supérieures est dans un rucher éloigné dans lequel vous ne vous rendez pas souvent, ou même si elle se trouve dans votre arrière-cour, mais où vous ne vous rendez pas souvent, une ruche Langstroth produira probablement plus de miel.

Une ruche à barrettes supérieures doit être *fréquemment* manipulée, cependant elle ne demande pas une grande somme de travail puisque vous n'avez pas à lever et à déplacer des boîtes au moment des inspections.

Plateau grillagé ?

Q: Puis-je placer un plateau grillagé sur ma ruche à barrettes supérieures ?

R: Vous pouvez. Personnellement, je n'utiliserai pas un plateau entièrement ouvert, cela serait trop de ventilation pour la ruche. D'après mon expérience, cela fait une petite différence pour ce qui est des varroas.

Q: Est-il possible d'avoir trop de ventilation ? N'est-ce pas une bonne chose ?

R: Naturellement en hiver, trop de ventilation signifie trop de perte de chaleur. Mais même en été, les abeilles rafraîchissent la ruche par évaporation, de sorte que par une journée chaude, l'intérieur de la ruche soit plus frais que l'air extérieur. Ainsi, trop de ventilation pourrait avoir pour résultat des abeilles dans l'incapacité de maintenir une température intérieure plus fraîche. Lorsque la cire atteint une température dépassant les températures normales de fonctionnement de la ruche (> 93 F), elle mollit et les rayons s'effondrent. D'après les expériences de Huber sur la ventilation, davantage d'évents a pour résultat effectif moins de ventilation.

Ventilation croisée

Q: Sur les ruches Langstroth, il y a souvent un évent supérieur et un évent inférieur dans le but d'obtenir une aération suffisante. Dois-je utiliser ce système de ventilation croisée dans ma ruche à barrettes supérieures ?

R: Les abeilles semblent avoir plus de difficultés à ventiler une ruche verticale sans évent dans la partie supérieure. Elles doivent forcer l'air sec (qui va vers le bas) à remonter dans la partie supérieure et l'air chaud humide (qui a tendance à remonter), à aller vers le bas et à sortir par le fond. Ce travail représente quelque chose comme emprunter sur une distance d'environ 32 km un chemin en pente raide. Un évent supérieur ou une entrée supérieure dans une ruche verticale semble donc être très pratique puisque cela permet l'évacuation de l'air chaud humide par la partie supérieure, ce qui permet l'aspiration de l'air sec se trouvant dans la partie inférieure. Avec une ruche horizontale, le problème ne se pose pas. Les abeilles font bouger l'air de manière circulaire d'abord dans un sens, puis dans l'autre sens et enfin vers la porte. Un peu comme une balade sur un chemin agréable et sans pente. La méthode semble bien fonctionner. Avec une ventilation croisée (telle qu'un évent avant et arrière ou une entrée. Le vent peut souffler à travers la ruche, ce qui peut être une mauvaise chose.

Piste d'atterrissage ?

Q: Ai-je besoin d'une piste d'atterrissage sur l'entrée.

R: Non. Avez-vous déjà vu une piste d'atterrissage sur une ruche tronc ? Les pistes d'atterrissage ne sont rien de plus qu'un endroit où les souris peuvent sauter pour atteindre la ruche. Les abeilles n'ont en pas besoin et cela est, selon moi, contreproductif à cause des souris.

Longueur ?

Q: Quelle est la longueur optimale pour une ruche à barrettes supérieures ?

R: D'après mon expérience, quelque chose comme un mètre (quatre pieds) semble bien faire l'affaire. Une longueur inférieure et vous aurez de la difficulté à empêcher les abeilles à essaimer. Une longueur supérieure et vous aurez de la difficulté à faire occuper aux abeilles tout l'espace disponible. Frère Adam dans ses recherches sur les abeilles et les ruches, indique que la ruche la plus longue qu'il lui a été donné de voir, mesurait au maximum 1,5 m (cinq pieds) de long. Je retiendrais donc que cinq pieds constituent la longueur maximale

Largeur de la barrette

Q: Pourquoi ne puis-je pas faire toutes les barrettes de la même longueur ?

R: Vous le pouvez. Mais peu importe que vous le fassiez ou non, les abeilles ne bâtiront pas tous leurs rayons de la même épaisseur, il est donc difficile de les maintenir sur les barrettes. Si vous souhaitez qu'elles aient toutes la même taille, il serait alors préférable qu'elles soient toutes larges de 32 mm et prévoyez des écarteurs de 6,35 mm à placer entre les barrettes pour le cas où les abeilles décident de bâtir des rayons plus gros, pour les ramener au centre des barrettes.

Guide-rayon

Q: Quel est le meilleur guide-rayon ?

R: Il n'y a rien de mauvais Avec la plupart des guides généralement utilisés, à l'exception peut-être de la cire dans la méthode de la rainure ; qui est à peine plus une suggestion qu'un bon guide. Vous avez besoin de quelque chose qui saille significativement. Un guide de 6,35 mm convient. Un guide de 13 mm ne ferait pas de mal. N'importe quel guide, que ce soit une bande amorce de cire, ou un guide triangulaire fonctionne bien, mais il y a des avantages et des inconvénients. Pour moi, le guide dont l'utilisation présente le plus d'avantages et moins d'inconvénients est le guide triangulaire en bois. Les abeilles le suivent plus régulièrement et y attachent le rayon plus solidement. J'aime moins la bande amorce de cire car elle est fragile et par temps chaud, le rayon peut s'effondrer. Je pense que la méthode la moins fiable serait de faire perler de la cire sur une simple barrette. Non que cela ne puisse pas fonctionner, toutefois la fiabilité de cette méthode est au plus bas de la liste.

Cirer les guides

Q: Dois-je mettre de la cire sur le guide en bois ?

R: Non. Non seulement je n'enduis pas de cire sur mes guides-rayons en bois, mais en plus je ne recommande pas du tout de le faire. La cire que vous mettez sur un guide ne sera pas aussi bien attaché que le rayon que les abeilles fixent elles-mêmes. Le fait d'enduire le bord du guide de cire revient donc à affaiblir la jonction. D'après mon expérience, les abeilles ne suivront pas mieux ou pire le guide avec ou sans la cire.

Plateau à lattes

Q: Puis-je installer un plateau à lattes dans ma ruche à barrettes horizontales (ou toute autre pièce d'équipement plus fantaisie) ?

R: Bien évidement. Mais pour moi, l'aspect le plus attractif de la ruche à barrettes supérieures, en dehors du fait de ne pas avoir à soulever des boîtes, est sa simplicité. Je préfère donc la garder aussi simple que pratique.

Ruches horizontales

Ruche longue de profondeur moyenne.

Une des choses qui m'est venue à l'esprit lorsque j'ai voulu arrêter de soulever les boîtes comme je le faisais souvent, a été une ruche longue. La première fois que j'en ai bâti une, c'était en 1975 pour un ami, mais je n'en avais jamais vraiment utilisé moi-même. La seconde fois que j'en ai fabriqué une, c'était en 2002. Le concept était simplement d'éviter le soulèvement des boîtes. Ce genre de ruche est populaire dans de nombreuses régions du monde. Une variante de la ruche horizontale est la ruche à barrettes supérieures (voir le chapitre précédent pour les listes des parties et les informations sur les ruches à barrettes supérieures) qui en plus d'être de disposition horizontale, a des cadres pour les rayons. J'en utilise présentement, deux ruches profondes de 12 cadres, une ruche profonde de 22 cadres, et cinq ruches moyennes de 33 cadres. J'espère en avoir encore plus chaque année. Mes entrées sont simplement des couvercles de transhumance soutenus par des étais. L'avantage est que je ne suis pas obligé de percer la ruche ou à m'inquiéter des putois. L'entrée se déplace avec les hausses de sorte que les abeilles tendent à mieux travailler les hausses au fur et à mesure que je les ajoute.

Ruche longue, vue avant. Ce modèle prend des cadres moyens. Généralement des PermaComb.

Gestion

Les problèmes et questions de gestion sont les mêmes que les problèmes de gestion d'une ruche à barrettes supérieures. Consultez donc la section sur la gestion d'une ruche horizontale à barrettes supérieures pour plus de détails.

Ruche longue avec des hausses. Celle-ci contient surtout des cadres sans cire gaufrée.

Ruches d'observation

Pourquoi utiliser une ruche d'observation ?

J'aime mes ruches d'observation. J'ai appris beaucoup plus d'elles en une année, que des nombreuses années passées à prendre soin d'abeilles dans une ruche. En posséder une, en plus de vos ruches, vous donne une idée de ce qui se passe ailleurs, dans d'autres ruches. Vous pouvez voir si la ruche est approvisionnée en pollen, en nectar, s'il y a des pillages etc. Vous pouvez observer les abeilles élever une reine, observer la manière dont elles réagissent pendant que la reine s'accouple, les observer essaimer. Vous pouvez compter les jours, les heures durant les périodes d'operculation, les périodes post-operculation etc. Vous parviendrez à observer les abeilles danser, la danse de toilettage etc. Vous parviendrez à entendre les sons que les abeilles émettent lorsqu'elles sont orphelines, lorsqu'elles sont victimes de pillages, lorsqu'une nouvelle reine émerge etc. J'ai commencé à bâtir une ruche d'observation, il y a quelques temps, mais je ne l'ai jamais terminée. Aujourd'hui, je me demande encore comment je m'en suis sorti sans elle.

Photographies de différents genres de ruches d'observation

Ruche profonde d'observation Langstroth. Par-dessus: ruche Langstroth à barrettes de 10 cadres du style ruche d'observation.

Cela fonctionne très bien avec des cadres dépourvus de cire gaufrée. Il s'agit ici d'une vue de face des rayons, et non d'une vue des barrettes d'extrémité. Les cadres équipés de feuilles pleines de cire gaufrée ne sont pas aussi utiles. A droite, une photographie d'abeilles dans une ruche d'observation Langstroth de taille profonde. Ce sont des barrettes supérieures au lieu de cadres. Elles ont été déplacées dans une double boîte de grande profondeur (profondeur profonde standard et 826 mm de long) qui a été placée à l'ombre. Les rayons profonds sur des barrettes supérieures se sont tous finalement effondrés comme une rangée de dominos, alors j'ai opté pour des ruches de profondeur moyenne à la place des grandes ruches à barrettes supérieures Langstroth. La ruche d'observation reste toujours pratique d'utilisation. Je possède un plateau qui s'adapte parfaitement à la partie en verre et bloque le soleil de sorte que la ruche d'observation ne devienne pas un cérificateur solaire.

Nourrisseur cadre vitré pour une ruche d'observation intérieure. Je l'ai fabriqué pour combler l'espace laissé lorsque je veux faire tenir quatre cadres moyens au lieu de deux cadres profonds et deux cadres de hausse.

Le Rideau occultant

La fente dans la partie supérieure du verre est un encart fait de verre régulier découpé que j'ai placé à l'intérieur pour corriger l'espacement. Le verre extérieur est un verre de sécurité. Malheureusement, je l'ai heurté avec un lève-cadres en nettoyant et j'y ai fait une fissure qui s'est lentement agrandie avec le temps à travers toute la paroi de verre.

Le tube sort par la fenêtre à travers un encart 19 x 89 mm.

Rayon irrégulier sur le verre. Mauvaises cellules inclinées

Les abeilles bâtissent surtout des cellules inclinées de sorte que le fond de la cellule jusqu'à l'embouchure soit ascendant sur environ 15 degrés. Mais quelquefois, elles bâtissent un rayon à l'envers de leur propre chef, ou alors l'apiculteur retourne le rayon pour pousser les abeilles à l'abandonner. J'ai eu des abeilles qui ont rempli de nouveau les cellules à l'envers avec du miel. Mais la reine semble ne pas beaucoup pondre dans les cellules à l'envers. Pour quiconque qui souhaite des cellules inclinées renversées, vous pouvez les voir su les parties inférieurs des plus petits rayons irréguliers sur la photographie de droite. Vous pouvez voir la manière dont le miel ne suit pas la gravité mais plutôt le mécanisme des abeilles dans le rayon irrégulier comme sur la photographie de gauche. Voyez la manière dont le miel ne repose pas à plat dans la cellule et pointe souvent vers le haut et vers le bas. Si vous observez les cellules sur la photographie, sur la gauche elles sont souvent soit complètement horizontales ou encore soit inclinées quelque peu vers le bas.

Couvain dans un rayon PermaComb

Avoir une ruche d'observation

Vous pouvez en bâtir ou en acheter une

Je commencerai cette partie avec un démenti. *Toutes* les ruches d'observation que j'ai vues, mesurées ou encore utilisées, présentent des erreurs au niveau de l'espacement. Certains espacements sont trop petits, d'autres sont trop grands. Cependant toutes les ruches à l'exception des ruches Brushy Mt. qui étaient en vente quelques années plus tôt, ne sont pas conçues pour ce qui est de posséder une ruche d'observation et la gérer. Cela devrait pouvoir vous encourager à bâtir votre propre ruche d'observation. Cela pourrait mieux vous convenir. Vous pourriez aussi trouver qu'en acheter une et la retravailler ensuite, serait plus simple pour vous. Mais voici ce que j'attends d'une ruche d'observation.

Je la veux assez grande de sorte que je puisse l'utiliser toute l'année avec un cadre épais. De cette manière, je peux toujours trouver la reine, les œufs et le couvain, alors supposons que cela soit l'objectif.

Aussi, la disponibilité évolue tout le temps, de ce fait, certains modèles ne seront plus disponibles au moment de la publication de cet ouvrage.

Verre ou plexiglas

J'apprécie les deux. Si vous projetez d'en acquérir un, la ruche d'observation avec du verre de sécurité est assez durable. Ma ruche Draper est une ruche d'observation avec du verre de sécurité et mes petits-fils l'ont cognée plusieurs fois avec leurs jouets mais elle est toujours en un seul morceau. Le plexiglass est moins cassable, plus léger en terme de poids et plus facile à travailler lorsque vous bâtissez vous-même le vôtre. Le verre est plus simple à nettoyer. Pour ce faire, il vous suffit d'utiliser un grattoir à lame et grattez le verre jusqu'à ce qu'il soit propre. Terminez le nettoyage avec un nettoyant pour vitres. Pour le nettoyage du plexiglass, vous avez besoin de nettoyant WD-40 ou de l'huile minérale de qualité alimentaire. Vous pouvez acheter l'huile minérale de qualité alimentaire à la pharmacie, tout comme les laxatifs à base d'huiles minérales. Les deux solvants doivent tremper pour ramollir la cire et la propolis.

Autres accessoires intéressants

Malgré l'excès d'espacement dans ma ruche Draper, je l'aime beaucoup. Elle possède une base pivotante, de sorte que je peux faire tourner la ruche pour observer tous les côtés. J'ai finalement placé un morceau de verre pour remédier au problème d'espacement.

Sortie

Vous avez besoin d'une sortie sur votre ruche. Moi j'utilise un tube prévu pour une pompe de puisard qui mesure environ 32 mm. Je découpe quelques encarts un par quatre que j'adapte à la largeur de ma fenêtre et de ma contre-fenêtre. J'utilise une perceuse pour faire des trous de 32 mm alignés. Ensuite je fais passer le tuyau à travers les trous et je mets du ruban adhésif à l'extérieur, de sorte que lorsque mes petits-fils tirent sur le tuyau, il ne revienne pas dans la ruche. Le tuyau tient sur la sortie de la ruche avec un collier de serrage. La ruche Brushy Mt. nécessite un petit bloc pour combler le trou carré sur l'extrémité, j'y ai percé un trou de 29 mm et j'y ai vissé un tuyau de 25 mm (diamètre intérieur) pour la sortie sur laquelle fixer le tuyau. Cela aide d'avoir la ruche près d'une fenêtre ne recevant directement pas le soleil (soit parce qu'elle est ombragée par des arbres ou autres). De cette manière, la ruche ne se transformera pas en cérificateur solaire.

Intimité

J'ai la meilleure chance en achetant simplement de la popeline de coton noir, je la plie en deux et en la posant sur la ruche d'observation en la doublant une fois de plus. La popeline peut être coupée pour être adaptée exactement. De cette manière, vous obtenez un rideau simple à enlever, simple à remettre en place et simple à faire. Les abeilles préfèrent l'obscurité la plupart du temps.

Les problèmes liés aux ruches d'observation

Taille de cadre

Brushy Mt. semble être le seul fournisseur qui ait compris que pour entretenir une ruche d'observation, il devrait y avoir une taille de cadre et que cette taille devrait correspondre à celle des corps de ruche de vos autres ruches. Ils ne proposent maintenant que la ruche « Ulster ». Ils avaient coutume d'en proposer une avec des cadres profondes (ruche Huber) et une autre avec des cadres moyens (ruche Von Frisch). J'ai retravaillé la ruche Draper pour en faire une ruche de quatre cadres moyens équipée d'un nourrisseur latéral pour combler la différence dans la partie supérieure et d'un verre d'observation que j'ai fabriqué moi-même.

Taille générale

Je n'ai jamais eu beaucoup de chance lorsque j'ai élevé des abeilles dans une ruche Tew (qui de toute façon, n'a pas vraiment été conçue pour cela), même lorsque je l'ai retravaillé pour l'élargir (j'en parlerai un peu plus dans une autre partie). Les abeilles n'y ont jamais prospéré. Cette ruche est tout simplement trop exiguë. Je pense que la taille minimum pour une ruche d'observation durable est trois cadres moyens ou deux cadres profonds, ou encore mieux : quatre cadres moyens ou trois cadres profonds. Puisque vous devez transporter la ruche d'observation à l'extérieur pour la travailler (du moins si vous la gardez dans votre salon comme je le fait), il faudrait qu'elle soit assez légère pour que vous puissiez la déplacer. Je trouve que les ruches à quatre cadres moyens sont environ la grandeur que je peux aisément gérer. Je dirais donc qu'il s'agit de la taille idéale. Quatre cadres moyens ou trois cadres profonds (en fonction de ce que vous utilisez pour le couvain dans vos ruches). Vous pouvez les retravailler en modifiant les restes pour prendre différentes tailles de cadres que vous placerez sur la gauche pour en faire des nourrisseurs ou vous placez simplement une barrette supérieure pour combler le vide avec un espacement au-dessus et en-dessous.

Espace entre le verre

Pour des raisons qui me sont inconnues, personne ne semble bien faire cela. Sur la ruche Draper, l'espace entre les verres est d'environ 57 mm et les abeilles bâtissent souvent irrégulièrement sur le verre. Sur les ruches Brushy Mt, l'espace est de 38 mm et lorsque je place des cadres de couvain issus d'une ruche, l'espace est trop restreint, le couvain ne peut pas émerger et les abeilles s'enfuient. J'ai retravaillé les ruches Brushy Mt. en ajoutant un liteau (disponible en quincaillerie) épaisse de 6,35 mm, que j'ai placée derrière les charnières, vers le côté de la charnière et sous la porte comme un butoir sur le côté opposé. De plus, j'en ai ajouté une autre près de l'entrée, simplement pour harmoniser l'autre côté. Ceci a parfaitement fonctionné et cette ruche est celle que j'ai de plus prospère actuellement. Un espace de 45 mm est tout simplement le bon espace entre les verres pour une ruche d'observation. Un espace de 48 mm fait aussi l'affaire.

Nourrisseur

Une ruche d'observation est (généralement) placée dans la maison. Par conséquent, vous devez être en mesure de la nourrir sans avoir à l'emmener à l'extérieur. La Van Frisch de chez Brushy Mt. avait un nourrisseur grillagé de l'intérieur sur lequel il était possible de poser un bocal d'un quart avec des trous dans le couvercle pour le nourrissement. Cela fonctionne également. La ruche Draper n'avait pas de nourrisseur alors j'ai fabriqué un nourrisseur cadre avec des côtés en verre que j'ai placé par-dessus avec un trou recouvert d'un grillage à mailles de dimension 4 mm pour le remplissage. Je peux aussi y déposer un peu de pollen si je le souhaite puisque le pollen passe très bien à travers le grillage. Mais j'ai eu des problèmes lorsque j'ai ajouté du pollen dans du sirop, parce que le pollen cause la fermentation du sirop. J'ai percé un autre trou complémentaire sur un côté, toujours recouvert d'un grillage à mailles de dimension 4 mm, de sorte qu'en laissant de côté le trou dans le nourrisseur, je peux ajouter du pollen par le second trou.

Ventilation

Une ventilation semble être plus difficile à obtenir à la fois pour vous et pour les abeilles. Le long tube passant par la fenêtre, rend pour les abeilles, la ruche difficile à ventiler par l'entrée. J'ai retravaillé la ruche Tew de nombreuses fois auparavant. J'ai suffisamment réduit la ventilation pour que les abeilles ne puissent pas élever de couvain du tout. J'ai dû agrandir la ventilation de la ruche Draper pour faire disparaître la condensation sur le verre d'observation et nettoyer le couvain calcifié. Vous devez être attentif aux besoins des abeilles.

S'il y a condensation sur le verre, c'est qu'il n'y a pas assez de ventilation. S'il y a du couvain calcifié dans la ruche, c'est qu'il n'y a pas assez de ventilation. Si les abeilles ont beaucoup de difficultés à élever leur couvain, alors il y a probablement trop de ventilation.

Pillage

Une ruche d'observation est par définition une petite ruche et est sujette au pillage par les abeilles des ruches plus fortes du rucher. Une fois de plus, la ruche Von Frisch comporte une pièce de Plexiglas qui tombe dans la partie où sort le tube, ce qui réduit l'entrée. Vous retournez la pièce de Plexiglas, vous la placez et elle bloque totalement la sortie. Cela n'est pas possible sur la ruche Draper et cela a été un problème de temps en temps.

Déconnexion

J'ai essayé une variété de gadgets fantaisies pour déconnecter la ruche, afin de la sortir à l'extérieur et bloquer les abeilles qui entrent et les abeilles qui sortent. Aucun de ces gadgets n'a vraiment bien fonctionné. J'ai fini par prendre trois morceaux de tissus assez larges et trois élastiques pour cheveux pour couvrir le tube. Je déconnecte le tube et je couvre rapidement les extrémités avec les tissus et les élastiques. Je les sépare juste assez pour intercaler le tissu en premier. S'il y a quelqu'un pour m'aider, je lui fais tenir le tissu sur une extrémité pendant que je fixe l'élastique sur l'autre extrémité. Une fois que je bloque le tube qui est engagé et que le branchement pour le tube sur la ruche est bloqué, je vais à l'extérieur et je fais sortir le tube pour qu'il n'y ait pas d'encombrement à l'intérieur du tube lorsque j'essaie de le connecter à nouveau. Ensuite je tracte la ruche à l'extérieur, je fais mes manipulations, puis je la ramène à l'intérieur.

Travailler la ruche

Il semble que les abeilles commencent à déborder sur la ruche aussitôt que vous ouvrez la ruche d'observation. Vous aurez besoin d'un enfumoir et d'une brosse pour parvenir à fermer de nouveau la porte. Essayez d'enfumer les abeilles pour qu'elles retournent dans la ruche et ensuite brossez-en autant que vous pouvez pour dégager la porte et la refermer.

Un autre avantage de la ruche Von Frisch lorsque je place l'écarteur supplémentaire est que les abeilles ne s'écrasent pas autant dans la charnière ou sur le côté de la porte car il y a un écart de 6,35 mm tout autour Je les brosse une fois, je déplace la ruche plus loin et je recommence l'opération. Ensuite, je mets deux tubes l'un contre l'autre, j'ôte le rideau aussi vite que je le peux et je reconnecte les divers éléments. Si je fais cela, en ne maintenant le tube ouvert que très peu de temps, je n'ai presque jamais d'abeilles qui pénètrent dans la maison. Si cela arrive, elles essaient simplement de sortir par la fenêtre. En ce moment, vous pouvez les capturer avec un verre et une feuille de papier. Placez le verre sur l'abeille et glissez le papier sous le verre. Vous avez maintenant une abeille dans le verre. Emmenez-la dehors et laissez-la s'envoler. Chaque fois que j'ai besoin de retravailler la ruche ou de faire un nettoyage approfondi, je mets simplement les cadres dans une ruchette avec l'entrée placée au même endroit que le tube avec celui-ci toujours fermé. Dans mon cas, la ruchette se trouve au-dessus d'une boîte profonde vide afin d'avoir la bonne hauteur. Si l'entrée menant à la ruchette se trouve au même endroit, les abeilles la retrouvent rapidement. Cela me laisse plusieurs jours, pour nettoyer, si je le souhaite, les irrégularités, la propolis, retravailler toutes les choses qui m'ont frustrées, comme fabriquer un nourrisseur, placer quelque chose pour maintenir l'espacement, percer un trou pour le nourrissement au pollen, plus ou moins de ventilation etc. Ensuite, lorsque j'ai terminé, je replace simplement les cadres dans la ruche d'observation, j'ôte la ruchette et je connecte les diverses parties.

Gabarit de boîtes

Je développais mon apiculture et j'achetais beaucoup de nouveaux outils lorsque j'ai décidé de bâtir un gabarit pour assembler les boîtes. En voici les photographies.

Gabarit de boîte sans les partitions cadres

Partitions cadres en place

Extrémités placées sur le gabarit

Côtés placés sur le gabarit

Utiliser un maillet pour emboîter les côtés

Les côtés sont cloués

Le gabarit est retourné pour travailler l'autre côté

Le gabarit est ôté une fois que l'autre côté est fixé

Les partitions cadres sont enlevées du centre des boîtes

Divers outils

Voici quelques outils que j'ai modifiés d'une manière ou d'une autre et diverses autres photographies.

Attache

Attache pour maintenir le couvercle en place

Ceci est une attache pour faire tenir en place le couvercle. J'en ai vu une dans une vidéo et j'ai décidé d'en fabriquer pour économiser les briques utilisées pour le levage. L'attache se fixe dans les poignées. Elle est faite de fil d'acier galvanisé de diamètre #9.

Support de ruche

Supports de ruches

Mon intention est d'avoir un support pour 14 ruches que je puisse soulever juste une fois, et être capable de pousser les ruches toutes ensemble pendant l'hiver pour les mettre au chaud. Les longs stolons sont espacés de 406 mm avec l'avant placé de sorte que si les arrières sont au centre les uns contre les autres, le côté avant de la ruche est face au côté avant de la ruchette deux par quatre. Et l'arrière est placé de sorte que si l'avant est aligné avec l'avant des extrémités alors l'arrière est toujours sur le deux par quatre par l'arrière.

Plantain

Plantain

Ceci n'est pas exactement un équipement, mais si vous vous faites piquer, cette plante est le meilleur remède que j'ai trouvé pour traiter la piqûre. Prenez simplement une feuille, mâchez-la pour l'écraser et placez la feuille mâchée comme un cataplasme sur la piqûre (après avoir retiré le dard, bien sûr).

Si vous ne trouvez pas de plantain, voici par ordre de préférence, une liste de mes remèdes favoris contre une piqûre d'abeille :

Cataplasme de plantain

Cataplasme d'aspirine mouillée écrasée

Cataplasme de tabac

Cataplasme de bicarbonate de soude

Cataplasme de glutamate monosodique (MSG)

Cataplasme de sel d'Epsom

Cataplasme de Chlorure de sodium NaCl (sel)

Flotteur

Flotteur pour nourrisseur seau

Prévu pour l'utilisation de seaux de 5 gallons en guise de nourrisseurs ouverts. Fabriqué avec du contreplaqué encollé extérieur de 6 mm d'épaisseur. Les abeilles semblent toujours se noyer dans les nourrisseurs peu importe le moyen que j'emploie pour empêcher cela. Si vous utilisez ce flotteur, assurez-vous d'avoir assez de seaux afin que les abeilles ne s'agglutinent pas dans le fond d'un seau en essayant de se nourrir. J'ai perdu beaucoup moins d'abeilles avec un plus grand nombre de seaux qu'avec moins de seaux. Dans le cas où il y a d'autres ruchers dans les environs, le nourrissement ouvert peut ne pas être pratique.

Introduction d'un enfumoir

Introduire un enfumoir

Le dispositif ci-haut fournit une source constante d'oxygène à l'enfumoir de sorte qu'il n'y ait aucun besoin de le sortir. Découpez des pieds et montez-les pour soutenir le dispositif.

Outils de filage

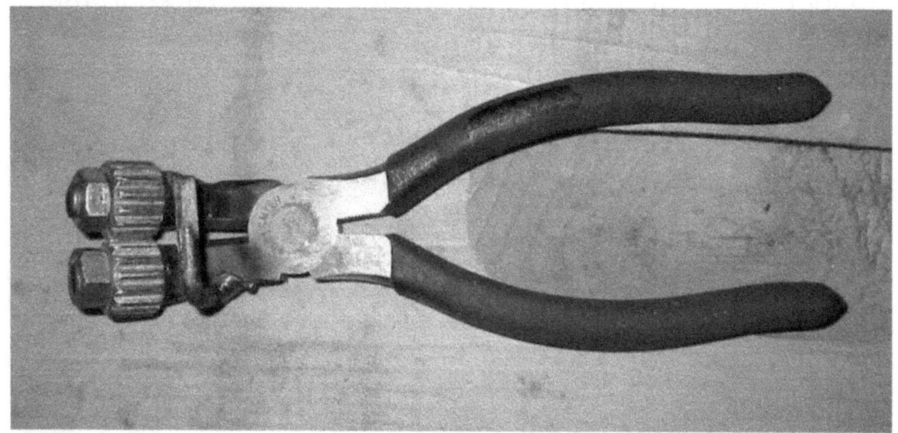

Pince roulette

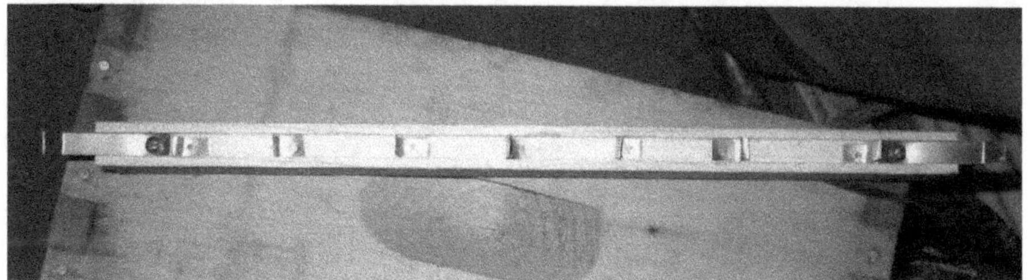

Sertisseur de fils métalliques

J'ai acheté un sertisseur de chez Walter T. Kelley. Mais étant donné que cela ne fixait pas du tout les extrémités et manquaient souvent des endroits au centre, j'ai ajouté toutes les pièces métalliques argentées entre les pièces en cuivre d'origine et maintenant le sertisseur fonctionne parfaitement.

Dee Lusby m'a convaincu d'essayer le filage. Bien vite, j'ai été frustré par l'utilisation des roulettes en plastique bon marché. En voulant serrer assez fort pour les faire fonctionner, je me suis retrouvé avec les mains meurtries. Alors en prenant pour exemple un outil que j'avais vu auparavant, j'ai passé commande chez un soudeur local. Celui-ci a coupé les extrémités d'une pince Lineman sur un angle de 45°. A la place, Il a soudé des roulettes. Il a utilisé un morceau de barrette de soudure en guise d'arrêt pour le fil métallique. Il a simplement perforé les filetages afin que les boulons restent en place. L'outil obtenu fonctionne à merveille. J'ai dû m'accoutumer à ne plus serrer très fort car maintenant j'ai prise.

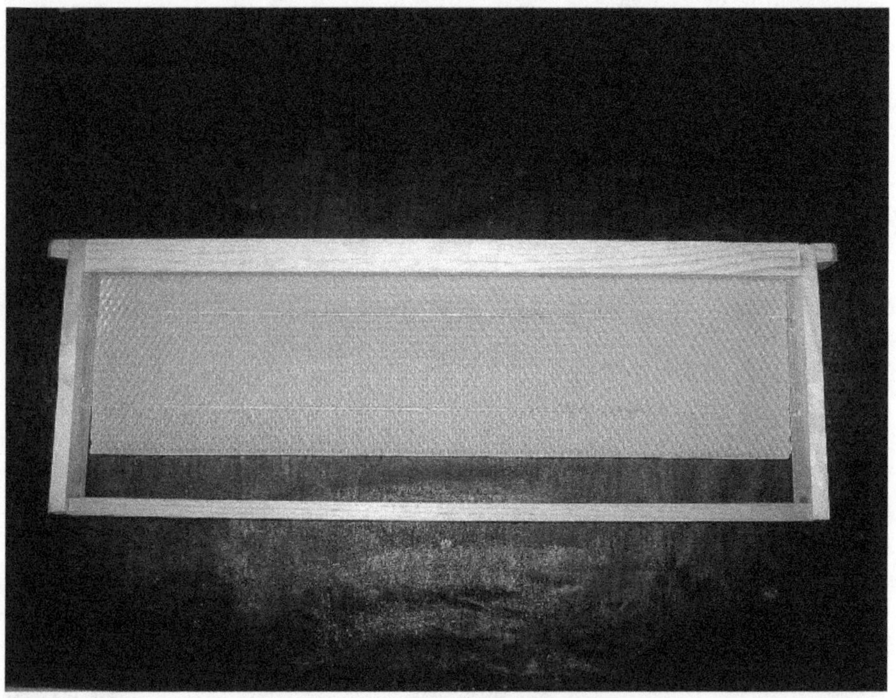

Cire gaufrée profonde de 4,9 mm coupée en deux dans un cadre moyen

J'ai un peu utilisé de la cire gaufrée de 4,9 mm. Etant donné que je ne travaille qu'avec des boîtes moyennes et puisque la cire gaufrée de 4,9 mm n'existe qu'en taille profonde, je la découpe en deux et je place chaque moitié dans un cadre moyen. Je laisse la partie inférieure du cadre vide. Les abeilles ont besoin d'un endroit où elles peuvent bâtir comme elles le souhaitent de toute manière, alors je leur laisse cette place. Ce cadre porte deux fils métalliques horizontaux et des barrettes d'extrémité coupées à 32 mm.

Ces choses que je n'ai *pas* inventées

« Christophe Colomb, comme chacun sait, est passé à la postérité parce qu'il a été le dernier à découvrir l'Amérique » — James Joyce

« La chose qui a été, c'est ce qui sera, et ce qui s'est fait, est ce qui se fera : et, il n'y a rien de nouveau sous le soleil. Y a-t-il quelque chose dont on puisse dire : voyez, cela est nouveau ? Il a déjà été dans les siècles qui ont été avant nous. » —Ecclésiastes 1: 9-10

Ceci sera un récapitulatif de certaines des choses que nous avons déjà abordé. Il arrive de temps en temps que je sois accusé d'essayer de m'attribuer le mérite de certaines idées ou d'autres. Alors simplement pour clarifier, je n'essaie aucunement de m'attribuer le mérite de l'invention de quoi que ce soit, et voici une liste de certaines choses dont certaines personnes m'ont accusé de m'attribuer le crédit que je n'ai *pas* inventées :

Espacement

Oui, j'ai bien été accusé d'en avoir revendiqué l'invention. Non seulement, je n'ai pas inventé l'espacement (bien évidemment ce sont les abeilles qui l'ont fait) mais aussi, je ne l'ai pas découvert (bien évidemment, l'espacement a été utilisé pendant longtemps). Nous ne saurons probablement jamais qui a découvert cela. Les Grecs ont trouvé l'écart qu'il doit y avoir entre les rayons. Huber a mesuré cet écart avec un peu plus de précision. Langstroth n'a même pas inventé l'idée de son utilisation à l'intérieur des cadres. Jan Dzierzon l'a fait bien avant Langstroth. Alors nous pourrions probablement dire que la ruche Langstroth a en fait été inventée par Jan Dzierzon

N'utiliser que des boîtes moyennes

Je ne suis pas sûr de la personne qui a en premier essayé de convaincre les autres d'essayer, mais Steve de chez Brushy Mt. l'a suggéré pendant longtemps, ainsi que de nombreuses autres personnes. Je suis un converti de fraîche date (j'ai commencé ma conversion en 2003, ceci après 31 années de pratique de l'apiculture). J'ai simplement pensé que c'est une bonne idée.

Utiliser des boîtes à 8 cadres

Elles ont été inventées il y a plus de 100 ans, probablement même plus de 150 ans de cela. Kim Flottum en a été adepte pendant très longtemps. C. C. Miller, et Carl Killion aussi. Je pense simplement que les boîtes à huit cadres sont une bonne idée.

Les ruches à barrettes supérieures

Les Grecs les ont inventées il y a plusieurs milliers d'années. Ils ont aussi avancé l'idée d'un guide-rayon sur les barrettes. Dans les années 70, j'en ai bâti une en bois en prenant pour exemple la ruche paille des Grecs, bien avant que je n'en vois une moderne. Mais l'idée de base vient des Grecs. La mienne n'était pas une ruche longue (Je n'y avais pas encore pensé) alors elle n'était pas très utile et lorsque dans les années 80, j'ai lu dans l'American Bee Journal, un article avec une illustration de la ruche kenyane à barrettes supérieures, j'ai réalisé que les kenyans avaient déjà perfectionné ce que j'avais essayé de copier des Grecs.

Ruche à barrettes supérieures

Cadres sans cire gaufrée

Ceux-ci ont été utilisés pendant très longtemps. Jan Dzierzon, Huber, Langstroth et de nombreux autres apiculteurs ont utilisé des cadres sans cire gaufrée. Chacun d'eux est réellement basé sur les ruches paille à barrettes supérieures des Grecs. Quelque chose de très proche de ce que j'ai fabriqué, se trouve dans le livre de Langstroth, dans ses brevets et les ouvrages de King. A.I. Root et d'autres fournisseurs d'instruments apicoles les ont fabriquées pendant des années. Plus récemment, Charles Martin Simon a essayé de les populariser à nouveau. Je pense qu'il s'agit d'une très bonne idée.

Cadres étroits

Cadres étroits

Ce genre de cadres a aussi été utilisé pendant très longtemps. Je ne peux trouver les mesures exactes des ruches paille grecques, mais Huber a utilisé des cadres mesurant 32 mm à la fin des années 1700. Un grand nombre d'adeptes les ont utilisés et suggérés au fil des ans. Koover plus récemment, en a été un adepte. Les russes ont effectué des études et ont conclu qu'il y avait moins de Nosema et plus d'élevage de couvain avec des cadres plus étroits. Je pense simplement qu'ils sont un bon moyen d'obtenir la petite cellule plus rapidement et, aussi d'obtenir 9 cadres de beaux rayons de couvain bien droits dans mes boîtes de couvain à huit cadres.

Ruches longues

L'idée m'est venue alors que je n'en avais pas vu. C'était une tentative de résoudre les problèmes de levage des boîtes profondes pleines d'une dame âgée qui aimait les abeilles et qui souffrait d'un mal de dos. Cependant, d'autres avant moi, avaient inventé cela bien longtemps avant que je n'y ai pensé. C'est une idée évidente si vous essayez de résoudre le problème de levage des boîtes. Cela existe depuis des siècles et reste de par le monde l'arrangement le plus populaire pour une ruche, aujourd'hui encore, et est populaire du nord de l'Europe au Moyen-Orient, en passant par l'Afrique et bien au-delà.

Insertion d'un enfumoir

La boîte de conserve que j'ai customisée pour l'insertion, exception faite d'une boîte en fer blanc libre, n'est qu'une copie d'une de celle dans l'enfumoir Rauchboy. Je ne l'ai certainement pas inventé, mais je l'aime bien et j'ai simplement voulu convertir tous mes enfumoirs. Je les ai donc fabriqués à partir d'une vieille boîte de conserve. Quelqu'un l'a probablement fait de la même manière avant Rauchboy.

Ruches non peintes

Ce n'était pas mon idée. C'est bien entendu, une étape évidente pour tout apiculteur paresseux, mais C.C. Miller, G.M. Doolittle et Richard Taylor ont publié le concept bien avant que je ne le fasse.

> ***« A l'instar des enseignements de G. M. Doolitle, dans les idées duquel j'ai grande confiance, je pense qu'il y a plus de chances pour que l'humidité sèche sur des ruches non peintes que sur des ruches peintes. J'ai vu dans mon cellier une ruche peinte humide et moisie alors que toutes les ruches non peintes étaient en bien meilleur état » — C.C. Miller***

L'apiculture de la petite cellule

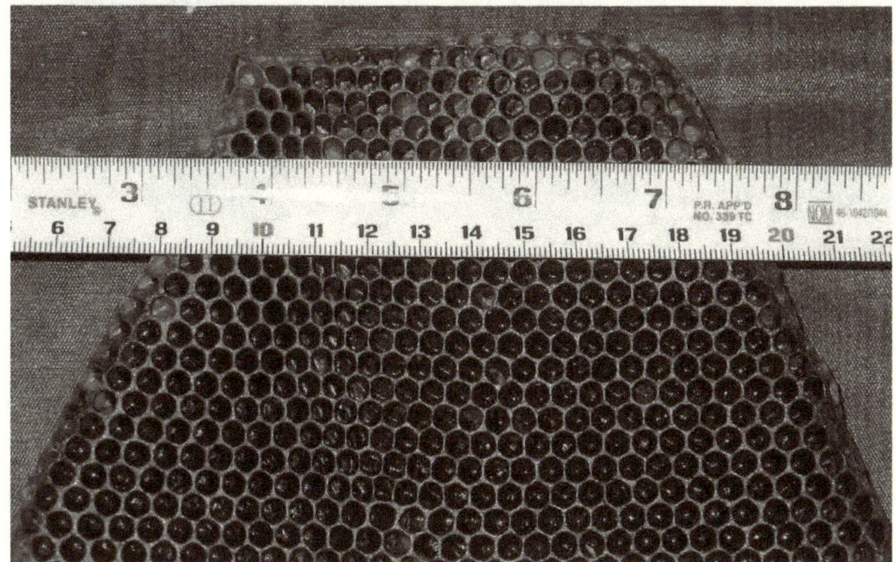

Bien évidemment, les abeilles ont inventé la cellule de taille naturelle. Les Lusby, pour autant que je puisse en dire, étaient les premiers à associer la taille naturelle à la prévention de la maladie et à la santé des abeilles. Je suis un joueur tardif dans ce jeu de la petite cellule. Les Lusby ont commencé en 1984. J'ai commencé vers la fin de l'année 2001 sur la base de lectures et de copier-coller sur le site www.beesource.com

Entrées supérieures

Je ne suis pas sûr en ce qui concerne la personne qui a essayé cela au fil des années ou alors à qui en attribuer le crédit. Quelqu'un a cité un certain apiculteur d'Europe de l'Est qui attribue aux entrées supérieures toutes sortes d'avantages que je n'ai pas observé, mais j'y ai trouvé un moyen simple de prendre soin de mes abeilles tout en résolvant de nombreux problèmes que j'ai eu avec les ravageurs et la ventilation. Lloyd Spears les a certainement fabriquées et en a fait la promotion bien longtemps avant ma venue. C'est lui qui est à l'origine de l'idée que j'ai eue d'utiliser de simples cales pour soutenir le couvercle.

Ouvrir le nid à couvain

Je ne sais pas exactement qui a essayé le premier d'ouvrir le nid à couvain dans le but de prévenir l'essaimage. Ceci est pour moi un autre mystère. Je l'ai fait pendant des années car je l'avais lu quelque part. Dans un premier temps j'ai pensé que cela permettait simplement aux abeilles de garder le nid à couvain ouvert car pour une raison ou pour une autre elles l'avaient accidentellement rempli de nectar, situation causant l'essaimage, communément nommée « congestion » par les vieux ouvrages d'apiculture. J'ai finalement commencé à réaliser que c'était l'intention des abeilles, de remplir le nid à couvain afin d'essaimer. En dépit de cette raison, le fait de garder le nid à couvain ouvert empêche les abeilles d'essaimer. Diverses personnes au fil des années ont utilisé la méthode du couvain ouvert, l'ont encouragée, lui ont donné divers noms et ont essayé diverses variations de la méthode initiale. Le résultat final reste le même : un nid à couvain agrandi qui empêche l'essaimage des abeilles.

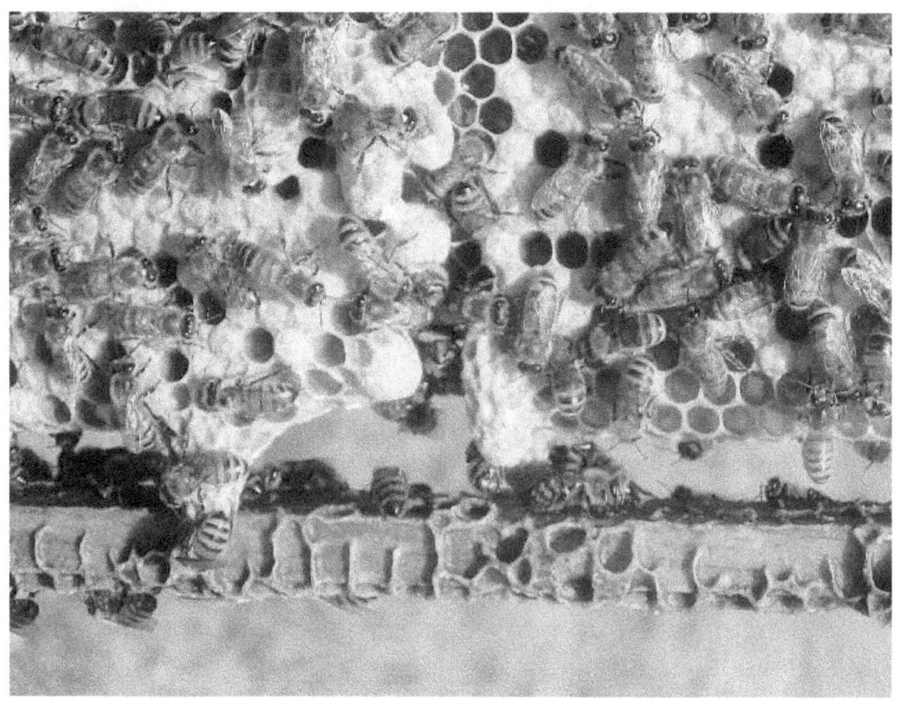

Les choses non naturelles en apiculture

Certes, l'apiculture est naturelle car d'une manière ou d'une autre, les abeilles finissent toujours par agir à leur gré. Mais à certains égards, ce n'est jamais naturel car nous gardons les abeilles dans des situations qui ne se produisent pas naturellement.

Les choses que nous dénaturons par la manière dont nous élevons les abeilles :

La génétique :

Nous produisons moins :

D'abeilles défensives.

D'essaims.

De Propolis.

De Rayons irréguliers.

De nervosité sur les rayons.

D'élevage de faux-bourdons.

Nous produisons plus :

De thésaurisation.

De Bâtissage au printemps et de baisse en automne.

Nous produisons maintenant :

De la résistance à la loque américaine.

Plus d'abeilles « hygiéniques » (abeilles détectant et détruisant les cellules infestées par les acariens ou autres problèmes)

Des abeilles SMR (Je ne pense pas que nous sachions réellement ce qu'elles sont excepté qu'elles résistent plus aux acariens)

Perturbations:

Enfumage.

Ouverture de la ruche.

Réorganisation des cadres.

Confinement de la reine avec une grille à reine.

Forcer les abeilles à passer à travers une grille à reine.

Forcer les abeilles à passer à travers une trappe à pollen.

Pillage du miel.

Alimentation :

Succédané de pollen au lieu de vrai pollen.

Sirop de sucre au lieu de miel.

Poisons et produits chimiques dans la ruche :

Huiles essentielles.

Acides organiques (acide formique, acide oxalique, etc.)

Acaricides. (Apistan et CheckMite)

Pesticides (de la pulvérisation sur les récoltes à la pulvérisation contre les moustiques)

Antibiotiques (TM et Fumidil).

A cause des feuilles gaufrées de cire :

Organisation de la ruche:

Taille des cellules.

Quantité de cellules de faux-bourdons.

Orientation des cellules.

Répartition des tailles des cellules.

Population de la ruche :

Nous essayons d'avoir moins de faux-bourdons.

Nous essayons d'avoir moins de sous-castes de tailles différentes.

Accumulation de contaminants solubles dans la cire.

A cause des cadres ou des barrettes :

Espacement entre les rayons.

Epaisseur des rayons.

Répartition de l'épaisseur des rayons.

Accumulation de produits chimiques et éventuellement de spores dans la cire gaufrée.

Ventilation autour des rayons. Il y a un espacement dans la partie supérieure des cadres. Les rayons naturels sont attachés dans la partie supérieure.

A cause des hausses, expansion et contraction du volume de la ruche afin de prévenir l'essaimage et l'hivernage.

Les ruches naturelles varient de multiples manières, mais à cause des ruches :

Ventilation

Taille

La communication à l'intérieur de la ruche à cause des écarts entre les boîtes et des espacements dans la partie supérieure.

La condensation, l'absorption et la répartition de la condensation.

Les espacements dans la partie supérieure et aux extrémités où dans une ruche naturelle ils sont généralement solides dans la partie supérieure, sans communication et ici et là seulement des passages au gré des abeilles en fonction de leur commodité de mouvement ou de la ventilation.

Emplacement de l'entrée.

Des détritus dans le fond de la ruche (écailles de cire, abeilles mortes, fausses teignes, etc.)

Divers:

Certains apiculteurs clippent la reine pour l'empêcher de s'envoler une fois clippée (et fécondée avec un peu de chance). A l'occasion, certains d'entre nous ont observé les reines à l'extérieur de la ruche. Pour quelle raison, je ne peux que l'imaginer, mais et si c'était important ?

Nous marquons la reine avec de la peinture.

Nous remplaçons la reine plus souvent que cela n'arrive naturellement.

Nous interférons souvent avec la nature quand nous remplaçons la reine en empêchant l'essaimage ou la supercédure pour finir.

Je ne suis pas en train de dire que tous les changements que nous faisons sont mauvais, pas plus que je ne suis en train de dire que tous ces changements sont bons, mais si nous voulons créer une manière naturelle durable de prendre soin des abeilles, nous devons comprendre la manière naturelle durable dont les abeilles prennent soin d'elles-mêmes. J'aimerais consulter des recherches sur les effets à la fois bons et mauvais, que tous ces changements que nous avons faits, ont sur l'équilibre naturel de la colonie d'abeilles et leurs parasites.

Etudes scientifiques

Citations

> ***« L'essentiel de la connaissance mondiale est une construction imaginaire. » — Helen Keller***

> ***« On ne devine pas les voies de la nature, elle trace partout des routes qui confondent notre science, et ce n'est qu'en la suivant scrupuleusement que nous pouvons parvenir à dévoiler quelques-uns de ses mystères. » — François Huber, Nouvelles observations sur les abeilles Volume II***

> ***« Il sera facile de constater qu'au fur et à mesure des années et des contacts quotidiens avec les abeilles, l'apiculteur professionnel par nécessité gagnera en connaissances et aura un aperçu des voies mystérieuses de l'abeille généralement contestées par le scientifique dans son laboratoire et par l'amateur en possession d'un petit nombre de colonies. En effet, une expérience pratique limitée, conduira inévitablement à des opinions et des conclusions, qui souvent sont complètement en désaccord avec les conclusions d'une grande pratique. L'apiculteur professionnel est toujours contraint d'évaluer les***

choses de manière réaliste et de garder l'esprit ouvert face à chaque problème auquel il peut être confronté. Il est aussi obligé de baser ses méthodes de gestion sur des résultats concrets et doit faire une différence nette entre les essentiels et les non indispensables. » — Beekeeping at Buckfast Abbey, Brother Adam

« N'utilisez que ce qui fonctionne, et puisez-le partout où vous pouvez le trouver » — Bruce Lee

« Je n'ai jamais appris d'un homme qui était d'accord avec moi. » — Robert A. Heinlein

---

J'aime les études scientifiques. J'en ai lu plusieurs, sur de nombreux sujets, du début à la fin. Il y a beaucoup à apprendre de ces études. Cependant, je ne suis pas souvent d'accord avec les conclusions tirées par les chercheurs.

Post hoc ergo proptor hoc (Après ceci, donc à cause de ceci) dans la logique, est la première erreur et constitue un piège dans lequel sont tombés aussi bien les humains que les animaux. La grande tentation de cette erreur est que «Post hoc ergo proptor hoc » est une bonne base pour une théorie. L'erreur n'est pas de l'utiliser pour une théorie, c'est de l'utiliser comme preuve.

Examinons d'abord l'erreur. Chaque matin, chez moi, les coqs chantent. Chaque matin, après le chant des coqs, le soleil se lève. Ceci signifie-t-il que c'est à cause des coqs que le soleil se lève ? Parce que nous ne percevons aucun mécanisme pour relier entre eux la séquence d'évènements, la plupart d'entre nous dirons que les coqs ne sont pas la cause.

Chaque culture que je connais, a des contes populaires et/ou des blagues pour se moquer de cette erreur. Dans notre culture, il y a par exemple «tire sur mon doigt ». Parce que vous tirez le doigt et qu'immédiatement après quelque chose se produit, votre cerveau fait une connexion et pendant une seconde, vous croyez à cette erreur. Ensuite, après une autre seconde ou deux, votre cerveau traite l'information, l'absurdité de la connexion vous frappe et vous riez. Les africains racontent souvent l'histoire « des coqs qui appellent le soleil » et les Lakotas en racontent une variante avec de chevaux qui hennissent. Les stupides anthropologues souvent décrivent ces histoires comme si les gens la racontant, croient en cette connexion, mais mon expérience des cultures primitives est que ces gens racontent ces histoires pour enseigner l'erreur de cette manière de penser. Bien entendu, elles observent les anthropologues pour voir s'ils croient la folle conclusion de l'histoire. Et, après les avoir vus la retranscrire soigneusement sans même un commentaire ou un gloussement, les indigènes secouent la tête face à une telle bêtise.

Une fois en conduisant, j'ai fait une chose immédiatement suivie d'un bruit. Ma première conclusion a été que j'avais causé ce bruit et je me suis demandé ce que j'avais fait pour qu'il y ait ce bruit. Après plusieurs tentatives vaines pour découvrir la cause du bruit, je me suis rendu compte que c'était un de mes enfants qui l'avait fait. C'était une simple coïncidence que mon action et le bruit se soient produits simultanément.

Toute «preuve statistique » en réalité, ne constitue pas une preuve. Plus j'amasse des échantillons, plus il devient probable que ce je vois, est une preuve réelle et non une coïncidence, mais cela ne constitue jamais une preuve analytique. À moins de percevoir un mécanisme, et de prouver que ce mécanisme est la cause, par d'autres moyens que de simples statistiques, alors tout ce que j'ai, ce n'est qu'une probabilité croissante.

Je peux prouver ce que j'avance à quiconque comprenant la probabilité de base. Quelles sont les chances de voir une pièce que je lance, tomber du côté pile ? 50/50. Alors je lance ma pièce et elle tombe sur pile. Quelles sont les chances si je la lance une nouvelle fois, qu'elle retombe sur pile ? Toujours 50/50. Alors je la relance et elle retombe sur pile. J'ai moi-même lancé une pièce 27 fois d'affilée et 27 fois, la pièce est tombé sur le côté pile. Cela prouve-t-il que les chances ne sont en fait pas de 50/50 ? Non, cela prouve que échantillon était trop petit pour être statistiquement valide. Combien de fois dois-je lancer la pièce pour que mes résultats ne soient un fait absolu ? Peu importe le nombre de fois, je ne m'approcherai que peu à peu de la véritable réponse. Ce n'est pas une question de preuve absolue, mais plutôt d'accumuler assez d'échantillons. Plus grand est le nombre d'échantillon, plus proche vous êtes de la réponse, mais c'est comme ce vieux problème de mathématique qui consiste à aller à mi-chemin, puis à parcourir la moitié du chemin restant, puis la moitié de la moitié du chemin restant précédent et ainsi de suite. Quand verrai-je la fin ? Jamais. Je ne peux que m'approcher encore et encore.

Cette explication était juste un essai pour prouver que lancer une pièce aboutissait à des chances de 50/50. Le cycle de vie de tout organisme est infiniment plus complexe que lancer une pièce et est affecté par bien plus de choses que celles dont nous avons connaissance. Si je fais une certaine chose et que j'obtiens un certain résultat, combien de temps faudra-t-il pour absolument prouver que ce que j'ai fait, a contribué à ce résultat ? Si j'ai un très large échantillonnage et que j'obtiens un très grand taux de succès comparé à un très large groupe de contrôle avec un très petit taux de succès, il est très probable que ma théorie soit correcte. Plus petit est le nombre d'échantillons, plus petite est la différence dans les taux de succès et dans plusieurs autres variables qui pourraient contribuer au succès ou à l'échec, ou pire encore, plus ces résultats sont biaisés en faveur d'un groupe ou d'un autre, moins mes résultats sont valables.

« ...une rose n'est pas nécessairement et sans réserve une rose...c'est un système biochimique très différent à midi et à minuit. » — Colin Pittendrigh

---

Un problème avec la longueur d'une étude est le suivant : ce que les abeilles font au mois de mai, est différent de ce qu'elles feront au mois d'octobre.

« Le moindre mouvement est important pour la nature entière. L'océan entier est affecté par un caillou. » —Blaise Pascal

---

Tout cela suppose un manque de préjugé (opinions ?) de la part du chercheur. Comme un de mes enseignants (il n'était pas professeur mais charpentier et plein de sagesse) disait une fois, « Chaque personne pense que son idée est la meilleure, simplement parce qu'elle y a pensé ». Cela semble intuitivement évident, mais, mais c'est important. J'ai un préjugé naturel en ce qui concerne mes idées car elles correspondent à ma manière de penser. Si elles n'y correspondaient pas, je n'y aurais pas pensé. C'est la raison pour laquelle dans la communauté scientifique, la capacité à reproduire les résultats est importante. La reproductibilité est un bon test, en particulier si c'est une personne autre que celle qui a fait les premiers tests, qui procède à la seconde ou à la troisième étude. Elle permet d'écarter certains préjugés et peut également certaines autres variables non mesurées et non comptabilisées.

Un second problème avec la recherche est la motivation nécessaire. La motivation pour entreprendre une recherche est quasiment (mais pas toujours) un profit personnel. Quelques personnes réellement altruistes aiment certaines créatures proches ou certains autres humains et sont réellement impliquées car elles souhaitent réduire la souffrance ou résoudre les problèmes de quelqu'un. Malheureusement, ces personnes ne sont pas bien financées et leurs recherches ne sont généralement pas bien reçues. Je ne suis pas en train de dire que chaque chercheur est consciemment compromis, mais même un professeur de collège n'ayant aucun intérêt dans ce qui résulte, doit être publié de temps en temps.

De nombreuses recherches sont financées et compromises par une entité assujettie à un agenda pour prouver leur solution et celle-ci doit être quelque chose pouvant être commercialisée et vendue de préférence couverte par un brevet ou un droit d'auteur ou quelques autres protections garantissant un monopole. Il n'y a pas de profit, et par conséquent pas d'argent à investir pour la recherche de solutions communes aux problèmes.

Je suis sûr que certains ne seront pas d'accord avec moi, mais je pense que certaines entités comme le Département de l'Agriculture (USDA : *voir comment tourner ça !*) ont leur propre agenda qui a été révélé par leur observation au fil du temps. La grande priorité de toute agence gouvernementale est d'obtenir toujours plus d'argent, toujours plus de pouvoir et d'essayer de paraître servir l'objectif pour lequel elle a été mise en place. Dans le cas du Département de l'Agriculture des Etats-Unis, il est évident qu'il favorise les solutions chimiques au détriment des solutions naturelles. Il favorise tout ce qui semble aider l'économie de l'agro-industrie. Cela ne signifie pas simplement le petit agriculteur/apiculteur etc. mais l'ensemble du secteur agro-industriel. Il semble que l'USDA aime voir l'argent changer de mains car cela aide l'économie.

Simplement le fait que la recherche a été faite sur un sujet et que les chercheurs en sont arrivés à une certaine conclusion, ne fait pas de cette conclusion une vérité.

Maintenant, pendant que nous parlons de faits, parlons d'une des raisons pour laquelle certaines personnes n'aiment pas la science et préfèrent leurs propres opinions. J'en ai abordé une, qui est que nous aimons nos propres idées car elles correspondent à notre manière de penser, mais une autre raison est que ces gens aiment dire qu'une chose n'a pas été prouvée scientifiquement comme si cela signifiait que cette chose *n'est pas* vraie étant donné qu'elle *n'a pas* été prouvée. Le fait de ne pas avoir prouvé sa véracité, ne la rend pas pour autant fausse.

En 1984, Dr Ignaz Philipp Semmelwis a institué la pratique du lavage des mains avant de procéder aux accouchements. Il en était arrivé à cette conclusion simplement par l'évidence statistique qu'il y a moins de mortalité chez les mères et les bébés soignés par des docteurs qui se sont lavés les mains. Ce qui était « Post hoc ergo proptor hoc » — les docteurs se sont lavé les mains et moins de mères et de bébés sont morts. Ce n'est pas une preuve scientifique, par conséquent les collègues du docteur Semmelwis ne l'ont pas considérée comme telle. Pourquoi ? Parce qu'il n'a pas su fournir un mécanisme pour expliquer sa conclusion, pas plus qu'une expérience pouvant prouver ce mécanisme. Parce qu'il était partisan d'une méthode qu'il ne pouvait absolument pas prouver, il a été chassé comme un charlatan de la communauté médicale. Voilà un exemple de chose n'ayant pas été prouvée scientifiquement.

Dans les années 1850, lorsque Louis Pasteur et Robert Koch ont créé la microbiologie et la « théorie des germes », la théorie du Dr Semmelwis a finalement été prouvée scientifiquement. Maintenant il y avait un mécanisme, et ils étaient capables de créer des expériences apportant la preuve de ce mécanisme. Mon avis est que la théorie du Dr Semmelwis était vraie avant et après l'apport de sa preuve. La vérité n'a pas changé parce qu'elle a été prouvée. Il y avait, avant la preuve, une évidence qui aurait conduit à la pratique du lavage des mains, mais pas de preuve.

Nous vivons nos vies et prenons nos décisions en fonction de notre façon de voir le monde. Cette façon n'est pas une vérité, mais elle est basée sur nos expériences et notre savoir. Quelquefois, quelque chose vient à changer cette façon de voir et nous acceptons le changement car l'évidence est assez forte. Il est absurde d'ignorer une évidence qui correspond au modèle de ce que nous voyons autour de nous car elle n'a pas été prouvée. Tout comme, il est stupide de s'accrocher bêtement aux choses qui se sont avérées ne pas être vraies. Mais simplement parce que la majorité pense qu'une chose a été prouvée ne signifie pas qu'elle l'a vraiment été. La fait Juste parce qu'une majorité de personnes pense qu'une chose est vraie, ne signifie pas qu'elle devient vraie.

Je dirais, lisez les recherches avec beaucoup de précaution. Observez les méthodes. Réfléchissez aux questions que les chercheurs ont oubliées. Prêtez attention à tout ce qui pourrait détourner (biaiser) la population étudiée ou la population du groupe de contrôle. Observez si oui ou non l'étude a été dupliquée et si les résultats ont été similaires ou contraires. Quelle était la taille de la population ? Au niveau du succès de l'étude, quelle a été la différence ? S'il n'y a qu'une petite différence, elle pourrait ne pas être statistiquement importante. Même s'il y a une grande différence, a-t-elle été dupliquée à sa même grandeur ? Aussi, quels pourraient être les préjugés des personnes ayant fait la recherche ?

Non prouvé scientifiquement (pas de preuve scientifique ?).

Revenons sur ce sujet. J'ai souvent entendu les gens dire cette phrase comme si elle apportait la preuve qu'une chose n'est pas vraie : « cela n'a pas été prouvé scientifiquement » ou certaines variantes. Cette phrase est souvent citée comme si un manque de preuve prouve qu'une chose est fausse. Apparemment ces gens n'ont pas accordé assez d'attention à l'histoire. Ce qui est « avéré » et ce qui « n'est pas prouvé » de nos jours, varie de jour en jour. Un « fait établi » aujourd'hui est une « sottise » de demain. Une « sottise » d'aujourd'hui est un « fait établi » de demain. Je trouve plus utile de faire mes propres observations et de tirer mes propres conclusions. Mais essayons d'avoir un petit aperçu de l'histoire et des « choses en attente de preuve scientifique » :

1604 Jacques 1er d'Angleterre écrit «A Counterblaste to Tobacco » dans lequel il se plaint du tabagisme passif et prévient des dangers que cela peut avoir sur les poumons. Il n'y a bien sûr, aucune base scientifique à ses croyances.

1623 - 1640 Mourad IV, sultan de l'empire ottoman tente d'interdire le tabac en affirmant que cela est une menace à la santé publique. Il n'y a évidemment aucune évidence scientifique. Seulement ses observations.

1798 le physicien (et signataire de la Déclaration d'indépendance des Etats-Unis d'Amérique) Benjamin Rush affirme que l'usage du tabac a des impacts négatifs sur la santé et peut causer le cancer, en se basant seulement sur ses observations personnelles et, bien sûr aucune étude scientifique pour soutenir ces observations.

1929 Fritz Lickint de Dresde en Allemagne a publié un document officiel montrant des preuves statistiques d'un lien entre le tabac et le cancer du poumon. Mais il s'agit bien entendu d'une simple corrélation statistique et non considérée comme une preuve scientifique puisqu'elle est simplement « post hoc ergo proptor hoc ».

1948 le physiologiste britannique Richard Doll publie les premières études majeures qui « prouvent » que le tabagisme peut causer de graves dommages sur la santé. Bien entendu, l'industrie du tabac insiste sur le fait que ces études ne sont pas prouvées par des « méthodes scientifiques » car il n'y a aucun mécanisme présenté comme étant la façon dont le cancer pourrait être causé par le tabac.

1950 Le journal de l'association médicale américaine publie sa première étude majeure qui lie définitivement le tabagisme au cancer du poumon. Il s'agit bien entendu, encore de lien statistique seulement, mais le nombre est statistiquement signifiant.

1953 le Dr Ernst L. Wynder découvre le premier lien biologique définitif entre le tabagisme et le cancer.

1957 le directeur général de la santé publique des Etats-Unis (Surgeon General) Leroy E. Burney publie le « Joint Report of Study Group on Smoking and Health » (le rapport conjoint du groupe d'étude sur le tabagisme et la santé), la première déclaration officielle sur le tabagisme par l'organisme américain de services de santé publique.

1965 le congrès passe le « Federal Cigarette Labeling and Advertising Act » (la loi fédérale sur l'étiquetage des paquets de cigarettes et la publicité) qui exige que des avertissements des services de santé publique soient imprimés sur les paquets de cigarettes.

À quel moment arrêteriez-vous de fumer ?

Les différences dans les observations en général et comme exemple, les différences dans les observations sur les tailles des cellules.

> ***« Ni la contradiction n'est marque de fausseté, ni l'incontradiction n'est marque de vérité. » —Blaise Pascal***

« Les gens sont généralement mieux convaincus par les raisons qu'ils ont eux-mêmes découvert que par ceux qui viennent l'esprit d'autrui. »—Blaise Pascal

---

J'ai toujours été un peu surpris et amusé du fait que tout le monde semble penser que pour toute question donnée, une personne ait raison et une autre, tort. En particulier, lorsque cette différence est basée sur des observations individuelles, et encore plus particulièrement lorsqu'elles se rapportent à une chose aussi complexe que les abeilles. Je serais beaucoup plus surpris si les observations de tout le monde convergeaient.

Les abeilles sont des animaux complexes et ce qu'elles font, en soi ne dépend pas que des abeilles mais aussi du niveau de développement des abeilles, du niveau de développement de la ruche, du niveau de développement des saisons et du niveau de développement de la végétation environnante. Autrement dit, dans presque tout ce qui est lié à l'apiculture, les résultats de presque toute mesure ou manipulation dépendront de tout le reste. Quelquefois, il se peut que vous généralisiez, mais il est étonnant de voir combien de fois dans différentes circonstances, une chose dont vous êtes sûr, ne s'applique pas. Ce qui se produit lors d'un bâtissage (développement ?) de printemps, une miellée, une (réduction ?) d'automne, une pénurie, une ruche avec du couvain, sans couvain, avec une reine pondeuse, une reine vierge, sans reine, etc. varie grandement. Je ne dis pas que je peux moi-même expliquer chaque différence dans l'observation, mais je n'ai aucun doute sur le fait que les personnes impliquées n'aient aucune motivation à me mentir sur la question.

Bien sûr, si vous souhaitez comparer les observations, nous devons essayer d'égaliser certaines de ces choses tout en assurant que nous ayons les mêmes mesures. Par exemple, si nous mesurons la taille des cellules, calculons-nous la moyenne de quelque chose plus petit qu'une cellule de faux-bourdon ? Sommes-nous en train de faire la moyenne de tout ce qui contient effectivement du couvain ? Mesurons-nous simplement le noyau du nid à couvain ? Essayons-nous d'établir une échelle ? Ou un moyen ? Mesurons-nous de la même manière i.e. mesurons-nous entre les surfaces planes ou à travers les points ? Mais même de cette manière, il persiste des différences dans les observations.

Dans le cas de la taille des cellules d'un rayon naturellement bâti, nous avons cette observation de Dee Lusby selon laquelle le rayon d'ouvrières est très uniforme en taille, et l'observation de Dennis Murrel selon laquelle le modèle suivant est suivi par les abeilles lors du bâtissage : petites cellules au centre et plus grandes cellules sur les bords avec, les cellules de plus grande taille le long de la partie supérieure. Nous avons mon observation, qui est similaire, mais non identique à celle de Dennis. Nous avons Tom Seeley qui dit :

> « Le nid à couvain, ***de façon fondamentale***, s'organise comme suit: le stockage de ***miel sur le dessus, le nid à couvain en dessous et le stockage de pollen entre les deux. Sont associées à cet agencement, des différences dans la structure du rayon. En comparaison aux rayons utilisés pour le stockage du miel, les rayons dans le nid à couvain sont généralement plus sombres et plus uniformes en largeur et en forme de cellule. Le rayon de faux-bourdons est situé sur la périphérie du nid à couvain. » — The nest of the honey bee (Apis mellifera L.), T. D. Seeley and R. A. Morse***

La similarité entre mes observations et celles de Dennis est qu'il y a des cellules de stockage de miel et elles ne sont pas les mêmes que les cellules de couvain.

Langstroth a dit :

« La taille des cellules dans lesquelles les ouvrières sont élevées ne varie jamais »

Cela signifie-t-il que Dee est dans l'erreur ? Déshonnête ? Je ne pense pas. Je suis allé en Arizona et j'ai observé les rayons à partir de découpes qu'elle a faites avec des abeilles encore sur les rayons, les rayons fixés sur des « cadres attrape-essaims » et les tailles sont très uniformes. Pourquoi donc ses tailles sont différentes, je n'en ai aucune idée. Mais je suis d'avis qu'elle a rapporté exactement ce qu'elle a vu. Dennis a dans le passé, eu des photos et des cartes de mesures et de tailles de cellules sur son site internet, alors, soit il est un as de la fabrication de photos, soit il partage honnêtement ce qu'il a vu. Etant donné que nos observations sont similaires, et puisque je sais de lui que c'est un homme franc et droit, je pense qu'il s'agit simplement de ce qu'il voit. J'ai demandé à des personnes faisant tout le temps des découpes, de rapporter ce qu'elles trouvent en ce qui concerne la taille des cellules et, nous observons que de nombreuses mesures tournent autour de 5,2 mm, tandis que de nombreuses autres sont autour de 4,9 mm. Certaines de ces personnes ont-elles tort tandis que d'autres ont raison ? Je ne pense pas. Je pense qu'elles ont rapporté ce qu'elles ont trouvé.

En ce qui concerne la taille variable des cellules :

«...Une variation continue des comportements et des mesures de la taille des cellules a été notée entre les colonies d'abeilles considérées comme « fortement européennes » et « fortement africanisées ». »

« En raison du haut degré de variation au sein et parmi les populations sauvages et celles contrôlées d'abeilles africanisées, il est souligné que la solution la plus efficace

au « problème » des abeilles africanisées dans les zones où les abeilles africanisées ont établi des populations permanentes, est d'opter systématiquement pour les colonies les plus douces et les plus productives parmi la population existante d'abeilles mellifères » — Marla Spivak —Identification and relative success of Africanized and European honey bees in Costa Rica. Spivak, M—Do measurements of worker cell size reliably distinguish Africanized from European honey bees (Apis mellifera L.)?. Spivak, M; Erickson, E.H., Jr.

Déconsidération des études scientifiques

« Il en est de nos jugements comme de nos montres, aucune ne dit comme l'autre, mais chacun se fie à la sienne » — Alexander Pope

« Quand on veut reprendre avec utilité et montrer à un autre qu'il se trompe il faut observer par quel côté il envisage la chose, car elle est vraie ordinairement de ce côté-là et lui avouer cette vérité, mais lui découvrir le côté par où elle est fausse. Il se contente de cela car il voit qu'il ne se trompait pas et qu'il y manquait seulement à voir tous les côtés. Or on ne se fâche pas de ne pas tout voir, mais on ne veut pas être trompé, et peut-être cela vient de ce que naturellement l'homme ne peut tout voir, et de ce que naturellement il ne se peut tromper dans le côté qu'il envisage, comme les appréhensions des sens sont

toujours vraies. » —Blaise Pascal, Pensees 701-9

« La science a ceci de fascinant que, pour un investissement en faits ridiculement bas, on obtient un rendement en conjectures étonnamment élevé. » — Mark Twain

---

Il semble être nombreux ceux qui accusent les gens d'essayer de rabaisser une étude simplement parce qu'elles ne sont pas d'accord avec cette étude. Cela peut être une accusation valable pour quelqu'un qui n'a rien fait pour essayer de mesurer l'objet de l'étude. Néanmoins, je constate que *tout le monde* le fait dans les cas où l'étude ne s'accorde pas avec les expériences personnelles. *Comme il se doit !*

Même ceux d'entre nous ayant l' « esprit scientifique » semblent mésestimer plus d'études qu'ils ne l'accepteront dans un argument donné. Ils pensent soit que la conclusion était injustifiée, que les nombres étaient insignifiants, soit que l'expérience a simplement été mal conçue. La plupart écarteront toute étude dont les résultats sont contraires à leur propre expérience. Le fait est que votre expérience s'est déroulée dans un contexte différent de votre application actuelle (c'est-à-dire votre climat, votre rucher, la race de vos abeilles, votre système d'apiculture) où l'étude était une tentative de contrôler tout ce qu'il était possible de contrôler et a probablement été faite soit dans un climat différent du vôtre, soit dans des circonstances différentes des vôtres. Alors, votre réponse honnête et sincère à cela serait de trouver cette différence et de la faire ressortir afin d'expliquer les différences dans les résultats.

Si vous avez accordé une certaine attention aux études scientifiques au cours des dernières années, sans parler des dernières décennies, et encore moins des derniers siècles, vous verrez que les résultats vacillent souvent entre deux conclusions opposées tous les deux années environ. Combien de médicaments ont été prouvés sûrs par une étude scientifique pour être ensuite retirés du marché après moins d'une année d'utilisation sur le terrain ? Combien de fois la caféine a-t-elle prouvée bonne pour vous, puis mauvaise et encore bonne une fois de plus ? Et le chocolat ? Quelqu'un se rappelle-t-il de l'époque où les docteurs presqu'uniformément conseillaient de ne pas le manger ? Maintenant c'est un antioxydant qui, selon une étude scientifique en Hollande, qui peut réduire de moitié la mortalité chez les hommes de plus de 50 ans.

Seuls les idiots suivent les résultats des études scientifiques sans poser de question. Les plus prudents leur opposent l'expérience personnelle et le bon sens.

Vision du monde

Depuis que World View a beaucoup à voir avec cela, je partagerai un peu plus ma vision du monde.

Je pense que le monde est trop complexe pour que quelqu'un le saisisse totalement. Voilà pourquoi nous créons notre propre « vision du monde ». Cela nous fournit un modèle de base à partir duquel nous prenons nos décisions et résolvons nos problèmes. Aucun de nous ne comprend la chose dans son intégralité, alors nous avons tous, au mieux, une vision du monde très incomplète et au pire une vision du monde très erronée.

Empirique vs Statistique

Je suis plutôt plus en faveur de la « méthode scientifique ». En particulier si elle est effectivement suivie. Il fut un temps dans le « monde scientifique » où tout ce qui était moins que la vérité empirique était ignoré. Mais, en partie à cause des faux pas précédemment mentionnés où les docteurs ont écarté un brillant confrère car il proposait quelque chose basée sur une évidence statistique (le lavage des mains avant un accouchement ou une chirurgie), la tendance actuelle en science et en médecine est de donner une certaine crédibilité à la preuve statistique, quelquefois à un niveau qui n'est pas entièrement raisonnable.

Comme je l'ai mentionné avec l'exemple du « lancée de pièce », quelquefois les statistiques que nous avons collectées sont faussées par un simple hasard. Quelques autres fois, les résultats sont faussés par d'autres facteurs également. C'est l'une des raisons pour laquelle les scientifiques par le passé ont déprécié l'évidence statistique et insisté sur la preuve empirique.

Dans le cas de certains sujets statistiques, l'échantillon est vaste (quelquefois un pays ou un continent entier), les autres facteurs sont bien équilibrés et la différence au niveau des résultats est importante. Par exemple, les femmes qui fument, sont douze fois plus susceptibles de mourir d'un cancer du poumon que celles qui ne fument pas. Ce n'est pas un nombre insignifiant. Si ici on parlait du double, ce serait déjà un nombre assez important, hors on parle d'un nombre douze fois plus élevé, ce qui est vraiment très important. Lorsque ces nombres proviennent d'un très grand échantillonnage, ils sont encore plus importants.

D'un autre côté, il ne s'agit pas d'une preuve empirique si tout ce que nous avons fait est de collecter les statistiques, nous avons alors une situation «*post hoc ergo proptor hoc* ». Les statistiques restent tout de même trop importantes pour être ignorées. Mais ensuite, viennent les études comme celles sur la manière dont les constituants de la fumée de tabac provoquent des changements cellulaires et éventuellement le cancer. Cette étude tient plus de la preuve empirique car nous pouvons exposer des cellules aux substances contenues dans le tabac et constater les changements. Nous avons étudié cela au point de connaître la manière dont certains produits chimiques peuvent causer certains de ces changements.

Il n'y a pas assez de temps dans toute ma vie pour mener une expérimentation aussi étendue que celle menées dans le cadre des études sur le cancer, sur chaque aspect de toutes les choses dans lesquelles je suis impliqué. En fait, il n'y a probablement même pas assez de temps pour lire chaque étude qui a été faite. Ce que j'ai fait (ainsi que d'autres personnes) en procédant à mes expériences, a été de rechercher un modèle. Les modèles sont les pistes qui nous guident sur le sentier de l'expérimentation. Ils sont à la base des théories des scientifiques. Nous voyons un modèle qui est la façon générale dont la plupart des choses fonctionnent et nous en tirons une théorie basée sur le modèle continuant dans le domaine que nous étudions. Quelquefois, la différence entre une manière de procéder et une autre est assez insignifiante pour ne pas justifier une grande masse de travail et d'investigation. Quelques autres fois, en particulier lorsque des difficultés surgissent, il vaut la peine d'essayer de découvrir la cause des difficultés. C'est le moment d'étudier une chose et d'appliquer les méthodes scientifiques pour découvrir une solution.

Essayons cela d'un simple point de vue personnel. Si je touche un métal incandescent, mon doigt me fait mal et une cloque se forme. Est-ce là la preuve empirique que le fait de toucher un bout de métal incandescent brûle mon doigt ? Si tout ce que je sais est « j'ai touché ce métal et mon doigt me fait mal » alors non, ce n'est pas une preuve empirique. Mais j'ai certains autres aspects à prendre en compte. L'une de ces choses est que j'ai quelques connaissances sur le métal. Je sais qu'il a été chauffé et je sais que je pouvais sentir la chaleur qui s'en dégageait. Je sais également que lorsque des objets sont soumis à une source de chaleur, ils s'enflamment, ils fondent ou alors ils sont endommagés autrement. Par conséquent, pour moi, il est raisonnable de croire que le métal a causé la brûlure sur mon doigt parce que je n'ai pas qu'une connexion chronologique (un fait qui en suit un autre) mais aussi un mécanisme. J'ai observé d'autres choses brûler alors qu'elles sont chaudes, alors il est judicieux de supposer que c'est la chaleur, (et non le métal) qui a provoqué ma douleur. En outre, il serait sage de ma part de ne plus toucher un métal lorsqu'il est chaud. En revanche, si je n'accorde aucune attention aux détails, que j'en arrive à la conclusion erronée que seul le fait de toucher le métal, a brûlé mon doigt et que je ne tienne aucun compte du mécanisme (la chaleur dans le métal), je pourrais ne plus jamais toucher un seul bout de métal de ma vie. Cela peut paraître stupide, mais de nombreuses situations sont bien plus compliquées que le cas du doigt et du métal, un aspect important d'une situation passe inaperçu et nous passons notre vie à croire une croyance erronée.

Souvent, le temps d'être réellement scientifique, n'est pas. Lorsque vos abeilles sont en train de mourir par exemple, par désespoir, dans un laps de temps vous essayez simultanément plusieurs choses pour les sauver, et vous y arrivez. Cependant, en procédant de cette manière, vous ne saurez jamais avec certitude si de tout ce que vous avez essayé, une chose a fait une différence. Même si vous essayez une chose, vous ne saurez jamais vraiment si cela a fait une différence ou si vos abeilles se seraient mieux portées de toute manière.

Une femme de ma connaissance aime dire « la méthode d'apprentissage de la propreté que vous avez essayé juste avant que votre enfant ne réussisse, est celle par laquelle vous jurez ». Son point de vue est que votre enfant aurait, avec ou sans votre aide, appris à utiliser le pot, mais que vous serez certain que votre méthode y est pour quelque chose (*« post hoc »*).

Lorsque vous allez chez le médecin, que vous prenez des médicaments et que vous vous sentez mieux, vous penserez probablement que l'amélioration de votre état de santé est due à la prise de médicaments. Statistiquement, il y a eu avec ou sans traitement 99% de chance que vous alliez mieux, mais vous accordez le crédit de votre rémission à ce que vous avez fait juste avant d'aller mieux. A l'inverse, dans le cas où après un traitement, votre état s'empire, vous blâmerez le remède. Cela est statistiquement plus probable. Selon une récente étude du National Academy Institute of Medicine (l'Institut de Médecine de l'Académie nationale des Sciences des Etats-Unis), chaque année, plus de personnes meurent des suites d'erreurs médicales que d'accidents d'automobiles (43 458), du cancer du sein (42 297), ou du SIDA (16 516). Alors il est fort probable qu'effectivement le médicament soit à blâmer. Mais ce n'est pas un fait connu à moins de faire plus de recherche. Ces genres de simples conclusions, non basées sur assez de preuves pour être scientifiques, sont souvent ce avec quoi nous vivons, parce que nous n'avons jamais le temps, l'énergie ou l'opportunité de constituer un échantillon assez large pour en tirer des conclusions significatives. Ces conclusions ne sont pas scientifiques, et sont quelquefois fausses, mais assez souvent, elles sont des conclusions correctes.

Choses naturelles

J'avoue être positivement prédisposé envers les choses qui sont naturelles. Il ne s'agit pas simplement d'une croyance fanatique sans fondement, cette prédisposition est basée sur mon expérience et mes observations. Il s'agit d'un des modèles que j'ai observé. Avec le temps, j'ai vu de nombreuses solutions non naturelles à des problèmes, échouer misérablement. Quelquefois, avec des conséquences catastrophiques.

Lorsque j'étais jeune, la science allait résoudre tous nos problèmes, guérir toutes les maladies, nous donner des vaccinations pour tout, pensait-on. Les scientifiques allaient éradiquer (ce mot ne vous semble-t-il pas familier ?) les mouches, les moustiques, les souris, les rats et les chiens de prairies. Les êtres humains ont eu assez de succès en ce qui concerne l'éradication des animaux comme les ours et les loups (bien sûr, il ne s'agissait pas de science si c'étaient des enfants de 14 ans collectant des trophées pour attirer l'attention. Le résultat de cette manière de penser, a été du DDT pulvérisé partout, des raticides répandus de manière extensive et la presque annihilation de chaque rapace sur le continent, sans parler de tous les prédateurs des chiens de prairie. Bien évidemment, les dommages chez les moustiques, rats, souris ou mouches n'ont pas été importants. Cela s'inscrit dans les séries de nombreux fiascos « scientifiques ». J'ai découvert que non seulement les docteurs et scientifiques sont souvent dans l'erreur, mais que souvent, ils font aussi l'exact opposé de ce qui devrait être fait. Je réalise que cela ouvrira un autre panier de crabes, mais je pratique la danse du soleil du peuple Lakota : quatre jours et quatre nuits, sans manger, ni boire, dansant du lever au coucher du soleil, par un temps avec des températures dépassant les 38°C (100°F). J'ai vu de nombreux cas d'épuisement par la chaleur, et j'en ai été par moi-même victime à deux reprises. Les personnes touchées présentent une peau brûlante et sèche, ont la nausée, vomissent et sont confuses. Il n'y a qu'un seul remède que j'ai vu fonctionner et que je n'ai jamais vu échouer. Ce remède marche sur des personnes qui n'ont rien bu, et qui tournent et dansent depuis plus de deux jours. Ce sont des personnes qui ont cessé de transpirer un jour auparavant au moins car il n'y avait plus rien à transpirer dans leur corps. Si j'avais conduit une de ces personnes chez un médecin, celui-ci aurait immédiatement cherché à les refroidir. Lorsque vous avez un coup de chaleur, votre corps devient confus et ne peut décider que faire. Le corps commence à chauffer car il n'est pas sûr de la direction à prendre. La chose intuitivement évidente à faire est de rafraîchir. Souvent, cela ne fonctionne pas. Lorsque les docteurs pratiquent la méthode du rafraîchissement, souvent les gens meurent. Littéralement, des centaines de personnes meurent dans une grande ville durant une vague de chaleur et tous ces gens avaient pourtant accès à l'eau, aux soins médicaux et leurs corps renfermaient assez d'humidité pour transpirer. La première fois que j'ai été victime d'épuisement du à la chaleur, je suis allé m'asseoir dans la rivière Niobrara pendant quelques temps sans aucun résultat.

Le traitement que je n'ai jamais vu échouer, est de placer la personne épuisée dans un endroit très chaud, très humide pour la faire suer. En clair, Vous devez placer les intéressés dans une petite cabane avec des pierres chauffées à rouge, fermer la cabane et versez de l'eau sur les pierres, cela produira beaucoup de vapeur, jusqu'à ce que tout l'intérieur de la cabane soit extrêmement chaud. Les effets sur le corps sont immédiats. En premier lieu, le corps réalise immédiatement qu'il fait très chaud. Comment pourrait-il être confus alors que l'air approche de son point d'ébullition ? La seconde chose qui se produit est que la peau est couverte par la condensation. A la sortie de la cabane, le corps est convaincu d'accepter le refroidissement et que l'eau est là pour aider le processus. Je ne pense pas n'avoir jamais entendu parler d'une étude scientifique relative à l'efficacité de ce traitement, parce que cela va à l'encontre du point de vue des scientifiques.

Lorsque les médecins estiment que l'organisme agit d'une manière qui ne cadre pas avec ce qu'ils veulent, ils vont essayer de le forcer à arrêter. Moi j'estime que peu importe ce que l'organisme essaie de faire, je vais l'y aider jusqu'à ce qu'il décide de lui-même d'arrêter. Lorsque j'ai de la fièvre, je prends un bain aussi chaud que je puisse le supporter, ou un bain de sudation ou alors je me fais un sauna. Si mon organisme souhaite avoir la fièvre, je vais l'aider à en avoir une. Je ne prends pas d'aspirine ou quelque autre médicament à moins que la fièvre ne persiste après la sudation ou le sauna, ce qui dans mon cas, ne se produit pas.

Suivre la nature et travailler avec elle, voilà ma vision du monde. Cette vision est basée sur mes diverses expériences. Il est vrai que quelquefois, nos expériences nous conduisent dans la mauvaise direction et à tirer des conclusions erronées. Mais plus souvent, elles nous aident à en apprendre plus sur les modèles de ce qu'il y a autour de nous.

Paradigmes.

> ***« Tous les modèles sont erronés, mais certains sont utiles » — George E.P. Box***

Une partie du problème avec tout ceci, est qu'aucun des modèles que nous avons, n'est complet. Un nouveau mot s'est glissé dans notre langue. Il a probablement toujours été là, mais maintenant, il s'utilise de plus en plus. Nous, programmateurs informatiques, l'utilisons beaucoup. Il s'agit du mot « paradigme ». Pour l'exprimer simplement, un paradigme est un point de vue, un modèle, une manière simplifiée d'aborder un problème et qui nous permet de le résoudre.

On pourrait citer la physique newtonienne comme un exemple. La physique newtonienne est un ensemble de règles mathématiques nous permettant de prédire des choses comme la trajectoire d'une balle, la quantité d'énergie dans un accident de voiture ou encore le mouvement des planètes. En résumé, elle sert à résoudre la plupart des problèmes relatifs au mouvement et à l'énergie à une vitesse bien inférieure à la vitesse de la lumière. C'est un paradigme utile, qui est encore utilisé de nos jours et enseigné au secondaire et à l'université à cause de son utilité.

Le problème ici, est que cela est faux. Pendant des années, la physique newtonienne a été admise comme une vérité indiscutable, jusqu'à ce qu'une certaine preuve apparaisse, pour la contredire. La preuve était généralement au niveau atomique et proche de la vitesse de la lumière, mais elle était ardue à réfuter. Ces problèmes liés au niveau atomique et à la vitesse de la lumière sont restés non résolus jusqu'à ce qu'Einstein, un mathématicien (qui a été recalé en mathématiques à l'école), sans aucun diplôme en physique, rejette le paradigme newtonien et propose le paradigme de la relativité. Ce nouveau paradigme a donc été considérée comme vérité (en dépit du fait que la plupart des problèmes étaient toujours beaucoup plus faciles à résoudre à l'aide du paradigme newtonien et étaient encore résolus de cette manière) jusqu'à ce d'autres contradictions n'entraînent un changement et un nouveau paradigme, la physique quantique.

Einstein a durement été critiqué pour avoir rejeté la physique newtonienne. Ce paradigme avait été accepté comme une vérité absolue, et il l'avait remise en question. Mais personne ne pouvait résoudre ces problèmes de vitesse de la lumière jusqu'à ce que l'ancien paradigme soit rejeté et qu'un nouveau paradigme qui fonctionnait, ait été trouvé.

« Écoutez toujours les experts. Ils vous diront ce qui ne doit pas être fait, et pourquoi. Ensuite, faites ce qu'ils vous ont dit de ne pas faire. » — Robert A. Heinlein

---

« Ce que nous devons découvrir est souvent efficacement bloqué par ce que nous connaissons déjà. » — Paul Mace, auteur de « Mace Utilities »

Cette méthode de résolution de problème est appelée changement de paradigme. Le plus grand blocage face à un nouveau paradigme est le fait de s'accrocher trop étroitement au paradigme précédent.

Voici donc le but d'un changement de paradigme : rejeter (au moins temporairement) ce que nous connaissons déjà afin de ne pas nous empêcher d'être ouvert à ce que nous devons découvrir.

Le paradigme classique pour notre relation avec le soleil est que le soleil se lève à l'est et se couche à l'ouest. Ce paradigme est assez utile pour trouver la direction dans laquelle je me déplace et dans quelle direction je dois tourner ma grange, ma maison, mes ruches ou mon tipi. En fait, la plupart de tout ce qui est terrestre fonctionne bien. Cependant, lorsqu'il s'agit d'essayer d'expliquer ce qui se passe dans notre système solaire, c'est un échec.

Pour cela, nous avons tendance à nous appuyer sur le paradigme de Galileo, le copernicanisme, qui dit que le soleil est le centre du système solaire, qu'il est fixe et que nous tournons tout autour. C'est le fait que nous tournons qui créé cette illusion que le soleil se lève à l'est et se couche à l'ouest. Bien sûr cela n'est pas vrai, mais une fois encore, nous énonçons comme un fait absolu que le soleil se lève à l'est. Ce que vous voyez, c'est que de notre point de vue ici sur Terre, le soleil se lève effectivement à l'est.

Alors le modèle classique selon lequel le soleil se lève à l'est est-il réel ? Non. Est-il utile ? Oui, il l'est. Le modèle de Galileo est-il vrai ? Non. Le soleil n'est pas fixe puisqu'en réalité, il se déplace à travers l'espace, mais du point de vue de notre système solaire, cette affirmation semble se vérifier et lorsqu'il s'agit uniquement d'objets de notre système solaire, c'est un modèle assez utile.

Notre façon de voir le monde est une série de paradigmes que nous avons adoptés. Nous confondons souvent cette façon de voir le monde et ces paradigmes avec la vérité. Mais pour que cela soit vrai, il aurait fallu que ce soit l'univers lui-même. Tout l'intérêt du paradigme est de produire un modèle abstrait et simplifié, afin d'isoler les éléments essentiels pour rendre une solution possible à appréhender. Alors, de par sa nature, un paradigme ne sera jamais toute la vérité, car la vérité totale est infinie, et nous serions submergés.

Le danger avec les paradigmes est que nous les confondons avec la vérité, ce qu'ils ne sont pas. Lorsque le paradigme que nous avons, ne fonctionne pas, il est alors temps pour un changement de paradigme. Empruntez une autre vision du monde. En partant de zéro, faites des paradigmes, mais soyez prêt à écarter ceux qui ne fonctionnent pas.

Un paradigme (fait à partir de plusieurs plus petits paradigmes mis ensemble) est une philosophie. Ce qui est formidable pour les « Grandes Questions » comme « quelle est la raison de ma présence sur terre ? » ou encore « quelle direction dois-je donner à ma vie ? », mais non pratique pour réparer votre voiture par exemple.

Un autre paradigme est la « méthode scientifique », formidable pour réparer votre voiture, mais vain pour ce qui est de forger des relations

Les mesures scientifiques dans des systèmes complexes

Ce n'est pas aussi simple

Je me rends compte que chacun aimerait penser que ce qu'il mesure est scientifique. Les choses comme le poids, la température et le volume sont simples à quantifier et par conséquent, semblent très scientifiques lorsqu'il s'agit de prouver quelque chose d'une manière ou d'une autre. Le problème est que même les systèmes relativement simples sont beaucoup plus compliqués qu'une simple mesure. Nous exprimons souvent ces choses plus complexes par de vagues affirmations telles que « Ce n'est pas lourd, c'est simplement gênant ». Cela est une manière d'exprimer le fait que bien que nous savons (d'un point de vue scientifique) que si nous plaçons un objet sur une balance, celle-ci ne nous dira pas que l'objet en question pèse beaucoup plus lourd que les objets que nous pouvons simplement soulever, cet objet est très difficile à porter. Nous avons le sentiment que le poids devrait traduire à quel point l'objet est difficile à porter, mais nous savons aussi que telle n'est pas la réalité.

À titre d'exemple : le poids

Le poids ne représente qu'un aspect de la difficulté qu'il y a à soulever un objet. Tout objet dont nous finissons par ressentir et supporter le poids dans tout notre corps est « gênant ». Le poids fait levier contre nous de telle manière qu'on se retrouve avec plus de pression sur notre dos que ne l'indique le poids de l'objet. Voilà pourquoi il est difficile de soulever ou de déplacer, ce n'est pas simplement une question de poids, mais aussi de levier, d'avantage et de désavantage mécanique. Il est question aussi de la vitesse à laquelle vous pouvez installer l'objet ou des précautions à prendre pour installer l'objet.

Déplacer des sacs de grains de grains pesant une vingtaine de kilogrammes vers un endroit où je peux les poser ou simplement les entasser, est beaucoup plus simple que de déplacer des boîtes pleines d'abeilles et de miel, pesant eux aussi une vingtaine de kilogrammes, qui doivent être posées avec précaution. En outre, à quel point nous devons nous pencher pour soulever l'objet, et à quel point nous devons nous pencher une fois de plus pour le poser, sont d'autres aspects. Le poids de l'objet, ne représente qu'un aspect infime de tout le problème.

Une boîte à huit cadres serait beaucoup plus simple à manipuler que ne l'indiquerait son poids. Il est vrai qu'elle est moins lourde qu'une boîte à dix cadres dans des circonstances par ailleurs similaires (remplies de miel, profondeur similaire etc.), mais le poids que vous avez éliminé, était de deux cadres de moins à soulever pour votre corps, ce qui signifie que l'inconvénient mécanique de ces deux cadres était plus grand que celui du reste des cadres. Regarder donc du simple point de vue de la mesure (poids) est trompeur. Nous devons prendre en compte de nombreuses autres choses. Ce sont des choses qui peuvent probablement être quantifiées, mais cela est beaucoup plus complexe. Essayer de trouver le « poids mécanique » (c'est-à-dire le poids multiplié par l'avantage ou l'inconvénient mécanique) est beaucoup plus complexe que de placer simplement un objet sur une balance et le peser.

Autre exemple : l'hivernage

J'aborde ce sujet pour parler non seulement des boîtes, mais aussi de choses en général et plus particulièrement de choses comme la thermodynamique d'une ruche hivernante. Je n'essaie pas d'expliquer ici la réponse à la thermodynamique d'une ruche, mais j'essaie simplement de décrire la situation et de montrer que les mesures sont plus compliquées qu'elles ne le semblent au premier abord. Voyons donc combien d'aspects significatifs de la thermodynamique d'une ruche hivernante nous pouvons énumérer :

• **La température**. C'est l'aspect le plus simple. Elle se mesure simplement en plaçant un thermomètre à l'endroit où vous souhaitez la mesurer. Mesurer la température de points distants dans une ruche, dans la grappe, sur les bords de la grappe et en dehors de la ruche. Ce sont des « faits » généralement utilisés pour essayer d'expliquer la thermodynamique d'une ruche hivernante. Ces faits sont une petite partie du tableau global.

• **Production de chaleur.** La grappe produit de la chaleur. Vous pouvez affirmer que les abeilles ne chauffent pas la ruche, et évidemment ce n'est pas leur intention, mais elles produisent bien de la chaleur dans la ruche et cette chaleur se dissipe à l'intérieur de la ruche et, en fonction d'autres facteurs, à l'extérieur de la ruche, à un certain niveau. Il s'agit là d'une source de chaleur contrôlée de manière thermodynamique, dans lequel les abeilles peuvent produire encore plus de chaleur lorsque les températures chutent pour pallier la perte de chaleur, ou encore moins de chaleur lorsque les températures se réchauffent. La température de votre maison est la même peu importe que la porte arrière soit ouverte ou fermée, mais cela ne signifie pas que laisser cette porte ouverte n'aura aucun effet. Un environnement contrôlé de manière thermostatique peut s'avérer trompeur lorsque nous essayons d'en mesurer la température sans prendre en compte la perte de chaleur

• **La respiration.** Il y a une variation d'humidité dans la ruche, causée par le mécanisme métabolique des abeilles. Par la respiration, cette eau se retrouve dans l'air. Elle est chaude et humidifie l'air. Il en résulte un changement d'humidité et cette humidité change d'autres aspects.

• **L'humidité.** L'humidité dans l'air modifie de nombreux autres aspects de la thermodynamique puisqu'elle provoque plus de transfert de chaleur par convection, plus de chaleur stockée par l'air, plus de condensation et moins d'évaporation. Nous exprimons cette différence en nous référant au climat avec des expressions comme « il faisait chaud mais il s'agissait d'une chaleur sèche » ou encore « ce n'était pas le froid, c'était l'humidité ».

• **La condensation.** La condensation de l'eau produit de la chaleur. Il y a de l'eau qui se condense sur les bords froids et sur le couvercle de la ruche durant tout l'hiver, et cela affecte la température. La condensation est causée par une différence de température entre une surface et l'air au contact de cette surface. Cela se produit lorsque l'humidité de l'air est suffisamment élevée de telle sorte que lorsque l'air est refroidi sur la surface, cet air (maintenant plus froid) ne peut plus contenir cette quantité d'humidité.

• **L'évaporation.** L'eau qui s'est condensée et qui a coulé sur les côtés jusqu'au fond de la ruche ou qui a dégouliné sur les abeilles, s'évapore. Il y a absorption de chaleur au fur et à mesure de l'évaporation. Les abeilles mouillées doivent brûler une énorme quantité d'énergie pour évaporer l'eau qui a dégouliné sur elles. Les flaques d'eau qui se forme au fond de la ruche continue d'absorber la chaleur jusqu'à ce qu'elles s'évaporent totalement.

• **Masse thermique.** La masse de tout le miel contenu dans la ruche contient et dissipe de la chaleur au fil du temps. Cela modifie le laps de temps durant lequel les changements de températures se produisent. Cette masse renferme une grande partie de toute la chaleur qu'il y a dans la ruche. Une grande quantité de miel froid peut refroidir toute une ruche même lorsqu'il fait chaud à l'extérieur. A l'inverse, une grande quantité de miel chaud peut réchauffer une ruche peut réchauffer une ruche même lorsqu'il fait froid à l'extérieur. Il en résulte une modération des effets de changements de températures et de la distribution de la chaleur (rétention et émission). Cela est plus lié à la quantité de chaleur dans le système qu'à la température. Une grande masse de température modérée peut effectivement contenir plus de chaleur qu'une petite masse de température plus élevée.

• **Échange d'air.** Je sépare ceci de la convection, bien que la convection soit impliquée, car je différencie l'échange d'air avec l'extérieur, par opposition à la convection qui se produit à l'intérieur de la ruche. L'air extérieur qui entre dans la ruche est essentiel pour que les abeilles aient assez d'oxygène pour leur métabolisme aérobie, mais de plus, cela affecte les températures dans la ruche. Si l'échange d'air est réduit durant l'hiver, la température dans la ruche dépassera la température à l'extérieur de la ruche. S'il est trop atténué, les abeilles suffoqueront. S'il est trop élevé, les abeilles devront travailler encore plus pour maintenir la chaleur de la grappe. Même dans le cas où vous augmentez cela graduellement jusqu'au point où les températures extérieures et intérieures ne puissent plus être distinguées, plus d'échange d'air à partir de ce moment ne changerait pas les températures que ce soit à l'intérieur, à l'extérieur de la ruche ou dans la grappe, mais pourrait causer plus de perte de chaleur dans la grappe causant ainsi la production de plus de chaleur dans la grappe par les abeilles afin de compenser. Si vous ne vous fiez qu'à la mesure des températures, vous ne verrez pas la différence.

• **La convection** à l'intérieur de la ruche. La convection est la manière dont un objet pourvu d'une masse thermique et par conséquent d'énergie cinétique, perd sa chaleur dans l'air. L'air à la surface retient ou dégage de la chaleur (selon la direction de la différence de chaleur) et si l'air se réchauffe, il augmente l'apport d'air plus frais à sa place. Si l'air se refroidit, il diminue l'apport d'air plus chaud à sa place. Les choses qui bloquent l'air ou le divise en couches, contribueront au réchauffement. C'est ainsi que fonctionnent les choses comme les couvertures et les édredons. Ils créent un espace mort où l'air ne peut pas se déplacer aisément. Une bouteille thermos fonctionnera de la même manière, selon le principe qu'en absence de l'air, la chaleur ne peut être dissipée par convection. Plus il y a d'espace ouvert dans la ruche, plus il y a de convection. Plus vous limitez les choses en couches, moins il y a de convection. Nous disons quelquefois « il faisait plus de 20°C mais le temps était venteux » pour faire référence à un excès de convection dans nos maisons.

• **La conduction.** La conduction est la manière dont la chaleur se déplace à travers un objet. Prenez par exemple le mur extérieur d'une ruche. La nuit s'il fait plus froid à l'extérieur, ce mur absorbe la chaleur de l'intérieur de la ruche, chaleur provenant de la convexion (l'air plus contre sa surface) et la chaleur issue de la radiation (rayonnement de la chaleur produite par la grappe) et cette chaleur réchauffe le bois. La vitesse à laquelle la chaleur se déplace à travers le bois jusque vers l'extérieur est sa conductivité. La chaleur est conduite vers l'extérieur, où la convexion entraîne la chaleur de la surface. Par temps ensoleillé, le soleil chauffera le mur du côté Sud, la chaleur sera déplacée par conduction à travers le mur jusqu'à l'intérieur où la convection transfèrera la chaleur dans l'air. L'isolation ou les ruches en polystyrène ralentiront la conduction.

• **Le rayonnement.** Le rayonnement ou radiation est le processus par lequel l'énergie est émise par un corps, transmise par un moyen ou un espace intermédiaire sans en affecter de manière significative la température, et est absorbée par un autre corps. Une lampe chauffante ou la chaleur provenant d'un feu sont des exemples tangibles de rayonnement. Dans le cas d'une ruche hivernante, les deux principales sources de chaleur rayonnante sont la grappe et le soleil. Pendant une journée ensoleillée, la chaleur rayonnante du soleil chauffe un côté de la ruche, se transforme en énergie cinétique et est transportée par conduction jusqu'à l'intérieur de la ruche. La chaleur rayonnante issue de la grappe, chauffe les rayons de miel environnants et les murs, le couvercle et le fond de la ruche. Une partie est absorbée par le miel et les murs, et une autre partie est réfléchie. La quantité dépend de la proximité de la grappe et de la réflectivité de la surface. Une expérience concrète de chaleur rayonnante pourrait être la situation de se placer en plein soleil par une journée froide ou encore de mettre un téléphone en plein soleil et obtenir des températures mesurées en plein soleil et à l'ombre radicalement différentes l'une de l'autre.

• **Les différences de températures.** La différence de températures entre la grappe et l'extérieur est un facteur important. D'une part, si vos températures extérieures en hiver avoisinent, disons 0°C (32°F) et que vos températures les plus basses sont rarement d'environ -18°C (0°F), l'importance de certaines de ces choses peut être moindre. D'autre part, si vos températures hivernales sont souvent en-dessous de zéro et varient d'environ -29°C (-20°F) à -40°C (-40°F) pendant de longues périodes alors ces résultat sont beaucoup plus importants.

La vraie question à poser est la suivante : « comment tous ces éléments interagissent-ils dans une ruche hivernante ? ».

Un indice pour comprendre certains de ces éléments est l'observation des abeilles. Elles font des ajustements en fonction de ce qu'elles expérimentent lorsqu'il y a perte de chaleur, plutôt qu'en fonction de ce qu'indique un thermomètre. La grappe est attirée par l'endroit où elle perd moins de chaleur. Cela devrait être pour nous un indice sur le lieu où et la manière dont les abeilles perdent de la chaleur.

Je suis d'avis que si nous observons la plupart des choses, elles sont beaucoup plus compliquées qu'une simple mesure et pourtant nous avons tendance à vouloir essayer de les réduire à cela.

Remplacer la reine d'une ruche agressive

Une ruche vraiment vicieuse nécessite grandement le remplacement de sa reine, mais c'est aussi une ruche à l'intérieur de laquelle il est très difficile de trouver la reine. Entre la distraction d'une centaine d'abeilles essayant de vous tuer et les abeilles courant sur les rayons, la reine vicieuse est généralement assez mobile et difficile à trouver. Gardez cependant à l'esprit qu'une ruche orpheline peut devenir agressive, alors essayez de vous assurer d'avoir des œufs ou des signes d'une reine avant de perdre énormément de temps à essayer de la trouver. Cherchez aussi des signes d'une absence de reine comme un rugissement dissonant lorsque la ruche n'est pas en cours d'ouverture. Lorsque j'ai besoin de remplacer une reine, voici ce que je ferais dans ces circonstances.

D'abord, préparez-vous à être piqué. Soyez prêt à vous éloigner pendant quelque temps. Soyez prêt à vous enfuir pendant un long moment. Je trouve que courir à travers des buissons est un bon moyen de se débarrasser des abeilles qui vous suivent et qui s'accrochent à vous.

Diviser et conquérir.

L'objectif de cette méthode est de diviser la ruche en parties gérables. Une partie sera une boîte vide à l'ancien emplacement pour retirer les abeilles butineuses, qui sont généralement les plus difficiles à gérer et nous saurons qu'il n'y a aucune reine là. Si vous avez un charriot et un peu d'aide, vous pouvez être en mesure de déplacer la ruche en un seul bloc neuf mètres plus loin ou presque et placez une boîte vide à l'ancien emplacement pour faire sortir ces abeilles butineuses avant de gérer l'intégralité de la ruche. Je n'ai jamais eu une telle aide, alors je procède donc une boîte à la fois à partir du début. Nous voulons que tout le reste des boîtes de la ruche soient sur leur propre fond avec leur propre couvercle. Chaque boîte nécessitera une reine, alors si vous avez l'intention de commander des reines, commandez une reine de plus que le nombre de boîtes de la ruche. Maintenant, placez autant de plateaux de fond qu'il n'y a de boîtes dans la ruche d'origine à dix pas de celle-ci. Assurez-vous de porter une combinaison de protection complète, nouez des bandes élastiques autour de vos chevilles pour empêcher les abeilles d'entrer dans votre pantalon. Assurez-vous aussi d'avoir une fermeture-éclair sur votre voile et des gants à manchettes en cuir. Placez près de la ruche autant de couvercles que vous ne possédez de boîtes et un plateau supplémentaire. Vérifiez que votre enfumoir soit en bon état de marche et enfumez la ruche jusqu'à ce que la fumée atteigne le sommet. Vous voulez simplement être sûr que chaque abeille sente l'odeur de la fumée plutôt que celle des phéromones. N'y mettez pas le feu jusqu'à ce que les abeilles ne se mettent en colère, contentez-vous d'enfumer. Attendez au moins 60 secondes. Maintenant, écartez la boîte supérieure libre en laissant en place le couvercle. Placez-la au fond et placez un des couvercles sur le sommet de la ruche principale. Portez la boîte retirée jusqu'à l'un des plateaux de fond. Repérez les boîtes qui semblent avoir le plus d'abeilles et qui pèsent le moins (celles-ci sont plus susceptibles d'avoir un couvain ou une reine) et marquez-les avec un caillou ou quelque autre signe. Répétez le processus jusqu'à ce qu'il n'y ait aucune boîte restante sur le fond d'origine. Si vous ne déplacez pas la ruche entière, à ce moment placez une boîte vide avec des cadres sur le plateau et par-dessus un couvercle. Cette boîte servira à prendre les abeilles qui reviennent à la ruche. Maintenant, partez et revenez une heure ou un jour plus tard.

Lorsque vous revenez, commencez par les boîtes les plus peuplées, elles sont plus susceptibles d'avoir une reine. Placez un autre plateau et une boîte vide (sans cadre) sur ce plateau. Enfumez légèrement cette fois-ci. La reine ne doit pas partir dans tous les sens. Patientez une minute. Ouvrez la boîte et recherchez le cadre portant le plus d'abeilles, retirez-le et recherchez la reine. Si vous la trouvez, tuez-la. Une autre possibilité est de placer le cadre en question dans une boîte vide et de continuer l'exploration des cadres. Si vous ne pouvez pas manipuler des boîtes de cette force, vous pouvez diviser les dix cadres en deux ruchettes de cinq cadres. Laisser les ruchettes s'établir et procédez à l'exploration des cadres. Trouvez la reine et tuez-la. Laissez-leur autant de temps qu'il le faut pour qu'elles se calment, mais restez à proximité jusqu'à ce que vous terminiez la manipulation. Soyez à l'affut des indices. La boîte avec le plus d'abeilles est probablement celle qui contient la reine. Après la mort de la reine, chaque boîte qui a été orpheline pendant au moins 24 heures, est prête à remplacer la reine. Introduisez-y une reine encagée. N'ouvrez pas le candi, placez simplement la reine à l'intérieur avec l'écran abaissé afin que les abeilles puissant la nourrir. Certaines abeilles vicieuses n'accepteront pas une nouvelle reine. Ne vous inquiétez pas de cela sur le moment. Quelles que soient les abeilles qui n'acceptent pas la reine, vous pouvez les combiner avec celles qui l'acceptent. Après trois ou quatre jours, j'enlève le bouchon et je creuse un trou dans le candi ou, si les abeilles semblent empressées de faire sortir la reine, qu'elles ne piquent pas et ne posent pas devant l'écran grillagé, je lèverai l'écran grillagé et laisserai sortir la reine.

Quatre ou cinq ruches vicieuses faibles sont beaucoup moins agressives qu'une grande ruche vicieuse alors immédiatement, les abeilles devraient être beaucoup plus calmes. Dans six semaines voire plus, elles seront encore plus calmes. Dans douze semaines voire plus, elles devraient revenir à la normale.

Si vous ne souhaitez pas perdre trop de temps à rechercher la reine, vous pouvez attendre la nuit suivant la division et placer une reine dans une cage de candi dans chaque boîte. Revenez le jour suivant et voyez s'il y a une reine morte ou une reine à l'emplacement de la cage où les abeilles sont mordantes. La boîte où les abeilles piquent la cage ou ont éliminés la reine est probablement celle avec la reine.

Regardez par là. Si vous devez placer la moitié des cadres dans une autre boîte, laisser les abeilles se calmer à nouveau et chercher encore moins d'abeilles. Ensuite, vous pouvez pousser le bouchon sur l'extrémité à candi et laisser les abeilles relâcher les reines dans chaque boîte. Si la nouvelle reine pour la boîte contenant la reine est morte, vous pouvez combinez cette boîte de nouveau avec une des boîtes contenant une cage à reine ? Vous pouvez aussi remplacer la reine chez les butineuses, mais elles seront plus difficiles. Vous pouvez également faire un journal avec elles après l'acceptation de la reine dans une des divisions.

Syndrome d'effondrement des colonies d'abeilles (CCD)

Ce sujet revient beaucoup et j'ai été mal cité un grand nombre de fois. Voici la seule chose que j'ai effectivement dite à ce sujet.

Après de nombreuses années de syndrome d'effondrement des colonies d'abeilles continuant de sévir et plusieurs études sur les microbes chez les abeilles et dans la ruche, j'en suis arrivé à une théorie. Il ne s'agit bien sûr que d'une théorie et je n'ai pas pris connaissance de tous les scientifiques qui travaillent sur ce sujet. Mais il me semble que la raison pour laquelle ils ne peuvent trouver un microbe étant la cause ou ils ne cessent de changer d'avis concernant le microbe étant exactement la cause, est qu'il n'est pas là, aussi bien que tous les autres microbes qui devraient y être. Il y a plus de 8000 microbes ayant été isolés, qui vivent dans une ruche saine et dans le tube digestif sain de l'abeille. Un grand nombre de ces microbes que nous connaissons sont nécessaires pour la fermentation du pain d'abeille (pollen, nectar, plusieurs bactéries, certaines levures et autres champignons). Si le pollen n'est pas fermenté, il n'est pas digeste par les abeilles. Aussi, la bactérie vivant dans le tube digestif des abeilles déplace de nombreux pathogènes. Gardez également en tête que cette écologie de 8000 ou plus de microbes vit en équilibre. Ces mêmes pathogènes empêchent l'apparition d'autres pathogènes. Nous savons que le champignon du couvain calcifié prévient de la loque européenne et que le champignon du couvain pétrifié empêche la nosémose. Il existe beaucoup de tels équilibres dans une ruche saine.

Introduisons donc la terramycine dans le mélange. Les apiculteurs ont commencé à l'utiliser il y a plusieurs décennies et ces microbes ont eu de nombreuses années pour développer une résistance. Et alors que je suis sûre que la terramycine ne perturbe pas cet équilibre, un nouvel équilibre a été instauré.

Maintenant nous introduisons la tylosine (qui est supposée être seulement utilisée pour la loque américaine résistante à la terramycine mais dont l'utilisation est maintenant répandue et qui est plus puissante, avec un spectre plus large et d'une plus longue durée de vie) et nous passons de l'Apistan et le coumaphos, qui ne font aucun mal aux microbes mais causent des problèmes majeurs aux abeilles et éliminent les autres insectes et acariens qui font partie de l'écologie, et nous commençons à utiliser l'acide oxalique et l'acide formique qui font un changement radical du pH de la ruche et changent les microbes qui vivent et ceux qui meurent ainsi que le choc et l'élimination d'emblée de la plupart des microbes. Ainsi, maintenant entre la tylosine et les acides organiques, nous avons enrayé et restructuré l'écosystème entier des microbes et autres créatures dans la ruche. Que pourriez-vous espérer comme résultat ? Parmi d'autres choses, j'espérais trouver des signes de malnutrition à cause du pollen qui est maintenant indigeste, au milieu d'une abondance d'aliments. Je m'attends à un effondrement grave de l'infrastructure de la ruche.

Voilà donc ma théorie.

A propos de l'Auteur

> ***« Ses écrits sont comme ses paroles, avec plus de contenu, de détails et de profondeur qu'on ne pourrait imaginer avec si peu de mots... son site internet et ses présentations Powerpoint sont la référence absolue pour des pratiques d'apiculture à sens commun et divers. » — Dean Stiglitz***

Michael Bush est un des principaux promoteurs d'une apiculture sans traitement. Il a eu un ensemble éclectique de carrières, de l'imprimerie aux arts graphiques, de la construction à la programmation informatique et quelques autres encore. Actuellement, il travaille dans l'informatique. Il a commencé à pratiquer l'apiculture dans le milieu des années 70 avec un rucher comptant deux à sept ruches jusqu'en 2000. Ayant besoin d'un plus grand nombre nécessaire pour les expérimentations sur la varroase, le nombre de ses ruches a progressivement augmenté au fil des années. En 2008, ce nombre a atteint jusqu'à environ 200 ruches. Michael Bush est actif sur de nombreux forums d'apiculture avec plus de 50 000 publications. Il anime son propre site internet

www.bushfarms.com/bees.htm

www.ingramcontent.com/pod-product-compliance
Lightning Source LLC
Chambersburg PA
CBHW021426180326
41458CB00001B/157
* 9 7 8 1 6 1 4 7 6 0 9 6 2 *